普通高等教育"十一五"国家级规划教材

℃ 现代工程图学

XIANDAI
GONGCHENGTUXUE

上册

周良德　朱泗芳　杨世平　谢海波

罗益宁　朱中喜　邱爱红　周述璋

董承明 / 编著

湖南科学技术出版社
Hunan Science & Technology Press

内 容 提 要

《现代工程图学》（第二版）是普通高等教育"十一五"国家级规划教材，是在 2000 年由湖南科学技术出版社出版，周良德等编著的《现代工程图学》一书的基础上修订而成，并全部采用国家质量检验检疫总局和国家标准化管理委员会最新发布的国家标准，全书分上、下册出版。

上册分为 13 章。主要内容有制图的基本知识与方法，投影法及工程上常用的投影图，点、线、面的投影，直线与平面、平面与平面的相对位置基本形体的投影，平面、直线与立体相交，立体表面相交，组合体，机件的表达方法，标准件、常用件，零件图，装配图和零部件的测绘。

下册分为 10 章。主要内容有曲线曲面，用图解法求解空间问题，用形数结合的方法求解空间问题，构形设计，焊接图、展开图，房屋建筑图，透视图和计算机绘图。

其中计算机绘图采用 AutoCAD2007 中文版，分为三章，即 AutoCAD 的基本知识，平面图形的绘制和零件图装配图的绘制。

全书（上、下册）是高等院校机械类、近机类和其他工程类专业的必修教材。上册是本课程的"基础知识公共平台"，适用于上述所有专业选用。下册是提高课程起点，更新知识结构、拓宽知识面、加大信息量、反映新知识、新理论和新技术的重点篇章，是本课程"培养创新能力、提高综合素质、反映学生个性的重要平台"。主要适用于机械类，近机类等专业选用。教师可根据不同专业特点和培养高层次人才的需要选择其中的内容，以便因专业，因学时和因人组织施教，确保培养出来的学生基础扎实，知识面广、创新能力强，综合素质高，且独具个性。

全书也可供高等院校的教师和工程技术人员参考使用。

与本书配套的《现代工程图学习题集》也同时修订出版，供选用。

序

科学技术迅猛地发展，因此21世纪的经济建设必须有高素质的人才，迫使各门学科的体系内容做适应性的重大改革。计算机图形学的兴起，使工程图学的发展进入了崭新的阶段。因此，对作为工科院校技术基础课的《工程制图》，各有关单位都在不断地探讨实践各种更新和改进。教材是教学内容的主要载体，编著适应性强的高质量教材，是教学改革的重大任务。

工程制图对培养人才的知识素质、思想道德素质和处事能力都有重大的影响。教材应该既注重基本理论，又适当地拓宽知识面，既注意培养观察、分析和解决问题的逻辑思维能力，又应与经济观、艺术观和法制观有适度的联系。

随着课程的内涵和外延日益丰富，教材就应不断地更新，重点有所转移，起点有所提高，浅显陈旧繁琐的内容应该删除，计算机图形处理应该是当今工程图学的重头内容。

"工程师创造未来的世界"，任何新建筑和工程不可能完全一模一样地模仿已有的旧建筑。创新才有生命力，创新才有发展。教材应特别注意创新素质的培养。

经济建设对人才的需要是多层次的，在培养各个层次的人才方面，教材应使其便于选择和满足需要。

自然科学无不遵守哲学的普遍规律，教育学与哲学息息相关。教材内容的组织和文字阐述应该符合哲理。

提高篇的某些内容在计划学时内也许无条件学习，但在日后工作岗位上可能用到和有进一步自学的必要。

博采众长，本教材力求达到上述要求和特点。然而任何事物没有最好，只有更好。春风催得万花开，值此改革的大好形势，同仁们一定会撰写出各具特色的优秀教材。"红杏一枝春意闹"，本教材作为闹春的一枝红杏，能否如此，有待实践检验，并希望同仁们斧正。

艾运钧

2000 年 6 月 30 日

第二版前言

《现代工程图学》《第二版》是普通高等教育"十一五"国家级规划教材，是在 2000 年由湖南科学技术出版的《现代工程图学》一书的基础上修订而成。

由周良德教授等编著的《现代工程图学》（2000 版）一书，从知识、能力、素质综合培养人才的模式出发，着眼于科学技术的飞速发展和培养高素质创新人才的需要，对传统的工程图学教材进行了一系列根本性的大胆改革，较之同类教材在内容和体系上有重大的突破和创新：在全国率先构建了《现代工程图学》崭新的课程内容体系结构；精心设计和改革了教材的内容，更新知识结构，提高课程起点，拓宽知识面，加大信息量，强化创新能力和综合素质的培养；教材总体设计方案新颖、独特；教材内容的设计不仅满足了本课程的教学基本要求，而且深化和拓宽了该学科的基础理论，反映了新知识、新理论和新技术；教材的内容既考虑了其系统性与科学性的统一，又将其先进性与适用性融为一体。全书按"基础篇、提高篇和计算机绘图篇"设计，结构合理，适应了不同层次、不同专业的培养需求，为分层次教学和实现真正意义上的因材施教，突出学生"个性"的培养提供了有利条件。

本教材改革力度大、课程起点高、内容精当、特色鲜明，体现了时代的声音和工程图学的发展方向，是一部经过多年教学实践检验的，具有良好的基础性、科学性、先进性和广泛的适应性，属于国内一流的优秀教材。本教材的一系列研究成果得到了全国多所高等院校，如清华大学、北京理工大学、浙江大学、华中科技大学、中国地质大学、华南理工大学和湖南大学等同行专家教授的高度评价。2004 年曾获湖南省高等教育省级教学成果二等奖，2006 年由教育部定为普通高等教育"十一五"国家级规划教材立项。

本次修订是按照国家教育部对"十一五"国家级规划教材的编写、出版的要求进行。随着科学技术的不断发展，编著者认真总结了本教材近七年来的教学实践经验和各兄弟院校专家教授的宝贵意见，对本书第一版进行了认真修订，使之更加完善。本次修订的内容如下：

（1）应广大读者的要求，将原书分为上、下册出版，以便更多的读者选用。其中上册内容包括基础篇及附录，下册包括提高篇和计算机绘图篇。

（2）全部采用国家质量监督检验检疫总局和国家标准化管理委员会发布的最新国家标准。

（3）对原书中与国家标准相关的某些不严密、不确切的叙述，按照"贯彻国家标准，高于国家标准"的原则进行了修订，对各章节的内容进行了仔细的审定并作出适当的修改。

（4）将原书第 10 章标准件和常用件一章中螺纹、键、销、弹簧、齿轮、蜗轮蜗杆等的装配画法从第 12 章放回到上册第 10 章，实践证明这样更便于教学。

（5）增加了某些内容。如在 §15-3 中增加了斜圆锥面和斜圆柱面的方程，还增加了少量典型例题，如例 13-6、例 14-21、例 14-22 等，更便于学生对知识的掌握与应用。

1

（6）计算机绘图篇采用 AutoCAD2007 中文版，由杨世平、罗益宁、邱爱红三位同志重新编写。

（7）书中所有插图大部分重新绘制或更换。

《现代工程图学》上册是本课程的"基础知识公共平台"。它集中了本课程的基本理论、基本方法和基本技能的培养，是学习本课程的所有各类专业学生所必须具备和掌握的最基本的内容，以确保"三基"内容的实施与掌握，确保基本能力与素质的培养，面向学习本课程的所有专业的学生。

上册分为 13 章。主要内容有制图的基本知识和方法，投影法及工程上常用的投影图，点、线、面的投影，点、线、面的相对位置，基本形体的投影，基本形体的截交线、相贯线，组合体，表达方法，标准件和常用件，零件图、装配图，以及零部件测绘。

本册的设计方案是：先安排制图的基本知识与技能；紧接着安排投影法和物体的三视图，从体入手先给学生建立起物体的"视图"概念；然后安排绘制和阅读视图所需的投影理论知识，即从"体"上抽象出点、线、面，讲述投影的基本理论，在投影理论中又适时地将投影图与三视图密切配合；最后归结到组合体、零件和装配体的视图，即运用前述投影理论来指导工程实体的图示与图解。这样一来，就摆正了"投影理论始终是为机械制图服务"的这种关系，真正使投影理论与制图实践紧密结合融为一体，给学生一个完整的知识，而不至于产生像过去那样使得画法几何与机械制图严重脱节，学生学了画法几何不知道用在何处的状况。这里所指的投影理论是指制图的必备基础知识，够用为止。

在本册中，我们还作出了一项大胆的改革，那就是将轴测图和草图与点、线、面的投影同步安排，将三维图形与二维图形的对照与转化贯穿始终。这既有利于学生尽早建立起空间概念，及时弄清楚投影与空间的对应关系，又有利于培养和训练学生从三维（空间）到二维（平面）或从二维到三维的想象思维方法及其转换能力，使学生顺理成章地掌握由空间的物转化成平面图和由平面图想象出空间的物的整个思维和分析研究的过程。这就从根本上解决了学生初学时空间想象能力较差的问题，使学生在不经意的情况下，轻松地度过了所谓画法几何难学的"误区"，从而显著地提高了教与学的效果。

本册重点在于培养学生运用投影基本理论与方法，正确表达空间形体的能力（图示能力）；绘制和阅读机械图样的能力，以及徒手绘图的能力；强化基础训练和培养学生的空间想象能力。同时，还通过对零部件测绘的大型综合训练，既巩固了本册的知识，又切实提高了学生的实际应用能力和创新能力。

《现代工程图学》下册是在上册的基础上进一步拓宽和加深与工程实际应用紧密相关的、适应新技术发展的有关理论，如曲线曲面、曲线拟合、形数结合、构形设计和透视图等理论。它拓宽知识面，加大信息量，提供多种解决空间几何问题的方法，并引入最新科学技术成果，反映新知识、新理论和新技术。它是培养创新能力、提高综合素质、反映学生"个性"的重要平台。下册是根据不同专业特点和培养高层次人才的需要而设立的，主要面向机械类、近机类等专业的学生。

下册分为 10 章。主要内容有曲线与曲面、用图解法求解空间问题、用形数结合的方法求解空间问题、构形设计、焊接图、展开图、房屋建筑图、透视图和计算机绘图。

上述内容的安排使得学生的知识结构与能力培养提高到一个新的层次。它重点培养学生独立分析、处理和解决综合性问题及工程实际问题的能力；重点培养学生建立数学模型和用"形数结合"解决空间问题的能力；重点培养学生的构型设计能力、开拓创新的能力及计算机绘图的能力。

由此可见，下册内容是提高课程起点、更新知识结构、拓宽知识面、加大信息量、反映新知识、新理论和新技术的重点篇章。它又是培养创新能力，提高综合素质，反映学生"个性"的重点篇章。无疑，它增加了本教材广泛的适用性和明显的针对性，更体现了本教材的先进性。

参加本书修订工作的作者是：

周良德（前言、绪论；上册第4、第8章和附录，下册第14、第15、第16、第17章）；

朱泗芳（上册第1、第7、第9、第10章，下册第18、第20章）；

谢海波（上册第6、第13章，下册第19章）；

杨世平（上册第12章，下册第23章）；

罗益宁（上册第2章，下册第21章）；

朱中喜（上册第3、第5章）；

邱爱红（上册第11章，下册第22章），最后由周良德负责统一修改、整理定稿。

在《现代工程图学》《第二版》普通高等教育"十一五"国家级规划教材出版之际，我们衷心感谢曾对本书改革研究成果作出了高度评价，并为本次修订提出了许多宝贵意见的专家教授：

清华大学李先耀教授、北京理工大学董国耀教授、浙江大学陆国栋教授、华中科技大学常明教授、中国地质大学杨凯华教授、华南理工大学陈锦昌教授和湖南大学卿均教授。

同时，还要特别感谢北京理工大学董国耀教授。董教授曾在2004年仔细审阅了全书，不仅对本书给出了很高的评价，而且还对本书提出了许多建设性的修改意见，这些宝贵意见和建议，对我们这次修订工作的顺利完成和进一步提高本书质量起到了积极的作用。

在修订过程中，还得到了湖南科学技术出版社徐为副社长及湘潭大学、中南大学、南华大学等院校领导和同行们的大力支持，在此一一表示衷心感谢！

与本书配套的《现代工程图学习题集》也同时修订出版，供广大读者使用。

人员有自知之明，由于作者水平所限和对教学改革认识和理解上的偏颇，修订后的《现代工程图学》上、下册肯定还存在不少问题，书中错误在所难免，敬请广大读者及图学界同仁予以批评指正。本书的再次出版发行，希望引来图学界的百家争鸣与百花争艳。

编著者

2007 年 11 月于湘潭大学

第一版前言

为了深化高等教育的改革，提高高等学校的教学质量，培养适应21世纪经济建设和社会发展所需要的高素质人才，我们特在新世纪开元之际，编著此书奉献给读者。为21世纪培养高素质创造性人才和我国高等教育教材体系建设作出我们的一点贡献。

教学改革的关键在于教材的改革，而教材改革除必须立足于培养适应21世纪所需要的高素质人才外，还立足于高速发展的工程技术，特别是计算机技术。教材是教学内容的主要载体。因此，改革教材内容，更新知识结构，拓宽知识面，加大信息量，提高课程起点，加强能力与素质的培养是编著此书的宗旨。

本书由湘潭大学、中南大学、南华大学等高等院校的老师根据自己和国内若干单位多年来丰富的图学教学经验以及研究所取得的教学改革成果和科研成果编著而成。

全书由"基础篇"、"提高篇"和"计算机绘图篇"三部分组成，并全部采用国家质量监督检验检疫总局最新公布的国家标准。

基础篇是学生必须掌握的本课程最基本的理论、方法与技能。重点培养学生运用投影理论与方法，正确表达空间形体的能力（图示能力），绘制和阅读机械图样的基本能力，以及空间想象能力和徒手绘图的能力等。

提高篇是在此基础上进一步加深有关理论（如曲线曲面、曲线拟合、形数结合、构形设计等理论）、拓宽知识面、加大信息面、提供多种解决空间几何问题的方法；并引入最新科学技术成果，进一步强化空间想象能力、逻辑思维能力、形象思维能力和徒手绘图的能力；重点培养学生独立分析问题、解决问题的能力、构形设计能力、创新能力以及零部件测绘等的实际应用能力，提高综合素质。

计算机绘图是适应现代化建设的新技术。掌握计算机绘图这一新技术已成为21世纪工程技术人员的基本素质之一，更是本课程发展的一个重要方向。计算机绘图篇重点培养学生对二维图形的生成和处理的初步能力，掌握一种典型的绘图软件（如AutoCAD）的操作与应用方法；并能通过综合运用前两篇所学的知识，获得在计算机上绘制工程图样以及进行形体的构形设计与产品造型设计的初步能力。为掌握基本的二次开发技术、计算机辅助设计与计算机集成制造等打下良好的基础。

本书强调重基础理论，重基本方法与技能的掌握；重独立分析问题、解决问题的能力；重实际应用和掌握新技术的能力以及创新能力与综合素质的培养。使我们培养出来的学生基础扎实、知识面广、创新能力强、综合素质高，且独具个性。

本书对教学内容、学科系统、教学系统与编排方法等进行了一系列的重大改革，正确处理好了学科系统与教学系统之间的关系，在基本保证学科系统的前提下，从教学实际和培养学生能力与素质出发，充分考虑到学生的知识结构和接受能力，使教学内容与编排尽量符合学生的认识规律，循序渐进，顺理成章，可接受性好，而又科学性强。这样既有利于学生接受、理解、掌握和学以致用，又有利于培养学生的能力与综合素质的提高，使理

1

论和实践紧密相结合。有利于教师组织教学和因材施教。

因此，本书具有基础性、实用性、科学性、先进性和明显的针对性，且反映当代科学技术的新水平。

参加本书编著的作者是湘潭大学周良德（前言，绪论；基础篇第4、第8章；提高篇第13至第16章和附录）、董承明（基础篇第11、第12章）、朱中喜（基础篇第3、第5章）、罗益宁（计算机绘图篇第21章）、杨世平（计算机绘图篇第24章）、周述璋（计算机绘图篇第23章）、邱爱红（计算机绘图篇第22章）；中南大学朱泗芳（基础篇第1、第7、第9和第10章；提高篇第18、第20章）；南华大学谢海波（基础篇第2、第6章；提高篇第17、第19章）。最后由周良德统一整理定稿。书中插图由湘潭大学谢鸿燕绘制。

本书由全国图学界理论图学专家、中南大学铁道校区艾运钧教授主审并作序。在此特表示衷心的感谢！

本书的编著与出版得到了湘潭大学、中南大学、南华大学等院校领导的高度重视和鼎力相助，在此特向关心和支持我们的各级领导表示衷心的感谢！

特别感谢湖南科学技术出版社徐为主任对本书的写作与出版的大力支持！

在写作过程中还得到了中南大学铁道校区唐红娥教授、周咏翎副教授、李兵老师；南华大学李天宝副教授；株洲工学院邱丽萍副教授及湖南工程学院刘小年副教授、缪华副教授等图学界同仁的大力支持和帮助。在此一一致谢！

与本书配套的《现代工程图学习题集》也同时出版，供广大读者练习使用。

由于作者水平所限，书中缺点、错误在所难免，敬请广大读者及图学界同仁予以批评指正。

编著者
2000年2月于湘潭大学

2

目　录

绪　论

一、本课程的地位、性质和任务

《现代工程图学》是一门以几何学、数学及形数结合等知识为前提，以投影理论为方法，研究解决几何形体和空间几何问题的图示、图解与解析及绘制与阅读工程图样的理论与方法的课程，它已发展成为多学科交叉的学科基础课程。《现代工程图学》是高等院校培养高级工程技术人才的一门必修课。由于生产和科学研究对计算机图形技术提出了更多更迫切的要求，因此，本课程又成为掌握这类新技术的一个重要基础。

在现代工业生产中，无论是设计和制造各种机器、设备、仪器仪表，还是各项建筑工程、水利工程、电气工程和航天工程等的设计与施工都离不开工程图样。设计者通过图样表达设计对象，制造者通过图样制造出符合设计要求的产品。因此，工程图样是工程信息的有效载体；是工程技术部门用以直接指导生产和施工的重要技术文件；是工程技术人员表达和交流技术思想的重要工具；它被喻为工程界共同的"技术语言"。

工程图样在整个国民经济、文化、艺术、医学、军事、生物工程和航天工程等各个领域占有重要的地位。

1991 年美国《机械设计》杂志刊登的"关注工程图"的文章中，以醒目的副标题报道"美国的工程师们每天要处理的图样达 20 亿张"。在我国，仅京九铁路的建设工程一项，就要用大量的工程图样，地形、道路、建筑、隧道、涵洞、桥梁、机械、电气设备等等，恐怕要用到若干亿张图纸。特别是在 2007 年，中国首颗绕月探测卫星"嫦娥一号"从 10 月 24 日起飞，到 11 月 26 日第一幅清晰、高质量的月球图像"亮相"，标志着我国首次月球探测工程取得圆满成功。一个千年的奔月梦，一幅高质量的月球图像、一种屹立于世界先进民族之林的民族自豪感和无数激情，就在 2007 年 11 月 26 日 9 时 41 分这一特殊的时刻，完美融合成一个难忘的现实。在这样一个浩大的探月工程中，工程图样的作用与其地位就可想而知了。由此可见，越是现代化，需要绘制和处理的工程图样就越多，对本课程的要求也就越来越高，本课程也就越来越重要。

本课程的主要任务是：

1. 学习投影法的基本理论及其应用。
2. 培养对三维形状与相关位置的空间逻辑思维和形象思维能力。
3. 培养对空间几何问题的图解与解析的能力。
4. 培养绘制和阅读工程图样的基本能力。
5. 培养利用计算机生成和处理图形的初步能力。
6. 培养创新能力和构形设计的能力。

此外，在教学过程中还必须有意识地培养学生的自学能力、分析问题和解决问题的能力，以及认真负责的工作态度和严谨细致的工作作风，以全面提高学生的工程素质和综合素质。

二、本课程的学习方法

本课程涵盖了知识、思维、方法、实践及能力与素质的培养，是一门既有系统理论而又实践性很强的课程。本课程最大的特点就是一个"图"字。因此，在学习时应紧紧抓住这个"图"字不放，对图进行认真的分析研究。搞清楚图的来历及其空间几何关系，分析图与空间问题的对应关系，以及由图想象出空间形体。

在学习过程中，应特别注重空间几何关系的分析，掌握空间几何元素和形体的投影特性。培养从三维（空间）到二维（平面）的思维方法。在课堂上要特别注意老师对这些问题的透彻分析；做笔记时应以图为主，辅以适当的文字说明；课后应及时复习，要理论联系实践，多画、多看、多想，要画与看相结合，图与物相结合。只有这样不断地由物画图或由图想物，即多次地"从空间到平面，再由平面返回到空间"的反复思维和分析研究的过程，才能真正掌握所学的知识，也就是说，将"学习、思考、实践"三者紧密结合才是学习本课程最有效的学习方法。

对于计算机绘图的内容，则需要通过上机操作，不断实践，才能逐步掌握。在上机操作过程中逐步掌握二维绘图软件的一些最基本的概念和使用方法，特别是通过对 AutoCAD 绘图软件的使用，以便能熟练地运用这一软件进行二维工程图的绘制；完成习题中一定量的图形绘制，逐渐培养熟练运用计算机生成和处理图形的能力。

应当指出：除掌握本课程知识以外，还应努力掌握数学、空间解析几何和计算机基础等知识，以便更好地运用图解法、解析法和形数结合的方法，并利用计算机技术去解决空间种种工程几何问题，为振兴中华民族作出自己的贡献。

第1章 制图的基本知识和方法

§1-1 国家标准《技术制图》《机械制图》的一般规定

机械图样是机器制造过程中的主要依据，绘制时必须严格遵守国家标准《技术制图》与《机械制图》的有关规定。下面摘要介绍制图标准中的图纸幅面、比例、字体、图线及其画法、尺寸标注等。

一、图纸幅面和格式（GB/T14689—1993）

1. 图纸幅面

（1）绘制技术图样时，应优先选用表1-1中规定的基本幅面。

表1-1　　　　　　　　　　　　基　本　幅　面　　　　　　　　　　　　mm

幅面代号	A0	A1	A2	A3	A4
$B\times L$	841×1189	594×841	420×594	297×420	210×297
e	20			10	
c	10			5	
a	25				

（2）必要时也允许选用表1-2中的加长幅面。

表1-2　　　　　　　　　　　　加　长　幅　面（一）　　　　　　　　　　　mm

幅面代号	A3×3	A3×4	A4×3	A4×4	A4×5
$B\times L$	420×891	420×1189	297×630	297×841	297×1051

2. 图框格式

在图纸上必须用粗实线画出图框，其格式分为不留装订边和留装订边两种，同一产品的图样只能采用一种格式。

（1）不留装订边的图样，其图框格式如图1-1所示，尺寸按表1-1中的规定。

（2）需要装订的图样，其图框格式如图1-2所示，尺寸按表1-1的规定。

（3）加长幅面的图框尺寸，按所选用的基本幅面大一号的图框尺寸确定。

3. 标题栏（GB/T10609.1—1989）

图纸右下角必须画出标题栏。标题栏长边与图纸长边平行时，构成"X"型图纸如图1-1（a）和图1-2（a）。标题栏长边与图纸长边垂直时，构成"Y"型图纸如图1-1（b）和图1-2（b）。此时，看图的方向与看标题栏的方向一致。

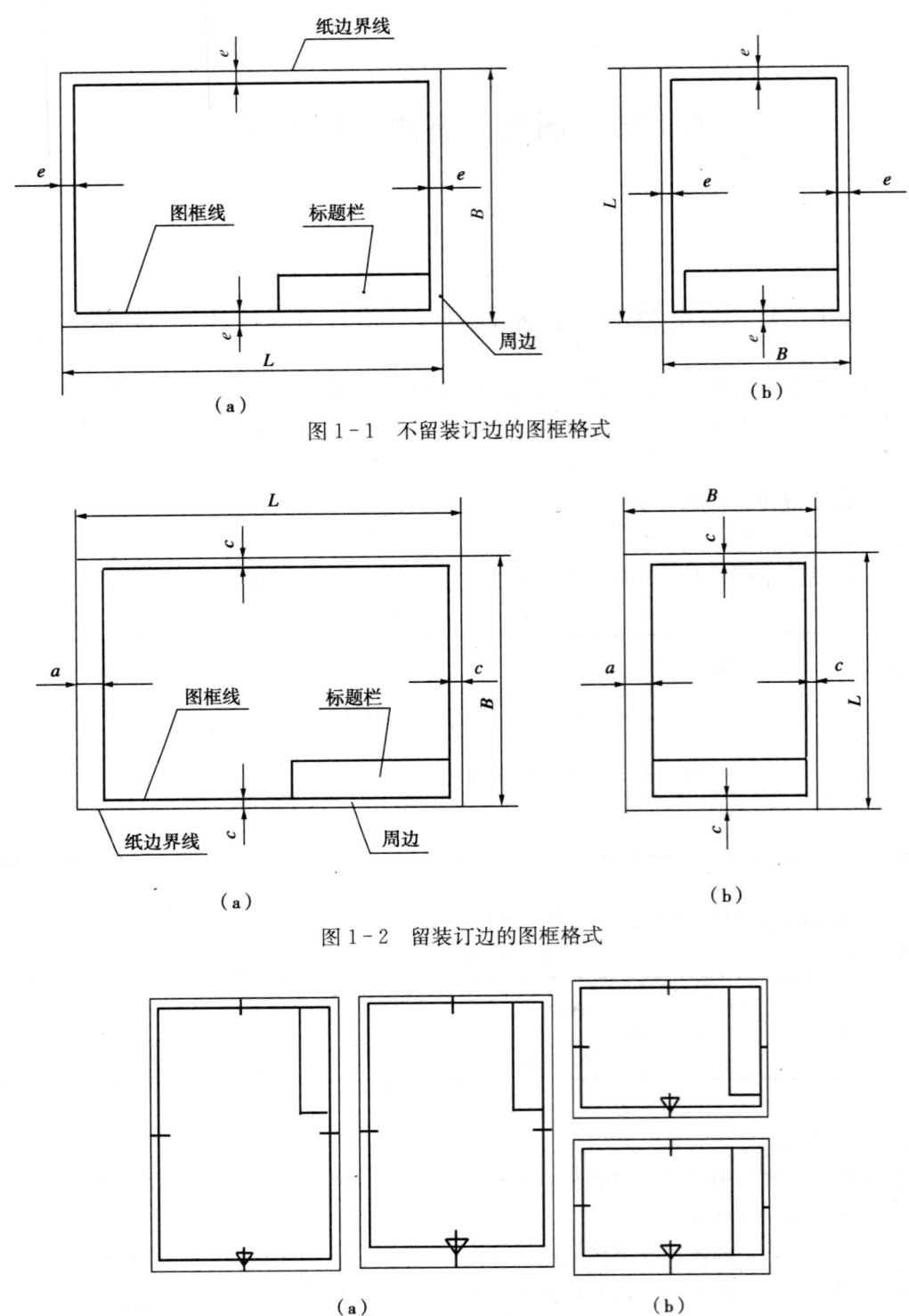

图 1-1 不留装订边的图框格式

图 1-2 留装订边的图框格式

图 1-3 图纸的另一种配置形式

为了利用预先印刷好的图纸，允许将"X"型图纸的短边置于水平位置使用，如图 1-3（a）；或将"Y"型图纸的长边置于水平位置来使用如图 1-3（b）。此时，标题栏的位置必须在图纸的右上角，为了明确绘图与看图时图纸的方向，应在图纸下边对中符号处画出方向符号（图 1-3）。对中符号是用粗实线在图纸各边长的中点处绘制，长度从纸边界线画起，伸人图框内约 5mm。方向符号是用细实线绘制的等边三角形（图 1-4）。

标题栏的格式及尺寸如图 1-5 所示。

4. 明细栏（GB/T10609.2—1989）

装配图中一般应有明细栏，配置在标题栏的上方，按由下而上的顺序填写，其格数应根据需要而定，当由下而上延伸位置不够时，可紧靠在标题栏左边自下而上延续。

当装配图中不能在标题栏上方配置明细栏时，可作为装配图的续页按 A4 幅面单独给出，其顺序应是由上而下延伸，还可继续加页，且应在明细栏下方配置标题栏，并在标题栏中填写与装配图相一致的名称或代号。

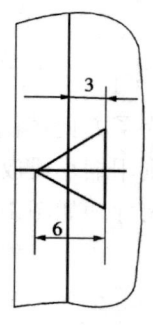

图 1-4 方向符号的画法

明细栏各部分的尺寸和格式如图 1-5 所示。

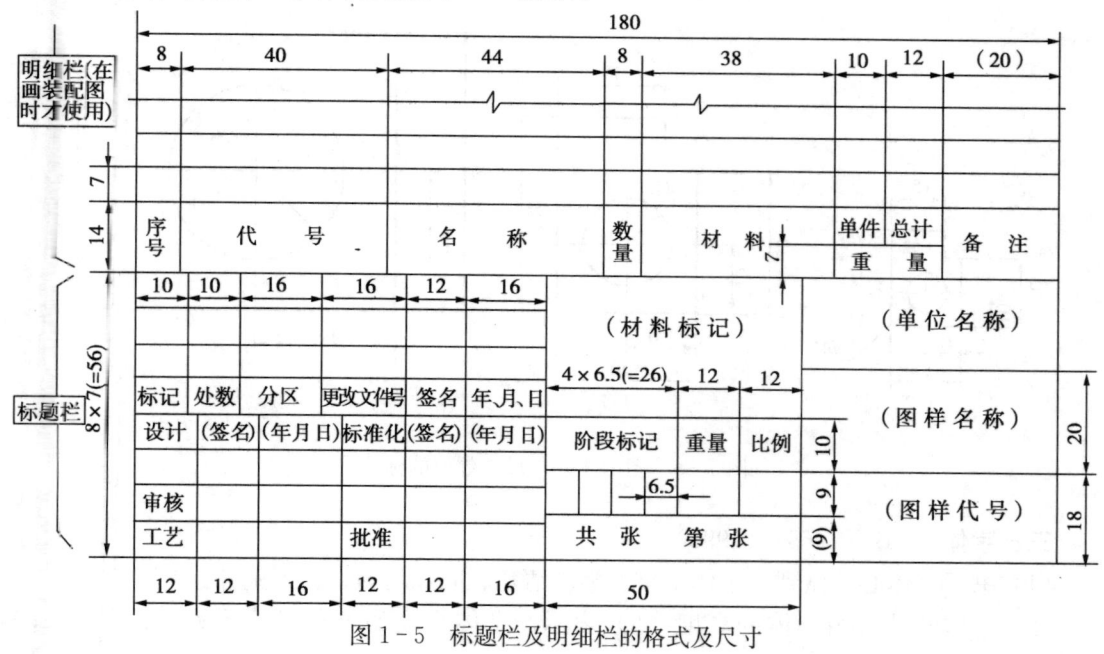

图 1-5 标题栏及明细栏的格式及尺寸

二、比例（GB/T14690—1993）

（1）绘制图样时所采用的比例是指图中图形与其实物相应要素的线性尺寸之比。比值为 1 的比例称为原值比例，比值大于 1 的比例称为放大比例，比值小于 1 的比例称为缩小比例。

（2）需要按比例绘制图样时，应由表 1-3 规定的系列中选取适当的比例。

表 1-3　　　　　　　　　　　　　绘 图 比 例

种类	比　　　　　例
原值比例	1 : 1
放大比例	2 : 1 （2.5 : 1）（4 : 1）5 : 1 1×10^n : 1 2×10^n : 1 （2.5×10^n : 1）（4×10^n : 1）5×10^n : 1
缩小比例	（1 : 1.5）1 : 2 （1 : 2.5）（1 : 3）（1 : 4）1 : 5 （1 : 6）1 : 1×10^n （1 : 1.5×10^n） 1 : 2×10^n （1 : 2.5×10^n）（1 : 3×10^n）（1 : 4×10^n）1 : 5×10^n （1 : 6×10^n）

注：1. n 为正整数。

2. 必要时才允许选用括号内的比例。

（3）比例应标注在标题栏中的比例栏内，必要时也可标注在该视图名称的下方或右侧，如：

$$\frac{I}{2:1} \qquad \frac{A}{1:100} \qquad \underline{断面图} \; 1:50 \qquad \underline{平面图} \; 1:100$$

为了方便读图，建议尽可能按物体的实际大小用 1：1 的比例画图。如物体太大或太小，则用缩小或放大比例画图。不论采用何种比例，图样中标注的尺寸数值必须是物体的实际尺寸，如图 1-6 所示。

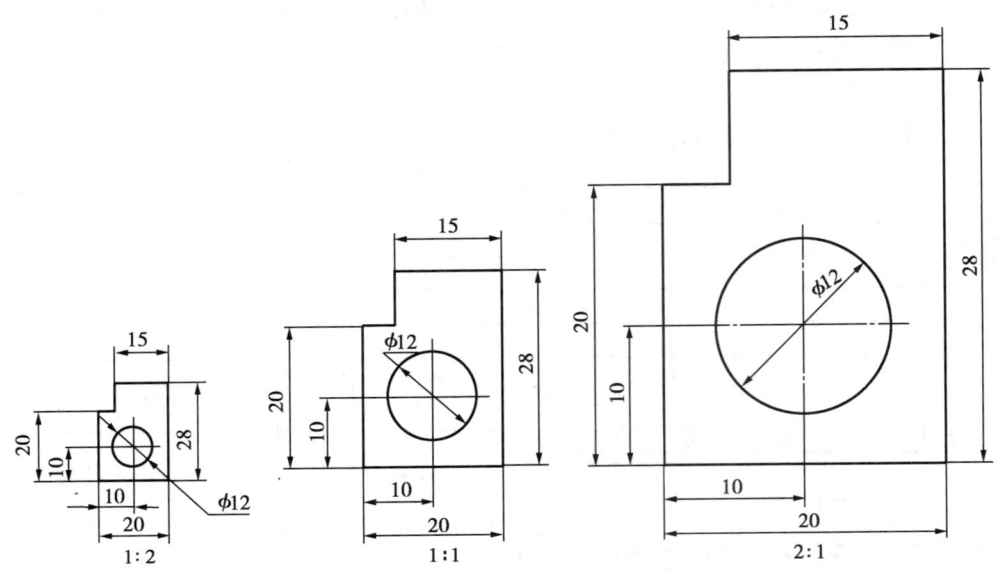

图 1-6　图形比例与尺寸数值的标注

三、字体（GB/T14691—1993）

（1）书写字体必须做到：字体工整、笔画清楚、间隔均匀、排列整齐。

（2）字体的号数用字体的高度（h）表示；字体高度的公称尺寸系列为：1.8，2.5，3.5，5，7，10，14，20 mm。如需要书写更大的字，其字体高度按 $\sqrt{2}$ 的比率递增。

（3）汉字应写成长仿宋体字，且不应小于 3.5 号字，其字宽为 $h/\sqrt{2}$。简化书写的汉字，必须遵守中华人民共和国国务院公布推行的《汉字简化方案》的有关规定。

（4）字母和数字分 A 型和 B 型；A 型字体的笔画宽度（d）为字高（h）的 1/14。B 型字体的笔画宽度（d）为字高（h）的 1/10。在同一图样上，只允许选用一种形式的字体。

（5）字母和数字可写成斜体和直体，常用的是斜体，斜体字字头向右倾斜，与水平基准线成 75°。

（6）综合应用时，用作指数、分数、极限偏差、注脚等的数字及字母，一般应采用小一号的字体；图中的数学符号、物理量符号、计量单位符号以及其他符号、代号，应分别符合国家的有关法令和标准的规定。

长仿宋字的基本笔画的写法见表 1-4。

表 1 - 4　　　　　　　　　　　长仿宋字的基本笔法

名称	点	横	竖	撇	捺	挑	折	勾
基本笔画及运笔法	尖点 垂点 撇点 上挑点	平横 斜横	竖	平撇 斜撇 直撇	斜捺 平捺	平挑 斜挑	左折　右折 斜折　双折	竖勾 左曲勾　右曲勾 平勾　竖弯勾 包勾　横折弯勾　竖折折勾

长仿宋体字示例

10 号字

字体工整笔画清楚间隔均匀排列整齐

7 号字

横平竖直注意起落结构均匀填满方格

5 号字

技术制图机械电子汽车航空船舶土木建筑矿山井坑港口纺织服装

3.5 号字

螺纹齿轮端子接线飞行指导驾驶舱位挖填施工引水通风闸阀坝棉麻化纤

斜体字母示例

ABCDEFGHIJKLMNO

PQRSTUVWXYZ

abcdefghijklmnopq

rstuvwxyz

斜体数字示例

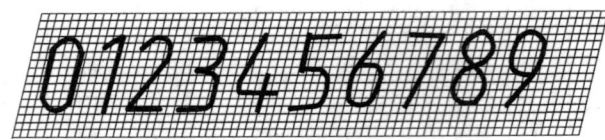

斜体罗马数字示例

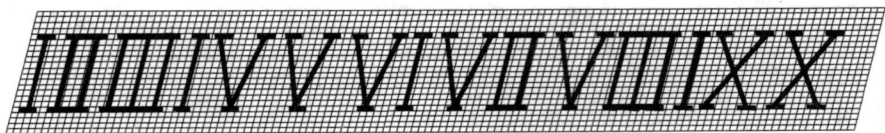

综合应用示例如图 1-7 所示。

$$10Js5(\pm0.003) \quad M24-6h \quad R8 \quad 5\%$$

$$220V \quad 5M\Omega \quad 380kPa \quad 460r/min$$

$$\phi 25 \frac{H6}{m5} \qquad \frac{II}{2:1} \qquad \overset{6.3}{\nabla}$$

图 1-7 字体综合应用示例

四、图线 （GB/T17450—1998，GB/T4457.4—2002）

（1）图线是指起点和终点间以任意方式连接的一种几何图形，形状可以是直线或曲线、连续线和不连续线。

（2）图线由点、短间隔、短画、画、长画、间隔等线素构成。

（3）线段是由一个或一个以上的不同线素组成的一段连续或不连续的图线，如实线线段或由"长画、短间隔、点、短间隔"组成的点画线的线段。

（4）国家标准（GB/T17450—1998）规定了 15 种基本线型及基本线型的变形和实线的组合线型。

（5）所有线型的图线宽度 d 应按图样的类型和尺寸大小在下列数系中选择。该数系的公比为 $1 : \sqrt{2}$（$\approx 1 : 1.4$）。

0.13 mm，0.18 mm，0.25 mm，0.35 mm，0.5 mm，0.7 mm，1 mm，1.4 mm，2 mm。

粗线、中粗线和细线的宽度比率为 4：2：1。在同一图样中，同类图线的宽度应一致。一般粗线和中粗线宜在 0.5～2 mm 之间选取，应尽量保证在图样中不出现宽度小于 0.18 mm 的图线。

建筑图样上，可以采用三种线宽的图线，其比率关系为 4：2：1；机械图样上采用两种线宽，粗线与细线的比率关系为 2：1。机械图样上采用的图线代码、名称、线型形式及一般应用如表 1-5 所示；图线宽度和图线组别如表 1-6 所示。

表 1-5　　　　　　　　　机械图样线型代号、名称、形式及应用

代码 No.	名　称	线　型	一般应用
01.2	粗实线		可见棱边线 可见轮廓线 相贯线 螺纹牙顶线和螺纹长度终止线 齿顶圆（线） 剖切符号用线 ……
01.1	细实线		过渡线 尺寸线、尺寸界线 指引线和基准线 剖面线、投影线 重合断面的轮廓线 短中心线 螺纹牙底线 表示平面的对角线 范围线及分界线 重要要素的表示线如齿轮的齿根线 ……
	波浪线		断裂处边界线；视图与剖视图的分界线[a]
	双折线		断裂处边界线；视图与剖视图的分界线[a]
02.1	细虚线		不可见棱边线 不可见轮廓线
02.2	粗虚线		允许表面处理的表示线
04.1	细点画线		轴线 对称中心线 分度圆心线 孔系分布的中心线 剖切线
04.2	粗点画线		限定范围表示线
05.1	细双点画线		相邻辅助零件的轮廓线 可动零件的极限位置的轮廓线 重心线 成形前轮廓线 剖切面前的结构轮廓线 轨迹线 ……

ɛ：在一张图样上一般采用一种线型，即采用波浪线或双折线。

9

表 1-6　机械图样中图线宽度和图线的组别　mm

线 型 组 别	与线型代码对应的线型宽度	
	01.2；02.2；04.2	01.1；02.1；04.1；05.1
0.25	0.25	0.13
0.35	0.35	0.18
0.5[a]	0.5	0.25
0.7[a]	0.7	0.35
1	1	0.5
1.4	1.4	0.7
2	2	1

a：优先采用的图线组别。

（6）绘图时，线素的长度宜符合表 1-7 的规定。

表 1-7　线素的构成

线 素	线型（代码）	长 度	线 素	线型（代码）	长 度
点	04～07，10～15	$\leqslant 0.5d$	画	02，03，10～15	$12d$
短间隔	02，04～15	$3d$	长画	04～06，08，09	$24d$
短画	08，09	$6d$	间隔	03	$18d$

注：d 为图线的宽度。

（7）图线相交时应相交于画线处，如图 1-8 所示的各种图线相交的地方，均相交于画线处，而不要相交于点或间隔处。

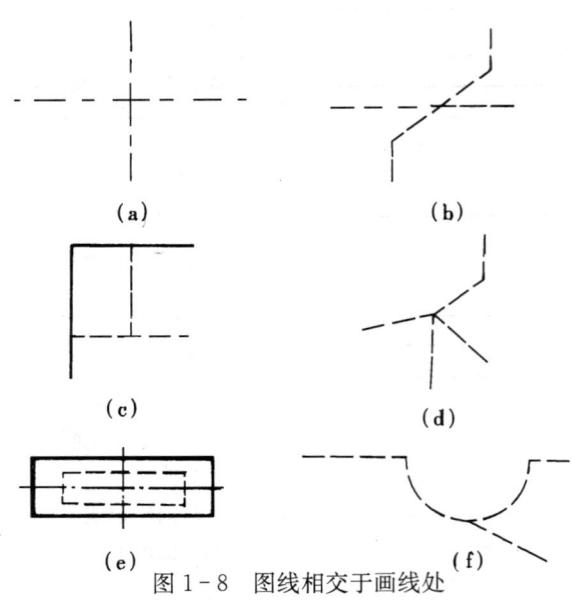

(a)	(b)
(c)	(d)
(e)　图 1-8　图线相交于画线处	(f)

（8）中心线、对称线应超出轮廓线 2～5 mm。

图线应用如图 1-9 所示。

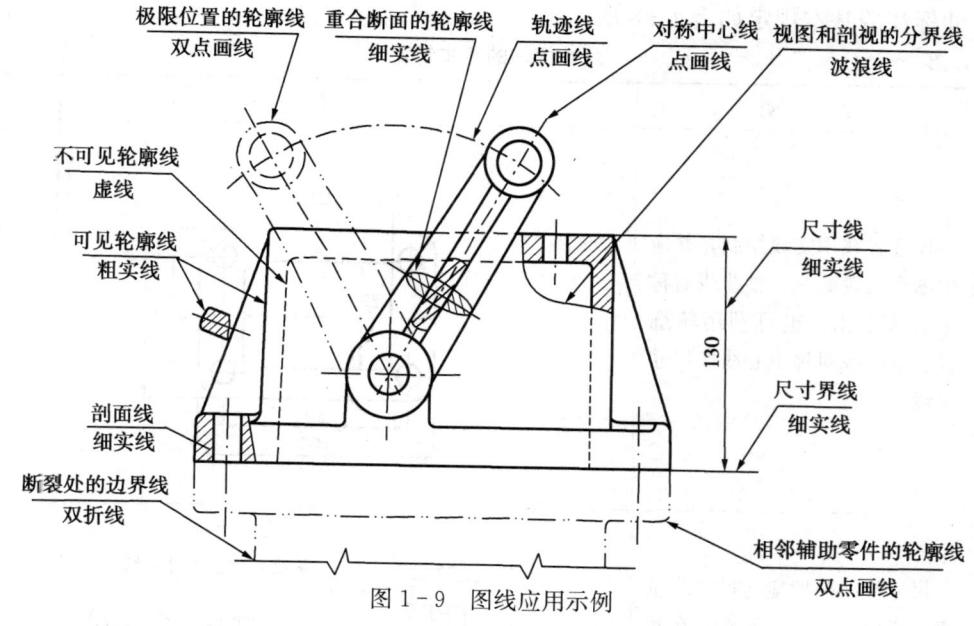

图 1-9　图线应用示例

五、尺寸注法（GB/T16675.2—1996、GB/T4458.4—2003）

1. 基本规则

（1）物体的真实大小应以图样上所注的尺寸数值为依据，与图形的大小和绘图的准确度无关。

（2）图样中（包括技术要求和其他说明）的尺寸，以毫米（mm）为单位时，不需要标注单位的符号或名称，如采用其他单位时，则必须注明。

（3）图样中所标注的尺寸，为该图样所示物体的最后完工尺寸，否则应另加说明。

（4）物体的每一尺寸，一般只标注一次，并应标注在反映该结构最清晰的图形上。

2. 尺寸的组成和基本注法

一个完整的尺寸，由尺寸界线、尺寸线、尺寸线终端（箭头和斜线）以及尺寸数字组成，如图 1-10 所示。尺寸线终端的画法如图 1-11 所示，机械图样一般采用箭头作为尺寸线终端，其画法如图 1-11（a）所示；建筑图上的线性尺寸一般采用斜线作为尺寸线终端，其画法如图 1-11（b）所示。

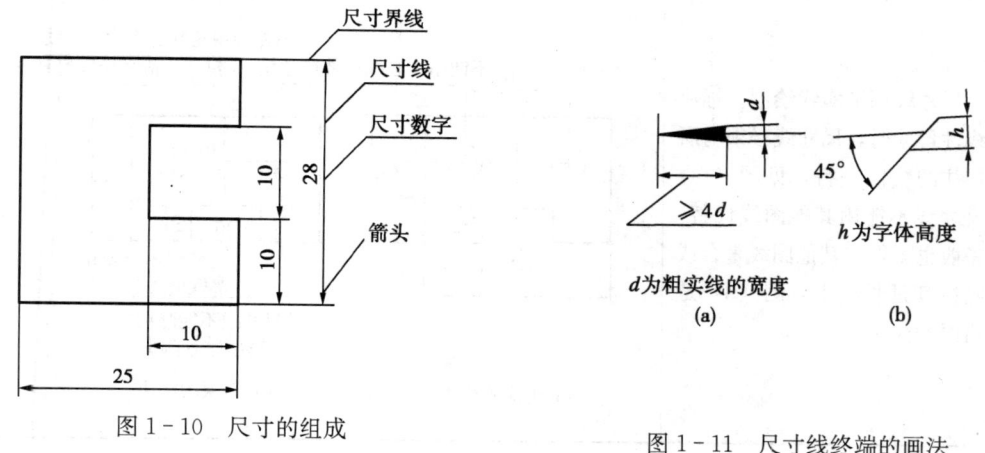

图 1-10　尺寸的组成

图 1-11　尺寸线终端的画法

尺寸标注的基本规定如表 1-8 所示。

表 1-8　　　　　　　　　　　　　　　　　尺寸标注的基本规定

项目	说　　明	图　　例
尺寸界线	尺寸界线用实线绘制，并应由图形的轮廓线、轴线或对称中心线引出，也可利用轮廓线、轴线或对称中心线作尺寸界线	
	尺寸界线一般应与尺寸线垂直，必要时才允许倾斜。在光滑过渡处标注尺寸时，必须用细实线将轮廓线延长，从它们的交点处引出尺寸界线	
	标注角度的尺寸界线，应沿径向引出。弦长及弧长的尺寸界线，应平行于该弦的垂直平分线和弧所对圆心角的角平分线。当弧度较大时，可沿径向引出；标注弧长时，应在尺寸数字上方加注符号"⌒"	
尺寸线	尺寸线用细实线绘制。标注线性尺寸时，尺寸线必须与所标注的线段平行，见图（a）。尺寸线不能用其他图线代替，一般也不得与其他图线重合或画在其延长线上，图（b）是错误的注法	

12

项目	说　明	图　例
尺寸数字	线性尺寸的数字一般应填写在尺寸线的上方，也允许注写在尺寸线的中断处	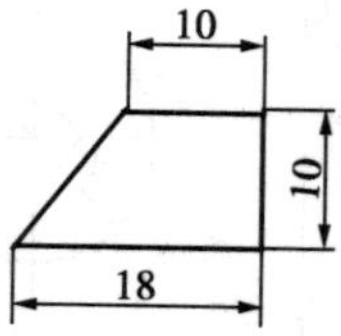 尺寸数字填写在尺寸线上方 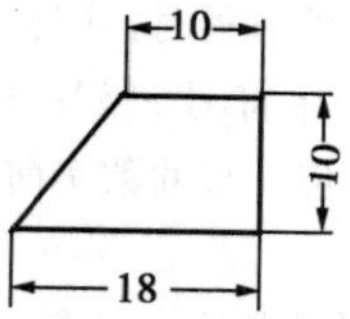　　尺寸数字填写在尺寸线的中断处
	线性尺寸的数字应按图（a）中的方向填写，并尽量避免在图示30°范围内标注尺寸。当无法避免时，可按图（b）标注 非水平方向的尺寸数字允许水平地注写在尺寸线的中断处，见图（c、d）。但在一张图样中，应尽可能采用同一种形式	 (a) 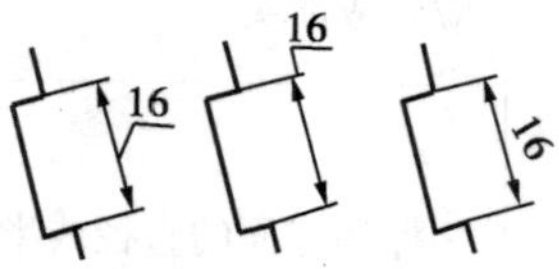 (b) 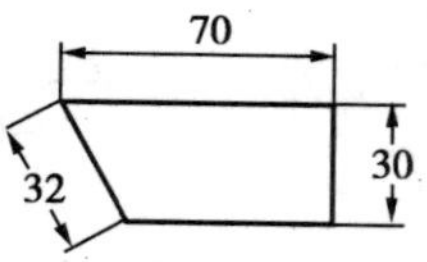 (c) 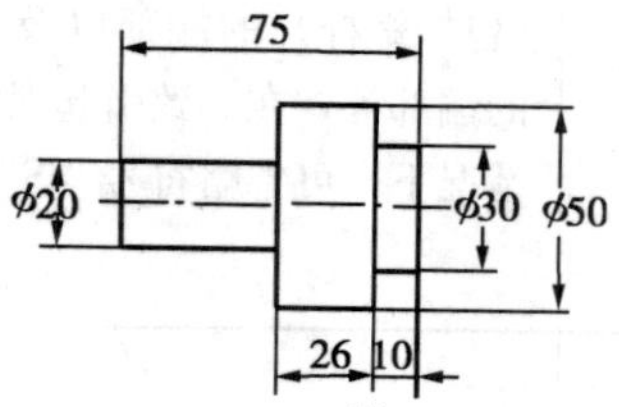 (d)
	标注角度的数字，一律写成水平方向，一般注写在尺寸线的中断处见图（a）。必要时，也可按图（b）的形式标注	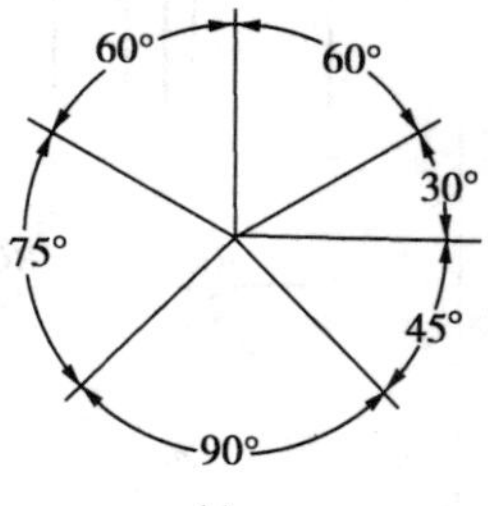 (a) 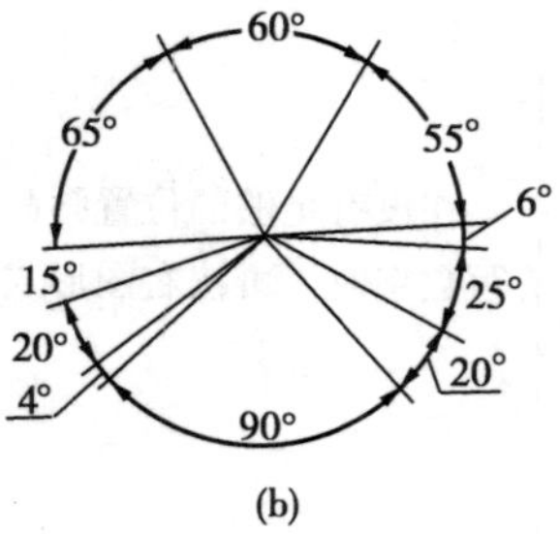 (b)
	尺寸数字不可被任何图线所通过，否则必须将该图线断开	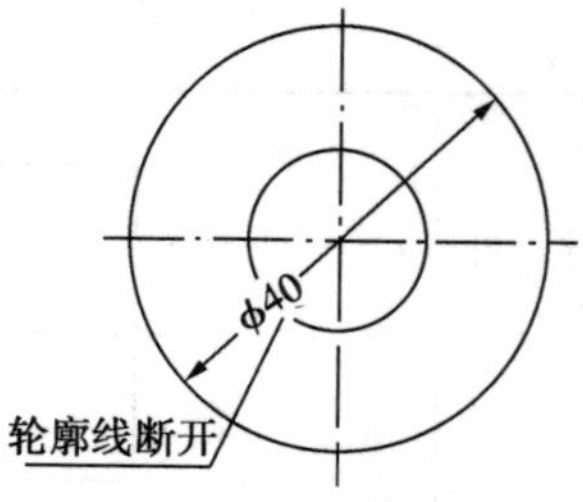 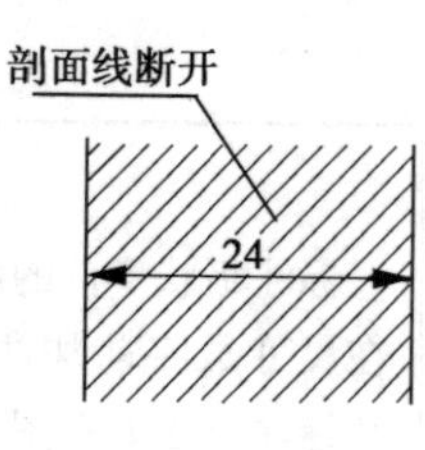 剖面线断开　轮廓线断开

13

项目	说　　明	图　　例
直径与半径尺寸注法	标注直径时，应在尺寸数字前加注符号"ϕ"；标注半径时，应在尺寸数字前加注符号"R" 圆弧半径过大或在图纸范围内无法标出其圆心位置时，可按图（a）标注。若不需要标出其圆心位置时，则可按图（b）标注 直径、半径的尺寸线的终端应画成箭头	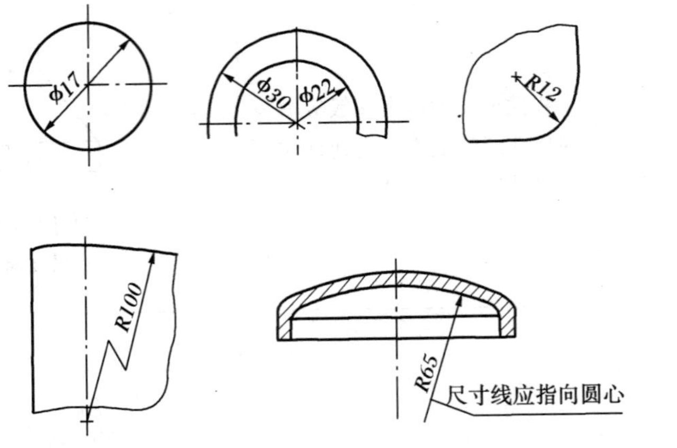
	标注球面的直径或半径尺寸时，应在符号"ϕ"或"R"前再加注符号"S" 对于螺钉、铆钉的头部，轴（包括螺杆）的端部以及手柄的端部等，在不致引起误解的情况下，可省略符号"S"	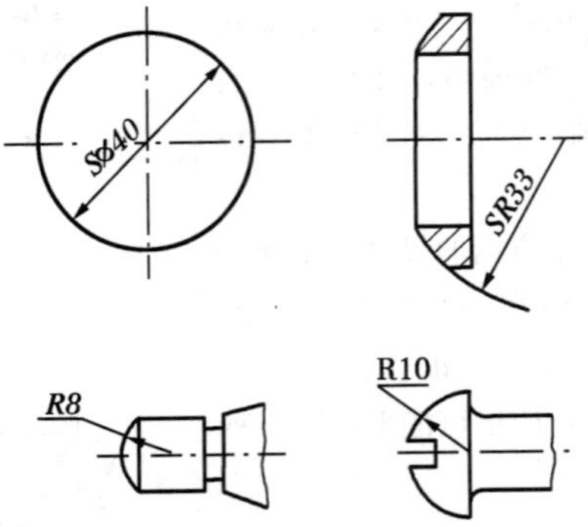
小尺寸的注法	在没有足够的位置画箭头或写数字时，可按右图形式标注	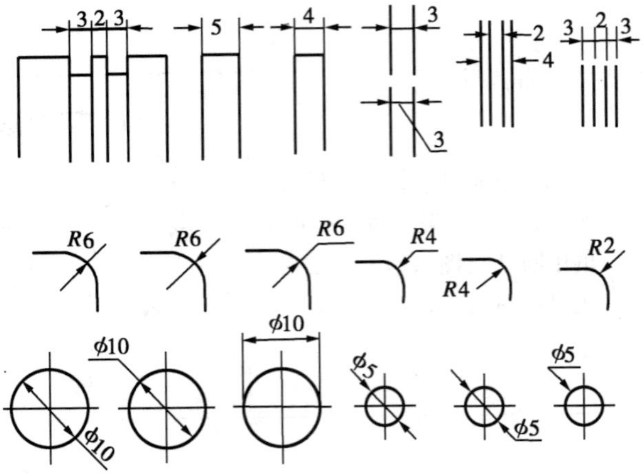
薄板件厚度尺寸注法	标注板状零件的厚度时，可在尺寸数字前加注符号"t"，其标注方法如右图	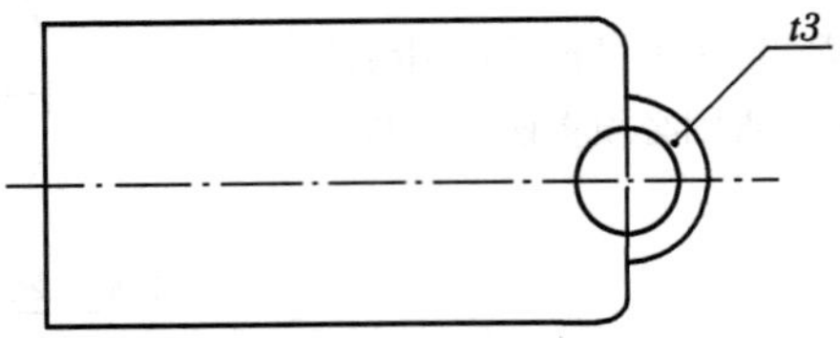

项目	说　　明	图　　例
对称结构的尺寸注法	当图形具有对称中心线时，分布在对称中心线两边的相同结构，可仅标注其中一边的结构尺寸，如右图中的 R64、12、R9、R5 等	

尺寸的简化注法按 GB/T16675.2—1996 标注。

§1-2　手工绘图工具、仪器及其使用

正确使用绘图工具和仪器是工程技术人员必须掌握的基本技能。也是提高绘图速度，保证绘图质量的一个重要因素。

一、绘图工具

〔1〕图板　用作画图的垫板，要求表面平整光洁，棱边光滑平直。左、右两侧为工作导向边。

（2）丁字尺　由尺头和尺身组成，尺身的上边为工作边，用于绘制水平线，使用时将尺头内侧紧靠图板的左侧边上下移动，沿尺身的上边便可画出一系列的水平线，如图 1-12 所示。

（3）三角板　一副三角板由 45°和 30°×60°各一块组成。三角板与丁字尺配合使用时，可画垂直线和与水平线成 15°，30°，45°，60°，75°的倾斜线，如图 1-13 所示。

（4）比例尺　比例尺一般做成三棱柱形，故又称三棱尺。三个棱面上刻有 6 种不同的比例尺标，如 1：100，1：200，…，1：600，供放大或缩小图形选用（图 1-14）。

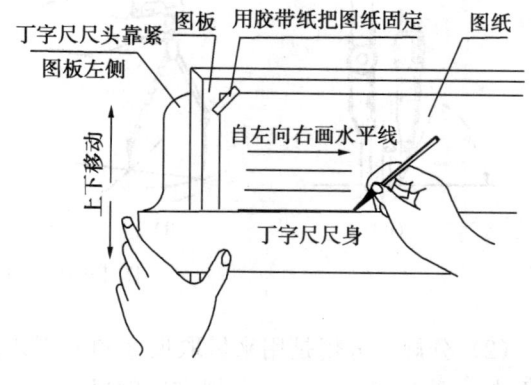

图 1-12　利用丁字尺画水平线

15

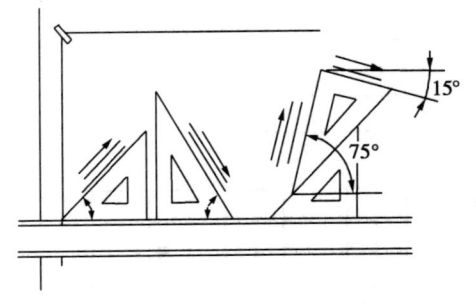

图 1-13　丁字尺与三角板配合使用画线

图 1-14　比例尺

（5）曲线板　曲线板是用来画非圆曲线的。画曲线时，先用铅笔徒手轻轻地将各点连成曲线，然后从曲线板上选用与所画曲线相吻合的一段进行描绘，每段至少过四点，并且只画中间一段，前端一小段与上次所描曲线重叠，后端一小段留待下次再连，这样才能使所画的非圆曲线光滑，如图 1-15 所示。

二、绘图仪器

绘图仪器的规格较多，简单的只有一个圆规和一个分规插腿，复杂的有多达几十个元件，最常见的元件有圆规、分规。

（1）圆规　用来画圆及圆弧，也可当分规使用。圆规的一条腿上装有钢针，称固定腿。

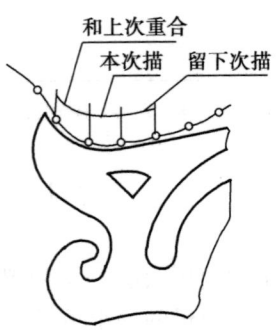

图 1-15　曲线板的使用

另一条腿上具有肘关节，可装铅笔插腿、直线笔插腿或分规插腿，称活动腿。使用前应先调整针脚，使两腿合拢，针尖应比铅芯或直线笔的尖端稍长［图 1-16（a）］。画图时，分开两腿至所需的半径尺寸，然后将钢针带台阶的一端轻轻插入圆心，用右手拇指与食指捏住圆规顶端手柄，按顺时针方向转动即可画出圆及圆弧。转动时，用力和速度都要均匀，并使圆规略向转动方向倾斜，并尽可能使钢针和铅芯垂直纸面［图 1-16（b）］。画大直径的圆时，要加上接长杆［图 1-16（c）］。若当分规使用时，则要装上分规插腿，两腿上的钢针都要用不带台阶的针尖。

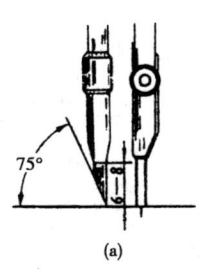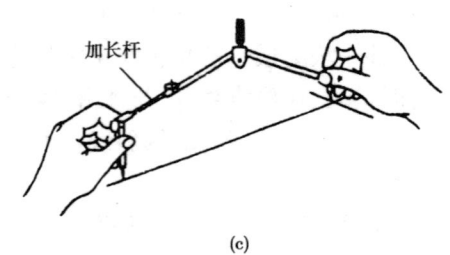

（a）　　　　　　　（b）　　　　　　　　　　　（c）

图 1-16　圆规及其用法

（2）分规　分规是用来量取尺寸和分割线段的。为了准确地度量尺寸，分规的两针尖应平齐［图 1-17（a）］。分规在比例尺上量取刻度时，应先将一针尖对准所要的刻度，再张开两腿，使另一针尖对准"0"，如图 1-17（b）所示。

16

用分规等分线段时，常采用试分法，具体作法见图 1-18。

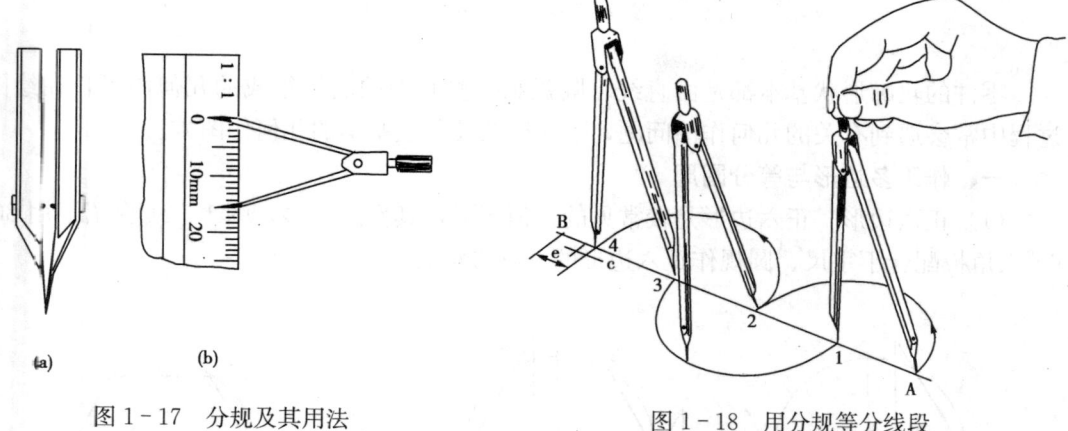

图 1-17　分规及其用法　　　　　　　图 1-18　用分规等分线段

三、绘图用品

（1）铅笔　一般采用的木质绘图铅笔，其末端印有铅芯硬度的标号。标号 B，2B，…，6B 表示软铅芯，数字越大表示铅芯越软；标号 H，2H，…，6H 表示硬铅芯，数字越大表示铅芯越硬，标号 HB 表示软硬适中。画图时，根据需要选用软硬不同的铅笔，一般画底稿用 H 或 2H 铅笔，加深粗实线用 HB 或 B 铅笔，写字、画箭头用 H 或 HB 铅笔。

铅笔要从没有标号的一端开始使用，以保留铅芯硬度的标号。铅笔尖一般削成圆锥状，画粗实线的铅芯磨成矩形（图 1-19）。

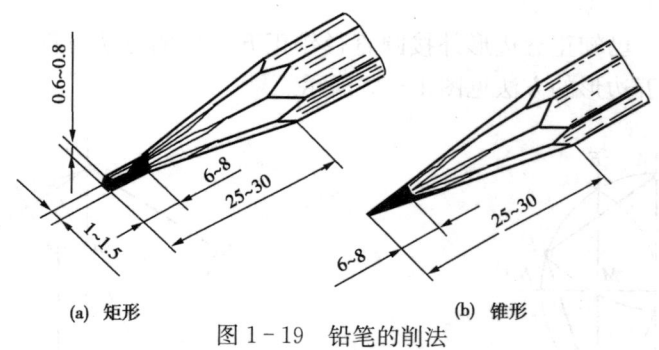

（a）矩形　　　　　　　（b）锥形

图 1-19　铅笔的削法

（2）橡皮　橡皮有软、硬两种类型，软橡皮用以擦铅笔线和清洁图面，硬橡皮用以擦墨线和除去污渍。使用橡皮不要用力过猛，要顺着纸的纤维，朝一个方向轻轻擦拭。

（3）擦线板　擦线板又称擦图片（图 1-20），是用很薄的塑料或钢片制成，上面有各种形状的漏孔，使用时，将不需要的线条从漏孔中露出，以便擦拭，可避免把有用的线条同时擦去。

（4）其他用品　绘图时除了上面所介绍的绘图工具、仪器、用品之外，还要备有削铅笔的小刀（或刀片）、固定图纸用的透明胶带纸、磨铅笔的砂纸、清理图纸用的小刷子以及量角器等。

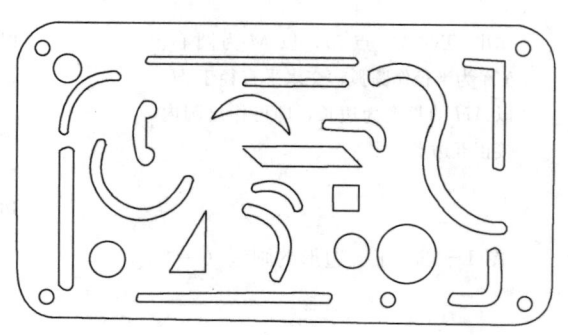

图 1-20　擦线板

§1-3 几何作图

零件的轮廓形状基本都是由直线、圆弧和一些其他的曲线组成的几何图形，在绘图的过程中常会遇到有关的几何作图问题，下面介绍几种最基本的几何作图方法。

一、作正多边形与等分圆周

（1）**正六边形** 正六边形是较常见的几何图形，其作法较多，图1-21介绍了用30°×60°三角板配合丁字尺、圆规作正六边形的一种方法。

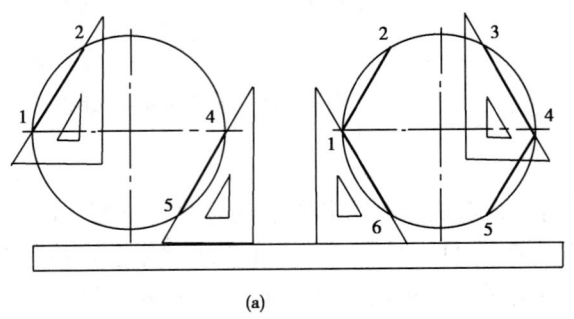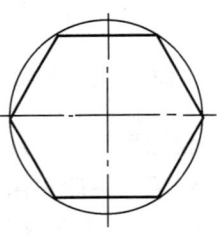

(a)

以外接圆直径大小作圆，分别过1，4点用三角板作60°线，交圆周于2，6及3，5点

(b)

用三角板连接各点即得正六边形

图1-21 正六边形画法

（2）**正五边形** 已知正五边形外接圆直径作正五边形的方法见图1-22所示；已知正五边形的边长作正五边形的方法见图1-23所示。

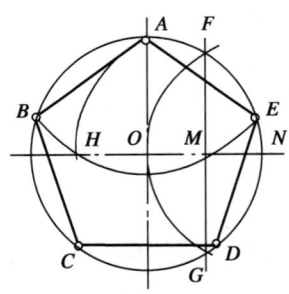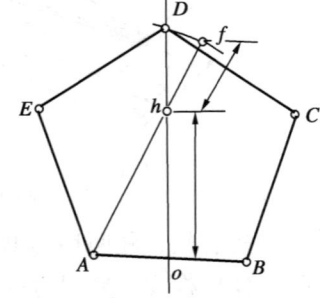

作出 ON 的中点 M，以 M 为圆心、MA 为半径作圆弧，交水平直径于 H。以 AH 的长度为边长，即可作出圆内接正五边形

图1-22 正五边形的画法（一）

以边长 AB 为底边，作其中垂线取 $oh=AB$，连 Ah 并延长至 f 使 $hf=\frac{1}{2}AB$，以 A 为圆心，Af 为半径，画弧交 oh 延长线于 D，分别以 A、B、D 为圆心，AB 为半径画弧相交于 EC，连 AE，ED，DC，CB，则五边形 $ABCDE$ 即为所求

图1-23 五边形的画法（二）

（3）正 n 边形　当已知正 n 边形外接圆的半径时，只要将该圆圆周分成 n 等份，依次连接各等分点即得 n 边形。图 1 - 24 为正七边形的作法。

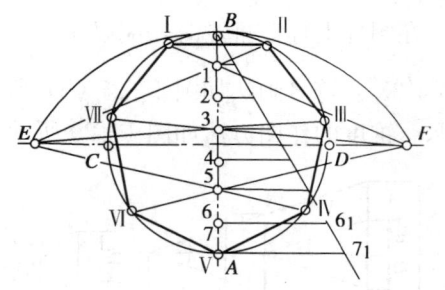

等分直径 AB（$n=7$）以 A 为圆心，AB 为半径作弧交 CD 延长线于 E，F，连 E，F 点与 AB 上的奇数点或偶数点（如 1，3，5），并延长与圆周相交，即得等分点 Ⅰ，Ⅱ，Ⅲ，Ⅳ，Ⅴ，Ⅵ，Ⅶ，连相邻的等分点，即得正 n 边形

图 1 - 24　正 n 边形的画法

二、斜度与锥度

（1）斜度　斜度是指一直线对另一直线，或一平面对另一平面的倾斜程度，其大小用它们之间的夹角的正切值表示，如图 1 - 25（a）所示。斜度在图样上常以 1：n 的形式表示，即

$$斜度 = \tan\alpha = H：L = 1：\frac{L}{H}$$

斜度的画法如图 1 - 26 所示。

斜度的标注方法如图 1 - 25（b）所示，斜度符号的画法如图 1 - 25（c）所示，符号的斜线方向要与斜度方向一致。

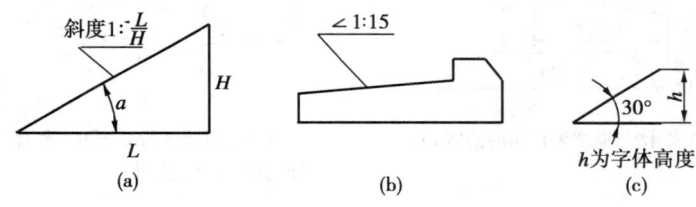

图 1 - 25　斜度的定义、符号及标注

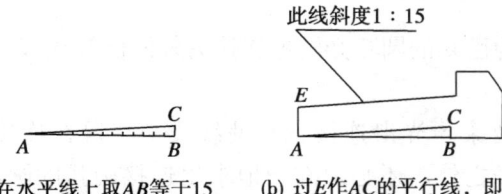

(a) 在水平线上取 AB 等于 15 等分，过 B 作垂线并取 BC 等于一等分，连接 AC，即为 1：15 的斜度

(b) 过 E 作 AC 的平行线，即得所求的斜度线

图 1 - 26　斜度的画法

（2）锥度（GB/T157—2001）

锥度是指正圆锥的底圆直径与其高度的比值；对于圆台则应为两底圆直径之差与其高度之比。如图 1 - 27（a）所示，锥度用 C 表示。

$$C = \frac{D-d}{l} = \frac{D}{L}$$

锥度 C 与圆锥角 α 的关系为：

$$C = 2\tan\frac{\alpha}{2} = 1：\cot\frac{\alpha}{2}$$

19

在图样上标注锥度时，应以 1：n 的形式在前面加符号"△"表示，如 △1：15（$\frac{\alpha}{2}$ = 1.5°4′33″）符号画法如图 1-27（b）所示，符号的尖端指向应与锥度方向一致，如图 1-28 所示。锥度的作图方法如图 1-29 所示。

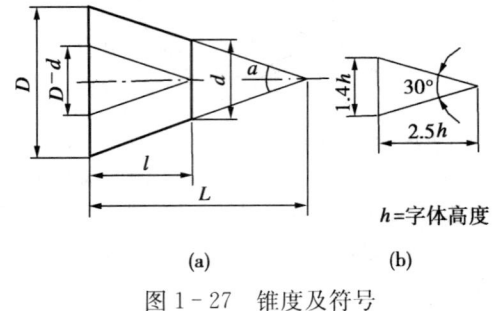

图 1-27 锥度及符号

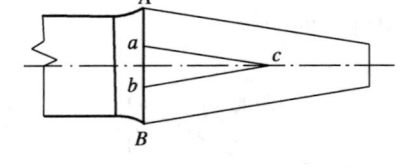

图 1-28 锥度的标注

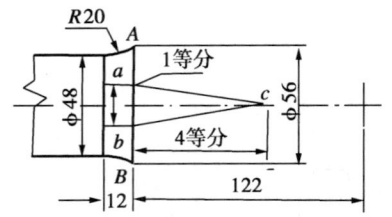

(a) 作圆锥底 AB 与锥度为 1：4 的圆锥 abc

(b) 过 A 点作直线平行 ac，过 B 点作直线平行 bc，即完成 1：4 的锥度

图 1-29 锥度的画法

三、圆弧连接

绘图时，用一半径为已知的圆弧光滑地连接另外两已知线段（直线或圆弧），这一作图过程称为圆弧连接。

（1）圆弧连接的三要素　光滑连接就是使线段与线段在连接处相切。因此，作图时，除了知道连接圆弧的半径之外，还必须准确地求出连接圆弧的圆心并定出切点的位置。我们常把连接圆弧的圆心、半径和切点称为圆弧连接的三要素。

（2）圆弧连接的几何原理　求连接圆弧的圆心和切点要用到下列几何原理：

与已知直线相切时，半径为 R 的连接圆弧的圆心轨迹，是与直线相距为 R 的平行线。切点是连接圆弧的圆心向被连接直线所作垂线的垂足（图 1-30）。

与已知圆弧（半径为 R_1）相切时，半径为 R 的连接圆弧的圆心轨迹是已知圆弧的同心圆。同心圆的半径随着相切的情况而定：两圆弧外切，同心圆半径为 $R+R_1$ ［图 1-31（a）］；两圆弧内切，同心圆半径为 $|R_1-R|$ ［图 1-31（b）］，两圆弧的圆心连线或其延长线与已知圆弧的交点即为切点（图 1-31 中的 K 点）。

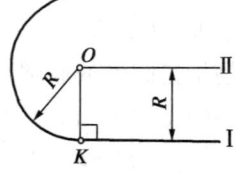

图 1-30 直线与圆弧连接的几何原理

20

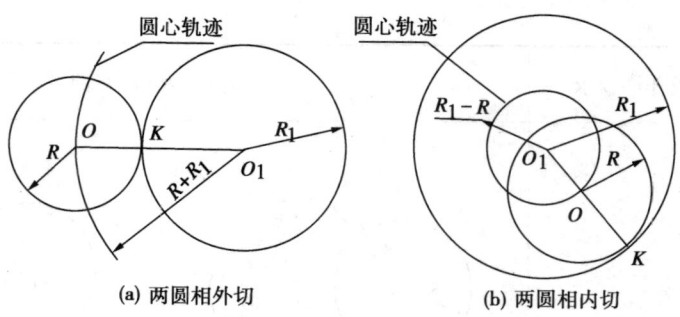

圆心轨迹　　　　　　圆心轨迹

(a) 两圆相外切　　　　　　(b) 两圆相内切

图 1-31　圆与圆相切

几种圆弧连接的作图步骤如表 1-9 所示。

表 1-9　　　　　　　　　　　圆弧连接的形式及作图步骤

连接形式	已知条件及作图要求	作图步骤及实例
用圆弧连接两已知直线	已知：直线 AB、CD 求作：作半径为 R 的圆与 AB、CD 两直线相切	(a) 求圆心：以半径 R 为距离分别作 AB、CD 的平行线，其交点 O 即为所求圆心　(b) 求切点：过 O 点分别向 AB、CD 两直线作垂线，垂足 K、K₁ 即为切点　(c) 画圆弧：以 O 为圆心，以 R 为半径，在两切点之间画圆弧　(d) 实例——支架
用圆弧连接一已知直线和一已知圆弧	已知：直线 AB 和半径为 R₁、圆心为 O₁ 的圆弧 求作：作半径为 R 的圆弧和直线 AB 与圆心为 O₁ 的圆弧相切	(a) 求圆心：作距离 AB 为 R 的平行线 L，以 O₁ 为圆心，R+R₁ 为半径，作圆弧交直线 L 于点 O，O 即为所求的圆心　(b) 求切点：过 O 向直线 AB 作垂线，垂足 K 即为切点；O₁O 连线与已知圆弧的交点 K₁ 为另一切点　(c) 作圆弧：以 O 点为圆心，R 为半径，在两切点之间画圆弧　(d) 实例——托架

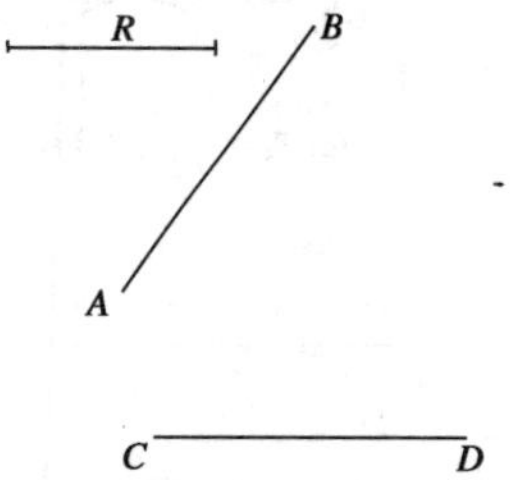

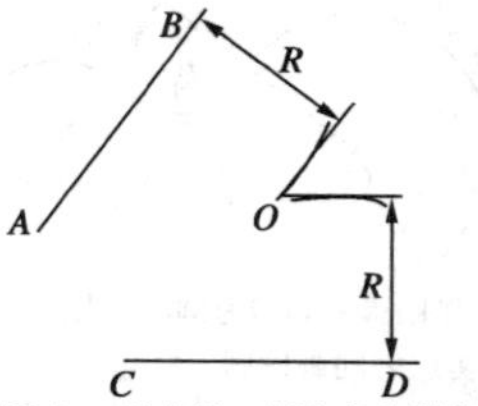

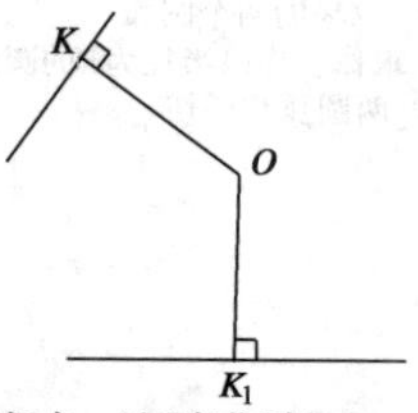

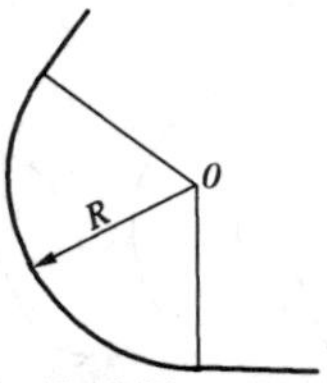

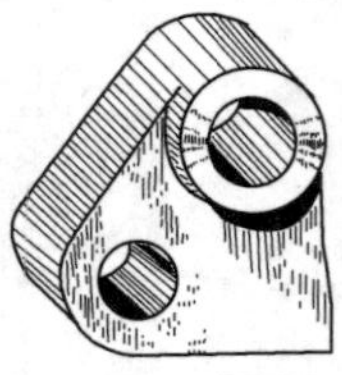

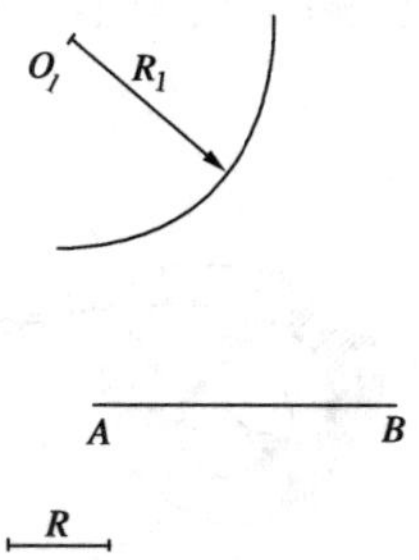

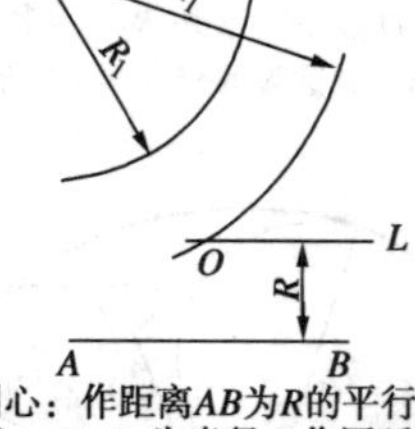

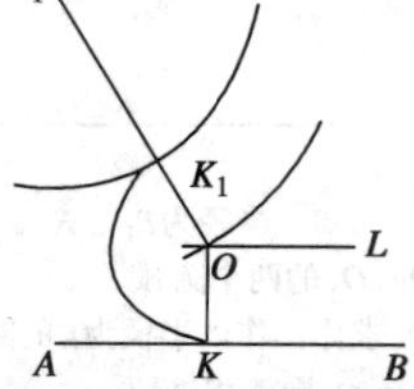

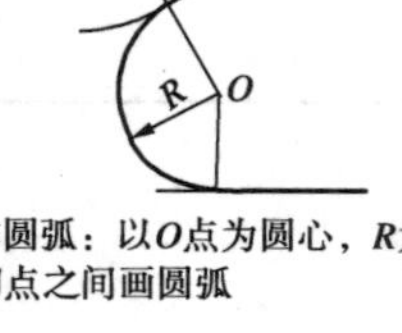

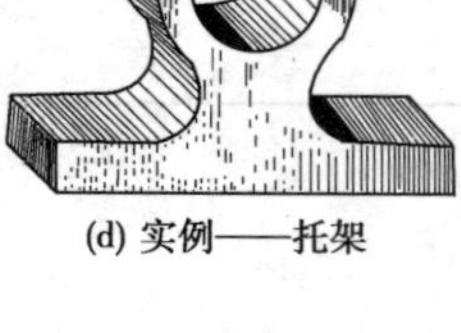

连接形式	已知条件及作图要求	作图步骤及实例
用圆弧连接两已知圆弧	已知：半径为R_1、R_2，圆心为O_1、O_2的两个圆弧 求作：作以半径为R的圆弧与O_1、O_2两圆弧相外切	(a) 求圆心：以O_1为圆心，R_2+R为半径，O_2为圆心，R_2+R为半径分别画圆弧，两圆弧之交点O即为所求的圆心 (b) 求切点：连心线O_1O和O_2O与已知圆弧的交点K_1、K_2即为切点 (c) 作圆弧：以O为圆心，以R为半径，在两切点之间画圆弧 (d) 实例——连接板
用圆弧连接两已知圆弧	已知：半径为R_1、R_2，圆心为O_1、O_2的两个圆弧 求作：作以半径为R的圆弧与O_1、O_2圆弧相外切	(a) 求圆心：以O_1为圆心，$R-R_1$为半径，O_2为圆心，$R-R_2$为半径分别画圆弧，两圆弧的交点O即为所求的圆心 (b) 求切点：将连心线OO_1、OO_2延长与已知圆弧相交，交点K_1、K_2即为切点 (c) 作圆弧：以O为圆心，R为半径，在两切点之间画圆弧 (d) 实例——连接板

连接形式	已知条件及作图要求	作图步骤及实例
用圆弧连接两已知圆弧	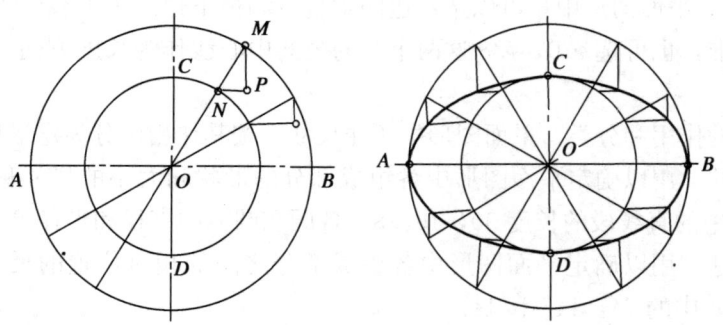已知：半径为R_1、R_2，圆心为O_1、O_2的两个圆弧 求作：作以半径为R的圆弧与O_1圆弧相外切，与O_2圆弧相内切	(a) 求圆心：以O_1为圆心，$R+R_1$为半径，O_2为圆心，$R-R_2$为半径分别画圆弧，两圆弧的交点O即为所求的圆心 (b) 求切点：连心线OO_1及OO_2的延长线与已知圆弧的交点K_1、K_2即为切点 (c) 作圆弧：以O为圆心，R为半径，在两切点之间画圆弧 (d) 实例—支座

四、椭圆

椭圆是工程中常用到的非圆平面曲线，其画法有：

（1）同心圆法（图 1-32）

（1）以 O 为圆心，分别以长轴 AB，短轴 CD 为直径画两同心圆；

（2）过 O 作任意射线与大小圆分别交于 M，N 点；

（3）过 M 作 CD 的平行线，过 N 作 AB 的平行线，两直线的交点 P 即为椭圆上的点；

（4）用同法作出若干点，用曲线板光滑连接成椭圆

图 1-32 同心圆法作椭圆

23

（2）近似画法（四心法）（图1-33）

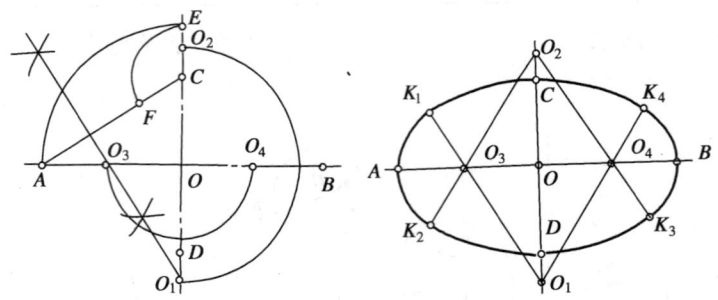

（1）过中心点 O 定出长、短轴的端点 A，B，C，D；

（2）连 AC，并在 AC 上取 $CF=CE=AO-CO$；

（3）作 AF 的中垂线，交 AB 于 O_3，交 CD 于 O_1，取 O_1，O_3 的对称点 O_2，O_4；

（4）分别以 O_1，O_2，O_3，O_4 为圆心，O_1C，O_2D，O_3A，O_4B 为半径，画圆弧，彼此相切于 O_1O_3，O_2O_3，O_2O_4，O_1O_4 延长线上的 $K_1K_2K_3K_4$，即得椭圆

图1-33　近似法作椭圆

§1-4　平面图形的分析及画图

一、平面图形的尺寸分析

平面图形是由若干封闭线框组成的，各个线框又是由一条或若干条线段围成的，因此，绘制平面图形最主要的问题就是正确画出组成平面图形的各条线段。这就需要有相应的尺寸来确定各条线段的位置和它们的大小。

（1）尺寸基准　为了使尺寸数值明确地体现出各线段之间的相对位置，在标注每个方向的尺寸时，应合理地选择一个统一的基准。我们把用以确定标注尺寸的起始位置的几何元素（如点、线）称为尺寸基准，平面图形要有长度方向和高度方向的尺寸基准。

平面图形中常有的基准有对称图形的对称线，较大圆的中心线或较长的直线。如图1-34（a）中所示的平面图形中，可以选左边的垂直线和最下边的水平线作为长度方向和高度方向的尺寸基准，也可选 $\phi20$，$\phi38$ 这两个圆的公共中心线作为长度方向、高度方向的尺寸基准。

（2）尺寸的作用和分类　平面图形中所注尺寸，按其作用可分为定形尺寸和定位尺寸。

①定形尺寸　用以确定平面图形中各组成部分的形状和大小的尺寸称为定形尺寸，如图1-34（a）中的直线段的长度90，16，8，各圆和圆弧的直径和半径等。

②定位尺寸　用以确定平面图形中各组成部分之间的相对位置的尺寸称为定位尺寸，如图1-34（a）中的74，145和11。

二、平面图形的线段分析

平面图形中，有些线段具有完整的定形尺寸和定位尺寸，绘图时，可根据标注的尺寸直接绘出；有些线段的定形尺寸和定位尺寸并未完全注出，而是要根据已注出的尺寸和该线段与相邻线段的连接关系，通过几何作图才能画出。因此，按线段的尺寸是否齐全将线段分为三类：

（1）已知线段　定形、定位尺寸全部注出的线段称为已知线段。对于直线来说，过给出尺寸的两个已知点或一已知点并已知其方向的直线均为已知直线。对于圆和圆弧，若给

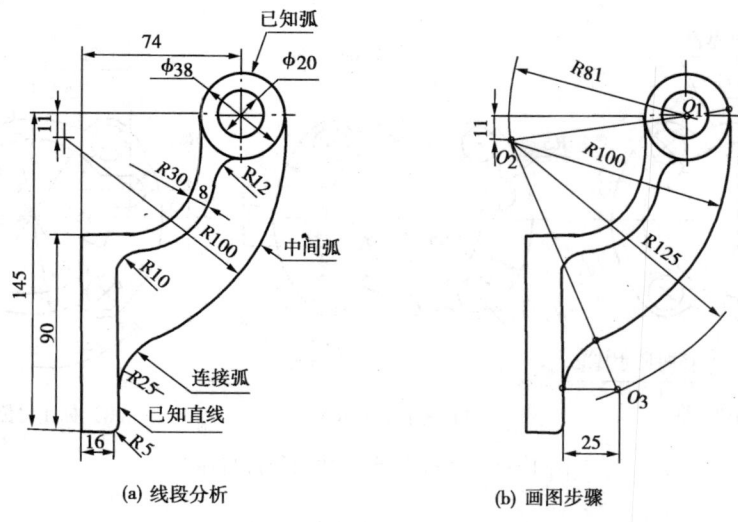

(a) 线段分析   (b) 画图步骤

图 1-34　圆弧连接部分的线段分析和画图步骤

出圆弧半径（或圆的直径）以及圆心两个方向的定位尺寸均为已知弧。

（2）中间线段　注出定形尺寸和一个方向的定位尺寸，必须依靠与相邻线段间的连接关系才能画出的线段称为中间线段。过一已知点（或已知直线的方向）且与定圆（或定圆弧）相切的直线为中间直线，若给出了圆弧半径（或圆的直径）以及圆心的一个方向的定位尺寸的圆弧为中间弧。

（3）连接线段　只注出了定形尺寸，而未标注定位尺寸的线段称为连接线段。若直线的两端都与定圆（或定圆弧）相切，它是通过几何作图关系定出而不需标注尺寸，这样的直线为连接直线；对于圆弧，如果只注出了半径（或直径），而没有注出圆心的定位尺寸，这样的圆弧称为连接弧。

三、画平面图形的步骤

画图前，先要进行分析，了解平面图形是由哪些几何图形组成，哪些是尺寸基准，哪些是已知线段、中间线段和连接线段，从而确定正确的画图步骤。为了清晰起见，下面以图 1-34（a）所示平面图形的右侧圆弧连接部分为例，介绍平面图形的画图步骤；该图形的尺寸基准和定形定位尺寸，前面已述；通过分析图形右侧部分的已知线段，中间线段和连接线段在图中已注明，从而可按以下画图步骤画出图形：①画基准线和已知线段 $\phi38$ 和垂直线；②画中间线段 $R100$；③画连接线段 $R25$；④完成全图并加深。

具体作图如图 1-34（b）所示，中间线段、连接线段中的圆心、切点位置按前面圆弧连接的几何作图原理确定。

四、平面图形的尺寸标注

平面图形的尺寸标注应正确、完整、清晰。

（1）正确　要按照国家标准的规定标注尺寸，不得出现相互矛盾的尺寸。

（2）完整　要求注写的尺寸齐全，不遗漏、不重复标注尺寸。

（3）清晰　要把尺寸的位置安排在图形的最明显处，标注清楚，布局整齐。

下面以图 1-35 所示平面图形为例说明注写平面图形尺寸的步骤：①分析平面图形定基准；②标注出各组成部分的定形尺寸；③标注出各组成部分相对位置的定位尺寸；④检查校核。

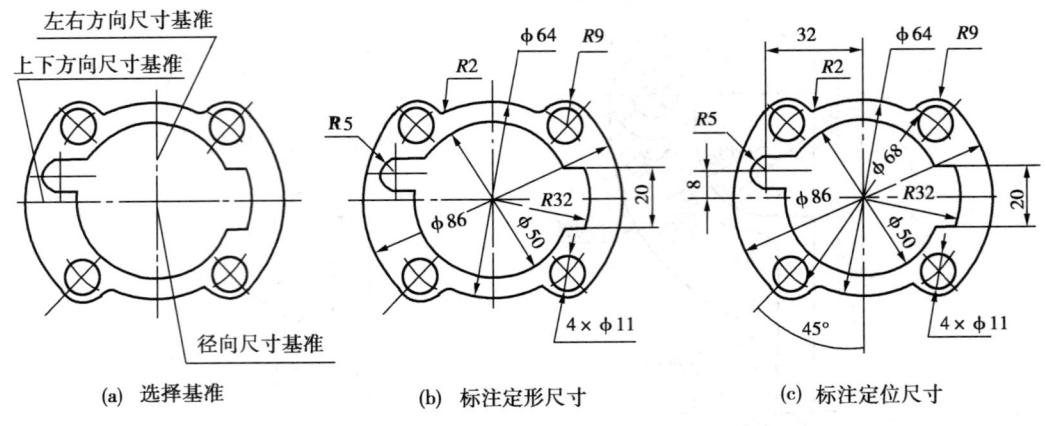

(a) 选择基准　　　　　(b) 标注定形尺寸　　　　　(c) 标注定位尺寸

图 1-35　平面图形尺寸的分析与标注

§1-5　徒手绘图的基本方法

一、徒手绘图的基本概念及其应用

徒手图又称草图。草图是以目测估计图形与实物的比例，按一定画法要求徒手（或部分使用绘图仪器）绘制的图。它在产品设计及现场测绘中占有重要的地位，在工程技术界应用很广。如在设计新产品时，常常先画出草图以表达设计意图；现场测绘时，也是先画草图，以便把需要的资料迅速记录下来。因此，草图是工程技术人员交流、记录、构思、创作的有力工具，是工程技术人员必须掌握的一项重要的基本技能。

徒手绘图应基本上做到：图形正确、线型分明、图面整洁、比例匀称、字体工整。

二、画徒手图的基本方法

（1）直线的画法　徒手画直线时，执笔要自然，手腕抬起，不要靠在图纸上，眼睛应朝着前进的方向，注意画线的终点，同时，小手指可轻轻与纸面接触，以便作为支点，使运笔平稳。短直线应一笔画出，长直线则可分段相接而成。画水平线时，为方便起见，可将图纸稍微倾斜放置，从左到右画出。画垂直线时，由上向下较为顺手。画斜线时，最好将图纸转动一个适宜运笔的角度，一般是稍向右上方倾斜，为了防止发生偶然性的笔误，斜线画好后，要马上把图纸转回到原来的位置。

（2）圆或曲线的画法　画小圆时，先定圆心，画中心线，再按半径大小在中心线上定出四个点，然后过四点分两半画出［图 1-36（a）］。画中等圆时，增加两条 45° 的斜线，在斜线上再定出四个点，然后分段画出［图 1-36（b）］。圆的半径很大时，可用转动纸板或转动图纸的方法画出［图 1-36（c）、（d）］。

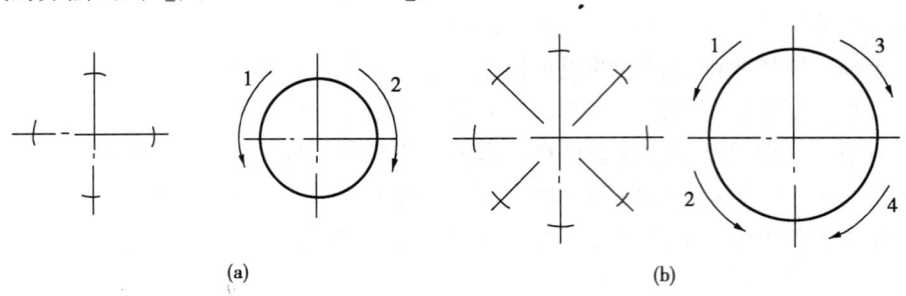

(a)　　　　　　　　　　　　　　　(b)

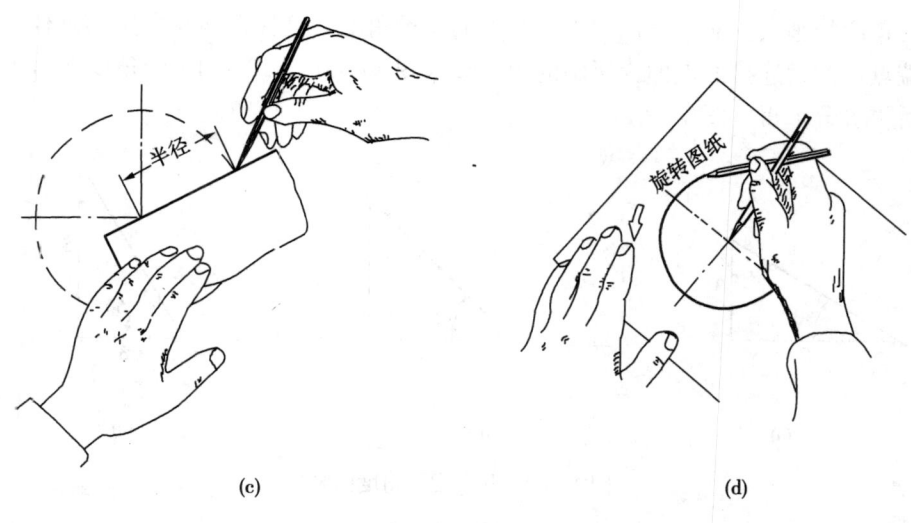

(c)　　　　　　　　　　　　(d)

图 1-36　徒手画圆的方法

　　画圆角时，先将两直线徒手画成相交，然后目测，在分角线上定出圆心位置，使它与角的两边的距离等于圆角的半径大小，过圆心向两边引垂线定出圆弧的起点和终点，并在分角线上也定出一圆周点，然后徒手画圆弧把三点连接起来（图 1-37）。

　　画椭圆时，根据椭圆的长、短轴定出四个端点，过四个端点作长短轴的平行线，构成一矩形。作矩形的对角线交于 O，交点到矩形的四个角的连线上按 7：3 的比例关系，目测定出四个点，顺次徒手连接各点即得椭圆［图 1-38（a）］。

　　若已知椭圆的一对共轭直径，也可以仿上法作出椭圆［图 1-38（b）］。

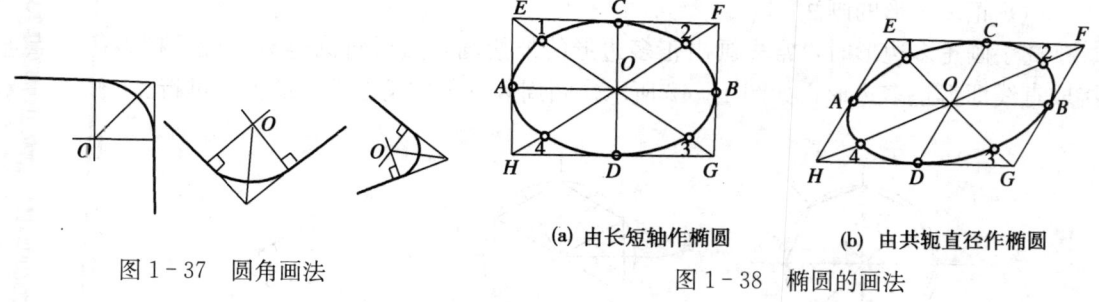

图 1-37　圆角画法

(a) 由长短轴作椭圆　　　　**(b) 由共轭直径作椭圆**

图 1-38　椭圆的画法

　　画圆弧连接时，先按目测比例，作出已知圆弧，然后按圆弧连接的方法徒手将各连接圆弧与已知圆弧光滑连接（图 1-39）。

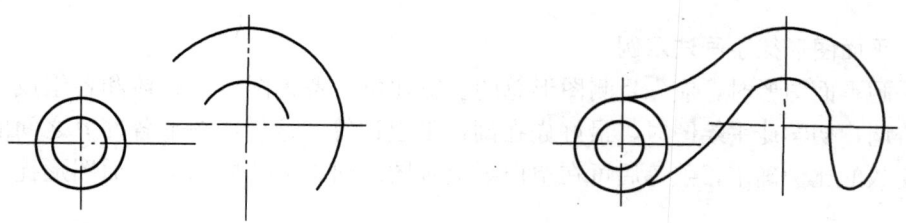

图 1-39　圆弧连接的画法

（3）角度的画法　30°，45°，60°为常见的几种角度，可根据两直角边的近似比例关系，定出两端点，然后连接两点即为所画的角度线（图1-40）。10°，15°的角度线可先画出30°的角度后再等分求得（图1-41）。

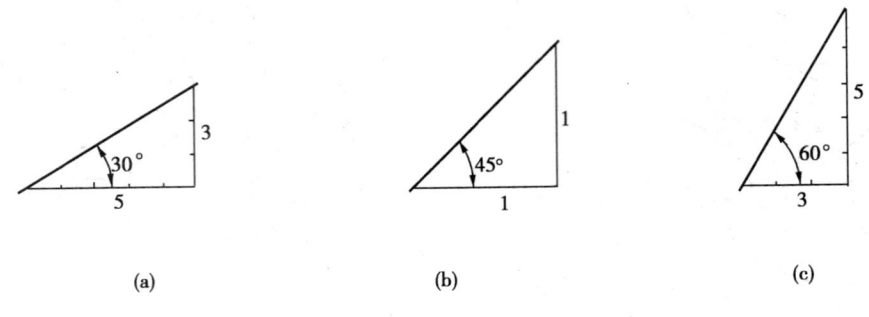

(a)　　　　　　　　(b)　　　　　　　　(c)

图1-40　几种常见角度的画法

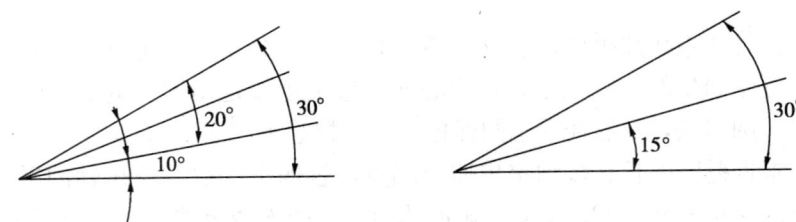

图1-41　角度等分

（4）正多边形的画法

徒手画正多边形时，常先画出正多边形的外接圆，然后将圆等分，最后把各等分点连接成直线即得正多边形，如图1-42所示。圆周等分可按角度等分的方法进行。

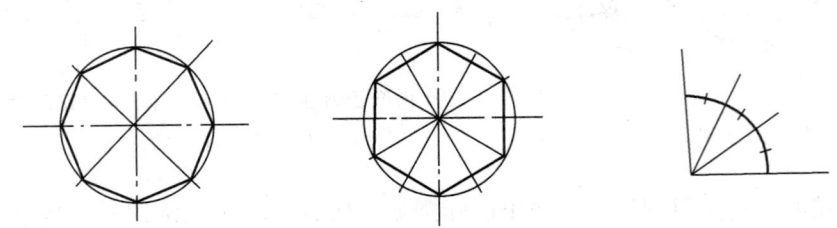

图1-42　徒手画正多边形

三、平面图形徒手画法示例

徒手画平面图形时，应先目测图形总的长宽比例，考虑图形的整体和各组成部分的比例是否协调，初学徒手绘图时，最好先在网格纸上训练，这样，图形各部分之间的比例可借助网格数的比例确定，熟练后可在空白纸上画图。图1-43所示为平面图形徒手画图的示例。

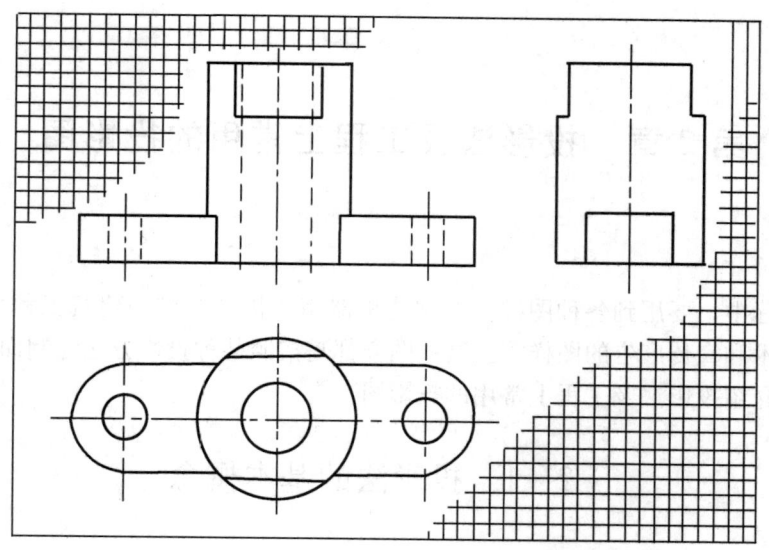

图 1-43 平面图形徒手画图示例

第2章　投影法及工程上常用的投影图

在工程实际中，要用到各种图样，如制造机器用的机械图样、建筑工程用的建筑图样及用于工艺美术和宣传广告的图样等。这些图样都是按照某种投影方法绘制而成的。

本章重点介绍投影法及工程上常用的投影图。

§2-1　投影法的基本概念

一、投影法

1. 投影法的概念

众所周知，空间物体在阳光或灯光的照射下，会在地面或在墙壁上出现物体的影子，投影法就是根据这一自然现象，并经过科学的抽象总结出来的。这种将空间物体向选定的面投射，并在该面上得到图形的方法称为投影法。选定的平面称为投影面。

如图2-1所示，光源 S 称为投射中心，自投射中心且通过被表示物体上各点的直线和 SA 叫投射线，显然投射中心是所有投射线的起源点。根据投影法所得到的图形称为投影图，简称"投影"。a 称为空间点 A 在投影面 P 上的投影。

物体、投射线、投影面构成投影的三要素。

2. 投影法的分类

工程上常用的投影法分两类：中心投影法和平行投影法。

（1）中心投影法　如图2-1所示，中心投影法是由投射中心、物体和投影面组成，投射线汇交成一点的投影法。用中心投影法得到的图形称为中心投影，如 a 叫做空间点 A 在投影面 P 上的中心投影。用中心投影法得到的图样与物体对投影面所处位置有关，投影不能反映物体表面真实形状和大小，但图形富有立体感，该方法常用于绘制建筑物或富有逼真感的立体图等。

（2）平行投影法　平行投影法是通过相互平行的投射线（当投射中心移至无限远时）把物体投射到投影面而得到投影的方法，如图2-2所示。根据投射线与投影面是否垂直，平行投影法又分为正投影法［图2-2（a）］和斜投影法［图2-2（b）］。当投射线垂直于投影面时，所得到的投影称为正投影，当投射线倾斜于投影面时的投影称为斜投影。

若将物体选择在恰当位置时，正投影法得到的投影能反映物体表面的真实形状和大小，其实形性和度量性好，且作图简便，故工程上使用的机械图样采用正投影法绘制。正投影简称"投影"，以后本书提及"投影"两字，除特别说明外，均指正投影，正投影法是制图的理论基础。

二、平行投影的基本性质

（1）度量性　当线段或平面图形平行于投影面时，其投影反映实长或实形，即线段的长短和平面图形的形状和大小，都可直接从其投影确定和度量［图2-3（a）、（e）］。

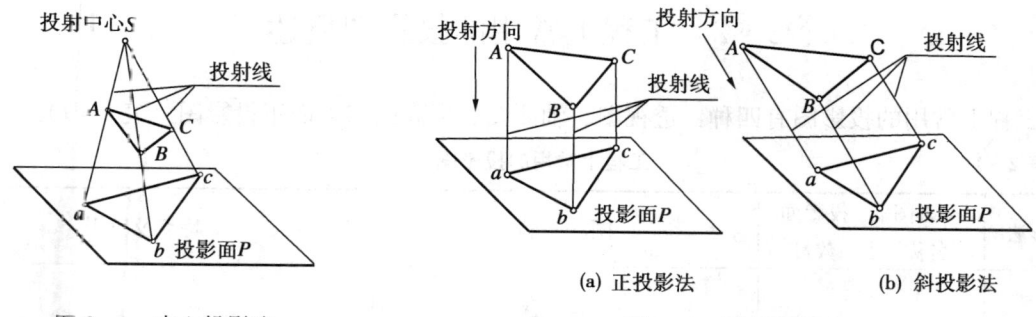

图 2-1 中心投影法

图 2-2 平行投影法

(a) 正投影法　　　(b) 斜投影法

（2）定比性　直线上两线段之比等于两线段投影的长度之比，如图 2-3 (b) 中 $AC:CB=ac:cb$。

（3）类似性　当直线或平面图形倾斜于投影面时，其投影不反映其实长或实形，但平面的投影为空间平面图形的类似形。像这种原形与投影既不相等也不相似，且两者的边数、凸凹、曲直、平行关系不变的性质称为类似性，如图 2-3 (f) 所示。

（4）平行性　相互平行的两直线在同一投影面上的投影保持平行。两平行线段长度之比等于它们的投影长度之比，如图 2-3 (c) 中 $AB:CD=ab:cd$。

（5）积聚性　当直线或平面图形平行于投射线时（在正投影时，则垂直于投影面），其投影积聚为一点或一直线［图 2-3 (d)、(g)］。

（6）不变性　一直线或一平面图形，经过平行移动之后，它们在同一投影面上的投影，虽然位置变动了，但其形状和大小没有变化［图 2-3 (c)、(h)］。

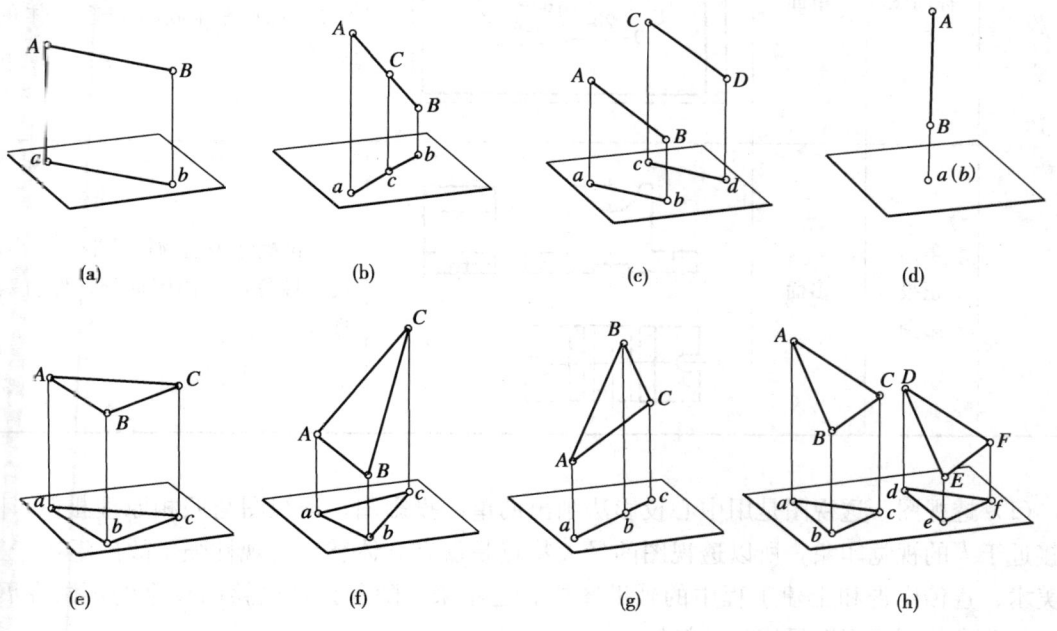

图 2-3　平行投影的特性

31

§2-2 工程上常用的投影图概述

工程上常用的投影图有四种：透视图、轴测图、标高图和多面正投影图（表2-1）。

表2-1 工程上常用的投影图

投影法	投影图名称	投影面数量	图 例	特点及应用
中心投影法	透视图	单面		直观性强、逼真。三个方向的平行线都汇交于一点，但作图复杂且度量性差
平行投影法	轴测图	单面		直观性强，度量性较差，没有透视图逼真，但作图比透视图简便
	标高图	单面		是表示不规则曲面及土木结构物投影图的主要方法，用正投影法加标注高程数值表达物体的形状
	多面正投影图	多面		能准确地表达物体的形状大小，度量性好，且作图简便，但直观性较差

（1）**透视图** 透视图是用中心投影法画出的单面投影图。透视图与照相原理相似，图形接近于人的视觉印象，所以透视图的最大特点是富有立体感，直观性强。故广泛用于工艺美术、宣传广告和土建工程中的辅助图样。近年来，随着计算机绘图技术的不断发展，机械行业中使用透视图呈增长的趋势。

（2）**轴测图** 轴测图是一种常见的立体图。它是物体按平行投影法并选择适宜的方向投射而形成的一种单面投影图。它能同时反映出物体长、宽、高三个方向的形状。这种图的优点是立体感强，但度量性较差。因此，工程上常用它作为一种辅助图样。

（3）标高图　标高图是在物体的水平投影上，加注某些特征面、线以及控制点的高程数值和比例的单面正投影图。它广泛用于地图（地理图、地形图、水文图、航空图、航海图等）的绘制和土建、水利工程中。同时还用于不规则曲面的表达，如飞机、汽车等曲面的绘制。

（4）正投影图　多面正投影图是采用正投影法，将空间物体分别投射到相互垂直的两个或多个投影面上所获得的投影图，并按一定规则将这些投影面展开在一个平面上。这种图能准确地表达物体的几何形状及其相对位置关系，有很好的度量性，且作图简便。在机械图样中，主要采用这种多面正投影图。因此，它是本课程学习的重点，我们必须很好地掌握它。

§2-3　物体视图的基本知识

一、视图的基本概念

国家标准规定，用正投影法在多面正投影体系中所绘制出物体的图形称为视图。

将物体置于第一分角内，并使其处于观察者和投影面之间，而得到正投影的方法称为第一角画法。三者的位置关系是：观察者—机件—投影面。其投射线互相平行且与投影面垂直，即观察者按投射方向去观察机件，将所有轮廓线画在投影平面上，如图2-4所示。

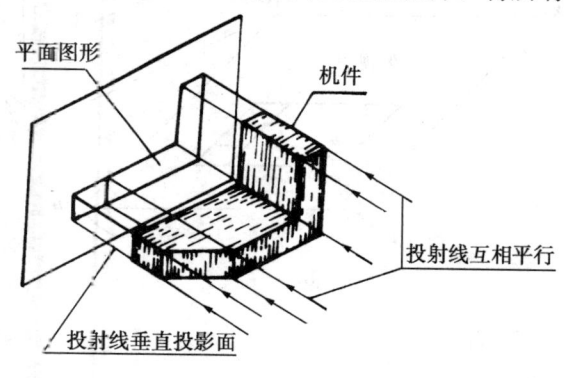

图2-4　视图的概念

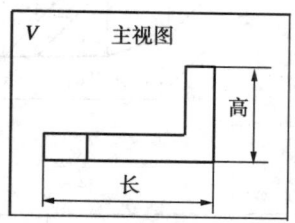

图2-5　视图

从图2-5可以看出，这个视图只能反映机件的长度和高度，但不能反映机件的宽度。因此，在一般情况下，一个视图不能唯一地确定物体的形状和大小，如图2-6所示。为此，必须建立一个多投影面体系，将机件同时向几个投影面进行投影，所得投影才能唯一确定机件的形状和大小。

二、物体视图的形成

在工程图样中通常采用与机件的长、宽、高相对应的三个互相垂直的投影面组成三投影面体系，如图2-7（a）所示，即正立投影面（简称正面）V、水平投影面（简称水平面）H、侧立投影面（简称侧面）W。两投影面的交线称为投影轴，V、

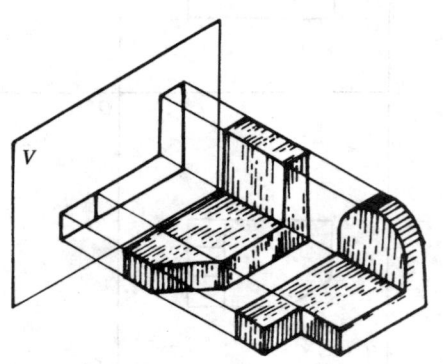

图2-6　一个视图不能确定机件的形状

H 面的交线为 OX 轴；H、W 面的交线为 OY 轴；W、V 面的交线为 OZ 轴。三轴相交于原点 O。

　　将机件置于三投影面体系中，并使其主要表面平行于投影面，然后依次向各投影面投射，便得到它的三个视图，如图 2-7 (a) 所示。

　　从前向后投射，在 V 面上所得到的视图称为主视图，通常反映所画机件的主要形状特征；从上向下投射，在 H 面上所得到的视图称为俯视图；从左向右投射，有 W 面上所得到的视图称为左视图。通常将这三个视图合称为物体的三视图。

　　为了将三个投影面摊平在同一个平面上，国标规定：V 面不动，水平面 H 绕 X 轴向下旋转 $90°$，侧平面 W 绕 Z 轴向右旋转 $90°$，使其与 V 面处于同一平面上〔图 2-7 (b)、(c)〕。约定投影轴和投影面的边框不画，所得三视图如图 2-7 (d) 所示。

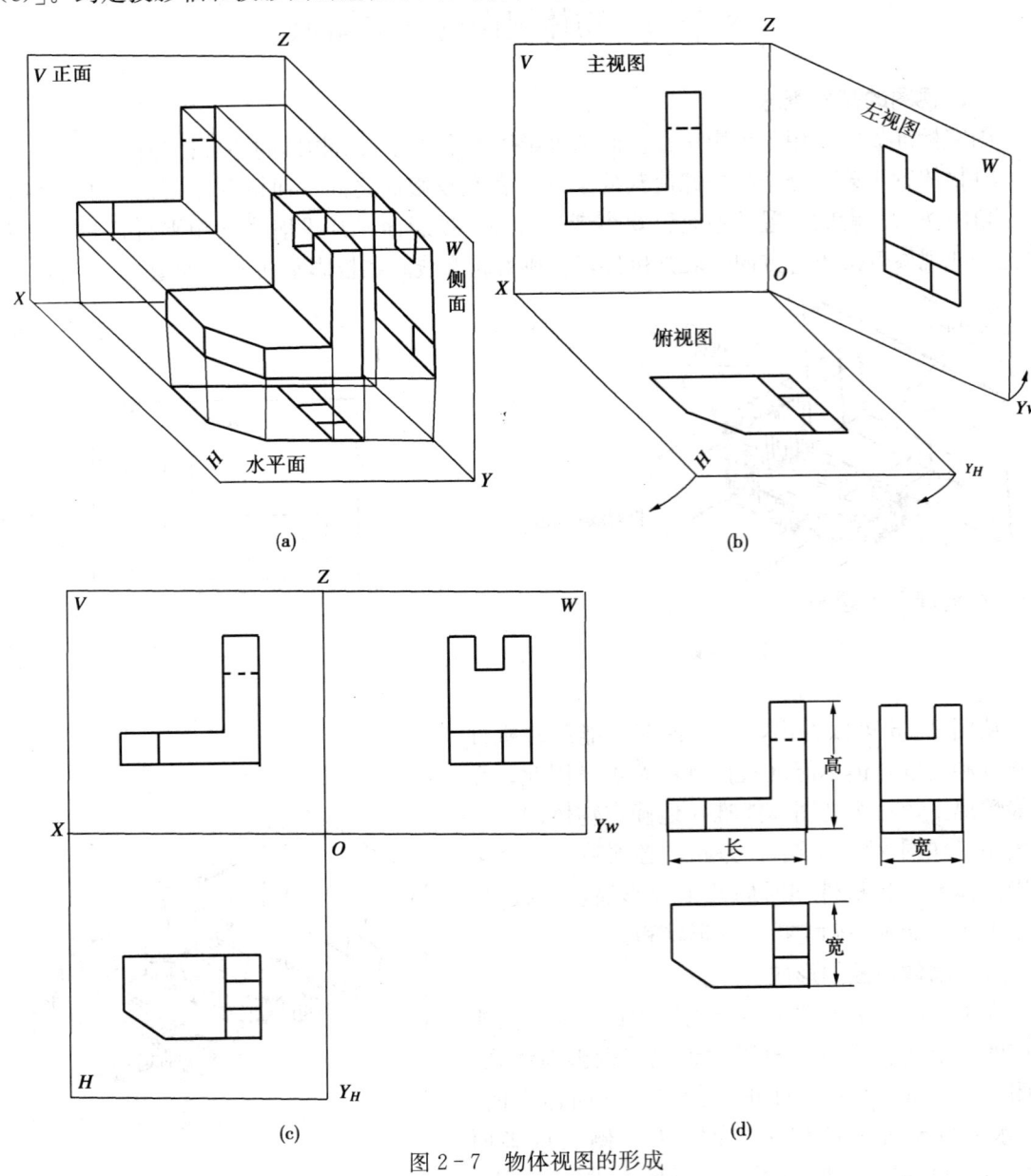

图 2-7　物体视图的形成

三视图的位置配置是：俯视图在主视图的正下方，左视图在主视图的正右方。如按这种位置配置视图，国家标准规定一律不注视图名称。视图之间的距离可根据具体情况确定。

三、三视图的基本规律

1. 三视图的投影规律

根据上述三个投影面的相对位置及其展开的规定，如果把物体左右方向的尺寸称为长，前后方向的尺寸称为宽，上下方向的尺寸称为高，按三视图的形成过程可知：主视图反映物体的长和高；俯视图反映物体的长和宽；左视图反映物体的高和宽。如图 2-7（d）所示。

因而，三视图之间存在下述关系：

主视图与俯视图　长对正；

主视图与左视图　高平齐；

俯视图与左视图　宽相等。

"长对正、高平齐、宽相等"是三视图之间的投影规律，它不仅适用于整个物体的投影，而且也适用于物体的每个局部的投影，其投影都必须遵循这种规律。

2. 物体与三视图之间的对应关系

在应用投影规律画图和看图时，不仅要注意俯、左视图的"宽相等"而且要特别注意物体的前后位置在视图上的对应关系：即在俯、左视图中，靠近主视图的一面为物体的后面，远离主视图一面为物体的前面。如图 2-8（a）所示，物体的前、后、上、下、左、右等六个方向在投影图上也有所反映。投影时若将形体周围这六个字随同形体一齐投影到三个投影面上，所得投影如图 2-8（b）所示。在投影图上识别物体的方向，对读图很有帮助。

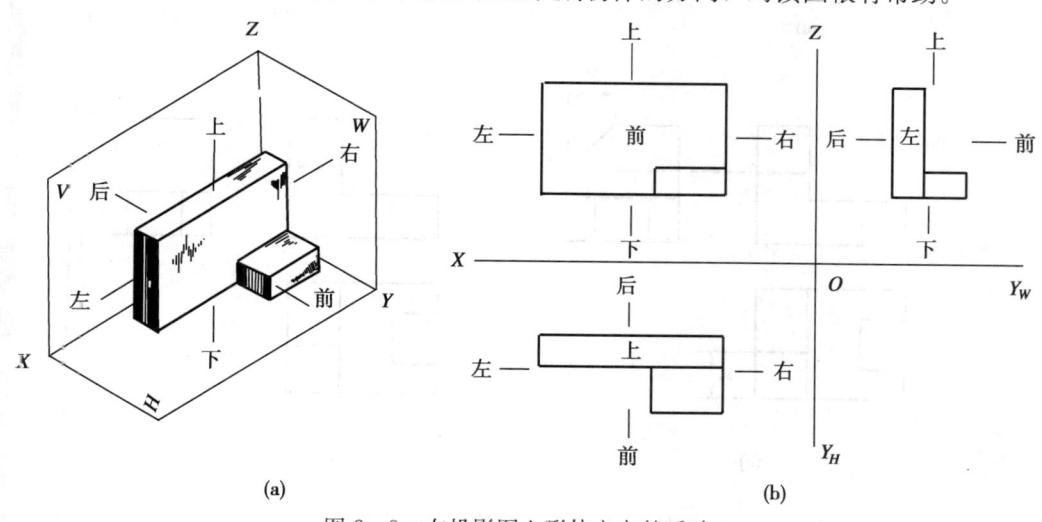

(a)　　　　　　　　　　　　　　　(b)

图 2-8　在投影图上形体方向的反映

3. 物体三视图画法举例

下面举例说明物体三视图的画法。

〔例 2-1〕画出图 2-9 所示物体的三视图

分析　这个物体是在弯板的左端中部开了一个方槽，右边切去一角而形成的。

作图：根据分析，画图步骤如下（图 2-10）。

（1）选择主视图的投射方向，画出弯板的三视图。先画出反映弯板形状特征的主视图，然后根据投影规律画出俯、左两

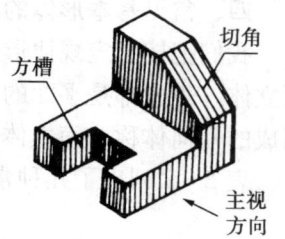

图 2-9

视图 ［图2—10（a）］。

（2）画左端方槽的三面投影 ［图2-10（b）］。

由于构成方槽的三个面的水平投影都积聚成直线，反映出方槽的形状特征，所以应先画出水平投影，然后画出正面投影和侧面投影。必须注意的是，水平投影和侧面投影宽度的量取方法。

（3）画右边切角的投影 ［图2-10（c）］。由于此切角被一个垂直于 W 面的平面所截，所以应先画出它的侧面投影，在画水平投影时，要注意量取尺寸的起点和方向。

（4）检查底稿，擦去多余的作图线，按线型要求加深图线，完成全图，如图2-10（d）所示。

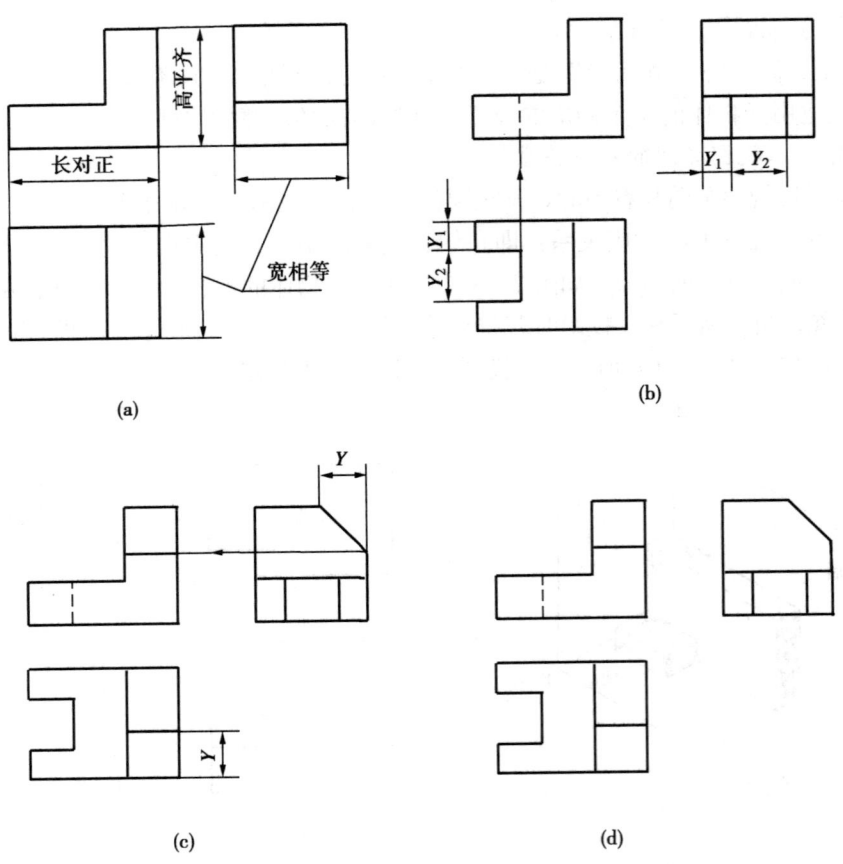

图2-10 三视图的画法与步骤

四、常见基本形体的三视图

我们把按一定规律形成的简单几何体称为基本体。常见的基本体可分为平面立体和曲面立体。表面都是平面的几何体称平面立体，如棱柱、棱锥等。表面为曲面或平面与曲面围成的几何体称曲面立体，如圆柱、圆锥、圆环、圆球等。

表2-2列出了几种常见基本体的三视图，并说明了其投影特点，仅供学习时参考。

表 2-2　　　　　　　　　　　　基本形体的三视图

平 面 立 体			回 转 体		
名称	三视图和立体图	说　明	名称	三视图和立体图	说　明
四棱柱	主视方向	如立体图那样放置时，三个视图是矩形	圆柱	主视方向 圆柱必须画出它的轴线，圆要画中心线	轴线垂直于投影面时，两个视图是矩形，一个视图是圆
四棱锥	主视方向	如立体图那样放置时，两个视图是三角形，一个视图是带对角线的矩形	圆锥	主视方向 圆锥必须画出锥轴	轴线垂直投影面时，两个视图是三角形，一个视图是圆
四棱台	主视方向	如立体图那样放置时，两个视图是梯形，一个视图是两个矩形的对应顶点相连的图形	圆球		三个视图是等直径的圆
六棱柱	主视方向	如立体图那样放置时，一个视图是并列的三个矩形，一个是并列的两个矩形，一个是正六边形	圆环	主视方向	轴线垂直水平面时，主视图和左视图相同，俯视图是两个同心圆

五、物体三视图草图的画法

1. 方法步骤

（1）首先目测物体长、宽、高之间的尺寸比例，估算出各视图应占的幅面，并安排好具体的位置，同时应考虑各视图之间留有适当的距离，以备标注尺寸。

（2）画出各视图的基准线和局部结构的中心线。为了便于控制各部分的比例及投影关系．先要考虑大局，即要注意图形的长与高的比例，以及图形的整体与局部的比例是否正确。图形各部分之间的比例可借助方格数的比例解决。应充分利用方格纸上的格子线，使中心线、轴线、基准线尽量画在格子线上；或尽量沿格子线画轮廓线；并利用格子线来控制直线的方向。

（3）先用细实线画出物体的外形轮廓，然后再画物体的内部及细部结构。画三视图草图的具体步骤与画物体三视图的步骤相同。

2. 画三视图草图举例

第一步：在格子线上定出各视图的位置，用点画线和细实线画出基准线、中心线和外形轮廓线，见图2-11（a）。

第二步：用细实线画出物体的内部形状和细部结构，如图2-11的孔及左、右边的槽子。

第三步：校核、检查、改错、加深完成全图。如要标注尺寸，也可在此步进行。

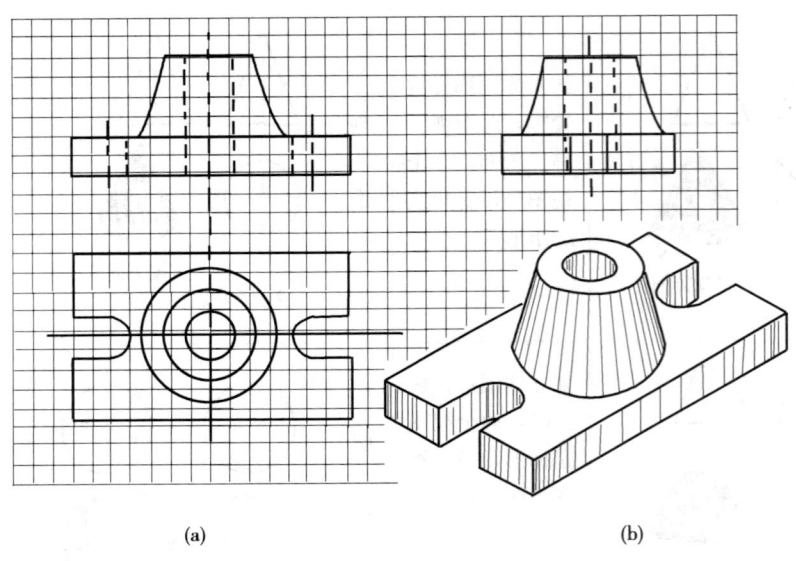

(a)　　　　　　　　　　　　　　　(b)

图2-11　三视图草图的画法

§2-4　轴测图的基本知识

在§2-2中，我们曾经介绍了轴测图具有立体感较强的特点，它是工程上不可缺少的一种辅助图样。不仅如此，轴测图最显著的作用还在于它对发展空间思维、形象思维和空间构思能力起着不可忽视的作用。因此，本节我们将介绍轴测图的有关基本知识。

一、轴测图的形成

如图2-12所示，将空间点 A_0 连同其直角坐标系，沿不平行于任一坐标平面的方向，用平行投影法将其投射在单一投影面 P 上所得到的图形称为轴测投影。如点 A 称为空间点 A_0 在平面 P 上的轴测投影，点 a 称为投影。这种投影图称为轴测投影图，简称轴测图。平面 P 称为轴测投影面，方向 S 称为轴测投射方向。空间直角坐标系的各坐标轴 O_0X_0，O_0Y_0，O_0Z_0 在轴测投影面 P 上的投影 OX，OY，OZ 称为轴测投影轴，简称轴测轴。两轴测轴之间的夹角∠XOY，∠XOZ，∠YOZ 称为轴间角。各直角坐标轴的轴测投影的单位长度 i，j，k 与在相应直角坐标轴上的单位长度 u 的比值称为各轴向伸缩系数。即：

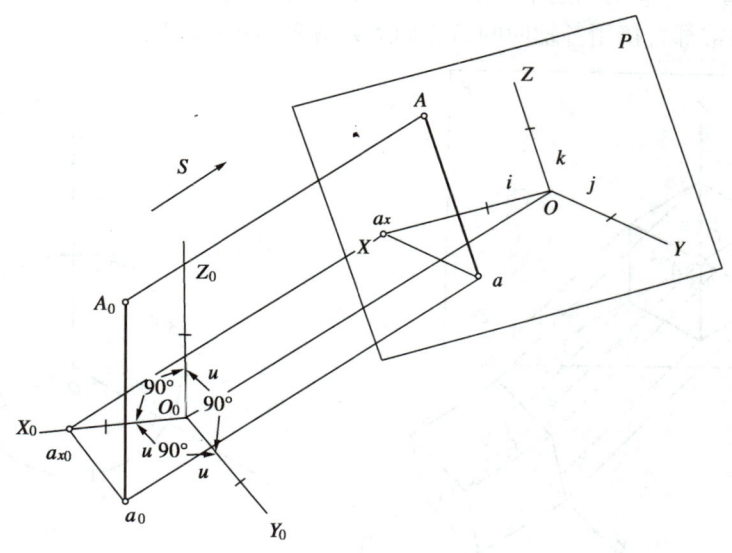

图 2-12　轴测投影的形成

$\dfrac{i}{u}=p$ 为 x 轴向伸缩系数；

$\dfrac{j}{u}=q$ 为 y 轴向伸缩系数；

$\dfrac{k}{u}=r$ 为 z 轴向伸缩系数。

由此可知，轴向伸缩系数和轴间角这两个参数是作轴测图的主要依据。

轴测投影具有如下投影特性：

（1）空间互相平行的直线，其轴测投影仍互相平行。

（2）平行于坐标轴的线段，其轴测投影仍平行于相应的轴测轴，且线段的伸缩系数等于相应轴的伸缩系数。

因此，当空间几何形体在直角坐标系中的位置确定后，即可利用上述投影特性按选定的轴向伸缩系数和轴间角作出其轴测图。

二、轴测图的种类

按轴测投射方向与轴测投影面垂直或倾斜可分为正轴测图和斜轴测图。按轴向伸缩系数的不同又可分正（或斜）等轴测图（$p=q=r$）、正（或斜）二轴测图（$p=q\neq r$ 或 $p\neq q=r$，或 $p=r\neq q$）和正（或斜）三轴测图（$p\neq q\neq r$）。以上得到的六种轴测图，分别简称为正（或斜）等测、正（或斜）二测和正（或斜）三测。

三、常用的轴测图

1. 正等测图

如图 2-13（a）所示，将空间直角坐标系中的三根坐标轴放在与轴测投影面 P 成相等倾角的位置，所得到的轴测图称为正等测图。

如图 2-13（b）所示，正等测图的轴间角均为 120°，轴向伸缩系数 $p=q=r=0.82$。

为作图简便起见，常采用各轴向简化伸缩系数，即 $p=q=r=1$。这样，在作图时，沿各轴向的所有尺寸都按实长量取，而不必进行换算。所画出的正等测图，三个轴向的尺寸都分别放大了 $1/0.82=1.22$ 倍，这个图形与用各轴向的伸缩系数（0.82）画出的轴测投影是相似图形。于是通常都直接用各轴向的简化伸缩系数来画正等测图。

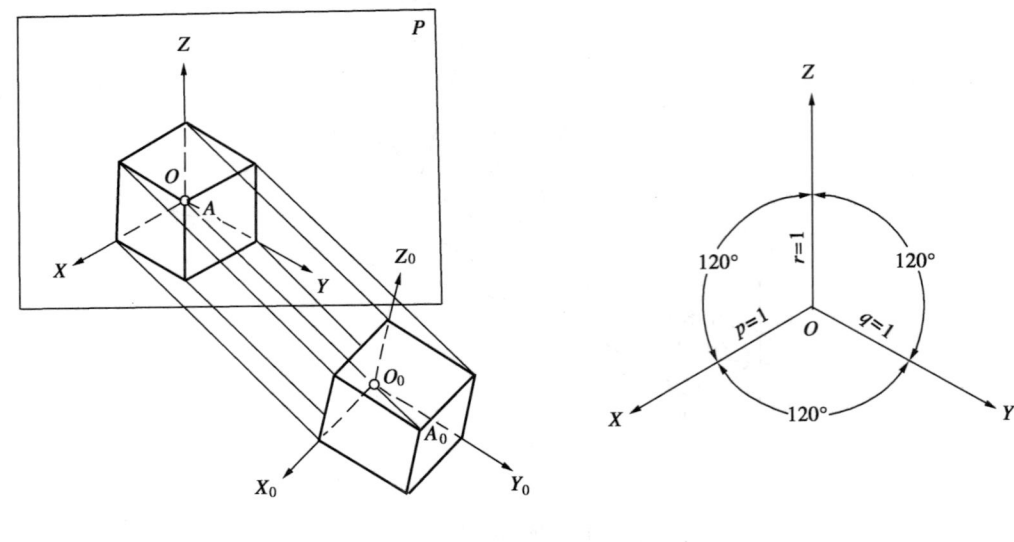

(a) 正等测的形成　　　　　　　　(b) 轴间角和各轴向简化系数

图 2-13　正等测

2. 正二测图

当选定 X 轴和 Z 轴的轴向伸缩系数相等，而 Y 轴的轴向伸缩系数为 X、Z 轴的一半，所得的正轴测图称为正二测图。

轴向伸缩系数：$p=r=0.94$，$q=0.47$。

轴　间　角：$\angle XOZ\approx97°$，$\angle XOY=132°$，$\angle YOZ=131°$。

简化系数：$p=r=1$，$q=\dfrac{1}{2}$，如图 2-14 所示。

各轴向长度的放大比例为 $1.06:1$。

3. 斜二测图

将物体上的坐标面 XOZ 放成与轴测投影面 P 平行的位置，然后按倾斜于投影面 P 的投射方向 S 进行投射，所得的轴测图称为斜二测图，如图 2-15（a）所示。由于正立坐标面 XOZ 与 P 面平行，故又称它为正面斜二测图。

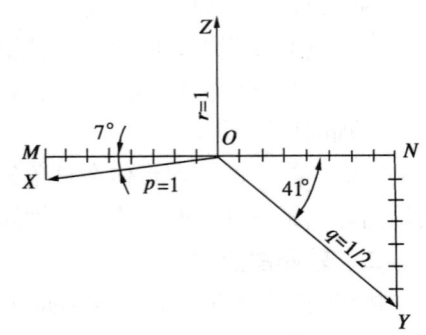

图 2-14　正二测图的轴间角和简化系数

轴向伸缩系数：$p=r=1$，$q=\dfrac{1}{2}$。

轴间角：$\angle XOZ=90°$，$\angle XOY=\angle YOZ=135°$，如图 2-15（b）所示。

由于 $X_0O_0Z_0$ 坐标面平行于轴测投影面 P，根据平行投影性质可知，凡与坐标面 $X_0O_0Z_0$ 平行的线段或平面图形，其正面斜轴测投影都反映其实长和实形，故画图很方便。

在画物体的轴测图时，先要确定画哪种轴测图，从而确定各轴向伸缩系数和轴间角。轴测轴可根据已确定的轴间角，按表达清楚和作图方便来安排，在安排轴测轴时，通常将

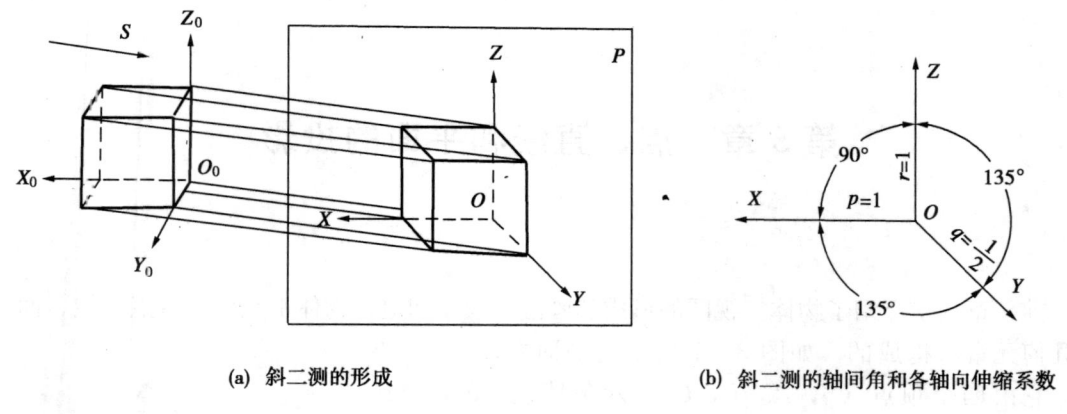

| (a) 斜二测的形成 | (b) 斜二测的轴间角和各轴向伸缩系数 |

图 2-15　斜二测

Z轴画成铅垂位置。为了使所画图形明显清晰，通常不画出物体的不可见轮廓，即在轴测图中一般不画虚线，图 2-16 表示出了同一物体的三种轴测图。

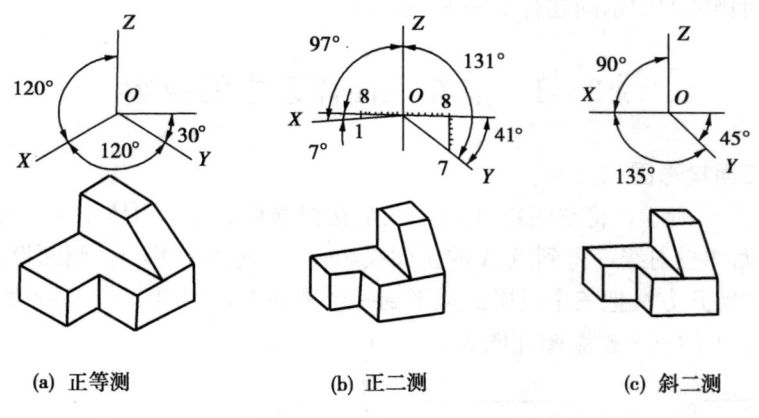

| (a) 正等测 | (b) 正二测 | (c) 斜二测 |

图 2-16　同一物体的三种轴测图

第3章 点、直线和平面的投影

前一章初步介绍了物体三视图的形成和画法。大家知道，物体都是由一些点、线、面等几何元素所构成的。如图 3-1 所示的平面立体——三棱锥，它由四个顶点（S，A，B，C），六条棱线（SA，SB，SC，AB，BC，AC）和四个棱面（$\triangle SAB$，$\triangle SAC$，$\triangle SBC$，$\triangle ABC$）所组成。要画出此三棱锥的投影图或三视图，实质上就是画出这些点、直线和平面的投影。为此，本章重点研究点、直线和平面等几何元素的投影特性和作图方法，为解决空间物体的图示问题打下坚实的基础。

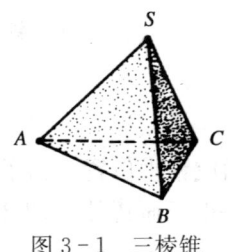

图 3-1 三棱锥

§3-1 点在三面体系中的投影

一、点的三面投影图

如图 3-2（a）所示，将空间点 A 置于三个互相垂直的投影面体系中，分别作垂直于 V 面、H 面、W 面的投射线，得到点 A 的正面投影 a'^*，水平投影 a，侧面投影 a''。

之后按前述展开方法把三个投影面摊平到一个平面上，如图 3-2（b）所示，去除投影面边框，即得点 A 的三面投影图［图 3-2（c）］。

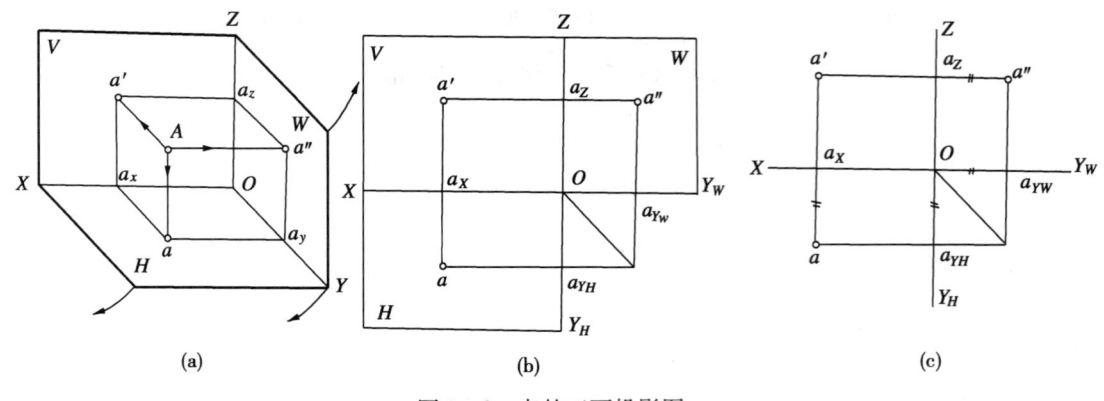

图 3-2 点的三面投影图

应当注意：Y 轴旋转后出现了两个位置，其一是 Y 轴随着 H 面旋转到 Y_H 的位置，其二是随 W 面旋转到 Y_w 的位置。

---

* 这里规定：空间点（或后面介绍的各种几何元素）用大写拉丁字母表示，如 A，B，C，…水平投影用相应的小写字母表示，如 a，b，c，…正面投影用相应的小写字母加一撇表示，如 a'，b'，c'，…侧面投影用相应的小写字母加两撇表示，如 a''，b''，c''，…

从图 3-2 (a)、(b) 中可以看出，Aa，Aa'，Aa''分别为点 A 到 H、V、W 面的距离，而

$$Aa = a'a_x = a''a_y （即 a''a_{YW}）$$
$$Aa' = aa_x = a''a_Z$$
$$Aa'' = a'a_Z = aa_y （即 aa_{YH}）$$

这说明点的投影图可以充分反映空间点到各个投影面的距离。因此，若已知点的空间位置，就可作出点的投影图，反之，若已知点的投影图就可唯一地确定该点的空间位置。同时也说明点的三个投影并不是孤立的，彼此之间存在着一定的位置关系：

即　　$aa_{YH} = a'a_Z$ 得 $a'a \perp OX$
　　　　$a'a_x = a''a_{YW}$ 得 $a'a'' \perp OZ$

而且　　$aa_X = a''a_Z$

很明显，三个投影之间这一关系不受空间点的位置变化的影响，因此可以概括为普遍性的投影规律：

(1) 点的正面投影和水平投影的连线垂直 OX 轴，即 $a'a \perp OX$；
(2) 点的正面投影和侧面投影的连线垂直 OZ 轴，即 $a'a'' \perp OZ$；
(3) 点的水平投影 a 到 OX 轴的距离等于侧面投影 a'' 到 OZ 轴的距离，即 $aa_X = a''a_Z$。

[例 3-1] 已知点 A 的正面投影 a' 和侧面投影 a'' [图 3-3 (a)]，求作其水平投影 a。

分析　根据点在三投影面体系中的投影规律，只要知道点的任何两个投影，就可求出它的第三个投影。

解　如图 3-3 (b) 所示，由于 a 与 a' 的连线必垂直 OX 轴，所以过 a' 作垂直于 OX 轴的直线，a 必在此直线上。又由于 a 到 OX 轴的距离等于 a'' 到 OZ 轴的距离，截取 $aa_X = a''a_Z$，便得到 a。

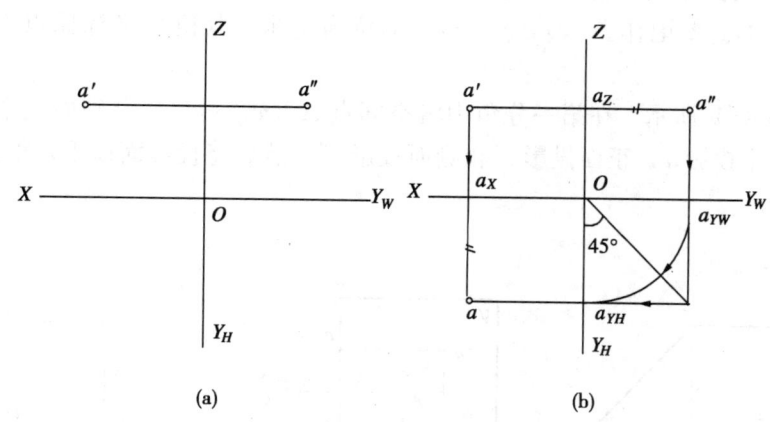

(a)　　　　　　　　**(b)**

图 3-3　由已知两投影求第三投影

为表明 $aa_X = a''a_Z$ 的关系，常用的作图方法是自点 O 作 45°辅助线或作圆弧。

图 3-4 中所示出的点 A 和点 B 是分别位于投影面 V、H 上的点，而点 D 则位于投影轴 OX 上。

读者不难从图 3-4 中得出投影面上的点和轴上的点的投影特性：

(1) 投影面上的点，有两个投影在投影轴上，另一个投影则与它本身重合。
(2) 投影轴上的点，有两个投影都与它本身重合，另一个投影则与原点 O 重合。

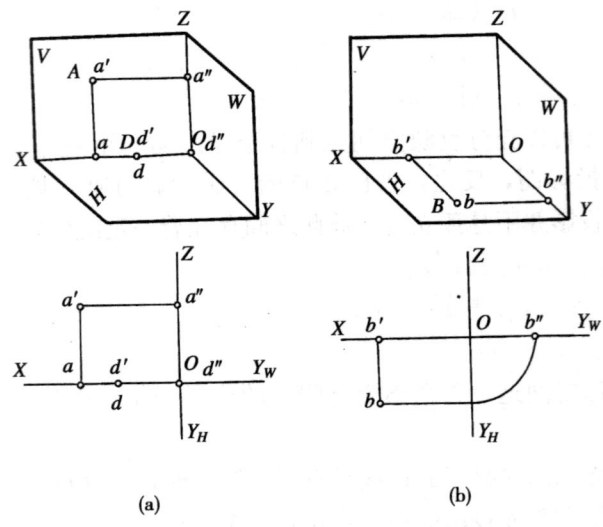

图 3-4　投影面上的点和投影轴上的点

　　根据点的投影规律及上述各特殊点的投影特性，即可迅速从投影图上准确地定出点在空间的位置。

二、点的三面投影与直角坐标

　　为了便于研究，在三面体系中引入笛卡儿坐标体系，以 H、V 和 W 三个投影面为坐标面，以三根投影轴 OX、OY 和 OZ 为坐标轴，点 O 为坐标原点。于是空间点 A 便可用三个坐标值，即点分别到 W、V、H 三个投影面的距离 x，y，z 来确定，如图 3-5 所示。用三个坐标值确定的点 A 记作 A $(x，y，z)$，单位为毫米，其值自坐标原点 O 沿各投影轴量取。

　　如图 3-6 (a) 所示，在第一分角中将空间点 A $(x，y，z)$ 分别向三个面进行投射，即得 A 点的水平投影 a，正面投影 a' 和侧面投影 a''。然后将投影面摊平，得其投影图如图 3-6 (b) 所示。

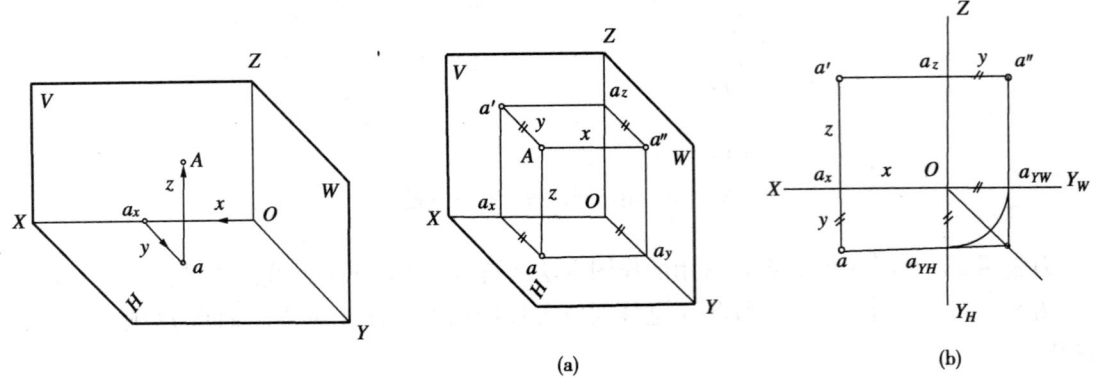

图 3-5　三面体系与坐标体系　　　　　图 3-6　点的三面投影与直角坐标

由图 3-6（a）可得：

$$Aa''=a'a_z=aa_y=Oa_x=X \quad \text{点 } A \text{ 到 } W \text{ 面的距离；}$$
$$Aa'=aa_x=a''a_z=Oa_y=Y \quad \text{点 } A \text{ 到 } V \text{ 面的距离；}$$
$$Aa=a'a_x=a''a_y=Oa_z=Z \quad \text{点 } A \text{ 到 } H \text{ 面的距离；}$$

显然，点 A（x，y，z）的每个投影由其两个坐标决定，即有 a'（x，z），a（x，y），a''（y，z）。

由以上分析可得出如下结论：

空间点 A（x，y，z）有唯一确定的投影（a，a'，a''），而点的任两个投影反映出该点的三个坐标，故一个点的两个投影即可确定该点在空间的位置。

据此即可根据点的坐标（x，y，z）作出其三面投影或根据点的任两个投影求作第三投影。

〔例 3-2〕试作出点 A（15，10，15），B（28，15，0），C（8，0，0）的三面投影图。

解 根据所给各点的坐标可知，A 为一般点，B 为 H 面上的点（因为 $Z_B=0$），C 为 X 轴上的点（因为 $y_c=z_c=0$）。首先作出投影轴，然后按照投影规律进行作图。

A 点的投影作图：自原点 O 在 X、Y、Z 轴上分别量取 $Oa_x=15$，$Oa_{YH}=Oa_{YW}=10$，$Oa_z=15$。然后自 a_x，a_z，a_{YH} 和 a_{YW} 分别引所在轴的垂线，得交点 a，a' 和 a'' 即为所求。

B 点和 C 点的作图方法同上，如图 3-7 所示。

从上述作图可知，在三面体系中位于投影面上的点，由于有一个坐标为 0，故有一个投影必与点本身重合，另两个投影则落到相应的投影轴上。而位于轴上的点，由于有两个坐标为 0，故它有两个投影与点本身重合，另一投影则与原点重合。

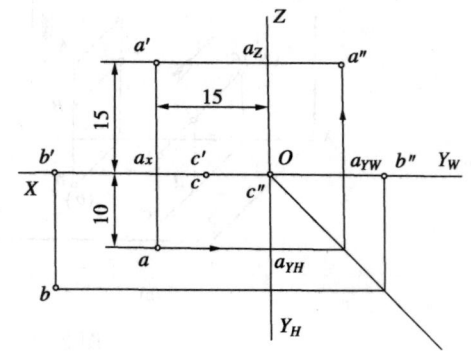

图 3-7　作点的三面投影

三、两点的相对位置

空间两点的相对位置，是由这两点在左右、前后、上下三个方向的坐标差（Δx，Δy，Δz），也就是它们对投影面 W、V、H 的距离差来确定。反之，若已知两点的相对位置及其中一点的投影，即能作出另一点的投影。

图 3-8 表示出了空间两点 A 和 B 的相对位置。在 X 方向，由于 $\Delta x=x_B-x_A<0$，则点 B 在点 A 的右方；在 Y 方向，由于 $\Delta y=y_B-y_A<0$，则点 B 在点 A 的后方；在 Z 方向，由于 $\Delta z=z_B-z_A>0$，则点 B 在点 A 的上方。即自点 A 向右，向后，向上到达 B 点。从图 3-8（b）可看出：A、B 两点不仅在 H 面、W 面上保持了相同的 Y 坐标差，而且还保持了相同的前、后对应关系。图 3-8（c）为其无轴投影图。

四、重影点

当两个点有两个坐标差均为 0 时，这两点位于同一投射线上。此时，它们在该投射线所垂直的投影面上的投影重合，我们称此两点为对该投影面的重影点。

如图 3-9 所示，点 A 与点 B 处在同一垂直于 H 面的投射线上，由于 $\Delta x=\Delta y=0$，故其水平投影重合，因此点 A 和点 B 称为对 H 面的重影点。同理，点 C 和点 D 称为对 V 面的重影点，因为其正面投影重合于一点。

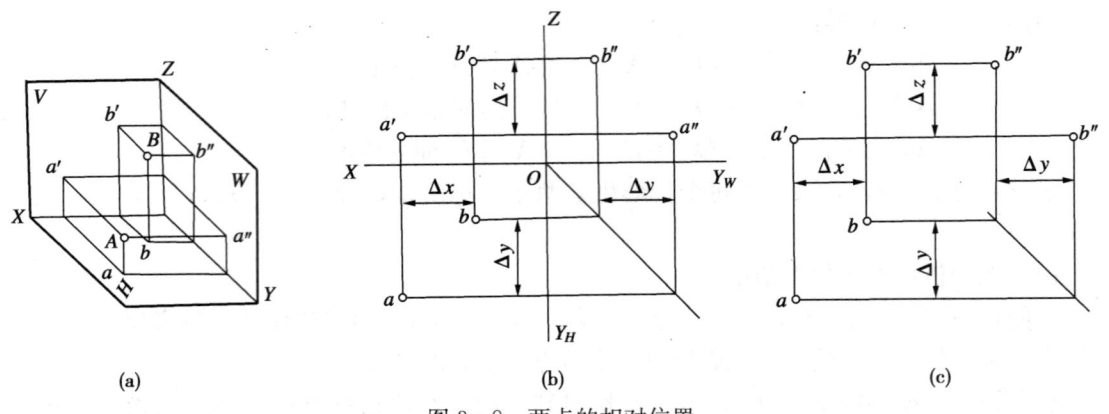

<table>
<tr><td>(a)</td><td>(b)</td><td>(c)</td></tr>
</table>

图 3-8 两点的相对位置

由于投影产生重影，则存在可见性的判别问题。在第一分角中，规定观察者从上向下看，Z 坐标大的为可见；从前向后看，Y 坐标大的为可见；从左向右看，X 坐标大的为可见。因此，对 H、V、W 面的重影点，其投影的可见性判别原则是：上遮下，前遮后，左遮右。

如图 3-9（b）所示，由于 A 点在 B 点的上方（因为 $z_A > z_B$），因而遮住了点 B，故其投影 b 为不可见，用加括号以示区别。

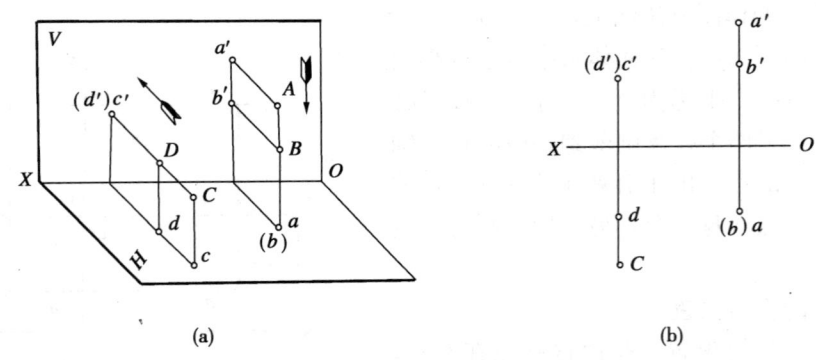

图 3-9 重影点及其可见性判别

§3-2 直线的投影

一、直线的投影

我们知道，两点决定一条直线。因此，直线的投影可由直线上任意两点的投影来确定。今已知两点 A (x_A, y_A, z_A) 和 B (x_B, y_B, z_B)，根据所给坐标，按前述点的投影规律作出此两点的三面投影 (a, a', a'') 和 (b, b', b'')，如图 3-10（a）所示。然后将两点的同面投影 ab，$a'b'$ 和 $a''b''$ 相连，则得直线 AB 的三面投影图，如图 3-10（b）所示。由此可知，直线的投影在一般情况下仍为直线。这种对三个投影面都倾斜的直线称为一般位置直线。直线和它在已知平面上的正投影之间所成的锐角称为此直线对该平面的倾角。一般位置直线与 H、V、W 三投影面所成的角分别用 α，β，γ 表示，如图 3-11 所示。

于是可得一般位置直线的投影特性：

（1）一般位置直线的三面投影均小于其本身的实长，即 $ab = AB\cos\alpha$，$a'b' = AB\cos\beta$，$a''b'' = AB\cos\gamma$，因为 α，β，γ 均不为 0。

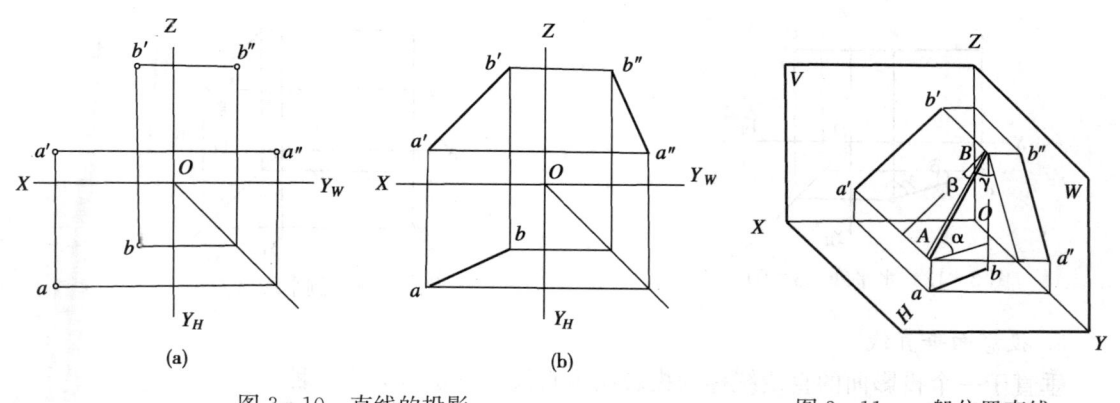

图 3-10 直线的投影

图 3-11 一般位置直线

(2) 三面投影均倾斜于投影轴，且它们与投影轴的夹角不反映该直线与投影面的倾角。

二、特殊位置直线

直线与投影面的相对位置有 3 种：投影面平行线、投影面垂直线和一般位置直线。前两种统称为特殊位置直线。

1. 投影面平行线

平行于一个投影面而与其他两面倾斜的直线称为投影面平行线。它又可分为三种：

正平线：//V 面（$\beta=0$），对 H、W 面倾斜。

水平线：//H 面（$\alpha=0$），对 V、W 面倾斜。

侧平线：//W 面（$\gamma=0$），对 H、V 面倾斜。

如图 3-12 所示为正平线 AB，由于该直线平行于 V 面，因此其 $\beta=0$，且直线上各点的 Y 坐标均相等。

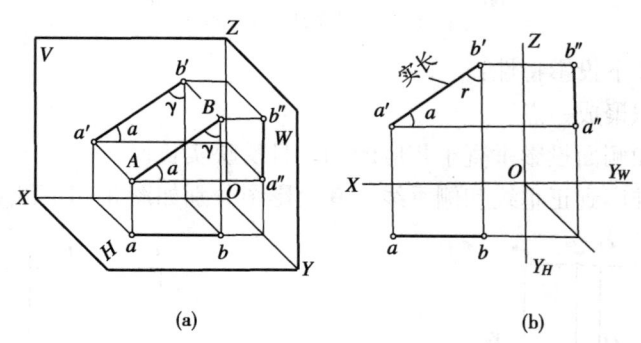

图 3-12 正平线（$\beta=0$）

由此可得出它的投影特性：

（1）正面投影 $a'b'$ 反映直线 AB 的实长，即 $a'b'=AB$；$a'b'$ 与 OX 轴的夹角反映该直线对 H 面的倾角 α；与 OZ 轴的夹角反映该直线对 W 面的倾角 γ。

（2）水平投影 ab//OX 轴，侧面投影 $a''b''$//OZ 轴，且均小于 AB 实长。由此可推广到水平线和侧平线，图 3-13 和图 3-14 分别表示出了它们的投影图。

于是可得投影面平行线的投影特性：投影面平行线在平行的那个投影面上的投影反映实长及对另两个投影面的真实倾角；其余投影平行于相应的轴，且比实长小。

47

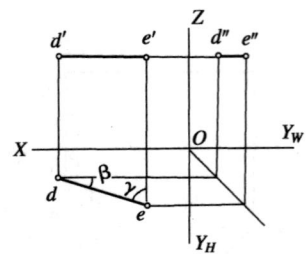

图 3-13 水平线（α=0）

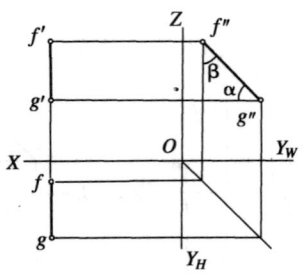

图 3-14 侧平线（γ=0）

2. 投影面垂直线

垂直于一个投影面的直线统称为投影面垂直线。它也可分为三种：

正垂线：⊥V 面，β=90°，α=γ=0。

铅垂线：⊥H 面，α=90°，β=γ=0。

侧垂线：⊥W 面，γ=90°，α=β=0。

如图 3-15 所示为铅垂线 AB，由于 AB⊥H 面，AB 线上的所有点都位于同一条投射线上，故其水平投影都积聚成一点；又由于它与 V、W 面平行，所以它又具有投影面平行线的特性。

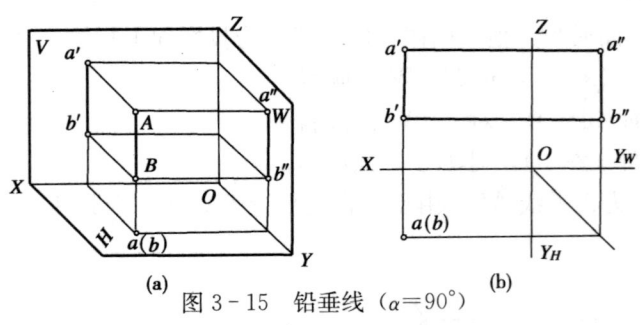

图 3-15 铅垂线（α=90°）

因此，它具有如下投影特性：

（1）水平投影积聚成一点。

（2）正面投影和侧面投影垂直于相应的轴，且反映实长。

同样，由此可推广到正垂线和侧垂线，其投影图分别如图 3-16 和图 3-17 所示。

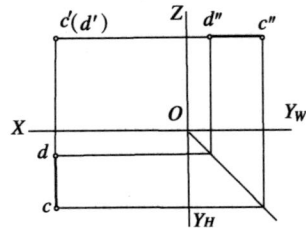

图 3-16 正垂线（β=90°）

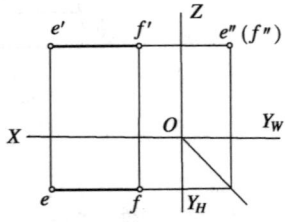

图 3-17 侧垂线（γ=90°）

于是可得出投影面垂直线的投影特性：投影面垂直线要看它垂直哪个面，在垂直的那个面上的投影积聚成一点；其余投影垂直于相应的轴，且反映实长。

读者也不难得出属于投影面或投影轴上的直线的投影特性。

§3-3　直线上的点

一、直线上点的投影特性

根据平行投影的基本性质容易得出结论：直线上的点，其投影必在该直线的同面投影上；且点分线段之比，投影后保持不变。

如图 3-18 所示，已知点 $C \in AB$，则 $c \in ab$，$c' \in a'b'$，$c'' \in a''b''$。且有 $AC : CB = ac : cb = a'c' : c'b' = a''c'' : c''b''$。

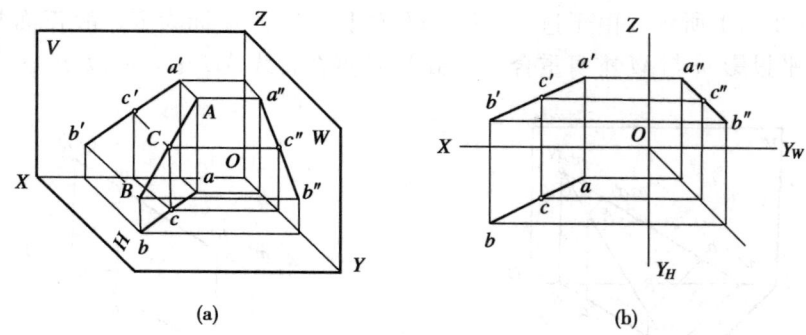

(a)　　　　　　　　　　　　(b)

图 3-18　直线上的点

根据上述性质即可判别点是否在直线上及解决在直线上取点的作图问题。

要判别点是否在直线上，在一般情况下只需观察两个投影即可确定。如图 3-19 所示，点 E 的两个投影都在直线 AB 的同面投影上，点 F 只有一个投影在直线 AB 的同面投影上；因此 E 点在 AB 上，F 点不在直线 AB 上。但在图 3-20（a）所示的情况中，就不能直接采用上述方法来判别。因为所给直线 AB 及点 C 位于平行于侧面的同一平面内，不管点 C 是否在直线 AB 上，都有 $c \in ab$，$c' \in a'b'$ 的关系。为此，必须根据第三投影或利用点分线段之比投影后不变的性质来判别。图 3-20（b）、（c）示出了这两种判别方法。由作图可知 $c'' \in a''b''$ 及 $ac : cb \neq a'c' : c'b'$，所以点 $C \notin AB$。

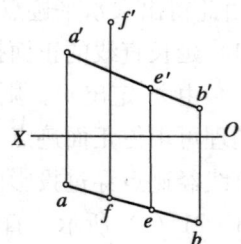

图 3-19　点在直线上的判别

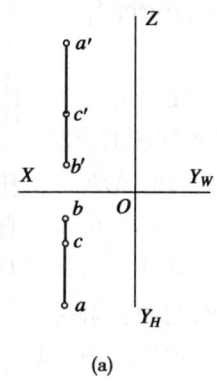

(a)

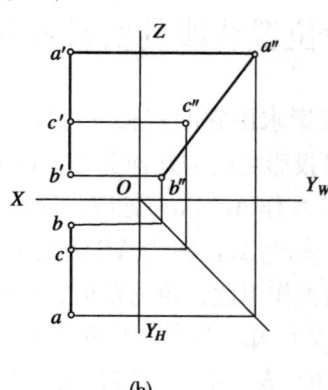

(b)

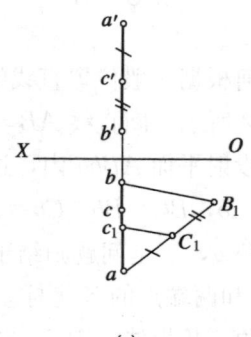

(c)

图 3-20　点在直线上的判别

二、直线的迹点

直线与投影面的交点称为该直线的迹点。在三面体系中，一般位置直线倾斜于三个投影面，故有三个迹点。直线与 H、V、W 面的交点分别称之为水平迹点（M），正面迹点（N）和侧面迹点（S）。平行于投影面的直线不与该投影面相交，则只有两个迹点。垂直于投影面的直线则只有一个迹点。

由于迹点是属于投影面上的点，故有一个坐标为 0，它的一个投影必在投影轴上；但迹点又是直线上的点，它的投影必在直线的同面投影上，据此即可从直线的投影图中定出各个迹点。如图 3-21 所示，由于迹点 M 在 H 面上，其 Z 坐标为零，故正面投影 m' 必在 OX 轴上，水平投影 m 与 M 本身重合。又由于 M 点在直线 AB 上，所以 $m' \in a'b'$，$m \in ab$。

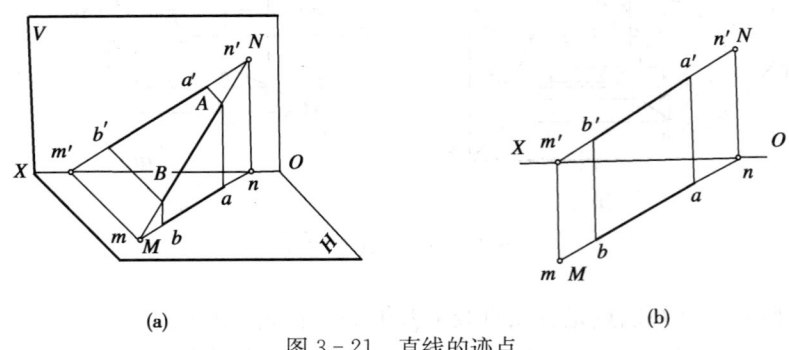

图 3-21　直线的迹点

由此得出求水平迹点的方法［图 3-21（b）］：

（1）延长直线的正面投影 $a'b'$，与 OX 轴相交得 m'；

（2）由 m' 定出 m，则 m 和 m' 为所求水平迹点 M 的两投影。

同理可求得正面迹点 N。

直线经迹点穿过投影面从一个分角进入另一分角，所以迹点又是相邻各分角的分界点。如图 3-21（a）所示，直线 AB 处于第一分角中，它经水平迹点 M 穿过 H 面进入第四分角，经正面迹点 N 穿过 V 面进入第二分角中。因此直线 AB 实际通过三个分角，它被迹点 M 和 N 分成处在相应分角中的三个部分。

§3-4　一般位置线段的实长及对投影面的倾角

如何根据一般位置直线的投影求出它的实长及对投影面的倾角呢？为此，我们先分析图 3-22 所示空间直线 AB 与其投影之间的几何关系，以便找出图解问题的方法。

在投射平面 $ABba$ 内，过点 A 作 $AC \parallel ab$ 交 Bb 于 C，得直角三角形 ABC。其中：直角边 $AC = ab$，$BC = Bb - Cb = z_B - z_A = \Delta z$，斜边 AB 为实长，AB 与 AC 的夹角为该直线与 H 面的倾角 a，于是问题归结于能否作出此直角三角形。显然，在投影图中，线段 AB 的水平投影 ab 和两端点的 Z 坐标差均为已知，故可画出此直角三角形，问题便获解决。这种方法称为直角三角形法。图 3-22（b）表示出了求实长及 α 角的两种形式的作图。其一是直接利用水平投影 ab 为一直角边，另一直角边 $bB_0 = \Delta z$ 而作出。其二是利用反映 z 坐标差的 $b'c'$ 为一直角边，另一直角边 $c'A_0 = ab$ 而作出。同样它也可在图纸的任意适当位置作出。

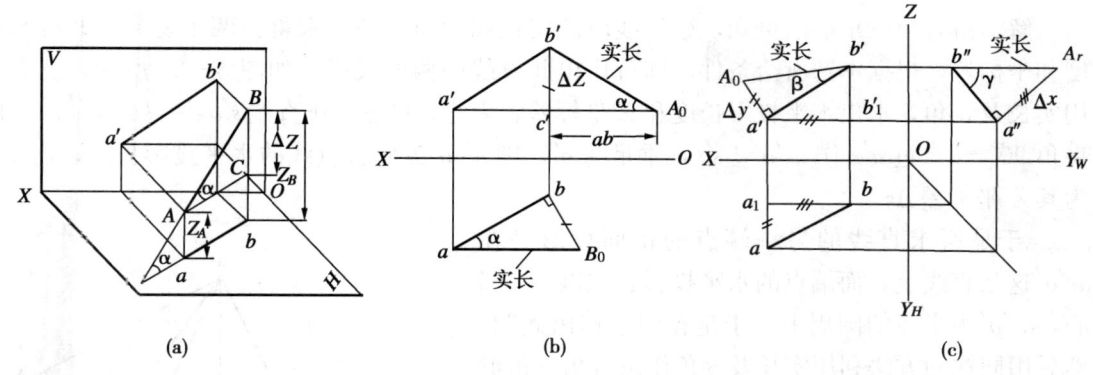

图 3-22　求线段的实长

同理可利用线段的正面投影 $a'b'$ 或侧面投影 $a''b''$ 求出线段 AB 的实长。如图 3-22（c）所示。于是，可得出三个求实长的直角三角形，这三个直角三角形的组成情况如下：

（1）H 面投影，Z 坐标差，斜边为实长，夹角为 α。

（2）V 面投影，Y 坐标差，斜边为实长，夹角为 β。

（3）W 面投影，X 坐标差，斜边为实长，夹角为 γ。

不难看出，每个直角三角形含有四个要素，若知其中任意两个，则此直角三角形便完全确定，由此可求出另两个要素。凡涉及此四要素的问题均可用此法来解决。

〔例 3-3〕已知线段 AB（ab，$a'b'$），试在直线 AB 上定出一点 K，使 $AK=18$ mm〔图 3-23（a）〕。

分析　先用直角三角形法求出 AB 的实长，然后在 AB 实长上量取 $AK=18$ mm 定出 K 点，再按点分线段之比投影后不变的性质，定出点 K（k，k'）的投影。

作图：

（1）过 b' 作 $a'a$ 的垂线交 $a'a$ 于 a_0，在延长线上取 $a_0B_0=ab$，连 $a'B_0$，则 $a'B_0=AB$ 实长，如图 3-23（b）所示。

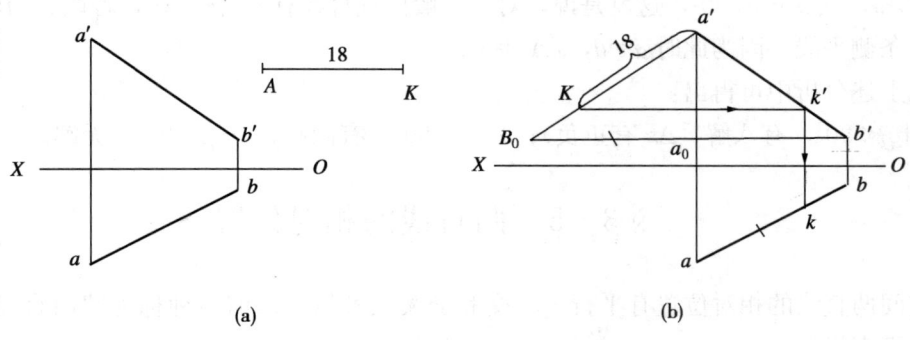

图 3-23　在直线上求定点 K

（2）在实长 $a'B_0$ 上量取 $a'K=18$ mm 得点 K。

（3）过点 K 作 $Kk'\mathbin{/\!/}OX$ 交 $a'b'$ 于 k'。

（4）由 k' 定出 k，则点 K（k，k'）为所求。

〔例 3-4〕试过点 S（s，s'）作实长为 L 的直线，它与 H、V 面的夹角分别为 α 和 β，并说明此问题有解的条件。

51

解 由直角三角形法可知，已知线段的实长和倾角，即可求得另两个要素：即投影长度和坐标差。根据本题所给条件，即可作出此直线的两面投影。如图 3-24 所示，首先利用实长及 α 角，求出水平投影长度和 Z 坐标差。为此，过点 s' 作直线 $s'a_0'=L$，且与 $s's$ 成夹角 $90°-\alpha$，过 a_0' 作 $a_0'o'\perp s's$，垂足为 o'。则 $a_0'o'$ 为所求直线的水平投影长度，而 $s'o'$ 为其 Z 坐标差 Δz。

于是所求直线的另一端点的正面投影必在 $a_0'o'$ 这条直线上，而端点的水平投影必在以 s 为圆心，$a_0'o'$ 为半径的圆周上。于是在图中作出此圆。然后用同样的方法利用实长及 β 角作出直角三角形 $s'A_0a_0'$，得出所求直线的正面投影长度为 $s'A_0'$ 和 Y 坐标差为 $A_0a_0'=\Delta y$。

利用上述所得的四个要素（水平投影长度，正面投影长度，Z 坐标差，Y 坐标差）中的任意三个，即可作出所求直线的两面投影。

由于我们已作出了另一端点的水平投影所在的圆周，及正面投影所在的直线 $a_0'o'$，故只需利用已求出的正面投影长度定出其位置即可。为此，以 s' 为圆心，$s'A_0$ 为半径画弧交 $a_0'o'$ 于两个重合点 $a'\equiv b'$，$c'\equiv d'$。由此找出水平投影 a，b，c，d，于是即得满足条件的四条直线 SA，SB，SC，SD。

现在探讨角 α 和 β 的关系：

在直角三角形 $\triangle s'A_0a_0'$ 和 $\triangle s'o'a_0'$ 中，$s'a_0'$ 为

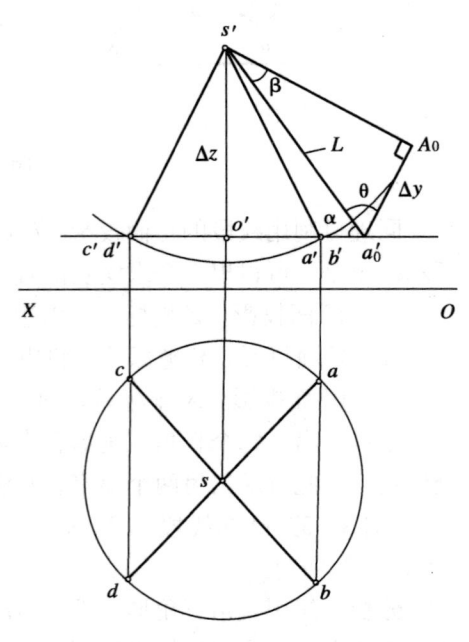

图 3-24 过点作定直线

公共边，且直角边 $s'A_0=s'a'$（或 $s'b'$）大于直角边 $s'o'$，所以 $\theta>\alpha$，但 $\theta=90°-\beta$，即得 $90°-\beta>\alpha$，或 $\alpha+\beta<90°$，这就是说，对于一般位置直线有 $\alpha+\beta<90°$，若取 $\alpha+\beta=90°$，则得到一条侧平线。因为此时 $\alpha=\theta$，$s'A_0=s'o'$。

从上述分析中可得出：

$\alpha+\beta<90°$，有八解（Δz 有正负）；$\alpha+\beta=90°$，有四解；$\alpha+\beta>90°$，无解。

§3-5 两直线的相对位置

空间两直线的相对位置有平行、相交和交叉三种情况。前两种称为共面直线，后一种称为异面直线。

一、平行两直线

如图 3-25 所示，已知空间两直线 $AB/\!/CD$。过 AB、CD 上的各点向投影面作投射线，所形成的两个平行平面与投影面的交线也互相平行。即 $ab/\!/cd$，$a'b'/\!/c'd'$，$a''b''/\!/c''d''$。其投影图如图 3-25（b）所示。从而不难得出 $\dfrac{AB}{CD}=\dfrac{ab}{cd}=\dfrac{a'b'}{c'd'}=\dfrac{a''b''}{c''d''}$。

由此可得，两平行直线的同面投影均互相平行，且其线段的长度之比等于其同面投影

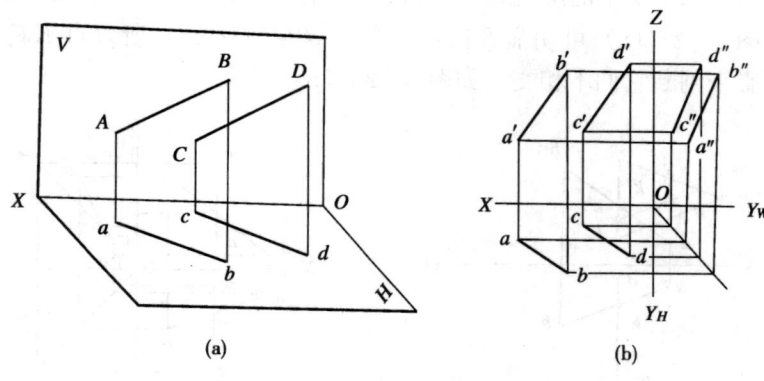

图 3-25 平行两直线

的长度之比。

要判别两条一般位置直线是否平行，只需看它们的任意两面投影是否互相平行即可。但对于平行于同一投影面的两直线，要确定它们是否平行，可判断两线段各同面投影的长度之比是否成相等的比例（共面）或看它们所平行的那个投影面上的投影是否真正平行。如图 3-26 所示的两直线 AB 和 CD 均为侧平线，它们的 H、V 面投影：$ab /\!/ cd$，$a'b' /\!/ c'a'$，但其侧面投影 $a''b'' /\!\!\!/ c''d''$；故直线 $AB /\!\!\!/ CD$。

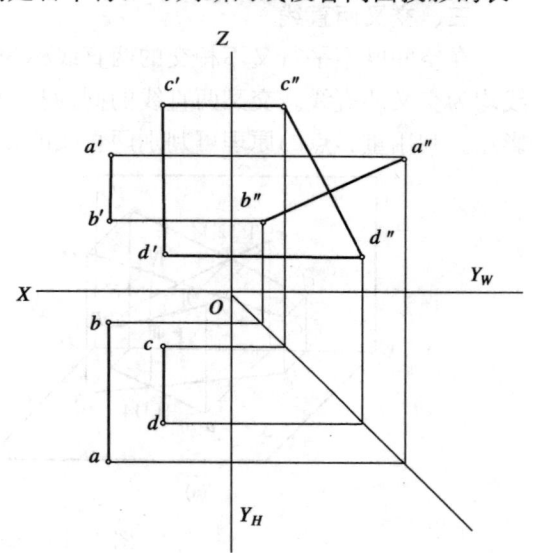

图 3-26 $AB /\!\!\!/ CD$

二、相交两直线

如图 3-27（a）所示，空间两直线 AB 与 CD 相交于一点 K，则交点 K 为两条直线所共有，根据从属性不变的性质，则两直线的同面投影必定相交，且交点符合点的投影规律。即 $kk' \perp OX$（$k'k'' \perp OZ$）如图 3-27（b）所示。因此，要判别两直线是否相交，一般只需检查任意两面投影的交点连线是否垂直于投影轴即可。

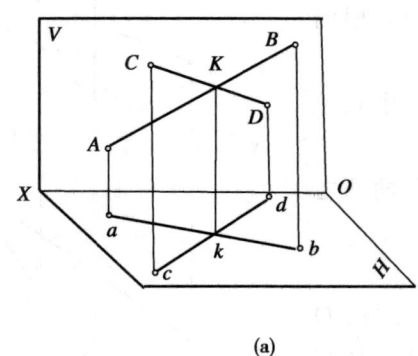

(a)

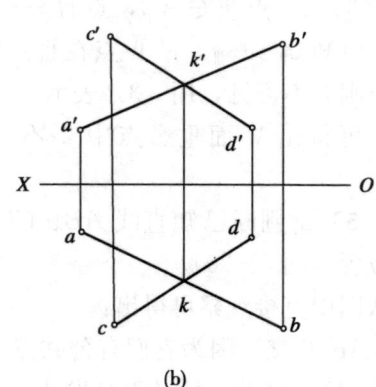

(b)

图 3-27 相交两直线

但是，如图 3-28 所示的两直线 AB 和 CD，虽然其两面投影均相交，其实在空间并不相交。因为从图 3-28（a）可明显看出：$c'k' : k'd' \neq ck : kd$，所以点 $K \in CD$。同样也可画出其侧面投影来判断它们不相交，如图 3-28（b）所示。

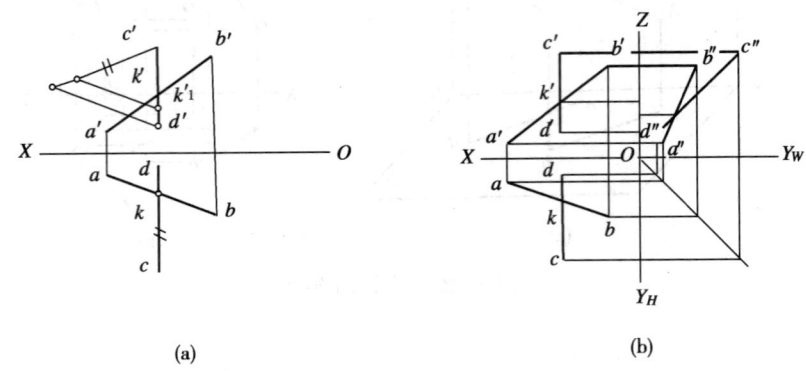

(a)   (b)

图 3-28 AB 与 CD 不相交

三、交叉两直线

在空间既不平行又不相交的两直线称为交叉两直线。如图 3-26 和图 3-28 所示的两直线均为交叉两直线。交叉两直线的同面投影的交点为不同直线上的两点在该投影面上的重影点。利用重影点的原理可判别两直线的相对位置。

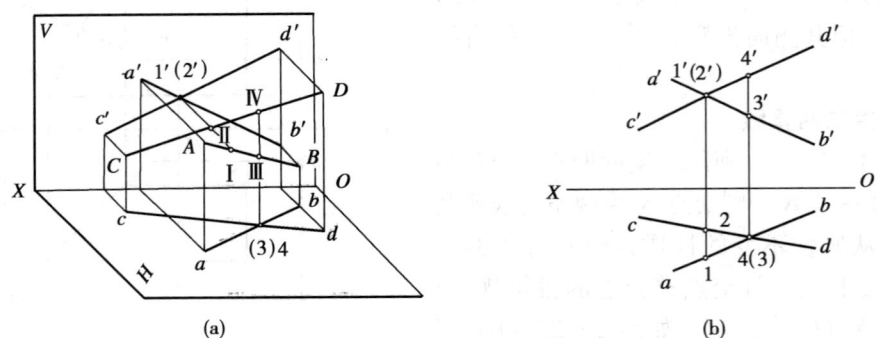

(a)   (b)

图 3-29 交叉两直线的重影点

如图 3-29 所示，交叉两直线 AB、CD 对 H 面的重影点为（3）4，点 III $\in AB$，点 IV $\in CD$，由投影图 3-29（b）可知 $z_{IV} > z_{III}$，故 IV 点在 III 点的上方，根据上遮下的原则 3 不可见，用（3）表示。

同理，可得出 V 面重影点中 $2'$ 不可见，用（$2'$）表示。

〔**例 3-5**〕试判断已知直线 AB、CD、AE 两两之间的相对位置（图 3-30）。

解 从图中直接观察可得出：

AB 与 AE 相交，因为它们有公共点 A。AE 与 CD 交叉，因为 $AE \nparallel CD$，且又无公共点。但对于 AB 与 CD，则由于它们均为侧平线，故不能凭观察直接定出。

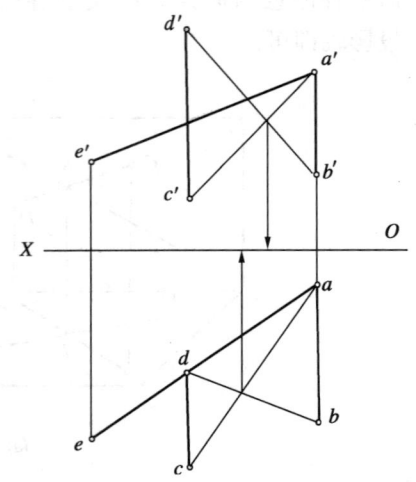

图 3-30 判断两直线间的相对位置

为此，可通过检查 A、B、C、D 四点是否共面来判定。从图 3-30 的作图可知，AC 与 BD 的交点的投影连线不垂直于 OX 轴，即此四点不共面，所以 AB 与 CD 交叉。

〔**例 3-6**〕求作直线 MN 与已知直线 AB、CD 相交且平行于已知直线 EF（图 3-31）。

解 从图 3-31 可知，直线 CD 的水平投影积聚成一点 $c(d)$，故 CD 为铅垂线。由于所求直线 MN 与 CD 相交，故其交点 N 的水平投影也必积聚于点 $c(d)$。又所求直线 $MN/\!/EF$，且与 AB 相交。故可过点 $c(d)$ 作 $mn/\!/ef$ 交 ab 于 m，由 m 找到 m'，过 m' 作 $m'n'/\!/e'f'$ 交 $c'd'$ 于 n'，则 mn，$m'n'$ 为所求直线 MN 的两面投影。

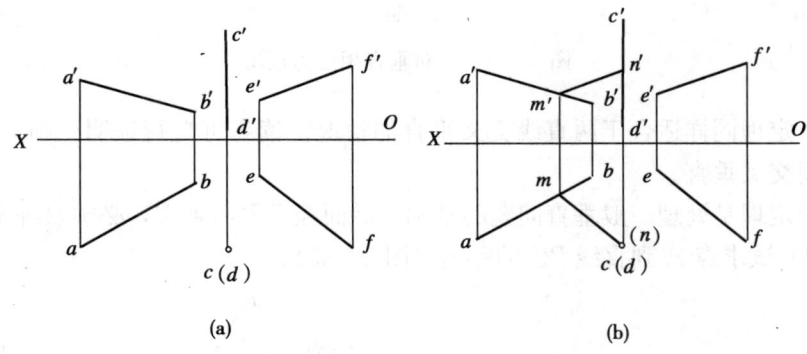

图 3-31　直线平行与相交的综合题

§3-6　直角的投影

当直角的两边同时平行于某一投影面时，则此直角在该投影面上的投影仍为直角。

当直角的两边中有一边平行于某一投影面时，则此直角在该投影面上的投影也反映直角，直角的这一投影特性称为直角投影定理。

证明如下：如图 3-32（a）所示，设相交两直线 $AB\perp BC$，且 $AB/\!/H$ 面。

因为 $AB\perp BC$，$AB\perp Bb$，所以 $AB\perp$ 面 $BCcb$。

因为 $AB/\!/H$ 面，所以 $ab/\!/AB$。因此 $ab\perp$ 面 $BCcb$，于是 $ab\perp bc$，即 $\angle abc=90°$，其投影图如图 3-32（b）所示。

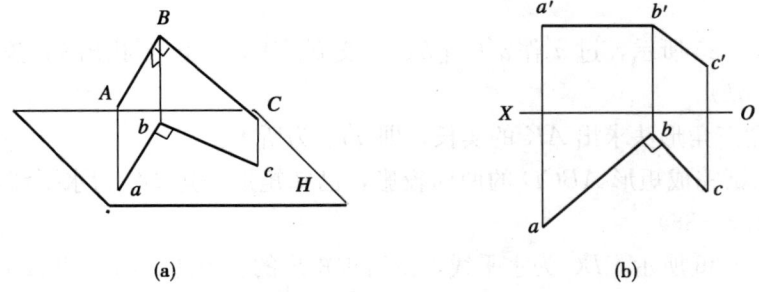

图 3-32　直角的投影

此定理的逆定理亦成立。图 3-33 所示的三对相交直线中，由于各有一条平行于某一投影面的直线。且在所平行的投影面上的投影夹角为 $90°$，故根据直角投影定理可知，这三对直线在空间都是垂直相交的。

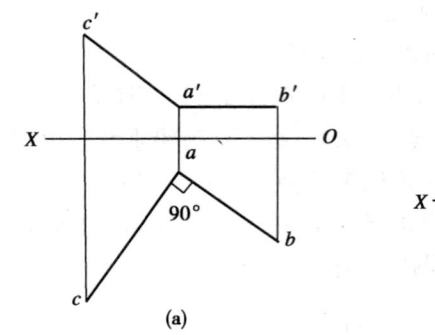 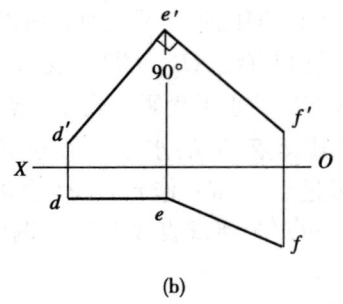 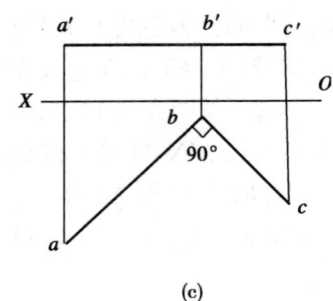

(a)　　　　　　　　(b)　　　　　　　　(c)

图 3-33　三对垂直相交的直线

直角投影定理同样适合于两直线交叉垂直的情况。读者可自行证明。图 3-34 所示的两直线在空间交叉垂直。

直角投影定理是处理一般垂直问题的基础，后面经常要用到它，必须熟练掌握。

〔**例 3-7**〕试求点 A 到直线 BC 的距离（图 3-35）。

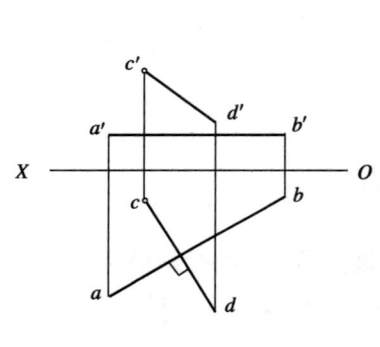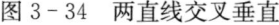

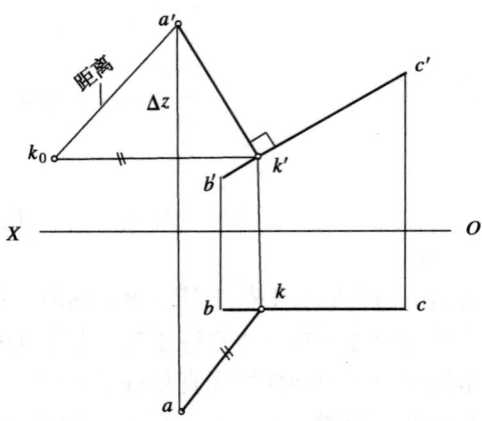

图 3-34　两直线交叉垂直　　　　　　图 3-35　求点到直线的距离

解　由于所给直线 BC 为正平线，故可利用直角投影定理，自点 A 向 BC 作垂线，得垂足为 K。然后用直角三角形法求出 AK 的实长即为所求之距离。

作图：

（1）如图 3-35 所示，过 a' 作 $a'k'\perp b'c'$，交 $b'c'$ 于 k'，由 k' 找出 k，连 ak，则得 AK 的投影（$a'k'$，ak）。

（2）用直角三角形法求出 AK 的实长，即 $a'k_0$ 为所求。

〔**例 3-8**〕试完成矩形 $ABCD$ 的两面投影，已知矩形一边 BC 为水平线，其顶点 A 在直线 FG 上（图 3-36）。

解　如图 3-36 所示，BC 为水平线，是所求矩形的一条边。另一边 $AB\perp BC$，且点 A 在 FG 上。于是根据直角投影定理可作出 AB 边，且交 FG 于点 A，则边 AB 被定出。然后根据矩形对边平行且相等的性质即可作出矩形。

作图：

（1）过 b 作 $ab\perp bc$，交 fg 于 a，由 a 定出 a'，连 $a'b'$，则 AB 边被定出，如图 3-36（b）所示。

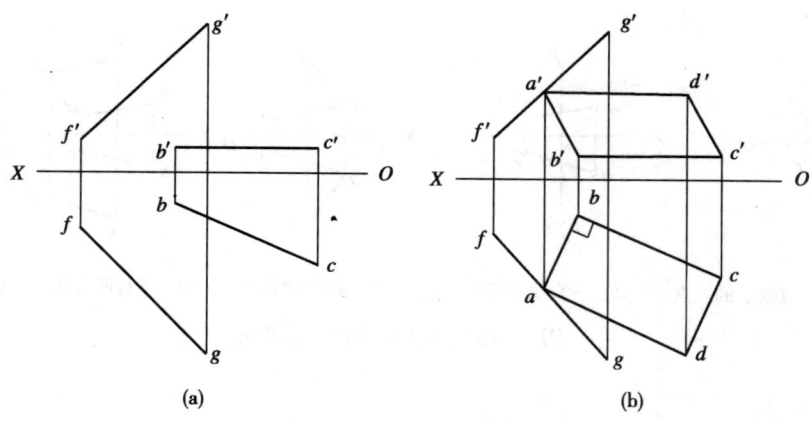

图 3-36 作矩形 ABCD

（2）利用平行两直线的性质完成全图，即得所求矩形 ABCD（abcd，a′b′c′d′）。

〔例 3-9〕试作出交叉两直线 AB、CD 的公垂线，并求 AB、CD 之间的距离（图 3-37）。

解 如图 3-37（b）所示，公垂线 EF 是与 AB、CD 都垂直相交的直线，EF 的实长就是所求交叉两直线的距离。由于 AB⊥H 面，又 EF⊥AB，所以 EF∥H 面。其垂足 E 的水平投影 e 必积聚在 AB 的水平投影 a（b）处。由于 EF∥H，又 EF⊥CD，根据直角投影必有 ef⊥cd。显然 ef 反映公垂线 EF 的实长，这就是所求 AB、CD 之间的距离。

于是可先作出 ef⊥cd，再由 ef 定出 e′f′，其作图如图 3-37（c）所示。

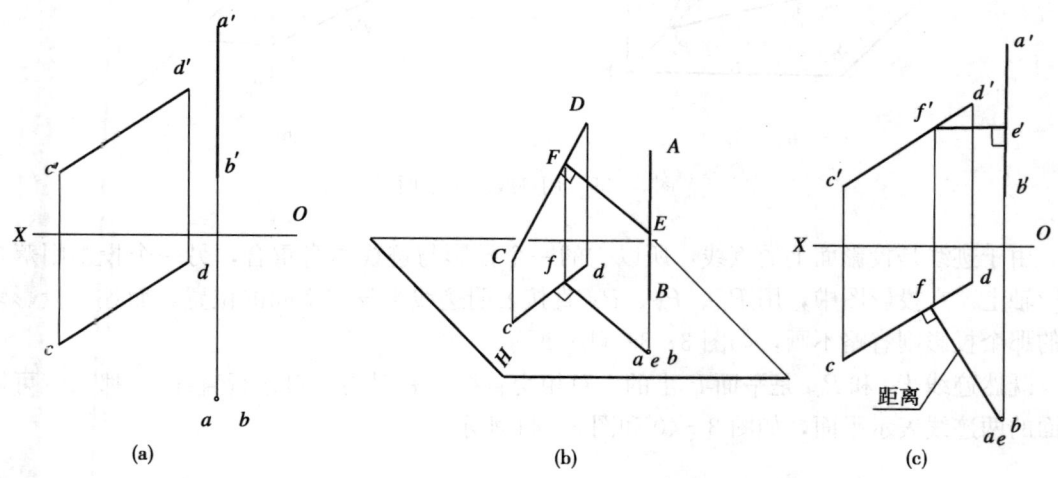

图 3-37 作交叉两直线的公垂线并求其距离

§3-7 平面的投影

一、平面的表示法

1. 用几何元素表示平面

要确定一平面在空间的位置，可用下列任一组几何元素的投影来表示，如图 3-38 所示。从图中可看出，以上各组元素可以互相转化。同一平面无论采用何种形式表示，其空

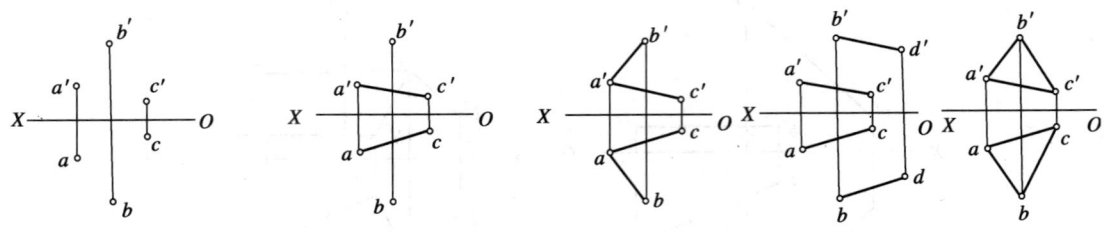

| (a) 不在同一直线上的三点 | (b) 一直线及线外一点 | (c) 相交两直线 | (d) 平行两直线 | (e) 平面图形 |

图 3-38 用几何元素表示平面

间位置始终不变。

2. 用平面的迹线表示平面

空间平面与投影面的交线称为平面的迹线。如图 3-39（a）所示，平面 P 与 H、V 和 W 面的交线分别称为水平迹线（用 P_H 表示）、正面迹线（用 P_V 表示）和侧面迹线（用 P_W 表示）。P_H、P_V、P_W 与投影轴 X、Y、Z 的交点 P_X、P_Y、P_Z 称为迹线集合点。

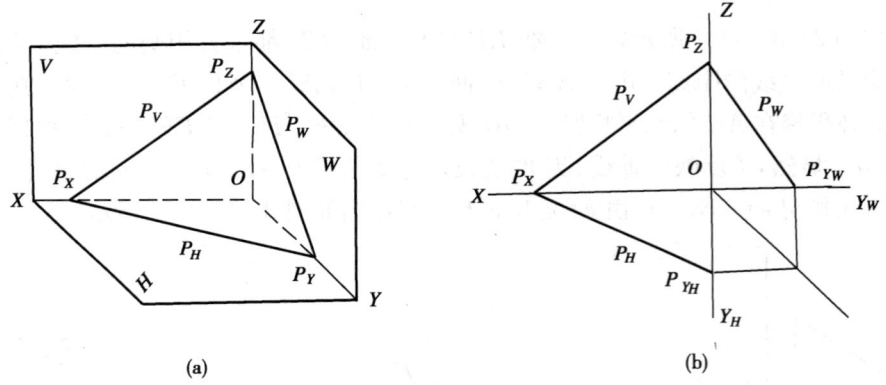

图 3-39 用迹线表示平面

由于迹线是投影面上的直线，所以它的一个投影与迹线本身重合，另一个投影则落在投影轴上。在投影图中，用 P_H、P_V、P_W 直接表明迹线本身在空间的位置，而处在投影轴上的那个投影则省略不画，如图 3-39（b）所示。

既然迹线 P_V 和 P_H 是平面 P 上的一对相交直线（有时为一对平行直线），那么就可用平面的两迹线表示平面，如图 3-40 和图 3-41 所示。

图 3-40 用相交两迹线表示平面   图 3-41 用平行两迹线表示平面

显然，用迹线表示的平面，其直观性强，它形象地表明了平面在空间的位置。用迹线表示的平面称为迹线平面。

对于未用迹线表示的平面，则总可通过作图而转化成用迹线表示的形式。

既然平面可以用两条迹线来表示，那么只需找出迹线上的任意两个点便可定出此迹线。

从图3-42（a）不难看出，平面P上所有直线的迹点必在该平面的同面迹线上。因此，求平面的迹线问题归结为求平面上任意两直线的迹点问题。

如图3-42所示，为求相交两直线AB、BC所给定的平面P的迹线，只需作出AB和BC的正面迹点N_1和N_2，水平迹点M_1和M_2，将同面迹点相连，便得平面P的迹线P_V和P_H。其作图如图3-42（b）所示，读者自明。

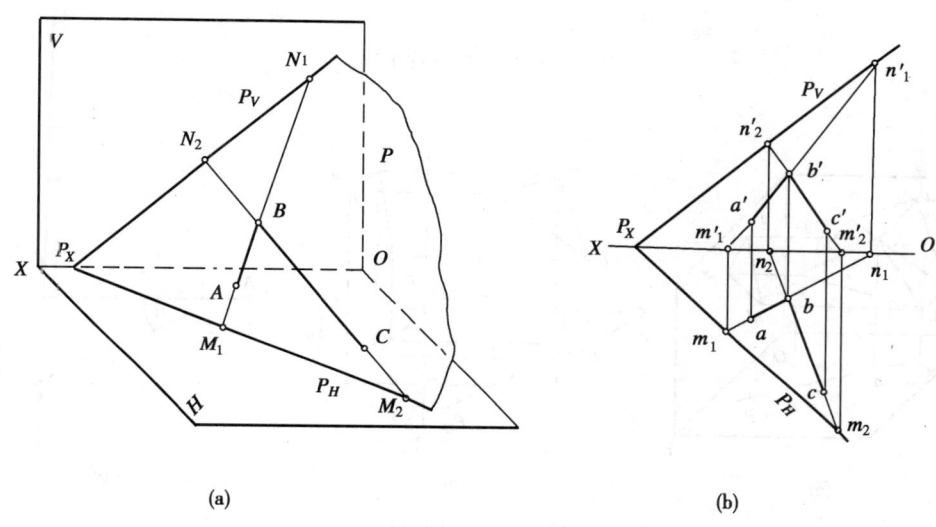

(a)   (b)

图3-42 求平面的迹线

二、平面对投影面的相对位置

在三投影面体系中，平面对投影面的相对位置有3种：一般位置平面、投影面垂直面和投影面平行面。后两种称为特殊位置平面。

平面与H、V、W面所成的两面角分别称为该平面对H、V、W面的倾角α、β、γ。显然，当平面平行于投影面时，其倾角为0°；垂直于投影面时，其倾角为90°；倾斜于投影面时，其倾角大于0°而小于90°。

1. 一般位置平面

对三个投影面都倾斜的平面称为一般位置平面。由于平面倾斜于投影面，所以它的三面投影的面积均小于空间平面的实形面积，其形状为空间平面图形的类似形，如图3-43中△ABC平面所示。

于是可得一般位置平面的投影特性，即：

它的三面投影仍为平面图形的类似形，且面积缩小。

2. 投影面垂直面

只垂直于一个投影面的平面，称为投影面垂直面。它有三种：正垂面（⊥V）、铅垂面（⊥H）和侧垂面（⊥W）。图3-44所示的△ABC平面为铅垂面。

由于△ABC平面垂直H面，所以过△ABC平面上所有点向H面所作的投射线组成的平面与H面交于唯一的一条直线。由此得出△ABC的水平投影积聚成一直线，投影的这种

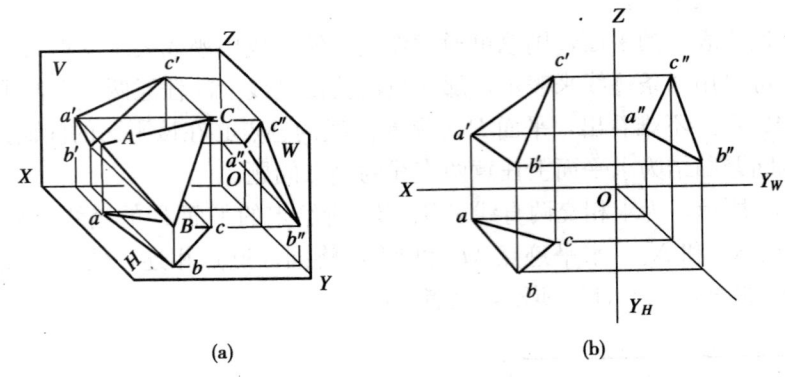

图 3-43 一般位置平面

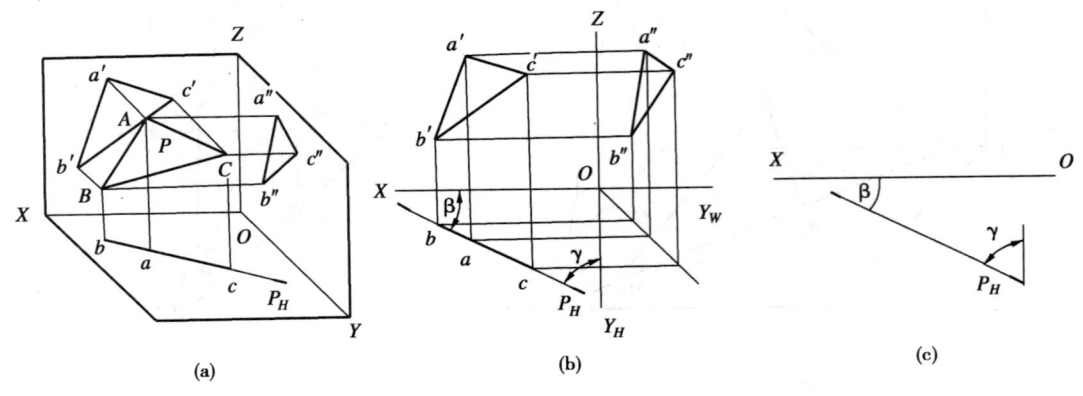

图 3-44 铅垂面

性质称为积聚性。此直线与 OX、OY 轴的夹角反映了该平面与 V、W 面的真实夹角 β 和 γ。

由于 $\triangle ABC$ 平面对 V、W 面倾斜，故其 V、W 面投影为平面的类似形，且面积缩小。

于是可得铅垂面的投影特性：

（1）铅垂面的水平投影积聚成一条直线，它与投影轴 OX、OY 的夹角反映了它与其他两面的真实夹角 β 和 γ。

（2）其余投影均为平面图形的类似形，且面积缩小。

对于特殊位置平面用迹线表示时，只画出它有积聚性的迹线，如图 3-44（c）所示的铅垂面 P_H。

同理可得出正垂面、侧垂面的投影特性。其投影图分别如图 3-45 和图 3-46 所示。

由此可得出投影面垂直面的投影特性：

投影面垂直面，看它垂直哪个面，它在那个投影面上的投影积聚成直线，它与投影轴的夹角反映了它与其他两面的真实夹角。

其余投影均为平面图形的类似形，且面积缩小。

3. 投影面平行面

平行于一个投影面的平面称为投影面平行面。它可分为三种：

正平面（$/\!/V$ 面）、水平面（$/\!/H$ 面）和侧平面（$/\!/W$ 面）。

图 3-47 所示的 $\triangle ABC$ 为正平面。由于 $\triangle ABC/\!/V$ 面，则三条边均平行于 V 面，各边的正面投影与 $\triangle ABC$ 的相应边平行且长度相等，所以正面投影 $\triangle a'b'c'$ 反映实形。

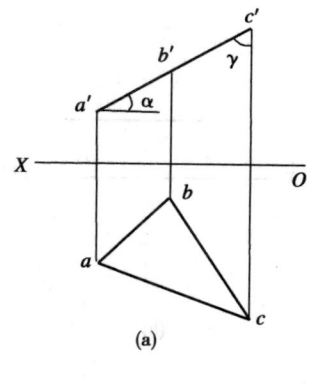
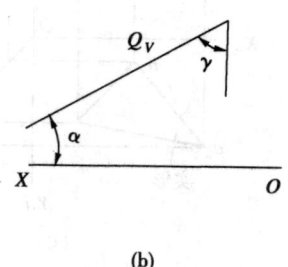

图 3-45　正垂面

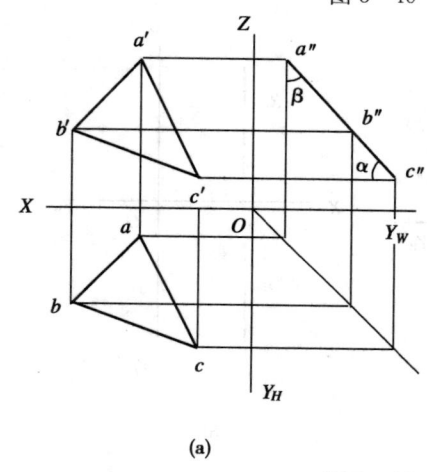
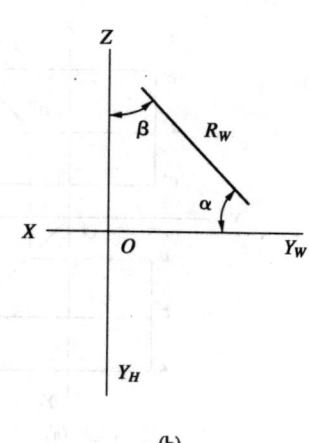

图 3-46　侧垂面

由于 △ABC//V 面，则必垂直于 H、W 面。因此，其 H、W 面投影积聚成一直线且平行于相应的投影轴，即 abc//OX，$a''b''c''$//OZ。图 3-47（b）、（c）分别为用几何元素和用迹线表示的投影图。

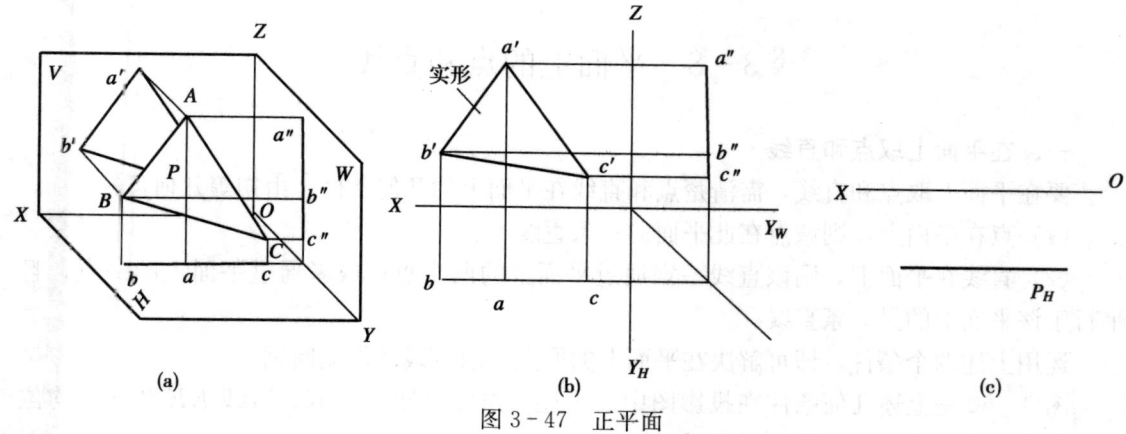

图 3-47　正平面

于是可得正平面的投影特性：

正面投影反映实形，H、W 面投影积聚成一直线且平行于相应的投影轴。

同理，可得出水平面、侧平面的投影特性，图 3-48 和图 3-49 分别示出了它们的投影图。

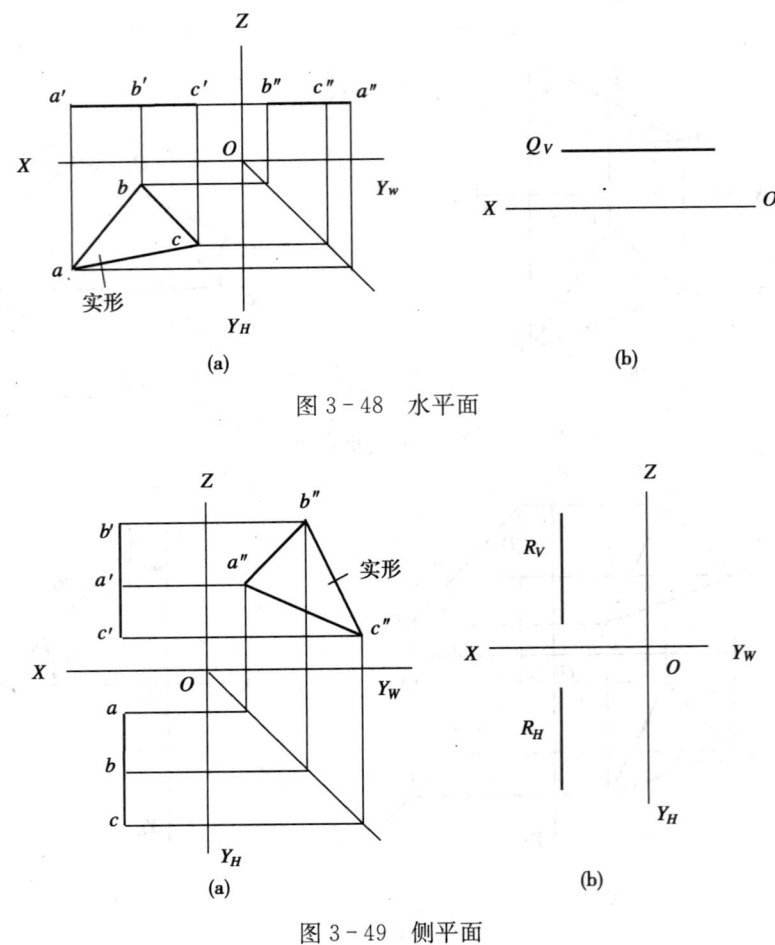

图 3-48 水平面

图 3-49 侧平面

由此可得出投影面平行面的投影特性：

投影面平行面，看它平行哪个面，它在那个面上的投影反映实形，其余投影积聚成一直线且平行于相应的投影轴。

§3-8 平面上的点和直线

一、在平面上取点和直线

要在平面上取点和直线，需清楚点和直线在平面上的几何条件。由初等几何可知：

（1）点在平面上，则该点在此平面的一条直线上。

（2）直线在平面上，则该直线一定通过平面上的两个点；或者通过平面上的一点，且平行于该平面上的另一条直线。

运用上述两个条件，即可解决在平面上的取点、取直线的作图问题。

图 3-50 是上述几何条件在投影图中的表述。由图可知，点 K、直线 KE 和 KF 均位于由相交两直线 AB、BC 所确定的平面上。

〔例 3-10〕试判断空间四点 A、B、C、D 是否位于同一平面上（图 3-51）。

解 我们知道，空间任意三点，如图中点 A、B、C 确定一个平面。要判断四点是否共面，则只需判断点 D 是否在平面 ABC 上，于是可按点在面上的条件进行作图。

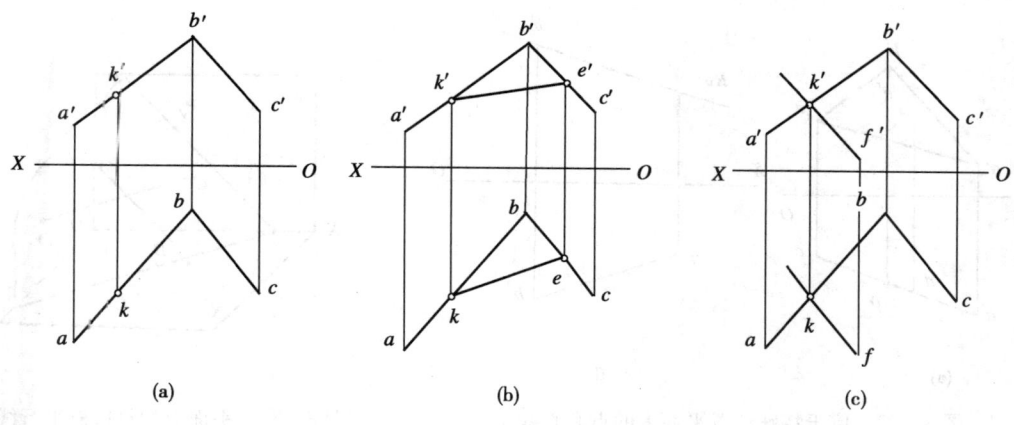

(a)   (b)   (c)

图 3-50　在平面上取点取线

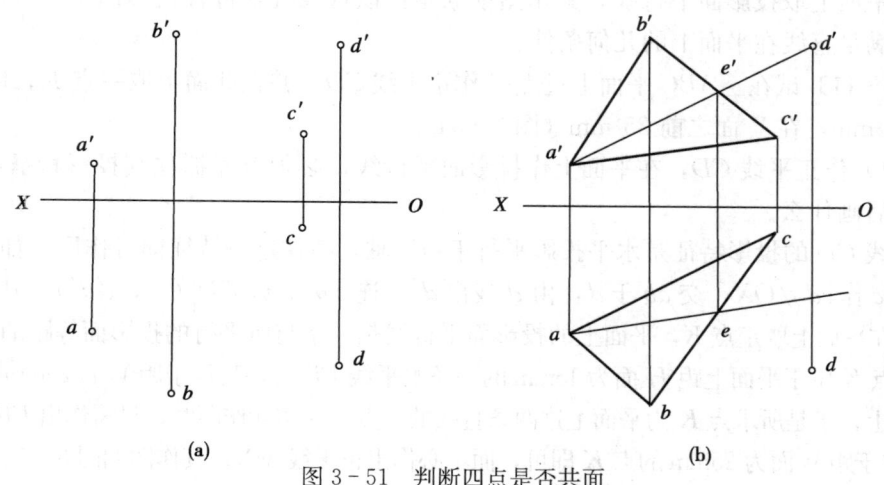

(a)   (b)

图 3-51　判断四点是否共面

作图：

（1）连 A（a'，a），B（b，b'），C（c，c'）组成一平面；

（2）过 d' 作辅助线 $a'd'$ 交 $b'c'$ 于 e'，由 e' 找出 e；

（3）连接 ae，由于 d 不在 ae 上，则点 D 不属于面 ABC，故此四点不共面。

从上述作图可看出，为判断点 D 是否属于面 ABC，采用了作辅助线的方法，这是在面上取点的一种基本方法，称为辅助线法。今后经常要用到它。

上述在平面上取点、取线的原理和方法，同样适合于特殊位置平面，且作图更为简便。

如图 3-52（a）所示，点 D 在铅垂面△ABC 上，则 d 必在有积聚性的水平投影 abc 上。图 3-52（b）中直线 AB 在正垂面 R 上，则 $a'b'$ 在 R_V 上。由此可见包含一条一般位置直线可以作一个正垂面，或一个铅垂面等投影面垂直面和一般位置平面。请读者自行完成其作图。

二、平面上的投影面平行线

属于平面且平行于投影面的直线称为平面上的投影面平行线。它可分为三种：平面上的水平线（∥H 面）、正平线（∥V 面）和侧平线（∥W 面）。

由图 3-53 可知，位于一般位置平面 P 上的投影面平行线，平行于该平面的相应迹线（如正平线 AB∥P_V，水平线 CD∥P_H）。它们的方向代表了平面对投影面的倾斜方向。

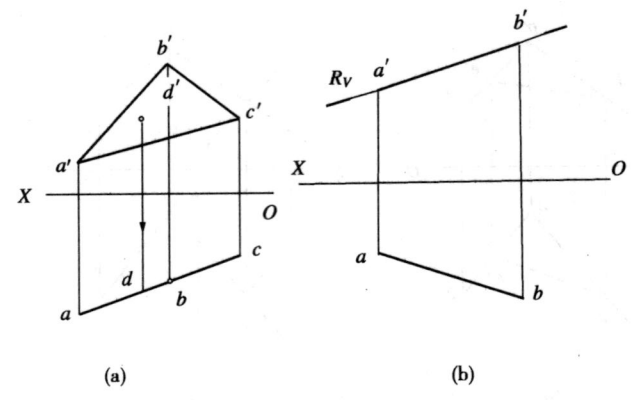

(a)

(b)

图 3-52　位于特殊位置平面上的点和直线

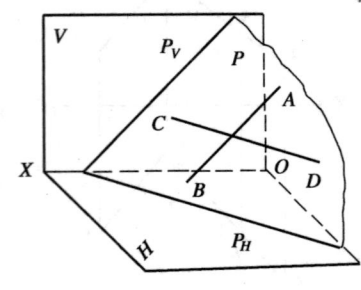

图 3-53　平面上的投影面平行线

要在平面上取投影面平行线，其作图依据是：该直线既要符合投影面平行线的投影特性，又要满足直线在平面上的几何条件。

〔例 3-11〕试在 △ABC 平面上过点 C 作正平线 CD，并在此面上取一点 K，使之在 H 面之上 15 mm，在 V 面之前 25 mm（图 3-54）。

解　（1）作正平线 CD，在平面上作投影面平行线，必须首先抓住其投影特征，确定先画什么，后画什么。

正平线 CD 的投影特征是水平投影平行于 OX 轴，抓住这一特征即可作图。如图 3-54 所示，过 c 作 cd∥OX，交 ab 于 d，由 d 找出 d'，连 c'd'，则 CD（cd，c'd'）为所求。

（2）在平面上取定点 K，平面上的投影面平行线是一条与所平行的投影面等距的直线。因此，所求点 K 位于平面上距 H 面为 15mm 的一条水平线 EF 上，又位于距 V 面 25mm 的一条正平线 MN 上，于是所求点 K 为平面上这两条直线的交点。在实际作图时，只需作出 EF，然后在 EF 上取位于距 V 面为 25mm 的点 K 即可，而不必作出正平线 MN，其作图如图 3-54 所示。

三、平面上的最大斜度线

平面上垂直于该平面的投影面平行线的直线，称为该平面的最大斜度线。由于它们分别垂直于该平面上的水平线、正平线和侧平线，故分别称为对水平面（H 面）、对正立面（V 面）和对侧立面（W 面）的最大斜度线。

如图 3-55 所示，根据定义在平面 P 上过点 A 作该平面上水平线 MN（或 P_H）的垂线 AB，则 AB 便是对 H 面的最大斜度线。最大斜度线 AB 对 H 面的倾角 ∠ABa＝α，是平面

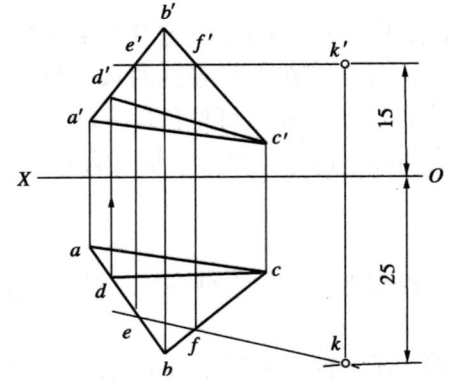

图 3-54　在平面上作平行线和取定点

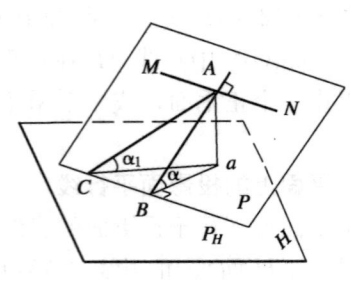

图 3-55　最大斜度线

64

P 上过点 A 所作任何其他直线对 H 面的倾角中的最大者，所以称它为最大斜度线。利用它可求出平面对投影面的倾角。如图 3-55 所示，过点 A 任作一直线 AC 交 P_H 于点 C，设它对 H 面的夹角 $\angle ACa=\alpha_1$，在两个直角三角形 ABa 和 ACa 中：Aa 为公共直角边，又 aB $<aC$，因此 $\alpha>\alpha_1$，即最大斜度线 AB 对 H 面的倾角大于 AC 对 H 面的倾角。

由于 $AB\perp P_H$，$aB\perp P_H$（三垂线定理）则 $\angle ABa=\alpha$，就是平面 P 与 H 面所成两面角的平面角，所以最大斜度线 AB 对 H 面的倾角 α 就是平面 P 对 H 面的倾角。

同理，可用对 V 面或 W 面的最大斜度线，分别求出平面对 V 面或 W 面的倾角。

由最大斜度线的定义可知，平面上最大斜度线一经给定，则此平面就唯一被确定。

〔例 3-12〕试求出 $\triangle ABC$ 平面与 H 面的倾角 α（图 3-56）。

解　如图所示：

（1）作平面上的水平线 CD（cd，$c'd'$）。

（2）作 $AE\perp CD$，根据直角投影定理作 $ae\perp cd$，由 e 找出 e'，则 AE（ae，$a'e'$）为对 H 面的最大斜度线。

（3）用直角三角形法求出 AE 对 H 面的倾角 α，即为所求。

〔例 3-13〕已知线段 AB 为某平面对 V 面的最大斜度线，求作该平面上距 H 面为 10mm 的水平线（图 3-57）。

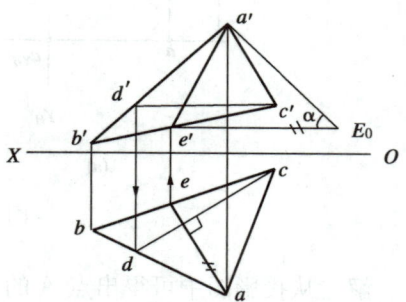

图 3-56　求平面对 H 面的倾角

解　由于最大斜度线一经给定，则此平面即被唯一确定。根据定义，对 V 面最大斜度线与该平面上的正平线垂直。利用直角投影定理，可作出此正平线 BC（bc，$b'c'$），则此平面由 $AB\times BC$ 所给定。然后按条件在此平面上作出水平线 MN（mn，$m'n'$）即为所求。其作图如图 3-57（b）所示。

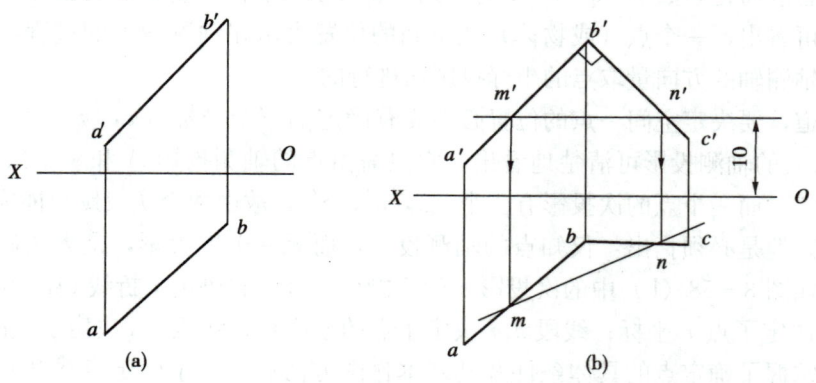

图 3-57　在由最大斜度线给定的平面上取线

§3-9　点、直线和平面的轴测图的画法

一、轴测图的画法

点是最基本的几何元素，在作轴测图时，必须首先掌握作点的轴测投影的基本方法。

〔例 3-14〕试画出点 A 的正等测图（图 3-58）。

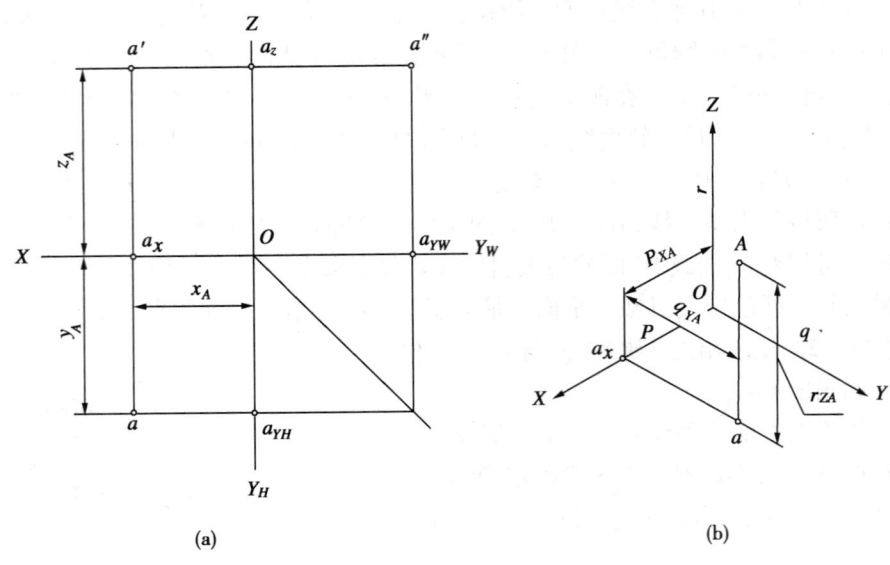

图 3-58 作点 A 的正等测图

解 从投影图中可得出点 A 的坐标值，即 A (x, y, z)。由于所画的是正等测图，故各轴向伸缩系数为：$p=q=r=0.82$，三个轴间角均为 $120°$，据此即可进行作图。其步骤是：

(1) 按已知轴间角的大小，作出轴测轴 OX，OY 和 OZ，如图 3-58（b）所示。

(2) 自点 O 在轴测轴 OX 上量取 $Oa_x=p \cdot X_A$，得到 a_x。

(3) 过点 a_x 作 $a_x a // OY$，且在其上截取 $aa_x=q \cdot Y_A$，得到点 A 的次投影 a。

(4) 过点 a 作 $aA // OZ$，且在其上截取 $aA=r \cdot Z_A$，得所求点的正等轴测投影 A。

显然，若取简化系数 $p=q=r=1$ 时，则可直接从投影图中量取点的坐标进行作图。

从上例可看出，一个点（或物体）在空间的位置表示在轴测图上的过程，是沿着轴测轴或平行于轴测轴的方向量取点的坐标投影而进行的。

我们知道，要决定空间一点的位置必须要有确定的三个坐标 (x, y, z)。从上述作点 A (x, y, z) 的轴测投影可清楚地看出，它只需由点的轴测投影 A 和一个次投影（如 a）便可完全确定。而一个点的次投影有三个（a, a', a''），故由两个次投影也能完全确定点在空间的位置。但是必须指出：仅知点的轴测投影，而无一个次投影，是无法确定点在空间的位置的。如图 3-58（b）中的次投影 a 就不能少。因为它决定了折线 $Oa_x aA$ 的位置，其中线段 Oa_x 决定了点 x 坐标；线段 $a_x a$ 决定了点的 y 坐标；线段 aA 决定了点的 z 坐标。

当我们掌握了确定点的具体条件及其基本作图方法后，对于确定直线和平面在空间的位置就不成问题了，这只不过是确定两个点或三个点在空间的位置罢了。图 3-59 和图 3-60 分别示出了直线和平面的轴测图。

〔例 3-15〕试求图 3-61（a）所示直线 AB 的各迹点的正等测投影。

作图：

(1) 作出轴测轴，并取 $p=q=r=1$，如图 3-61（b）所示。

(2) 按投影图作出直线的轴测投影 AB。

(3) 求迹点的轴测投影：

延长 a、b 交轴 OX 于 n，过点 n 作直线平行于 OZ 轴，交 AB 于点 N，即得正面迹点的

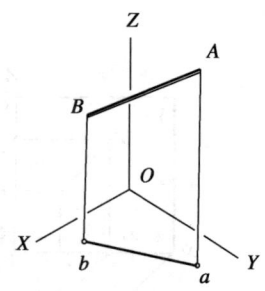

图 3-59 直线的轴测图

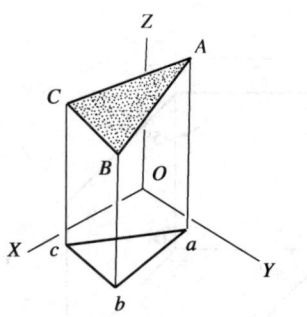

图 3-60 平面的轴测图

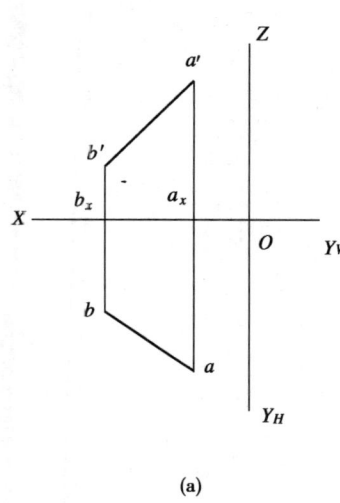

(a)

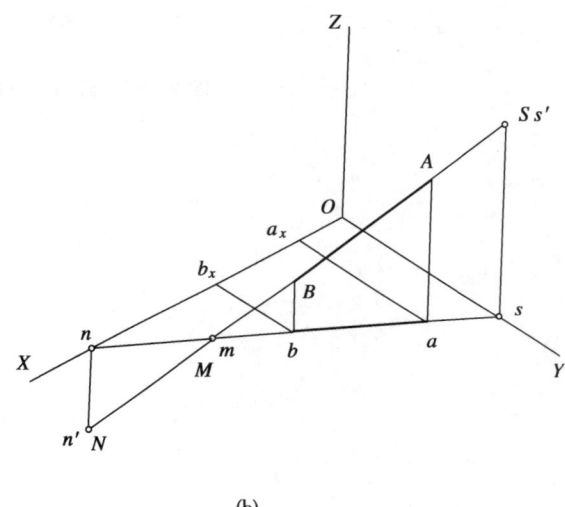

(b)

图 3-61 作直线各迹点的正等测图

轴测投影 N。用同法可求得侧面迹点的轴测投影 S，显然水平迹点的轴测投影为 AB 与 ab 的交点 M。

二、轴测草图的画法

画轴测草图可从正面斜二测入手，逐步掌握正等测、正二测图的画法。正二测图立体感强，在作轴测图时，由于轴间角不是特殊角而使得作图较繁，但这一缺点在轴测草图中已不复存在。故在画轴测草图时，可利用它立体感强的优点而画成正二测图。

〔例3-16〕试连同投影面画出点 A（4，6，5）的斜二测草图。

解　（1）作出三个投影面（$L=$任意长），如图3-62（a）所示。

（2）根据点的坐标及伸缩系数 $p=r=1$，$q=\dfrac{1}{2}$，按估计的比例决定 A 点的三面投影，如图3-62（b）所示。

（3）作出空间点 A 的位置，如图3-62（c）所示。

掌握了画点的轴测图之后，对于画直线、平面的轴测草图，就是多画几个点的问题罢了。

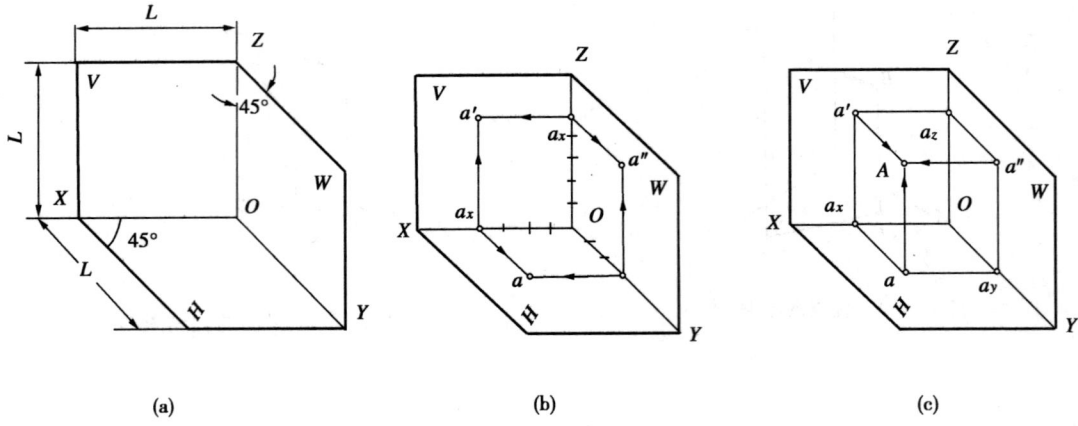

(a)　　　　　　　　　　(b)　　　　　　　　　　(c)

图 3‑62　画点 A 的轴测草图

第 4 章　直线与平面、平面与平面的相对位置

直线与平面、平面与平面之间的相对位置有平行、相交和垂直三种情况。本章将根据其相应的几何条件来研究它们的投影图以及在投影图上如何进行判断等问题。

§4-1　平行问题

一、直线与平面平行

几何条件：若一直线平行于平面上的一条直线，则直线与该平面平行。图 4-1 示意说明了这种几何关系。因为 $AB/\!/CD$，$CD \subset P$，所以 $AB/\!/P$。

据此，即可解决其投影作图及其在投影图上的判断等问题。

〔例 4-1〕试过点 K 作直线平行于△ABC（图 4-2）。

解　根据直线与平面平行的几何条件，只需过点 K 作一条直线平行于平面△ABC 上的任意一条直线即可。图中作出 $KL_1/\!/AB$。则 $KL_1/\!/△ABC$ 为所求。本题有无穷多解。

〔例 4-2〕试判断直线 MN 与平面△ABC 是否平行（图 4-3）。

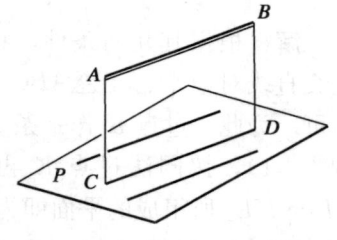

图 4-1　$AB/\!/P$ 的示意图

解　根据其几何条件可知，问题在于能否在△ABC 平面上作出一条平行于 MN 的直线。为此，在平面上先作一条辅助线 AD，使 $a'd'/\!/m'n'$，再由 $a'd'$ 找出 ad，然后判断 ad 是否平行于 mn，由作图可知，$ad \not/\!/ mn$，故知 $MN \not/\!/ △ABC$。

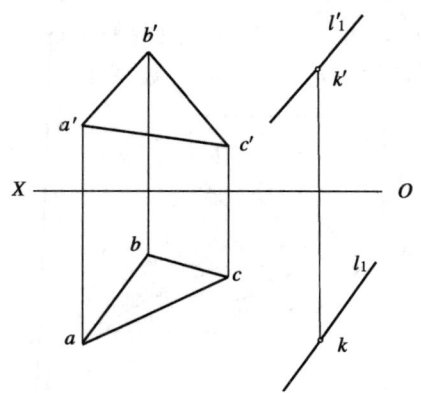

图 4-2　作直线平行于平面

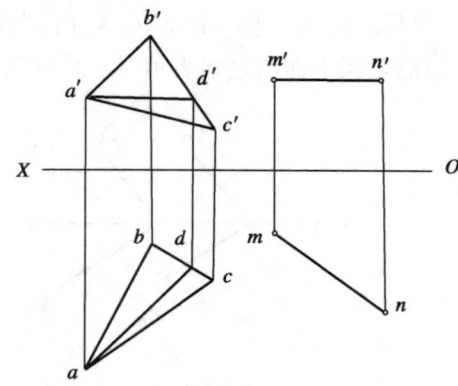

图 4-3　判断直线与平面是否平行

二、两平面平行

几何条件：若一平面上的相交两直线对应平行于另一平面上的相交两直线，则两平面平行，如图 4-4 所示。据此，即可解决有关两平面平行的作图及其判断等问题。

〔例 4-3〕试过点 K 作一平面平行于已知平面△ABC（图 4-5）。

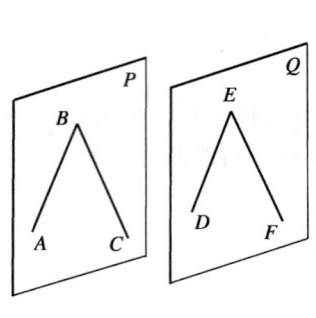

图 4-4 两平面平行

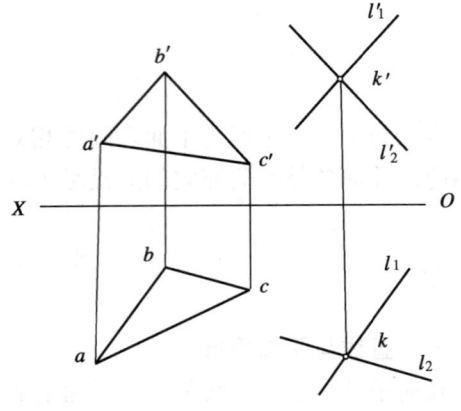

图 4-5 作平面平行于已知平面

解 根据其几何条件，只需过点 K 作一对相交直线对应平行于△ABC 上的一对相交直线即可。为此，过点 K 作一条直线 $KL_1 /\!/ AB$（见例 4-1），按同法过点 K 再作 $KL_2 /\!/ BC$，则 $KL_1 \times KL_2$ 所组成的平面即为所求。

〔例 4-4〕已知 AB 平行 EF，试判断△ABC 平面是否平行于由两平行直线 EF、GH 所给定的平面（图 4-6）。

解 根据其几何条件，只需在由 EF、GH 两直线所给定的平面上作出一对相交直线对应平

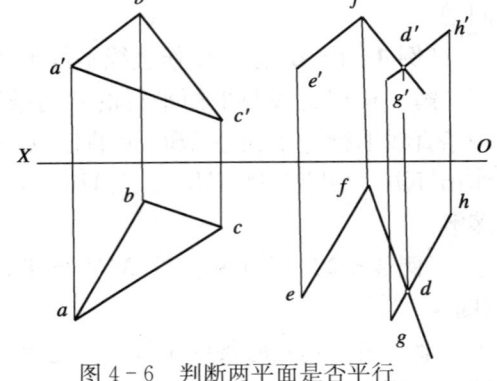

图 4-6 判断两平面是否平行

行于△ABC 上的一对相交直线，然后看其同面投影是否对应平行即可判定。由于 $EF /\!/ AB$，故只需过点 f' 作 $f'd' /\!/ b'c'$，由 d' 找出 d，连 fd，可知 $fd \not/\!/ bc$，故两平面不平行。

显然，当平面用迹线表示时，平行两平面的同面迹线一定相互平行，如图 4-7 所示。

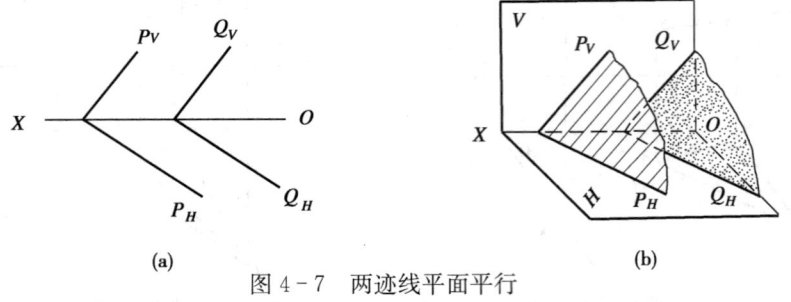

(a)　　　　　　图 4-7 两迹线平面平行　　　　　　(b)

相反，若两平面的同面迹线互相平行，能否判定空间两平面平行呢？请读者自行思考。

§4-2 相交问题

直线与平面或平面与平面相交就有交点或交线产生，本节着重讨论求交点和交线的方法。

直线与平面相交，其交点为直线与平面所公有，它既在直线上又在平面上。

两平面相交的交线为一条直线。它是两平面的公有线，既在甲平面上又在乙平面上。

为求两平面的交线，只需作出交线上的两个点或作出一点及交线的方向即可确定。

一、直线与平面相交的特殊情况

由于直线或平面处于特殊位置，其某些投影（或迹线）具有积聚性，故可利用其积聚性直接求交点。

1. 特殊位置直线与一般位置平面相交

如图 4-8 所示，一铅垂线 L 与△ABC 平面相交，由于直线垂直于 H 面，其水平投影积聚成一点，因此它们的交点 K 的水平投影 k 必与之重合。又交点 K 属于△ABC，故可用面上取点的方法，即在△ABC 上过点 K 作辅助线 AD 求出 k'。

2. 一般位置直线与特殊位置平面相交

图 4-9 (a) 为直线 EF 与铅垂面△ABC 相交。由于△$ABC \perp H$，所以其水平投影 abc 积聚成一条直线。交点 M 是平面上的点，则其水平投影必积聚在此直线上。交点 M 又是直线上的点，根据从属性不变，其投影必在直线的同面投影之上。于是水平投影中两直线的交点 m 就是交点 M 的水平投影。然后在 $e'f'$ 上由 m 找出 m'，则点 M（m，m'）为它们的交点。

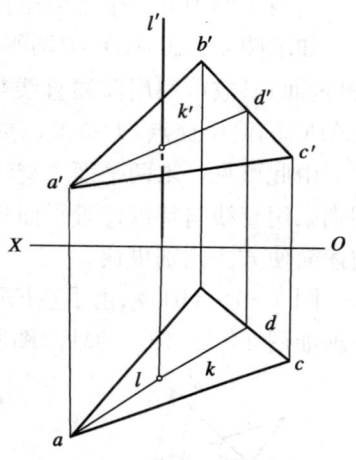

图 4-8 特殊位置直线与平面相交

图 4-9 (b) 示出了直线 EF 与铅垂面△ABC 用迹线 P_H 表示求点的情况。图 4-9 (c) 是它们的轴测图。

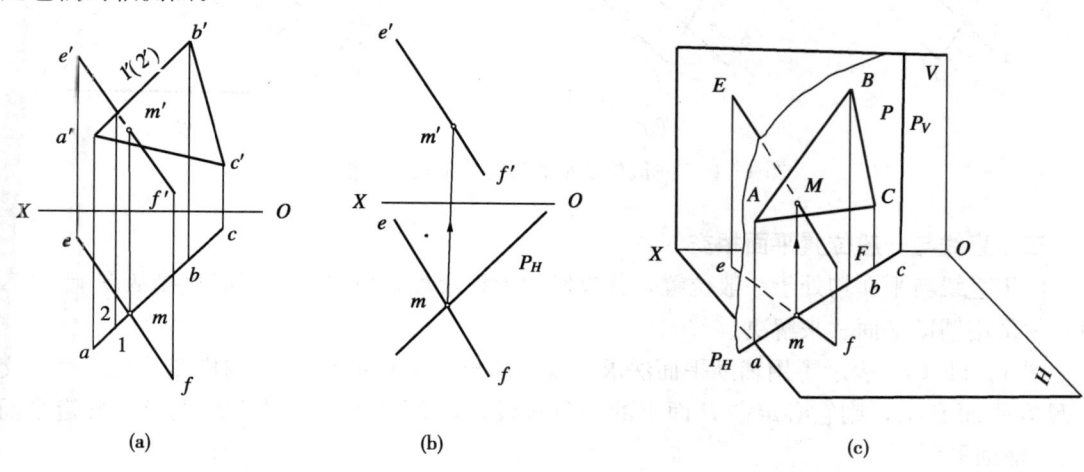

(a) (b) (c)

图 4-9 直线与特殊位置平面相交

直线与平面相交，存在着投影重叠部分的可见性判别问题。

显然，其交点为线段投影可见与不可见的分界点，若在其一侧为可见，则另一侧必不可见。可见性判别仍利用重影点的原理进行。如图 4-9（a），为判断直线 EF 的正面投影的可见性，可过 $a'b'$，$e'f'$ 的交点（重影点）引投射线分别交 ab 和 ef 于点 1 和 2，由于点 1 在 2 的前面，根据前遮后可知，$2'$ 为不可见。即点 Ⅱ 所在直线 EF 的 $2'm'$ 一段为不可见，将其画成虚线，其余为可见画成实线。

对于平面处于特殊位置时，还有一种简便的判别方法。即以特殊位置平面为界来进行判别。如要判别图 4-9（a）中 EF 的正面投影的可见性，只需以铅垂面的有积聚性的水平投影（直线 abc）为界，处在它之前的（如 mf）其正面投影（如 $m'f'$）为可见；而处在其后的（如 $m2$），其正面投影（如 $m'2'$）为不可见。

二、一般位置平面与特殊位置平面相交

当两平面中有一个平面是特殊位置平面时，即可利用其积聚性直接求解。

如求图 4-10（a）中两平面 $\triangle ABC$ 与 $\triangle EFG$ 的交线，由于 $\triangle ABC$ 为特殊位置平面（铅垂面），故可利用前述直线与特殊位置平面求交点的方法，分别求出直线 EF 和 EG 与 $\triangle ABC$ 的两个交点 M 和 N，然后连接而成。

由此可见，求两平面之交线问题可转化为直线与平面求交点的问题来处理。其可见性判别采用直线与特殊位置平面相交时的判别方法来处理，如图 4-10（a）所示。显然，用前述简便方法判别更快。

图 4-10（b）示出了 $\triangle EFG$ 平面与用迹线 P_H 表示的铅垂面相交求交线的投影图。其原理如图 4-10（c）的轴测图所示。

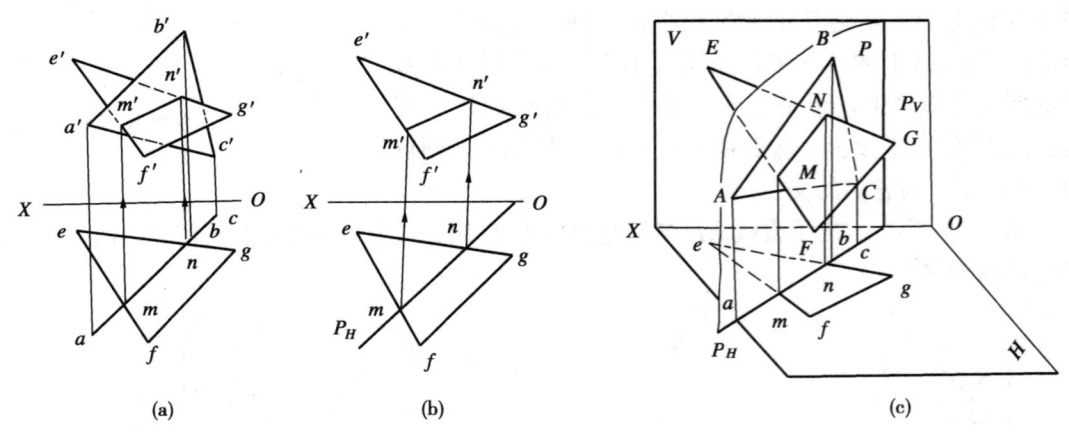

图 4-10　一般位置平面与特殊位置平面相交

三、直线与一般位置平面相交

由于直线与平面均处于一般位置，其投影均无积聚性，所以交点不能直接从图上定出，而必须采用辅助平面法来解决。

图 4-11（a）表示了用辅助平面法求直线 AB 与平面 P 的交点 K 的作图原理。由于交点 K 在平面 P 上，则它必定在 P 面上的一条直线，如 MN 上。于是 MN 与 AB 确定平面 R——辅助平面。

为此，可得出求其交点的三步骤如下：

（1）包含直线 AB 任作辅助平面 R。为了作图简便，常作特殊位置平面〔如图 4-11

（b）中的正垂面 R_V]。

（2）求出辅助平面 R 和平面 P（△DEF）的交线 MN，如图 4-11（c）所示。

（3）求出交线 MN 与 AB 的交点 K（k，k'）即为所求，如图 4-11（d）所示。

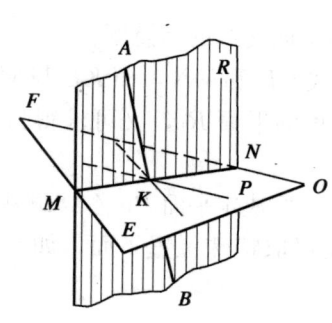

(a) 辅助平面法求交点的原理图

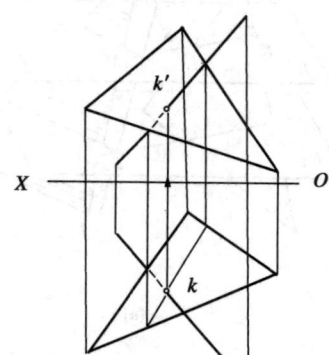

(b) 作 $R \supset AB$

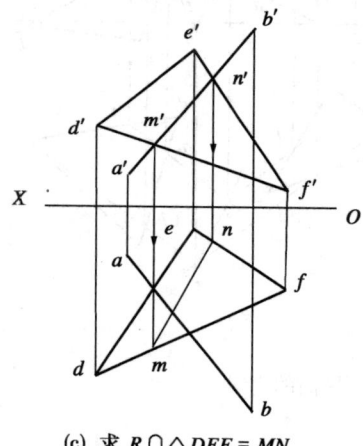

(c) 求 $R \cap △DEF = MN$

(d) 求 $MN \cap AB = K$ 判别可见性

图 4-11 一般位置直线与平面相交求交点

由图 4-11 可看出，采用投影面垂直面作辅助面求交点，作图极为简单，只需画几根作图线即可得出，但对每一步作图，读者务必真正理解其原理。

当然，辅助面也可选其他平面，但必须使作图最简便。

四、两个一般位置平面相交

1. 利用求交点的方法求两平面的交线

两个一般位置平面相交，可将其中一平面看做是由相交两直线所组成，然后利用上述直线与平面相交求点的方法求出两个公共点连接即得。

图 4-12 所示的两个平面是在图 4-11

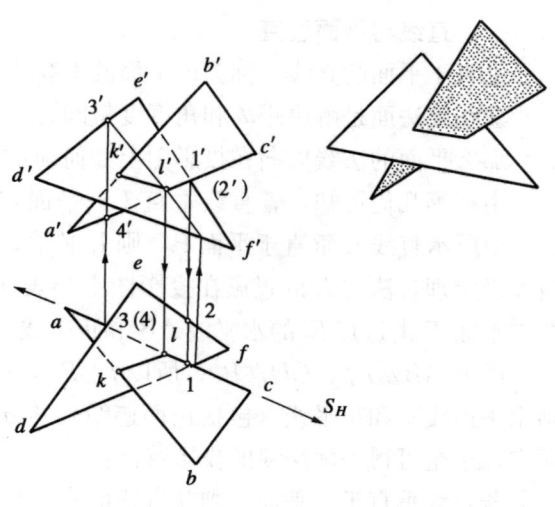

图 4-12 求两平面之交线

73

的基础上，过点 A 再作直线 AC 后得来的。为求其交线，只需用图 4-11 中求 AB 与 $\triangle DEF$ 的交点 K 的方法，再求出 AC 与 $\triangle DEF$ 的交点 L（l，l'）后连接即得，其作图如图 4-12 所示。图中包含直线 AC 作铅垂面 S_H 为辅助面。并仍用重影点的原理判别其可见性。

2. 利用三面共点的原理求两平面之交线

图 4-13（a）是利用三面共点的原理求 P、Q 两平面交线的示意图。

其方法是任作辅助平面 R，与 P、Q 分别交于直线 KL 和 MN，而 KL 与 MN 的交点 S 为三面共点（平面 P、Q 和 R 的交点）。同理，再作辅助平面 R_1，又可求得另一个三面共点 T。则直线 ST 即为所求两平面之交线。

图 4-13（b）画出了这种方法的投影作图。图中 $\triangle ABC$ 决定平面 P，$\triangle DEF$ 决定平面 Q。

当然，辅助平面可以任意选择。但为了作图方便仍取特殊位置平面，如本例的水平面 R。三面共点的原理今后经常要用到它。

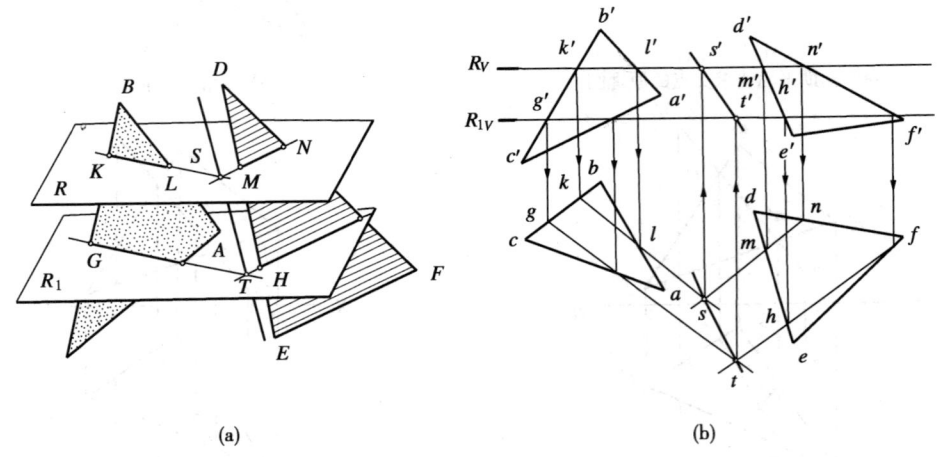

(a)   (b)

图 4-13　用三面共点的原理求两平面的交线

§4-3　垂直问题

一、直线与平面垂直

垂直于平面的直线，称为该平面的垂线或法线。或称该平面为直线的法面。

法线或法面是解决距离和角度度量问题的主要基础。

那么平面的法线方向在投影图上如何确定？

由初等几何可知，若直线垂直于一平面，则必垂直于该平面上的所有直线。图 4-14（a）中所示直线 L 垂直于平面 P，则 L 必垂直于平面上的水平线 AB 和正平线 CD。根据直角投影定理，法线 L 的投影在投影图上必表现为 $l \perp ab$，$l' \perp c'd'$，如图 4-14（b）所示。图中平面 P 由过点 K 的水平线 AB 和正平线 CD 给定。图 4-14（c）中的平面 P 用迹线表示，因为 $AB // P_H$，$CD // P_V$，所以 $l \perp P_H$，$l' \perp P_V$。平面一经给定，平面上的水平线（包括水平迹线）和正平线（包括正面迹线）的方向即已确定，因此平面的法线方向也就随之而定。于是可得平面法线的投影特性：

若直线垂直于一平面，则此直线的水平投影垂直于该平面上的水平线的水平投影；直线的正面投影垂直于该平面上的正平线的正面投影。反之亦然。

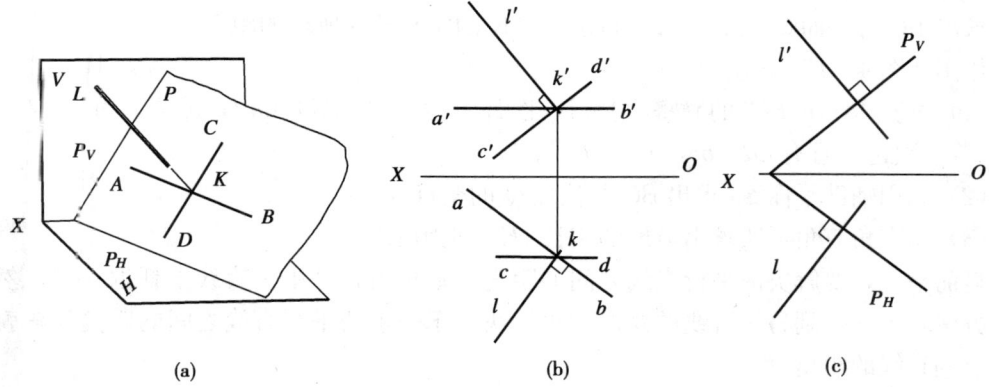

(a)　　　　　　　(b)　　　　　　　(c)

图 4 - 14　直线与平面垂直

显而易见，要过定点 A 作直线 MN 的法面（图 4 - 15），只需过 A 点作水平线 AB（ab，$a'b'$）和正平线 AC（ac，$a'c'$）且使 $ab \perp mn$，$a'c' \perp m'n'$，则相交两直线 AB 和 AC 给定的平面为垂直于直线 MN 的法面。

利用上述作平面的法线及作直线的法面的方法，可解决有关距离等问题。

〔例 4 - 5〕试求点 K 到 $\triangle ABC$ 的距离（图 4 - 16）。

解　点到平面的距离是指其垂直距离。为此应先过点 K 作平面的法线，找出其垂足，然后求出点 K 到垂足的实长即为所求之距离。

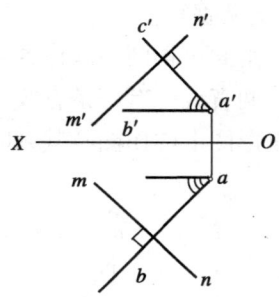

图 4 - 15　过定点作直线的法面

作图：

（1）先在 $\triangle ABC$ 上任取水平线 $A\text{I}$（$a1$，$a'1'$）和正平线 $C\text{II}$（$c2$，$c'2'$）。过点 K（k，k'）作 $kd \perp a1$，$k'd' \perp c'2'$ 得垂线 KD。

（2）包含 KD 作辅助平面 R_H，求出垂足 D（d，d'）。

（3）用直角三角形法求出 KD 的实长 $k'D_0$。即为所求。

很明显，利用求点到平面的距离可进一步解决直线到平面（直线平行平面）及两平行平面之间的距离。为此只需在直线或平面上任取一点 K，然后按上述方法求出点 K 到平面 $\triangle ABC$ 的距离即得。因此，线与面、面与面的距离问题实质上仍是点到平面的距离。

〔例 4 - 6〕试求出点 A 到一般位置直线 BC 的距离（图 4 - 17）。

解　要解决这个问题，必须先过点 A 作直线与 BC 正交（垂直相交）。但由于 BC 为一

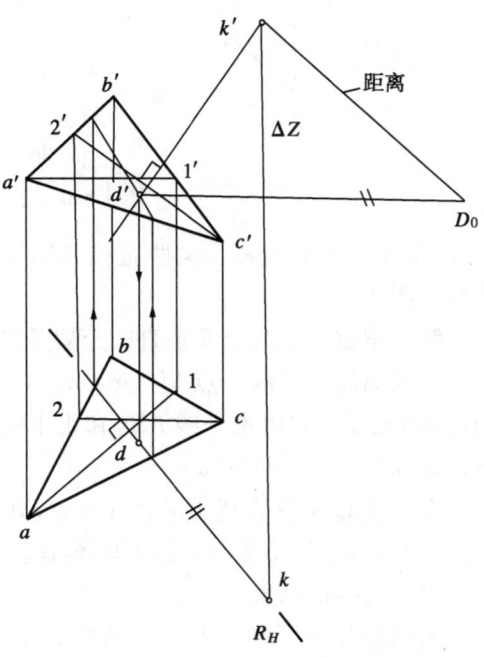

图 4 - 16　求点到平面的距离

般位置直线，故所求垂线必位于过点 A 而与 BC 垂直的法面 Q 内，如图 4-17（b）所示。然后求出 BC 与法面 Q 的交点 K。再求出 AK 的实长即为所求的距离。

作图 [图 4-17（c）]：

（1）过点 A 作 BC 的法面 Q。该平面由水平线 AD（ad，$a'd'$）和正平线 AE（ae，$a'e'$）决定，且有 $ad \perp bc$，$a'e' \perp b'c'$。

（2）利用辅助平面 S_V 求出 BC 与法面 Q 的交点 K（k，k'）。

（3）用直角三角形法求出 AK 的实长 ak_0 即为所求。

显而易见，要解决两平行直线之间的距离，则只需在其中一直线上任取一点，然后按上述方法求出该点到另一直线的距离即可解决。于是求两平行直线之间的距离问题就转化为求点到直线的距离。

可以看出，上例中前一部分实质上是研究两条一般位置直线正交的问题。它是利用作直线的法面来解决的。从投影图 4-17（c）可看出，它们的投影夹角并不反映直角。

从图 4-17（b）中很容易看出，凡不过点 K 而属于法面 Q 或平行于法面 Q 的直线均与 BC 交叉垂直。

由此可得两一般位置直线交叉垂直的充要条件是：

两直线中有一条直线平行于另一直线的法面，则此两直线交叉垂直。利用它即可解决在投影图上的作图及其判断问题。

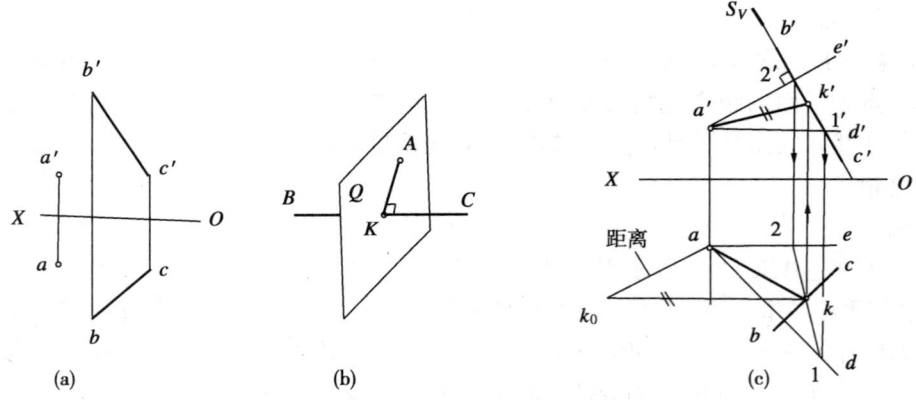

（a）　　　　　　（b）　　　　　　（c）

图 4-17　求点到一般位置直线的距离

〔例 4-7〕试判断交叉两直线 AB、CD 是否垂直（图 4-18）。

解　根据两直线交叉垂直的充要条件，先在一条直线 AB 上任取一点 M（m，m'），过 M 作 AB 的法面 Q，它由水平线 MF 和正平线 ME 给定，使 $mf \perp ab$，$m'e' \perp a'b'$。

在平面 Q 上作直线 $I\,II$ 使 $1'2' /\!/ c'd'$，由 $1'2'$ 找出 12，由于 $12 \not/\!\!\!/ cd$，故 CD 不垂直 AB。

二、两平面垂直

由初等几何可知，若一直线垂直于一平面，则包含此直线的所有平面都垂直于该平面 [图 4-19（a）]。反之，如果两平面互相垂直，则自

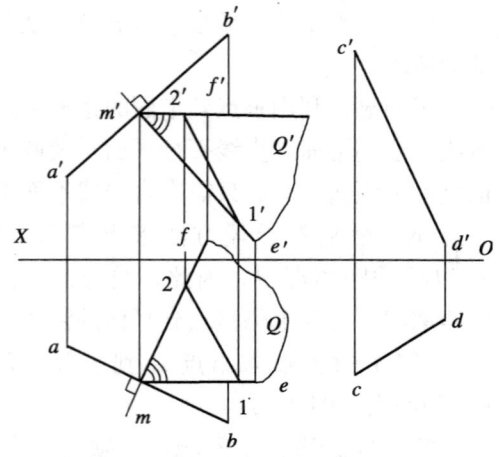

图 4-18　判断两交叉直线是否垂直

76

第一个平面上的任意点向第二个平面所作的垂线一定在第一个平面上〔图4-19（b）〕。

据此，即可解决有关两平面垂直的问题。

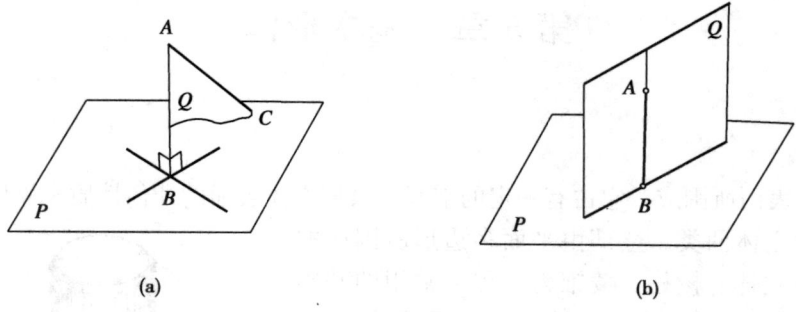

图4-19　两平面垂直

〔**例4-8**〕试包含直线 AC 作一平面垂直于△EFG（图4-20）。

解　根据两平面垂直的几何条件可知，只需在 AC 上任取一点 A 作直线 AB 与△EFG 垂直，则 AB 与 AC 所组成的平面即为所求。作图如图4-20所示。

〔**例4-9**〕试判断过点 M 的铅垂面 P_H 是否与△ABC 平面垂直（图4-21）。

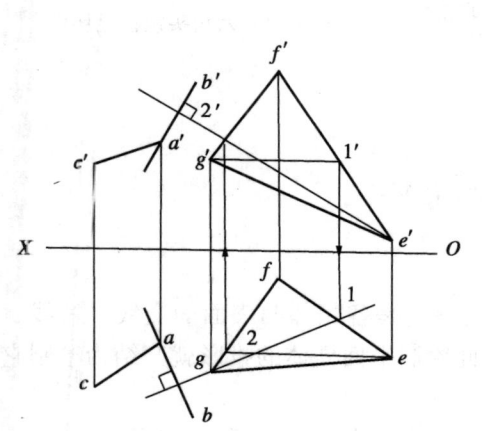

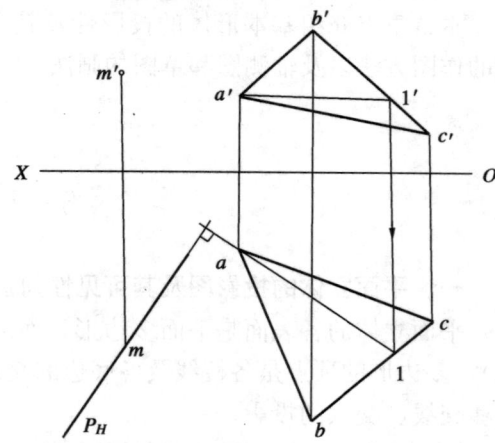

图4-20　包含直线作平面与另一平面垂直　　图4-21　判断两平面是否垂直

解　要判断两平面垂直，只需看能否在一平面上作出一条直线与另一平面垂直。由于平面 P 为铅垂面，故可在△ABC 平面上作一条水平线 AI（a1，$a'1'$），由于 $a1 \perp P_H$，故 $P_H \perp \triangle ABC$。

第 5 章 基本形体

立体由其表面所围成，它占有一定的空间。根据立体表面的几何性质，立体可分为平面立体和曲面立体两类。全部由平面多边形所围成的立体称为平面立体。棱柱、棱锥为工程上常用的基本平面立体。由曲面或曲面被平面截割后所围成的立体，称为曲面立体。如圆柱、圆锥、球、圆环等为基本曲面立体。

大多数机器零件都是由上述立体组合而成，因此称它们为基本形体。如图 5-1 所示的六角头螺栓毛坯件，就是由正六棱柱、圆柱和圆台所组成。

本章重点介绍基本形体的投影性及其表面上的点、线的作图方法以及轴测图和草图的画法。

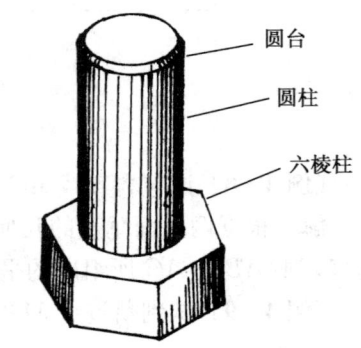

图 5-1 六角头螺栓毛坯件

§5-1 平面立体

一、平面立体的投影图及其可见性判别

平面立体的各表面是平面多边形，而多边形的各边是各相邻两表面的交线（棱线、底边），多边形的顶点是各棱线及各底边的交点。因此绘制平面立体的投影就归结为绘制它的这些交线、交点的投影。

第 3 章开头曾对图 3-1 所示的三棱锥作过分析，它是由一个底面（△ABC）和三个棱面所围成。要画出三棱锥的投影图，只需作出顶点 S 及底面△ABC 的三面投影，然后将顶点 S 与底面△ABC 的各顶点相连，即得三棱锥的投影图。它的两面投影图如图 5-2 所示。

从图中可以看出，一平面立体的各面投影的最外边的轮廓线为一条封闭的折线，如 V 面上的 s'a'b'c's'，H 面上的 sbacs。它们是平面立体上的某些线段投射而成的。它们不仅确定了立体的投影范围，而且总是可见的。因此它们是区分平面立体上可见与不可见部分的分界线。

在投射时，立体上的某些表面或棱线常被另一些表面所遮住，其投影成为不可见。因此要在投影图上判别其可见性，并对不可见的棱线用虚线表示。

要在投影轮廓线范围内判别各线段的可见性，可利用重影点的原理来进行。如图 5-2 所示，要判别 AC 和 SB 的正面投影 a'c' 和 s'b' 的可见性，只需判别其重影点 1'，2' 的可见性即可。很明显，由于点 Ⅰ（属于 SB）在点 Ⅱ（属于 AC）的前方（从 H 面投影可知），故 2' 为不可见，即 a'c' 不可见，用虚线表示。同理，可判别出水平投影中 bc 为不可见，也画成虚线。

由此可见，当利用最外边轮廓线来分析底面处于一般位置的平面立体的可见性时，可利用重影点的原理判别两轮廓线的相对位置，从而决定其可见性。

但对于底面处于特殊位置的平面立体，可直接利用最外边轮廓线来判别各表面的可见性。

如图 5-3 所示的五棱锥，五个棱面都在底面（最外边轮廓线 ABCDEA）的上方，故其 H 面投影均为可见。又从水平投影中可看出，棱面 SAB、SBC 在最外轮廓线 SA、SC 的前方。因此，其 V 面投影是可见的。其余三个棱面在后方均为不可见。

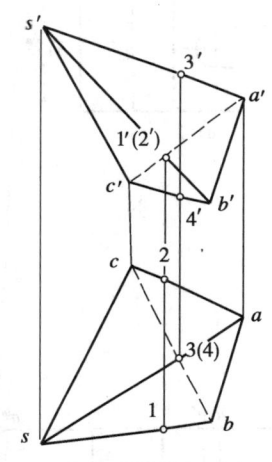

图 5-2　三棱锥的两面投影

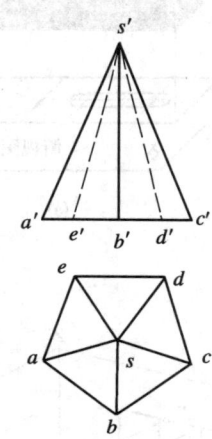

图 5-3　五棱锥的可见性判别

根据上述对平面立体各表面可见性的分析，可归纳出其轮廓线的可见性规律：平面立体上两个不可见平面的交线为不可见。如图 5-3 的 V 面投影中 s'e'，s'd' 为三个不可见平面间的两条交线，因此画成虚线。两个可见平面的交线为可见。可见平面与不可见平面的交线为可见，如 s'a' 和 s'c'。

二、平面立体的三视图及其表面上的取点

从第 2 章中介绍物体的三视图可知，将摆正放置在三面体系中的物体，向三个投影面投影所得到的 V、H 和 W 面投影分别为该物体的主、俯、左三个视图。图 5-4 为压板的三视图。

显然，我们运用所学的点、线、面的投影等知识，不难理解图 5-4 中所示物体与三视图之间的上、下、左、右、前、后六个方位的对应关系及其三视图之间的"长对正、高平齐、宽相等，前后对应"的投影规律。

1. 棱柱体

棱柱体由顶、底面和棱面所围成，且各棱线相互平行。

（1）投影分析　如图 5-5 所示，正六棱柱的顶、底面（正六边形）平行于水平面，而与另外两投影面垂直，因此它的水平投影反映实形（正六边形），且顶、底面的水平投影重合在一起；其正面投影和侧面投影都积聚为两段横线。两段横线间的距离等于六棱柱的高。六棱柱前后两个棱面平行于正面，其正面投影反映实形（矩形），水平投影和侧面投影分别积聚成横线段和竖线段。六棱柱的其余四个棱面都垂直于水平面而倾斜于其他两个投影面，因此其正面投影和侧面投影都是类似形，其水平投影均有积聚性。六棱柱六个侧面的水平投影为六条直线段，相接成正六边形，正好与顶、底面正六边形线框重合。

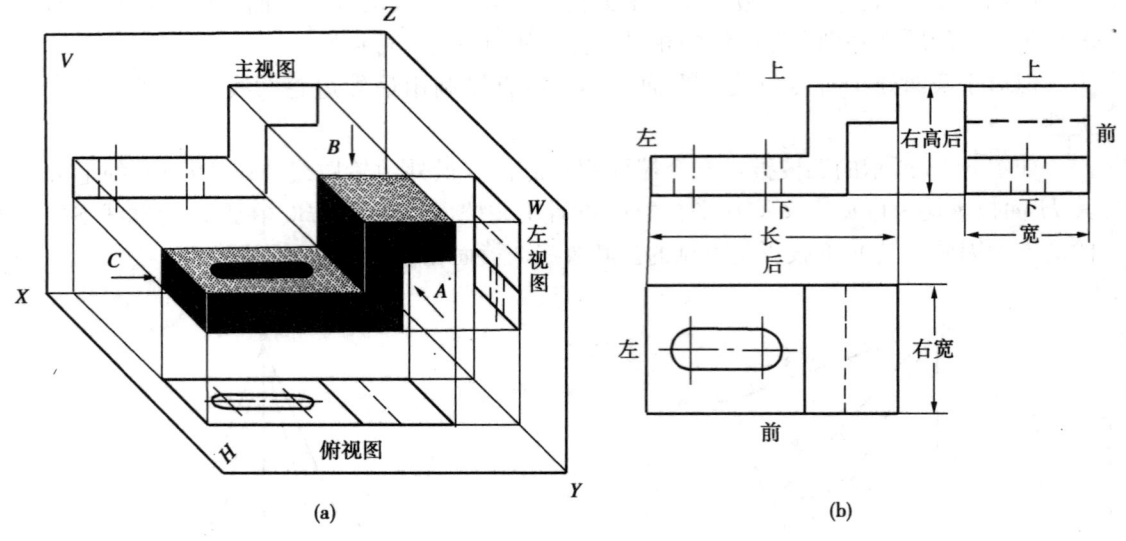

(a)

(b)

图 5-4　压板的三视图

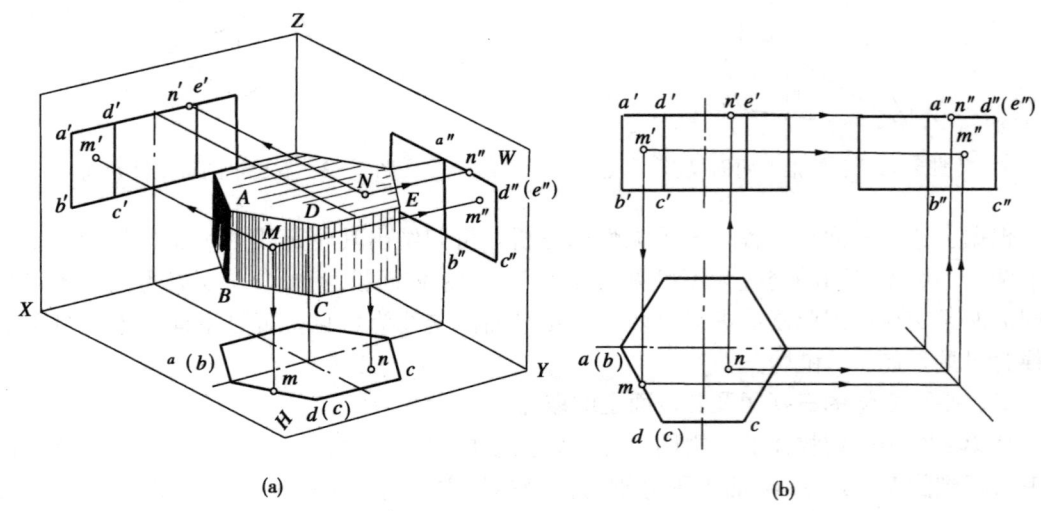

(a)

(b)

图 5-5　六棱柱的三视图及其表面上取点

（2）视图画法　首先画出俯视图的正六边形，然后根据"长对正"规则和六棱柱的高度由俯视图画出六棱柱的主视图，最后根据"高平齐"和"宽相等"规则，由主、俯两视图画出六棱柱的左视图。

视图的对称线规定用细点画线画出，但在正六棱柱的左视图中，这根细点画线与正六棱柱左边两个侧面交线的投影（粗实线）相重合，这时，重合部分应按粗实线画出，未重合部分仍按细实线画出。

一般来说，当粗实线与虚线或细点画线重合时，优先画粗实线；虚线与细点画线重合时，优先画虚线。

（3）棱柱表面上取点　在平面立体表面上取点，可运用前面所学过的在平面上取点取线的原理和方法进行作图。在判别其可见性时，可根据其所在表面是否可见来确定。

应当指出，掌握平面立体表面上取点的作图方法，不仅能帮助我们进一步熟悉平面立

80

体的图示法，而且更重要的是为今后解决平面和直线与立体相交，两立体相交等问题打下基础。

在图5-5中，已知六棱柱表面上点 M 的正面投影 m' 和 N 的水平投影 n，求它们的另外两个投影。因为点 M 的正面投影 m' 可见，所以点 M 在侧棱面 $ABCD$ 上，由于该棱面是铅垂面，故其水平投影积聚成一斜线，点 M 的水平投影 m 一定在该斜线上。按"长对正"规律，自 m' 作竖直投影线，与斜线的交点即为所求的水平投影 m。再按"高平齐"和"宽相等"规律，由点 M 的两个投影 m'、m，可求出其侧面投影 m''。由于点 N 在顶面（水平面）上，利用积聚性，由 n 可求出 n'，进而求出 n''。

又如图5-6所示，已知三棱柱表面上的点 M 和 N 的正面投影 m 和 (n')，试求出其另两个投影。

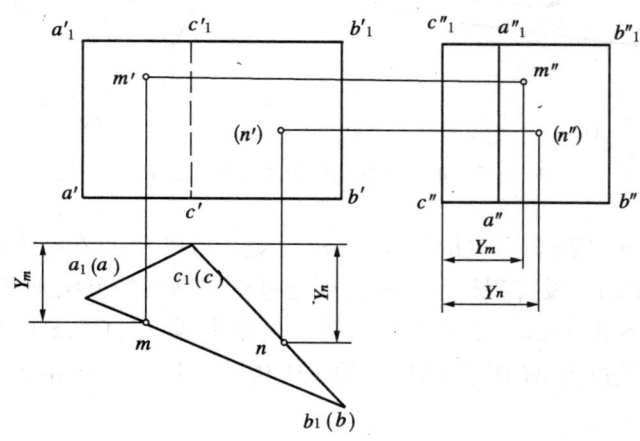

图5-6　在三棱柱表面上取点

分析　因为已知的 m' 是可见的，所以 M 点一定位于棱柱的前表面 AA_1B_1B 上。(n') 为不可见，且位于 $c'c_1'b_1'b'$ 范围内，可知点必位于棱面 CC_1B_1B 上。由于这两个棱面均为铅垂面，其水平投影积聚成一直线，所以可利用积聚性解题。

作图：

○由 m' 及 n' 向下作投射线分别交 ab 和 bc 于 m 和 n；

②由 m'、m 和 n'、n，按"高平齐"和"宽相等"的规律作出 m'' 和 n''。显然 m'' 可见，而 n'' 为不可见，用 (n'') 表示。

2. 棱锥体

棱锥体是由底面和棱面所围成，其各棱线汇交于锥顶。

(1) 投影分析　如图5-7所示，正三棱锥底面为水平面，其水平投影反映实形，正面、侧面投影均积聚为一横线段；棱面 SAC 为侧垂面，其侧面投影积聚为一斜线段，正面、水平投影均为类似形；棱面 SAB 和 SAC 均为一般位置平面，它们的三面投影均为类似形。

(2) 视图画法　首先画出底面△ABC 的三个投影，然后画出锥顶 S 的三个投影，最后把锥顶 S 的三个投影分别与底面上 A、B、C 三个顶点的同面投影相连，即得正三棱锥的三视图。

(3) 棱锥表面上取点　如已知正三棱锥表面上一点 M 的正面投影 m'，求 M 点的水平

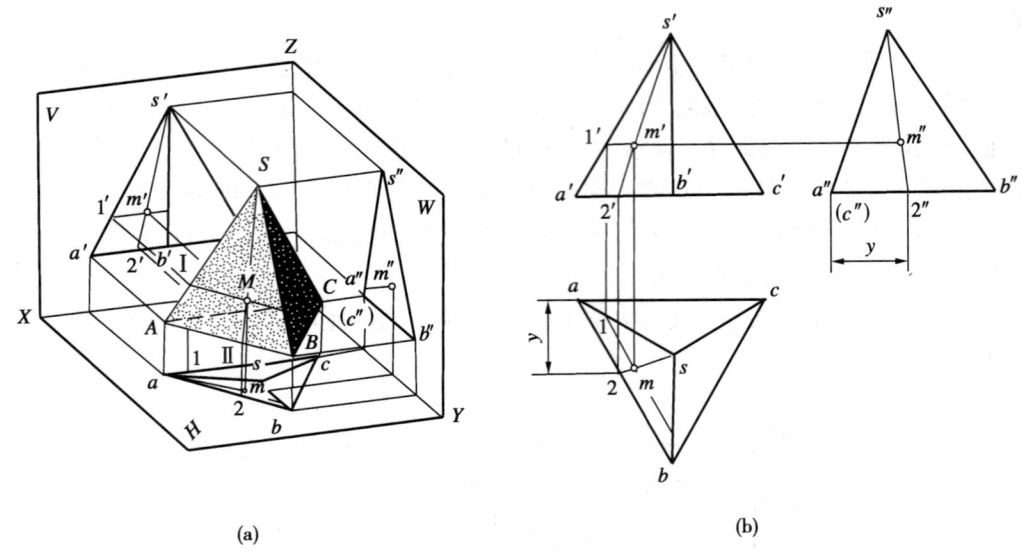

图 5-7 正三棱锥的三视图及其表面上取点

投影 m 和侧面投影 m''［图 5-7（b）］。因为 m' 可见，所以 M 点在 $\triangle SAB$ 上。由于 M 点所在棱面为一般位置平面，没有积聚性，故必须通过作辅助线的方法来解题。为此，过锥顶 S 和 M 点作辅助线 $S\text{II}$（$s2$，$s'2'$，$s''2''$），然后根据点 M 在直线 $S\text{II}$ 上的性质，作出 m、m''。图中还表示出了过点 M 作 $\triangle SAB$ 上的 AB 边的平行线 $\text{I}M$ 的辅助线来求 m、m'' 的作图。

§5-2　曲面立体

本节讨论基本曲面立体，如圆柱、圆锥、球和圆环等的形成方法、投影图及其表面取点、线的作图等问题。由于它们是以一直线或曲线为母线绕一定直线为轴旋转而成的立体，故又称为回转体。上述基本曲面立体为常见的回转体。本节顺便介绍了复合回转体，但它不属于基本形体。

一、常见的回转体

1. 圆柱

圆柱面是由一条直母线绕与它平行的轴线旋转而成。

（1）投影分析　图 5-8 为一正圆柱（其底圆与轴线垂直）的投影图（或三视图）。由于回转轴线为铅垂线，故圆柱面的水平投影积聚成一个圆，圆柱面上所有的点和线的水平投影均积聚在此圆上。显然，此圆又是圆柱的顶圆和底圆的反映实形的投影。

圆柱面的正面投影和侧面投影为相同的矩形，其上、下两边为圆柱顶圆和底圆的投影，其长度等于圆柱面的直径。正面投影矩形中左右两边 $a'a'$，$b'b'$ 是圆柱面的正视转向线，它们分别是圆柱面上最左、最右素线 AA 和 BB 的正面投影。它们把圆柱分为前后两个半圆柱面，显然，前半个圆柱面的正面投影为可见，后半个为不可见。侧面投影矩形中的 $c''c''$，$d''d''$ 是圆柱面的侧视转向线，它们分别是圆柱面的最前、最后素线 CC 和 DD 的侧面投影。同样，它们把圆柱面分为左右两个半圆柱面。显然，左半个圆柱面的侧面投影为可见，右

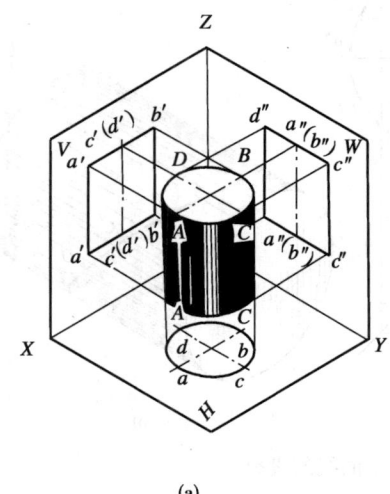

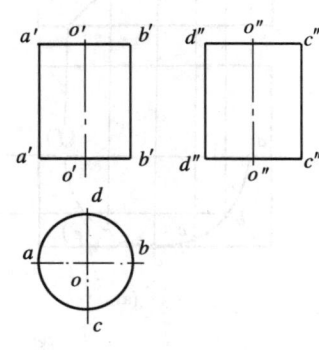

(a)　　　　　　　　　　　　　　　　(b)

图 5-8　圆柱面的形成及其投影图

半个为不可见。正视转向线和侧视转向线的水平投影均积聚在圆周上，其余投影与圆柱的轴线重合，画图时一般均不画出。由此可见，圆柱面由直导线（轴线）和直母线完全确定，其投影由上述两元素及它的特征元素——顶圆、底圆及外视转向线所组成。

（2）圆柱表面上取点　如图5-9所示，已知圆柱面上的点 A、B、C 的一个投影（a'），b''、c，试作出其另两个投影。

由于点 A 的（a'）为不可见，故它处在后半个圆柱面上，其水平投影必积聚在后半个圆周上，故可直接由 a' 找到 a，然后根据点的投影规律由 a'、a 找出 a''。由于点 A 处在左半个圆柱面上，故侧面投影 a'' 为可见。

由于 b'' 处在侧视转向线上，故 B 点位于圆柱的最前素线上，于是可直接将该点投影到它的相应投影上即可得 b'、b。

由 c 可知，点 C 位于圆柱的顶面上，由于顶面为水平面，故 c'、c'' 必在其有积聚性的直线上，于是由 c 直接找出 c'，再由 c、c' 找出 c''。整个作图过程如图5-9所示。

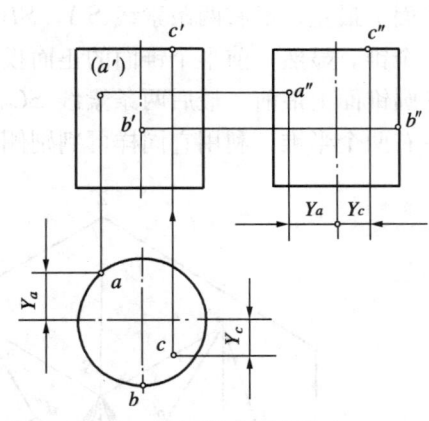

图 5-9　圆柱表面上取点

用同样方法可以作出圆柱上曲线的投影。曲线是由许多点组成的，只要找出曲线上若干点的投影，依次光滑连接，即得曲线的投影。图 5-10 中已知圆柱面曲线上六个点的正面投影 a'、b'、c'、d'、e'、f'，求其他两个投影。由图中可以看出，圆柱面垂直于侧面，它的侧面投影有积聚性，曲线的侧面投影必定积聚在圆周上。我们可以根据曲线各点的正面投影 a'、b'、c'、d'、e'、f'，找出它们的侧面投影 a''、b''、c''、d''、e''、f''，然后按点的投影规律求出它们的水平投影 a、b、c、d、e、f，最后将各点的水平投影按顺序连成光滑的曲线，即得圆柱面上曲线的水平投影。必须注意，D 点的水平投影 d 是曲线水平投影可见与不可见的分界点。下半个圆柱上的曲线应画成虚线。

83

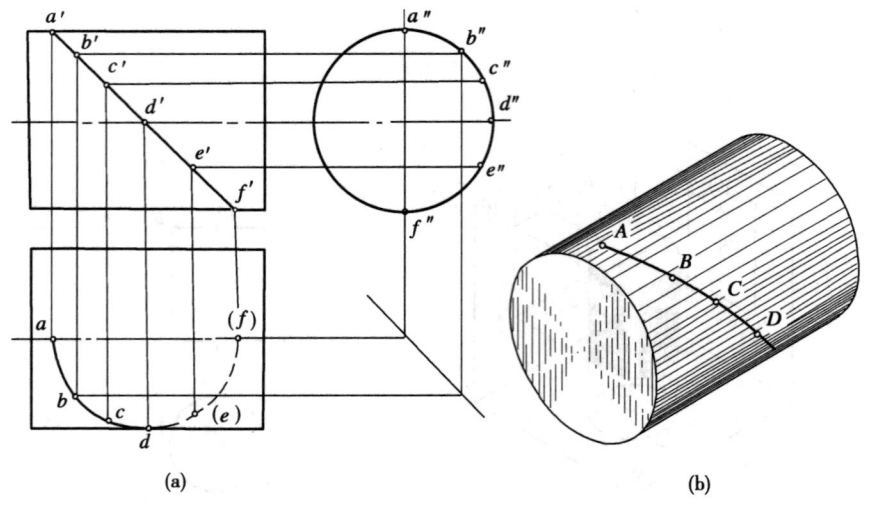

图 5-10　圆柱表面上曲线的投影

2. 圆锥

圆锥面由直母线绕与它相交的轴线旋转而成。

（1）投影分析　图 5-11 为一正圆锥（其底圆垂直于轴线）的投影图。由于其轴线垂直于水平面，所以圆锥面的水平投影为一圆（指圆内整个范围），此圆又是锥底反映实形的投影。它的另两面投影均为等腰三角形。等腰三角形的底边为圆锥底面的具有积聚性的投影，两腰则分别为正视转向线 $s'a'$，$s'b'$ 及侧视转向线 $s''c''$，$s''d''$。正视转向线 $s'a'$，$s'b'$ 是圆锥面上最左、最右两条素线 SA，SB（正平线）的正面投影，它把圆锥分为前半个锥和后半个锥。显然，前半个锥面的正面投影为可见，后半个锥为不可见。侧视转向线 $s''c''$，$s''d''$ 是圆锥面上最前、最后两条素线 SC、SD（侧平线）的侧面投影，同样它们也把圆锥分为左右两个半锥，利用它同样可判别侧面投影的可见性。

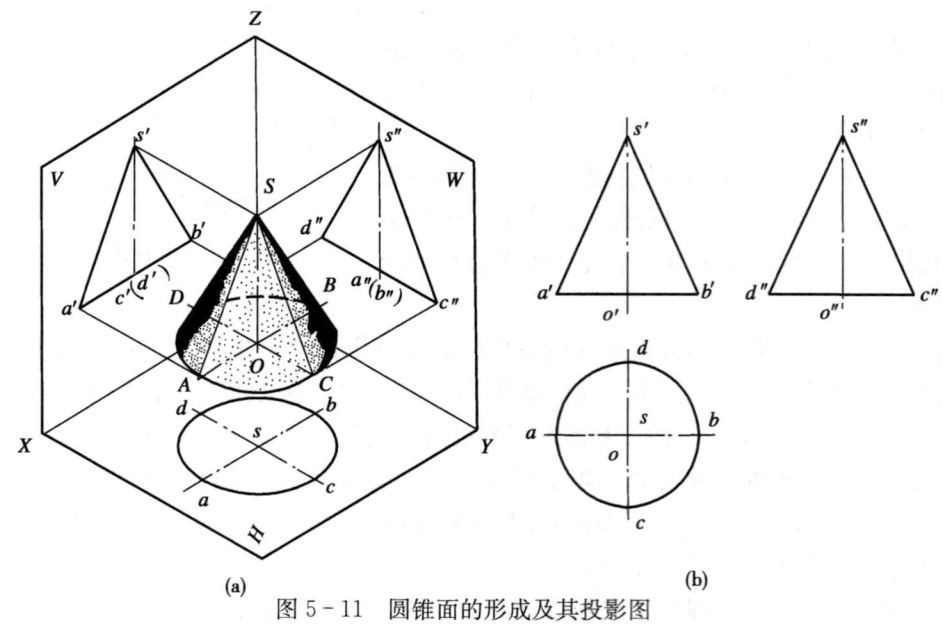

(a)　图 5-11　圆锥面的形成及其投影图　(b)

（2）圆锥表面上取点　由于圆锥面的三面投影均无积聚性，所以在圆锥面上取点必须通过作圆锥面上的辅助线来解决。

如图 5-12 所示，已知圆锥面上 A 点的正面投影 a'，求其另两个投影。为此，可在锥面上作两种辅助线。其一是过已知点 A 作通过锥顶 S 的素线；其二是过已知点 A 作垂直于轴线的圆——纬圆；显然，点 A 的投影必在所作辅助线的同面投影上。图 5-12（a）、（b）分别示出了利用这两种辅助线求点 A 的投影作图。在图 5-12（a）中，连 $s'a'$ 交底于 b'，作出 sb 及 $s''b''$，然后将 a' 投到 sb，$s''b''$ 上，找出 a，a''。显然，水平投影 a 可见，又因为点 A 在左半个圆锥面上，故 a'' 也可见。

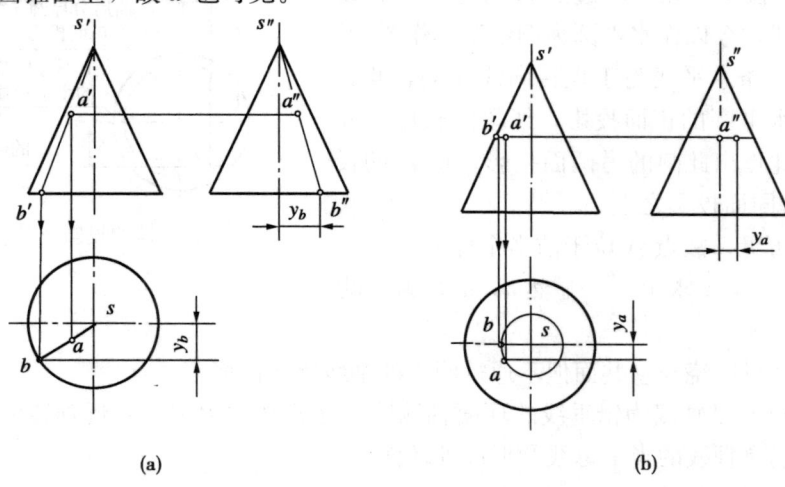

(a) (b)

图 5-12　圆锥表面上取点

在图 5-12（b）中，过 a' 作垂直于轴线的直线（即辅助圆的正面投影）交正视转向线于两点，两点之间的距离即为辅助圆的直径，然后作出此圆反映实形的水平投影，并由 a' 找到 a，再由 a'，a 作出 a''。

读者不难用上述方法（素线法、纬圆法）作出如图 5-13 圆锥表面上的曲线段 AD。由于其上 C 点位于圆锥面的最前素线上，它是曲线侧面投影可见与不可见部分的分界点，必须首先作出此点。

其作图是：

（1）在 $a'd'$ 上适当选取若干点，如 b'，c' 等；

（2）根据 a'，b'，c'，d'，用纬圆法分别求出 a，b，c，d 和 a''，b''，c''，d''；

（3）分别把 a，b，c，d 和 a''，b''，c''，d'' 依次连成光滑曲线。

因为曲线的 CD 段在右半圆锥面上，所以 $c''d''$ 为不可见。

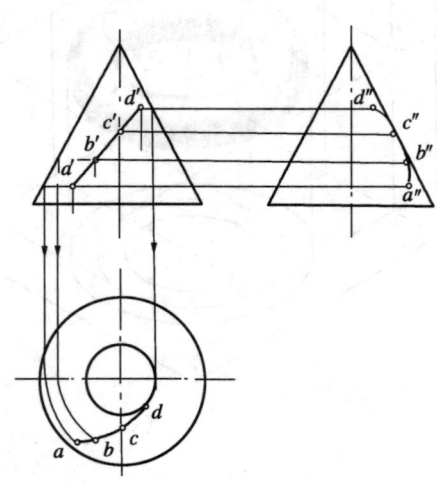

图 5-13　圆锥表面上取线

3. 球面

球面是由圆母线绕其直径为轴线旋转而成。

（1）投影分析　如图 5-14 所示，球的三面投影都是与球的直径相等的圆。这三个圆分别为球面在三个投影面上的外视转向线。正视转向线是球面上平行于 V 面的最大圆（前、后两个半球面的分界圆）的正面投影。俯视转向线是球面上平行于 H 面的最大圆（上、下两个半球面的分界圆）的水平投影。侧视转向线是球面上平行于 W 面的最大圆（左、右两个半球面的分界圆）的侧面投影。

（2）球表面上取点　球面的三面投影均无积聚性，且球面上不存在直线，故在球面上取点只能利用过该点作平行于投影面的圆为辅助线来解决。

如图 5-14 所示，已知球面上点 A 的正面投影 a'，求其另两个投影。显然，过点 A 可作水平圆或侧平圆为辅助线，今以作水平圆为例说明其作图：

先过 a' 作一条水平线与正视转向线相交，此直线段即为辅助水平圆的正面投影，线段之长度为此圆的直径。由此作出此圆的另两面投影。点 A 的投影 a，a'' 必在其同面投影之上。

由于 a' 为可见，故点 A 位于前半个球上，由 a' 作出 a，然后由 a'，a 求出 a''。显然 a，a'' 均为可见。

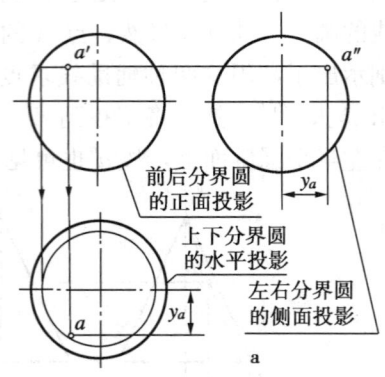

图 5-14　球的投影及其表面取点

4. 环面

环面是由圆母线绕与它共面但不通过圆心的轴线旋转而成。

图 5-15（a）是轴线为铅垂线的环面轴测图。在旋转过程中，靠近轴线的半个母线圆形成内环面，远离轴线的半个母线圆形成外环面。

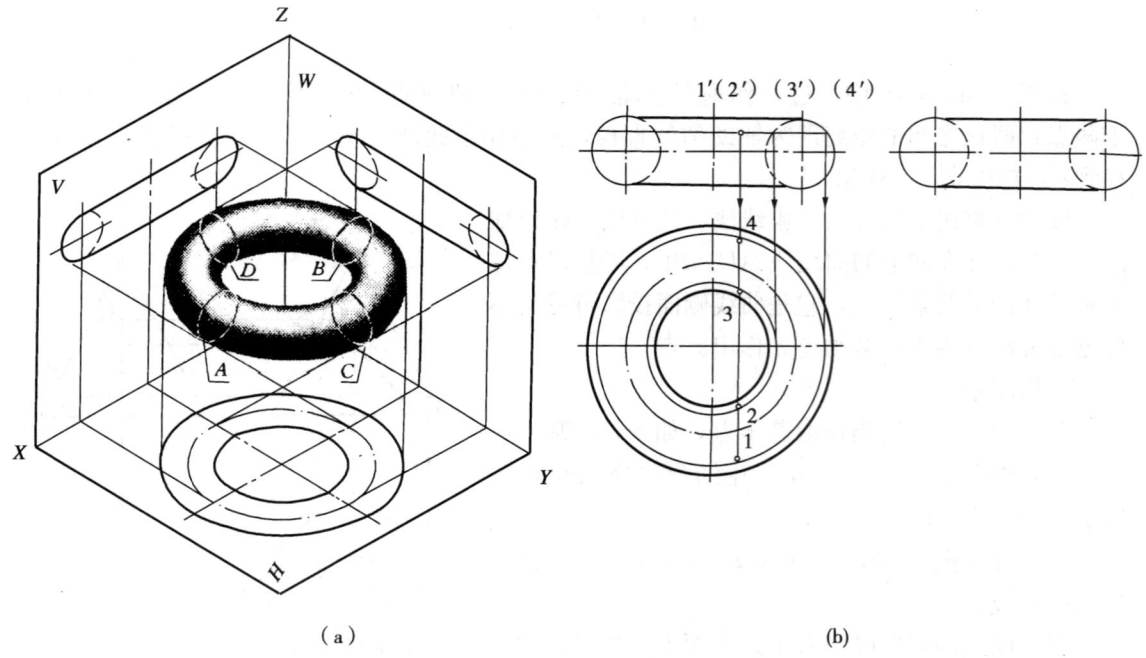

（a）　　　　　　　　　　　　　（b）

图 5-15　环面的投影及其表面取点

（1）投影分析　图 5-15（b）为它的投影图。

由于环面的旋转轴线垂直于 H 面，它的 H 面投影是两个同心圆，即分别是环面上的赤道圆和喉圆的 H 面投影。其 V、W 面的投影形状相同，都是由两个圆和与它们上下相切的两段水平轮廓线组成。V 面投影中的两个圆分别是环面上平行于 V 面的最左、最右两个母线圆 A 和 B 的反映实形的投影。W 面投影中的两个圆则分别是平行于 W 面的最前、最后两个母线圆 C 和 D 的反映实形的投影。它们中均有半个圆被部分环面遮住而画成虚线。显然，环面的三面投影均是各投影面的转向线，即该面投影可见与不可见的分界线。

（2）环面上取点　当环面轴线垂直于 H 面时，在其表面上取点可采用纬圆法。如在图 5-15（b）中，已知环面上四点 Ⅰ、Ⅱ、Ⅲ、Ⅳ 的正面投影 $1'$、$(2')$、$(3')$、$(4')$ 重影于一点，试作其水平投影。

设此四点由前向后依次排列。从其正面投影可知，四点均位于上半个环面上，且点 Ⅰ、Ⅳ 分别处在前、后外环面上，点 Ⅱ、Ⅲ 则分别处在前后内环面上。于是过四点的正面投影 $1'$、$(2')$、$(3')$、$(4')$ 作垂直于轴线的水平线与左右两圆相交，则两实线圆弧之间的线段为外环面上所作纬圆的正面投影，其长度为其直径。同样，两虚线圆弧之间的线段为内环面上所作纬圆的正面投影，其长度等于其直径。由此可作出两纬圆的水平投影，随即可定出四点的水平投影，可知它们均为可见。作图如图 5-15（b）所示，读者不难作出四点的 W 面投影。

二、复合回转体

复合回转体是由一条组合线段为母线绕轴线旋转而成。

图 5-16（b）为一手柄零件的投影图，它是由一些同轴回转面（球面、内环面、圆锥面、柱面）组合而成的零件。其母线的形状［图 5-16（a）］与零件的外形轮廓完全一致。

复合回转体在工程上得到广泛应用，许多机械零件都是由复合回转体组成的。

图示这种复合回转体时，若相邻两回转面相切，则切线不应画出，因为此时其表面呈光滑过渡。各基本回转面的分界，则是根据各段母线的折点和切点绕轴回转所形成的纬圆来划分。如图 5-16（a）母线中切点 B、C 和折点 D、E、F 所形成的纬圆为手柄零件各基本回转面的分界线。

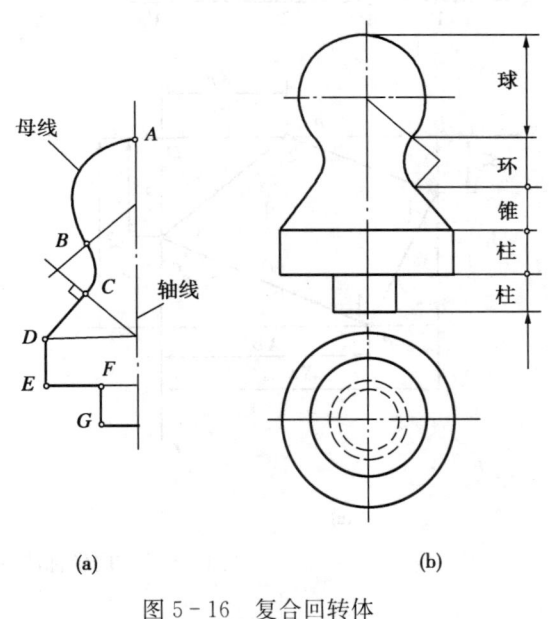

图 5-16　复合回转体

§5-3　基本形体的轴测图及其草图的画法

一、画平面立体轴测图的基本方法

根据物体的正投影图画轴测图时，应首先确定画哪种轴测图，其次确定物体的空间坐标系，画出轴测轴，然后进行作图。

画平面立体轴测图的基本方法有两种：

（1）坐标法　按立体表面上各顶点的坐标画出其轴测投影连接而成。此方法不仅适用于平面立体，而且还适用于曲面立体。

〔**例 5 - 1**〕试画图 5 - 17 所示截头四棱柱的正等测图。

解 ①先在图 5 - 17（a）的水平投影中作外接长方形并定出坐标系及各点的坐标。

②画出轴测轴，按坐标画出底面上各点的次投影 1、2、3、4，由各点的次投影引直线平行于 OZ 轴，根据 Z 坐标定出 A、B、C、D 四点，如图 5 - 17（b）所示。

③连接各点。由于轴测图中一般不画虚线，故应擦去多余线，然后加深，完成全图，如图 5 - 17（c）所示。

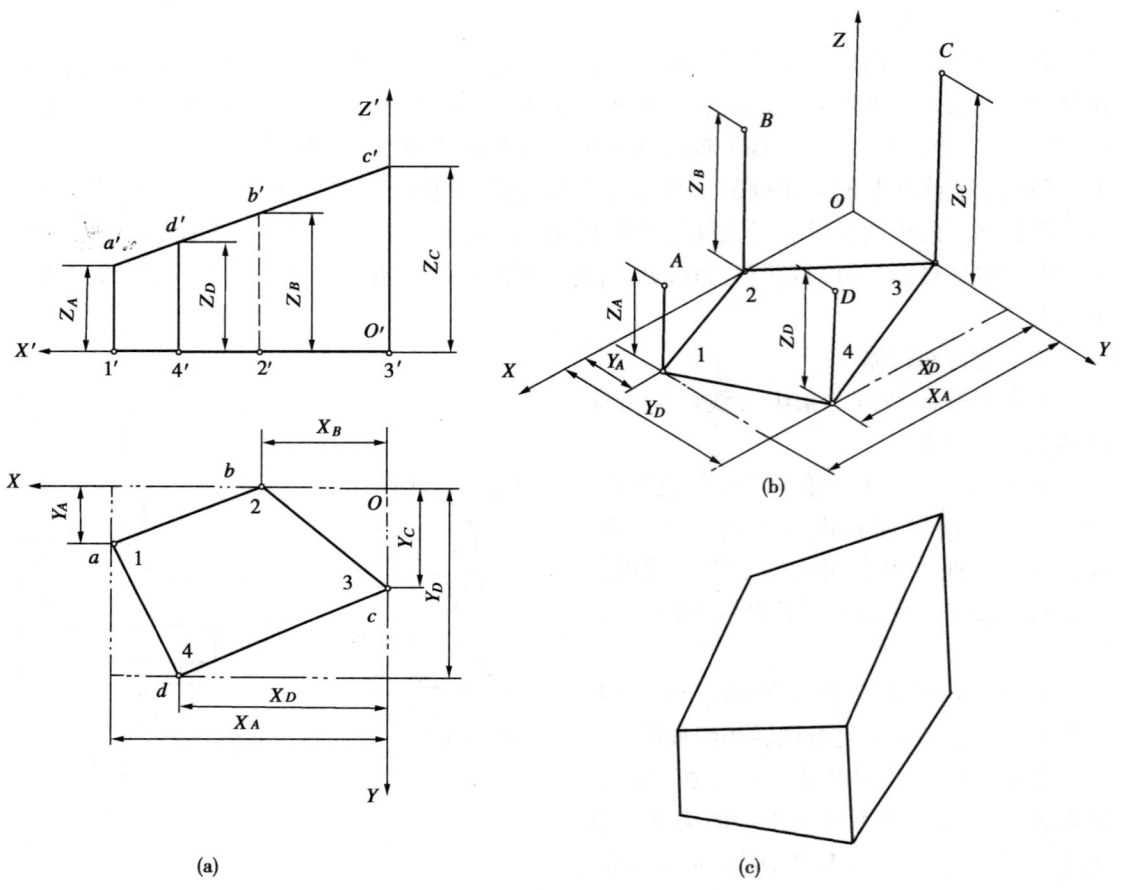

图 5 - 17　用坐标法画截头四棱柱的正等测图

（2）切割法　有些物体可看做是由基本形体通过切割而成。画这类物体的轴测图可先画出完整的形体，然后用切割的方法依次切去各个部分即成。

〔**例 5 - 2**〕试画出图 5 - 18（a）所示物体的正二测图。

解 此物体可看做是先在长方体的左上方切去一块，再在左前方切去一个角而成。在画轴测图时，先画出长方体的轴测图，然后依次切去各块，如图 5 - 18（b）所示。最后完成全图，如图 5 - 18（c）所示。

二、平面立体轴测草图的画法

画平面立体轴测草图同样也是采用上述两种基本方法。在徒手画图时，物体上相互平行的直线在轴测草图中应尽量画成相互平行；为此初学者可先在图纸上画上格子以方便画图。

〔**例 5 - 3**〕试画出图 5 - 19（a）所示三棱锥的正等测草图。

解 按坐标法作图，如图 5 - 19（b）所示。

88

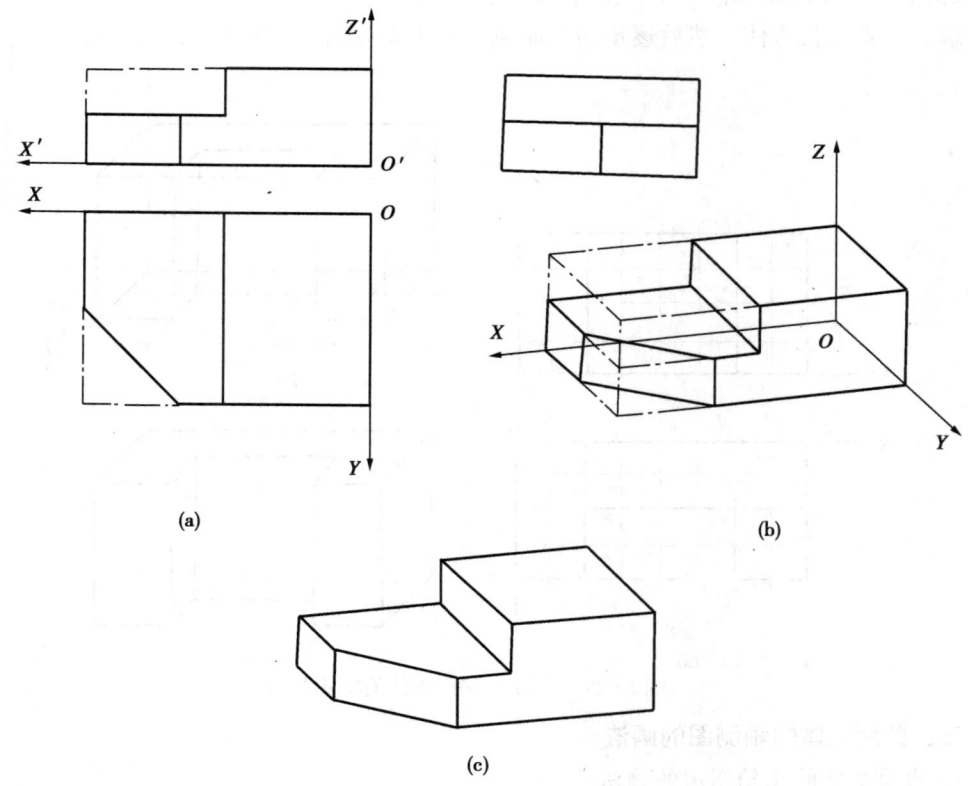

图 5 - 18　用切割法画物体的正二测图

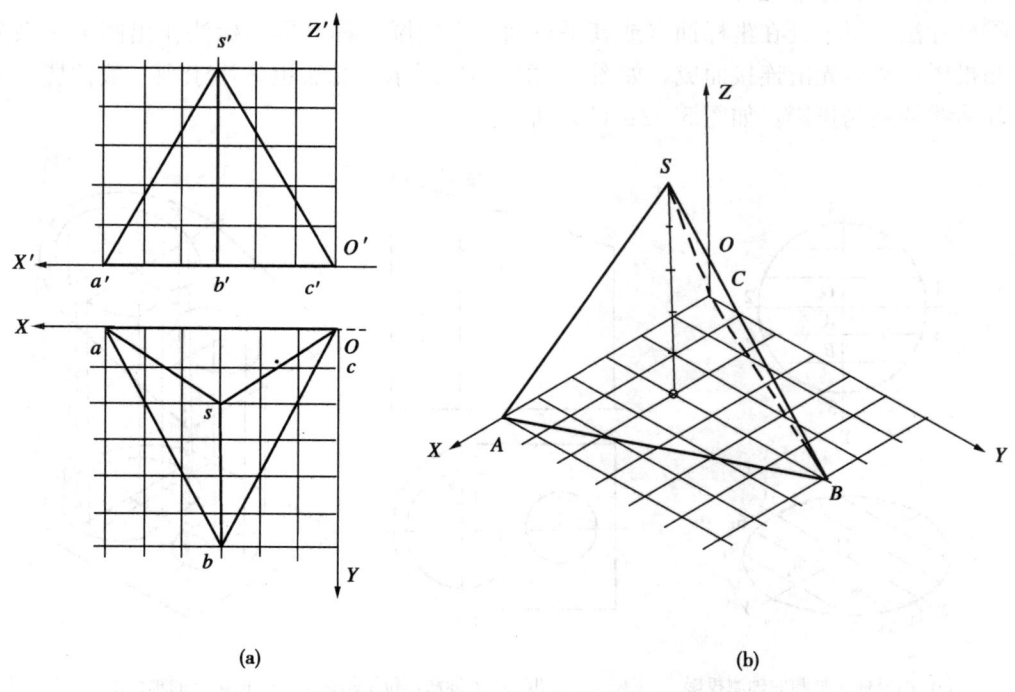

图 5 - 19　用坐标法画物体的轴测草图

〔例 5-4〕 试画出图 5-20 所示物体的斜二测草图。

解 先画出长方体，然后逐步切割而成。其步骤如图 5-20（b）、（c）所示。

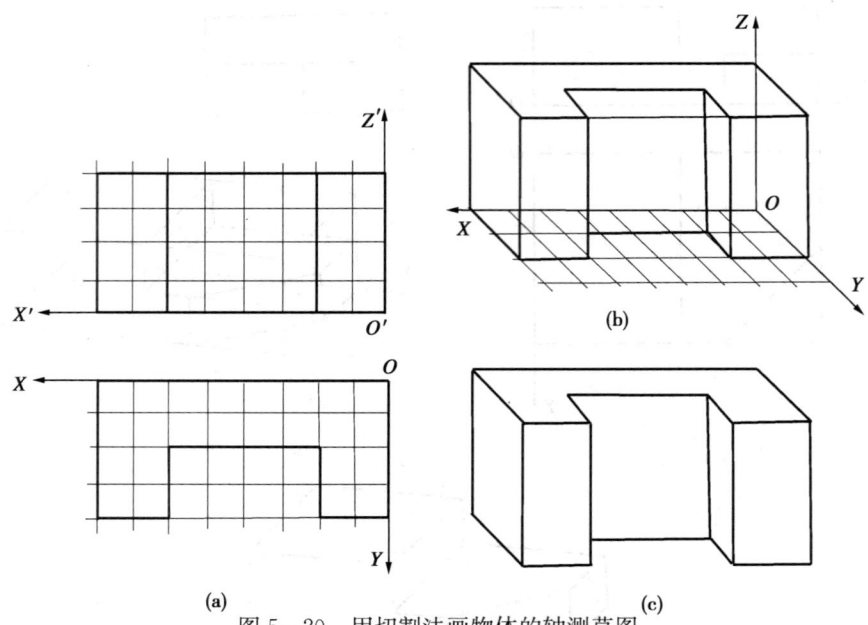

(a)

(b)

(c)

图 5-20 用切割法画物体的轴测草图

三、曲面立体的轴测图的画法

1. 曲面立体的正轴测图的画法

（1）平行于坐标面的圆的正等测图 处于坐标面或平行于坐标面上的圆的正等测投影是椭圆。其画法有如下几种：

①坐标法 对于处在坐标面（或其平行面）上的圆，都可用坐标法作出圆上一系列点的轴测投影，然后光滑连接而成，如图 5-21（a）所示。此法也适用于画一般位置平面上的圆和曲线的轴测投影，如图 5-21（b）所示。

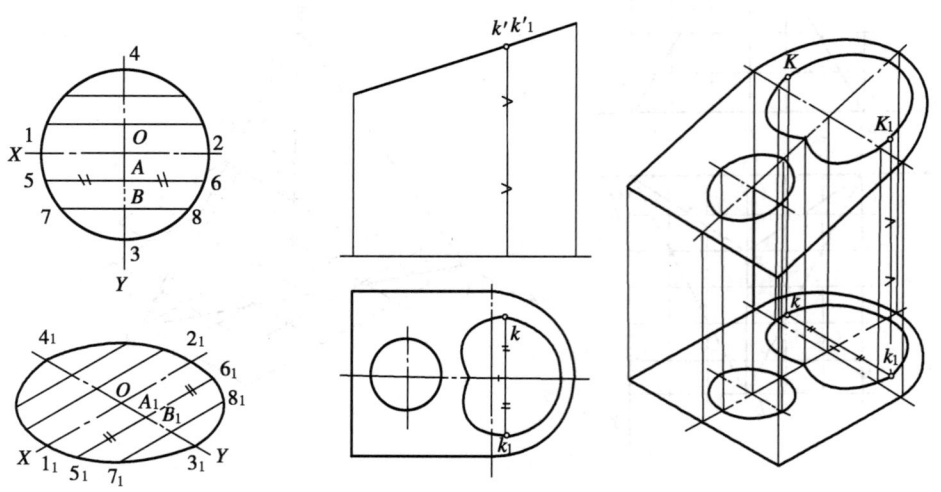

(a) 用坐标法画圆的轴测投影   **(b) 用坐标法作位于斜面上的平面图形的轴测图**

图 5-21 用坐标法画圆及曲线的轴测投影

图 5 - 22 为一具有一般柱面的压块。其柱面的轴测图用坐标法画出，画图步骤如图所示。

②四心椭圆法　在一般情况下，圆的正等测投影可用四段圆弧来近似替代椭圆，称此椭圆为四心椭圆。其作图步骤如图 5 - 23 所示。

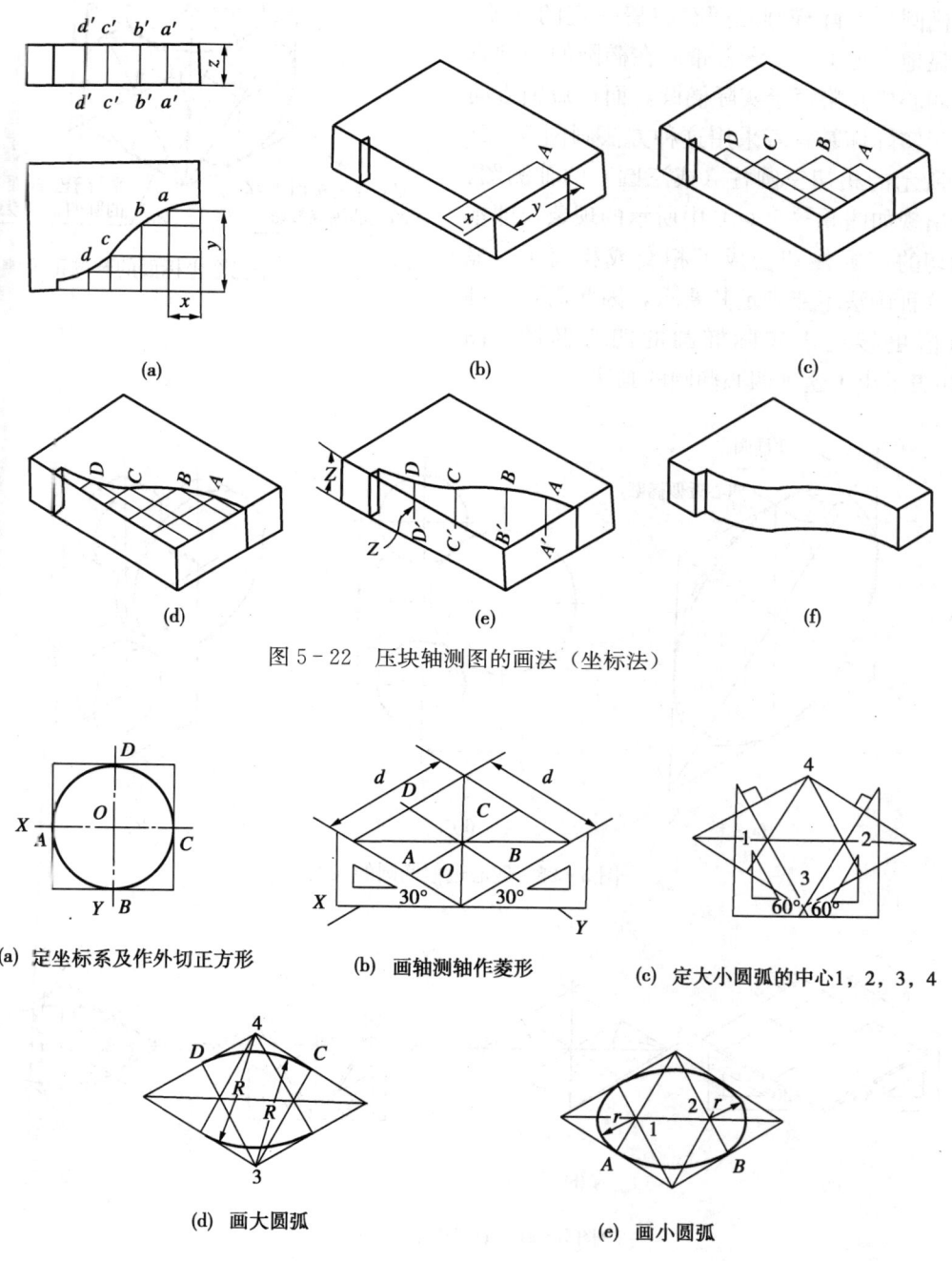

图 5 - 22　压块轴测图的画法（坐标法）

(a) 定坐标系及作外切正方形　　(b) 画轴测轴作菱形　　(c) 定大小圆弧的中心 1, 2, 3, 4

(d) 画大圆弧　　　　　　(e) 画小圆弧

图 5 - 23　四心椭圆法（一）

图 5 - 24 画出了平行于三坐标面上圆（立方体表面上三个内切圆）的正等测图。

三个椭圆的形状大小完全相同，各椭圆的长轴垂直于相应的轴测轴，短轴则与之平行。如水平椭圆（XOY 面）的长轴垂直于 OZ 轴，短轴则与 OZ 轴平行。

用简化系数画椭圆时，长轴为 $1.22d$，短轴约等于 $0.7d$。

但如图 5-25 所示，按上述四心椭圆法画出的椭圆与实际椭圆之间存在着一定的误差。它明显地出现了一个误差带。在椭圆的长轴方向，四心椭圆略短于实际椭圆，而在短轴方向都长于实际椭圆。若采用这种方法画图 5-25（b）所示的相切三圆柱（或三圆）的轴测图，则会出现如图 5-25（c）中所示的现象，即本来相切的三圆柱却变成了相交或相离了。显然，这种画法不能满足其要求，因此需要一种近似值更接近于实际椭圆的四心椭圆。图 5-26 表示出了这种四心椭圆的画法。

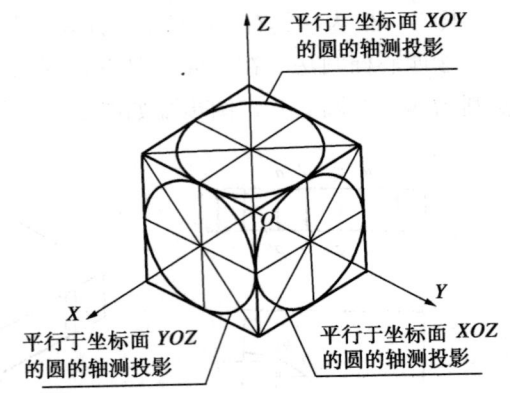

图 5-24　平行于三个坐标面的圆的正等测图

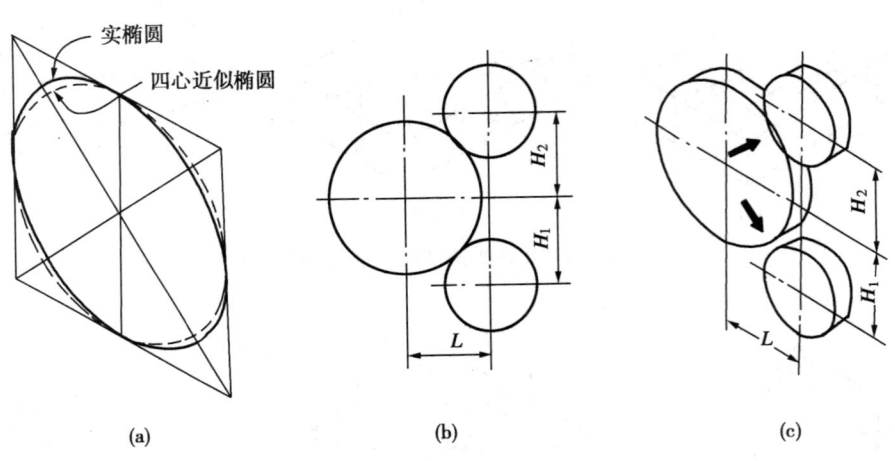

(a)　　　　　　　　(b)　　　　　　　　(c)

图 5-25　四心近似椭圆的误差

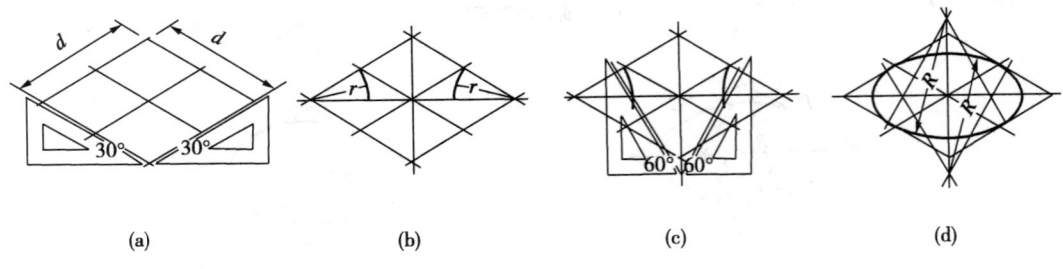

(a)　　　　　　(b)　　　　　　(c)　　　　　　(d)

图 5-26　四心椭圆法（二）

显然它比上述四心近似法更完善，而且对几乎所有的问题都具有足够的精确度。

（2）圆角正等测图的画法　连接直角的圆弧，其轴测图可用四心椭圆法画出，也可用如图 5-27 所示的简化画法作出。即按已知半径 R 在相应直角边上定出切点 A、B，过切点 A、B 作相应边的垂线交于 O_1 点，以 O_1 为圆心，O_1A 为半径画弧即得。用同样的方法作出其他圆弧，如图 5-27 所示。

92

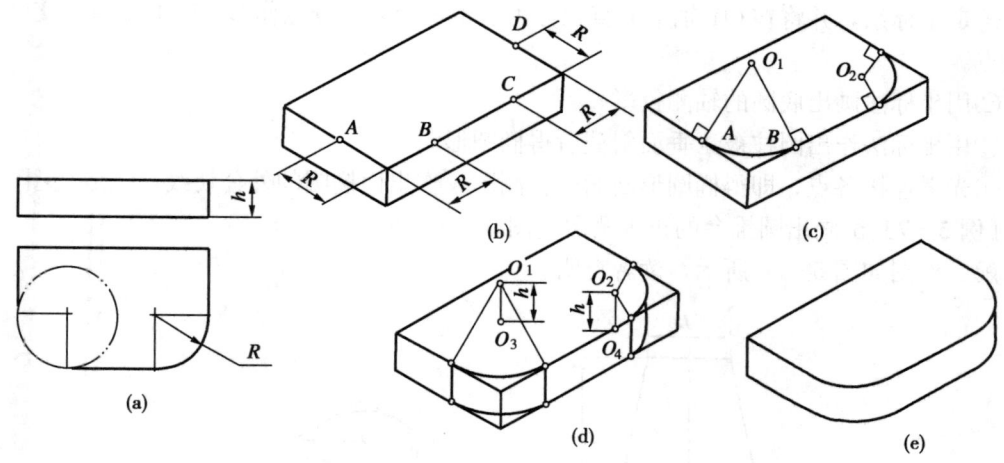

图 5-27　圆角正等测图的画法

（3）回转体正等测图画法举例

〔**例 5-5**〕试画出套筒的正等测图〔图 5-28（a）〕。

解　定坐标系，画轴测轴，然后作图如图 5-28 所示，读者自明。

〔**例 5-6**〕试画出斜截圆柱的正等测图（图 5-29）。

解　作图如图 5-29 所示。

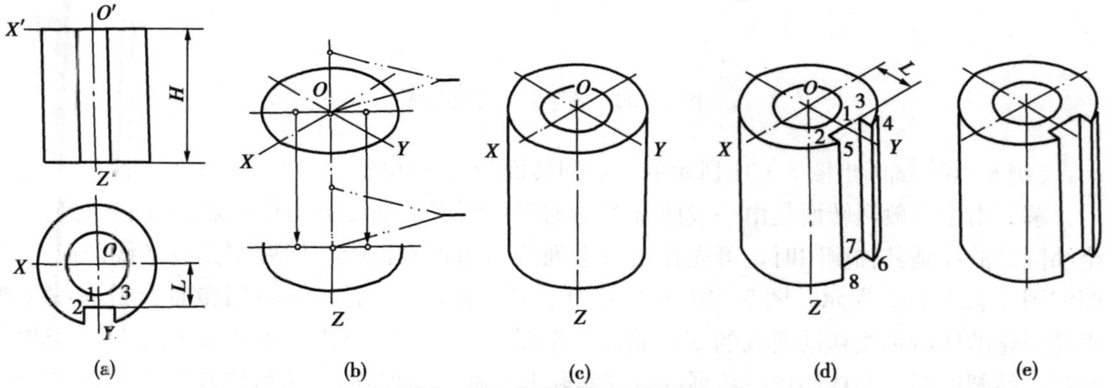

图 5-28　作套筒的正等测图

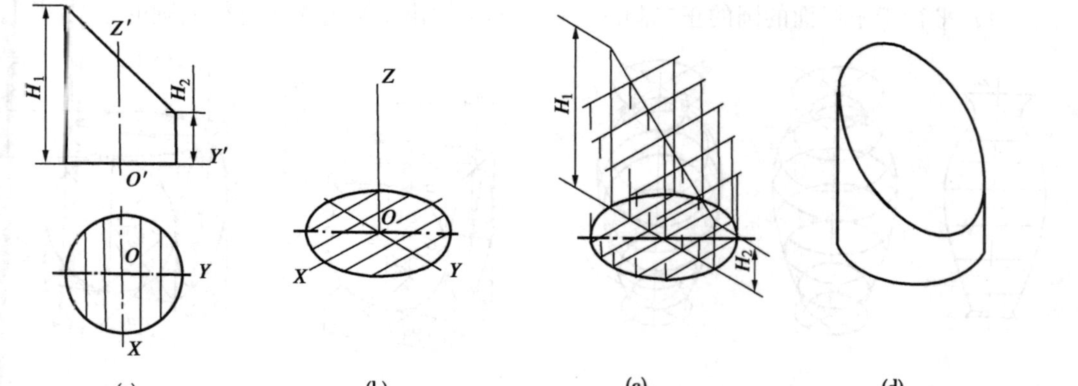

图 5-29　斜截圆柱的正等测图

①定坐标系,并将在 OY 轴上的直径分为若干等份,过分点作 OX 轴的平行线交圆于一系列点。

②用坐标法画出底圆的轴测投影。

③用坐标法作出圆柱被正垂面斜截所得椭圆形断面。

④光滑连接各点,即得椭圆形断面的轴测图,作出两椭圆的外公切线,完成全图。

〔**例5-7**〕试画出圆锥台的正等测图 [图5-30(a)]。

解 作图如图5-30所示,读者自明。

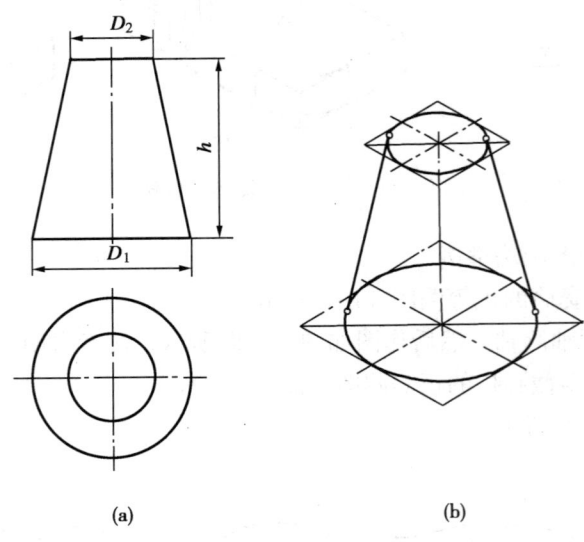

(a)   (b)

图5-30 圆锥台的正等测图

〔**例5-8**〕试画出图5-31所示的一般回转面的正等测图。

解 由于一般回转面是由一般曲母线绕轴旋转而成。母线上的任一点的旋转轨迹为一个纬圆。故在画其轴测图时,可先作出一系列纬圆的轴测投影,然后作其包络线即成。作图如图5-31(b)所示。图5-31(c)示出了另一种画法,此法是将回转面看成是一系列直径变化的球沿轴线移动而成的变线曲面。作图时,只需以上述一系列纬圆的直径为球的直径,纬圆的圆心为球心作一系列的球(实际上只画一系列圆),然后作其包络线而成。显然此法较简单。

(4)平行于坐标面的圆的正二测图 图5-32示出了平行于各坐标面圆的正二测图。

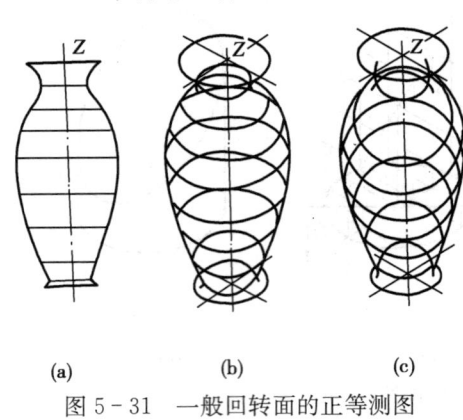

(a)   (b)   (c)

图5-31 一般回转面的正等测图

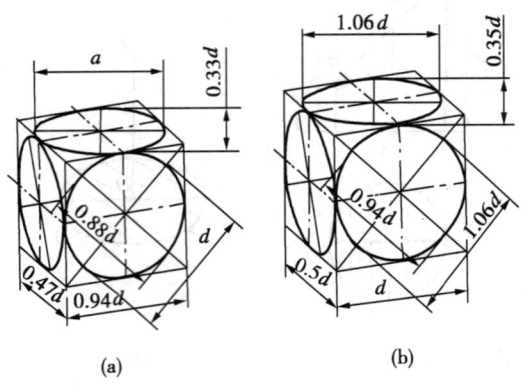

(a)   (b)

图5-32 平行于坐标面圆的正二测图

其长、短轴之间的关系与正等测图的一样。即长轴垂直于相应的轴测轴，短轴则与之平行。采用简化系数画图时，长轴为 $1.06d$，短轴为 $0.35d$ 或 $0.94d$。

〔例 5-9〕试画出柱墩的正二测图（图 5-33）。

解 该柱墩从下到上由底板、环面、大圆柱面，一般回转面和小圆柱面所组成。

在画环面及一般回转面的轴测图时，采用前述先画一系列纬圆的轴测图，再画其包络线的方法画出。整个作图如图 5-33 所示。

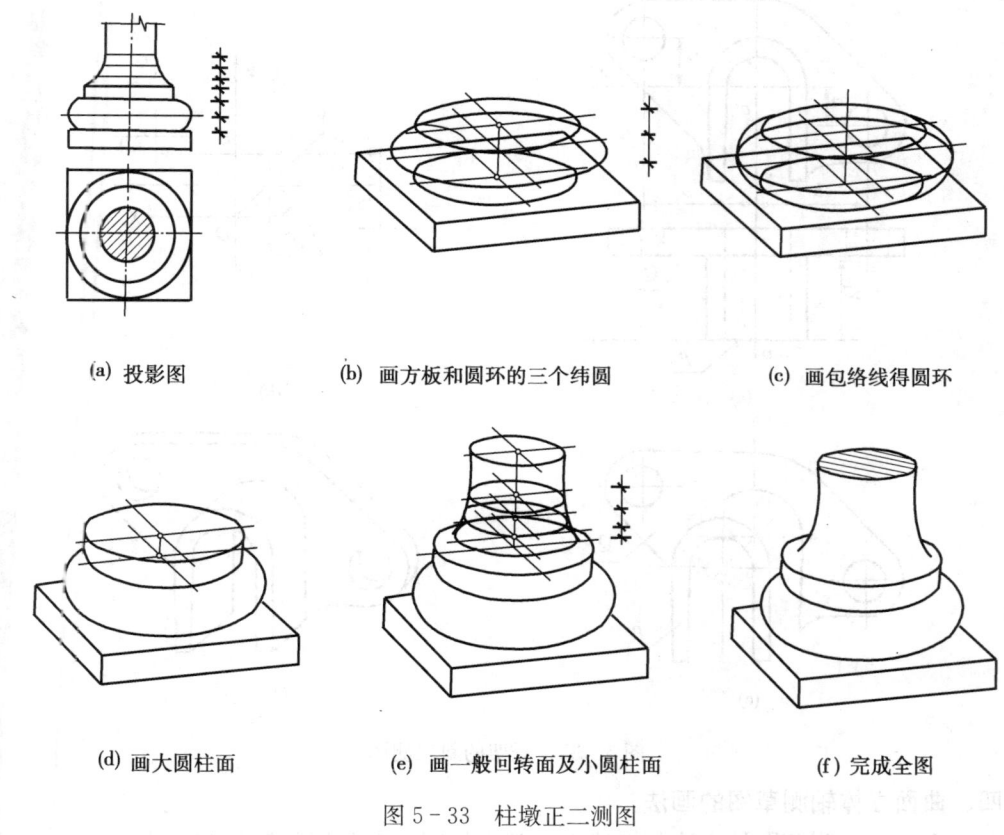

| (a) 投影图 | (b) 画方板和圆环的三个纬圆 | (c) 画包络线得圆环 |

| (d) 画大圆柱面 | (e) 画一般回转面及小圆柱面 | (f) 完成全图 |

图 5-33 柱墩正二测图

2. 曲面立体的斜二测图的画法

（1）平行于坐标面圆的斜二测图　图 5-34 画出了平行于各坐标面圆的斜二测图。由于 XOZ 坐标面平行于轴测投影面，故其圆的轴测投影为反映实形的圆。其余平行于坐标面的圆的轴测投影为椭圆。长轴为 $1.06d$ 且与相应的轴测轴的夹角为 $7°$，短轴为 $0.33d$。

（2）斜二测图的画法

〔例 5-10〕试画出图 5-35 所示托架的斜二测图。

解 该托架 P、Q 所在平面上的图形较为复杂，若使轴测投影面平行于 P（或 Q）面，则可直接按实形画图，使作图简化。

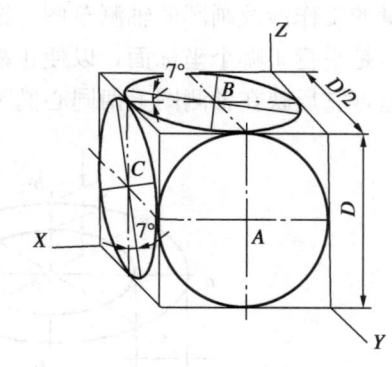

图 5-34 平行于各坐标面圆的斜二测图

作图（图 5-35）：

①定坐标系，使坐标面 $XOZ /\!/ P$（或 Q）。

②画轴测轴并定 P、Q 面上各圆心的位置。

③按实形画出 P、Q 面，完成全图。

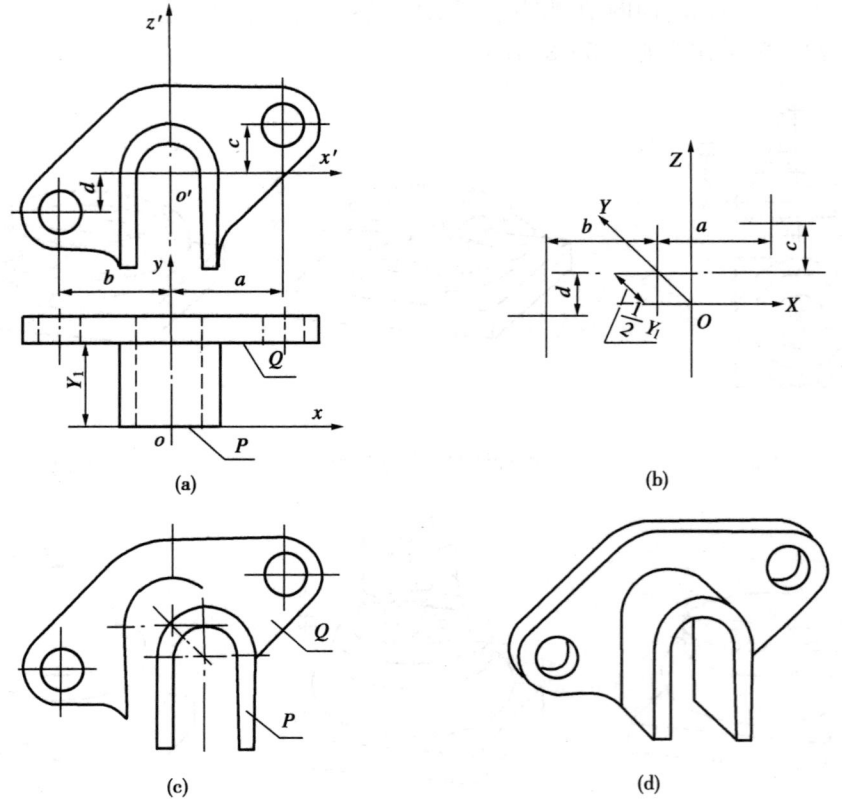

图 5-35 托架的斜二测图

四、曲面立体轴测草图的画法

画曲面立体轴测草图的方法与上述方法基本相同，只是用徒手目测画出。但在画图时，大量的工作涉及画圆的轴测草图。圆的轴测图一般画成椭圆，这时应特别注意该圆所在的平面是平行于哪个坐标面，以便正确判断其长、短轴的方向；同时还应注意两同心圆的半径差，它反映在轴测图上两同心椭圆的长半轴差与短半轴差是不相等的，如图 5-36 所示。

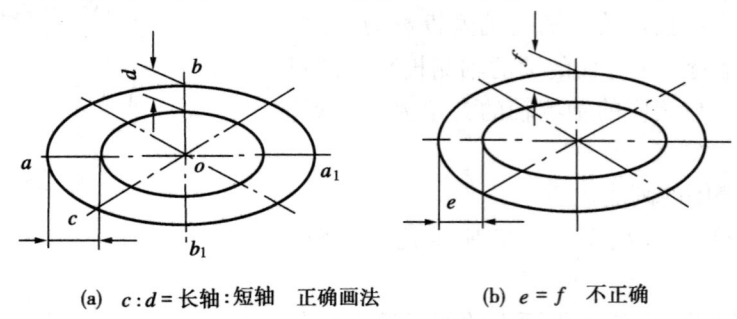

(a) $c : d =$ 长轴：短轴 正确画法　　(b) $e = f$ 不正确

图 5-36 两同心圆轴测草图的画法

图 5-37 表示出了支架的正等轴测草图的画法，读者见图自明。

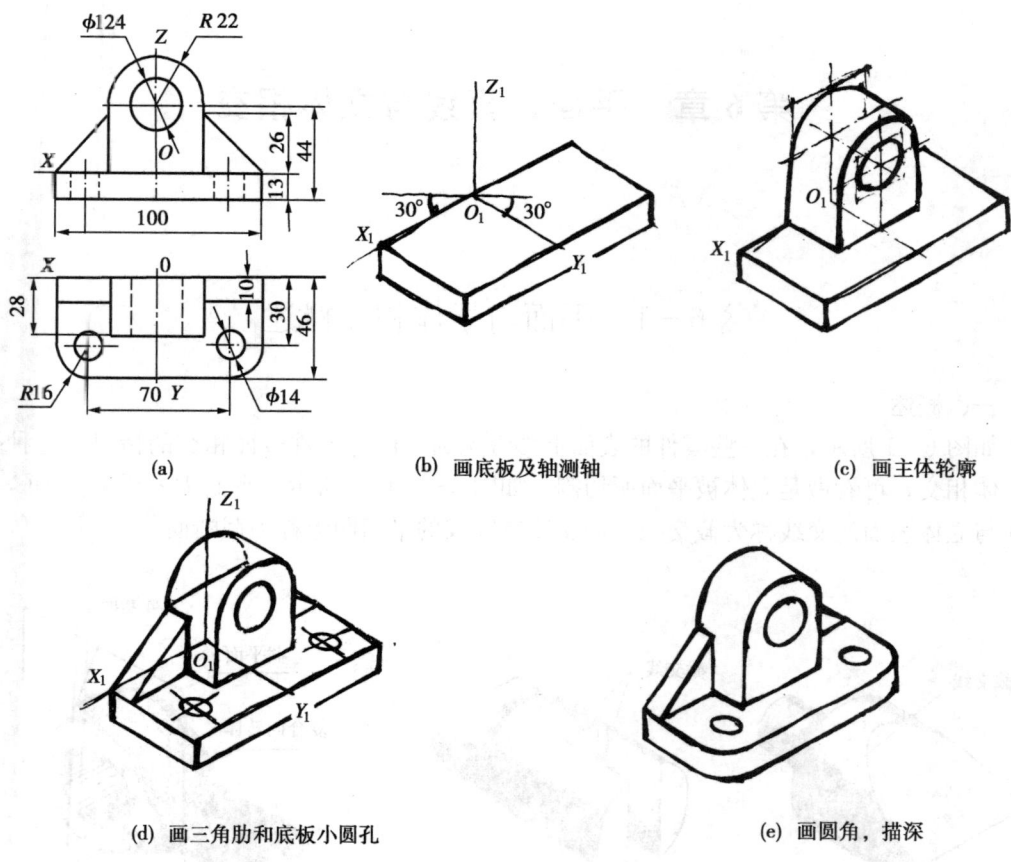

(a)

(b) 画底板及轴测轴

(c) 画主体轮廓

(d) 画三角肋和底板小圆孔

(e) 画圆角，描深

图 5-37 支架轴测草图的画法

第6章 平面、直线与立体相交

§6-1 平面与立体相交概述

一、概述

如图6-1所示，在一些零件的表面上常常见到平面与零件表面相交的情况。这种平面与立体相交，可看做是立体被平面所切割，如图6-1（c）所示。平面 P 称为截平面[*]，截平面与立体表面的交线称为截交线，截交线所围成的平面图形称为截断面。

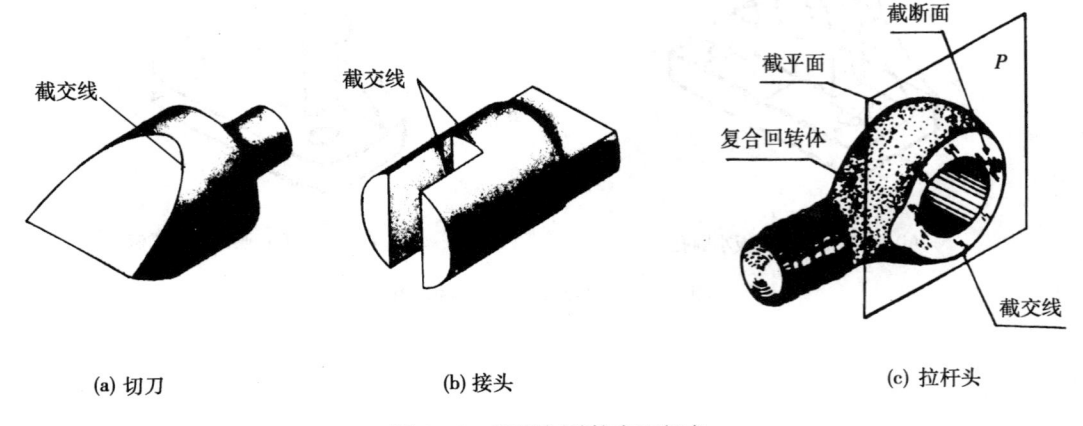

(a) 切刀　　　　　　　　(b) 接头　　　　　　　　(c) 拉杆头

图6-1 平面与零件表面相交

立体可分为平面立体与曲面立体。截平面与立体的相对位置不同，其截交线形状也不同，但任何截交线都具有下列两个基本性质：

（1）一般情况下，截交线是封闭的平面图形。

（2）截交线是截平面与立体表面的共有线，其上的点是截平面与立体表面的共有点。表6-1和表6-2分别给出了各种位置平面与圆柱、圆锥相交所得交线的各种形状。其中平面与圆锥相交所得的交线为重要的圆锥曲线。

截交线上的点是截平面与立体表面的共有点。这些点中有一些控制截交线形状和范围的特殊点，它包括最高、最低、最左、最右、最前、最后点，以及截平面与立体转向线的交点，还有当截交线为对称图形时，对称线上的点。

研究平面与立体相交的目的，就是要求出立体表面的截交线。为此，必须先求出截交线上的所有特殊点及一定数量的一般点，然后顺次连成折线或光滑曲线即得所求的截交线。

---

[*] 截平面按透明处理，讨论可见性时，不考虑平面的影响。

　　　　　　　　　　　　　　　　　平面与圆柱面相交

截平面位置	平行于轴线	垂直于轴线	倾斜于轴线
截交线	两条直素线	圆	椭圆
立体图		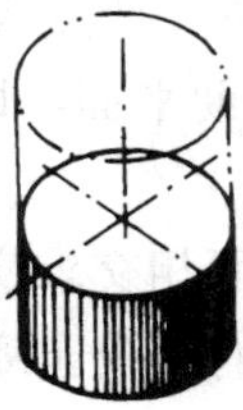	
投影图	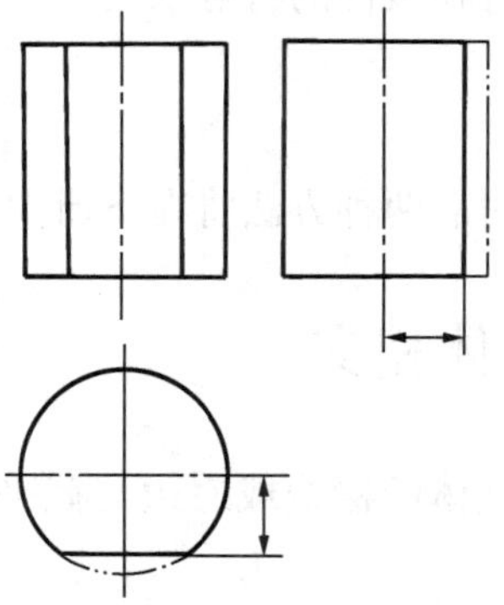	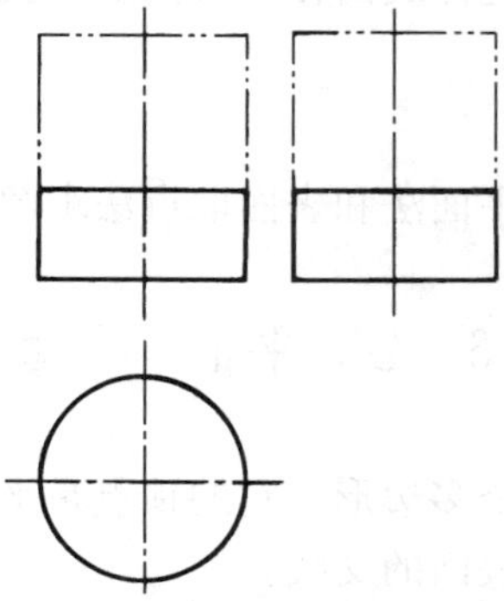	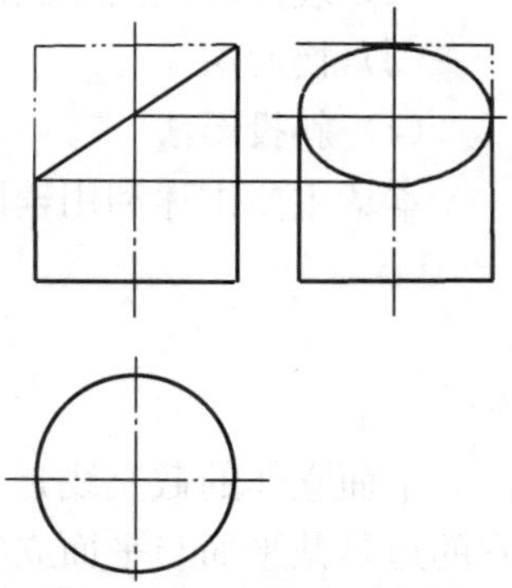

表 6－2　　　　　　　　　　　　　　　　平面与圆锥面相交

截平面位置	过锥顶	垂直于轴线 $\alpha=90°$	倾斜于轴线 $\theta<\alpha<90°$	平行或倾斜于轴线 $0°\leqslant\alpha<\theta$	倾斜于轴线 $\alpha=\theta$
截交线	两直素线（交于锥顶的两直线）	圆	椭圆	双曲线	抛物线
立体图	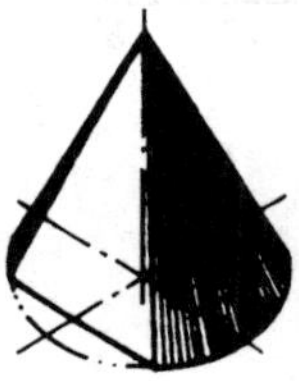		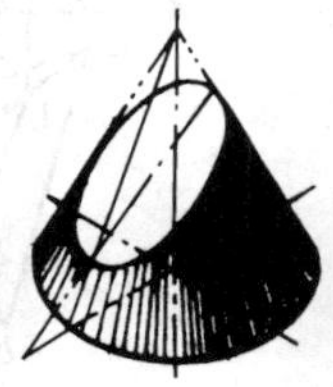		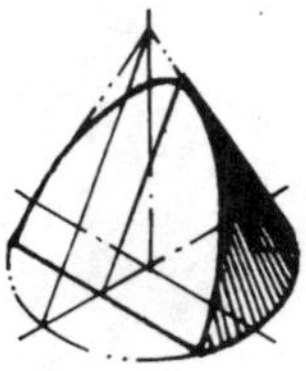
投影图	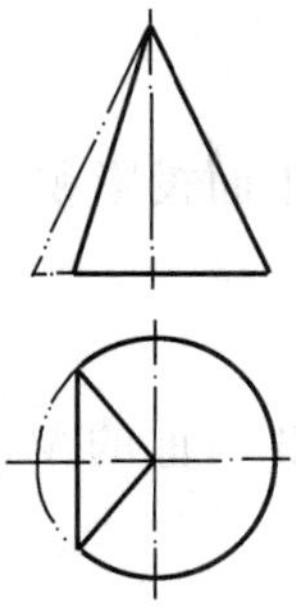	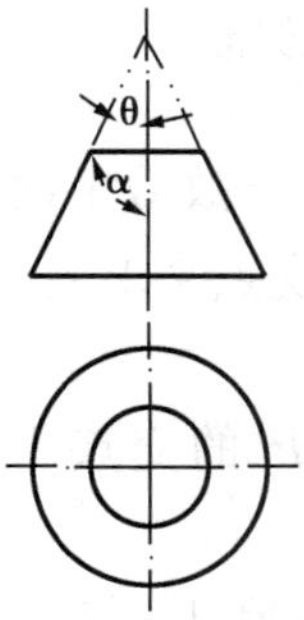	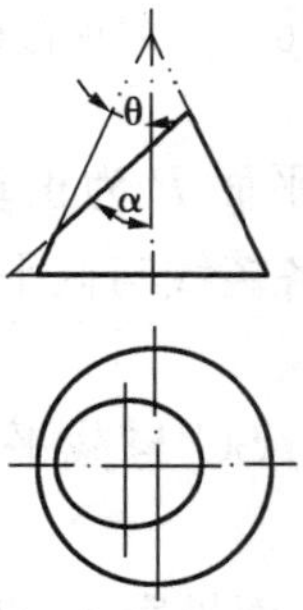	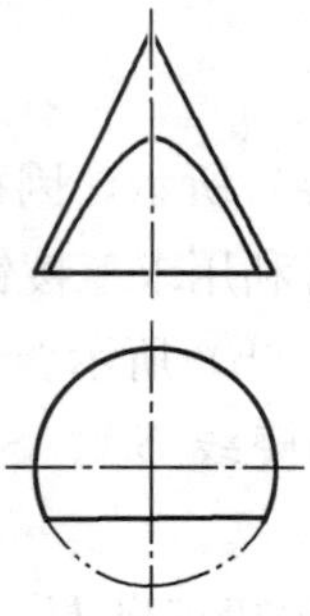	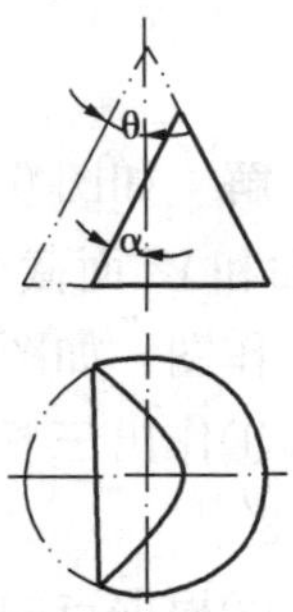

二、截交线的求法

求截交线的主要方法有：

（1）辅助平面法（三面共点的原理）　这是一种最基本的方法。所作辅助平面与曲面交于一条曲线，而与截平面交于一条直线，所得曲线与直线的交点则为截平面与曲面交线上的点。利用此法可求得截交线上的一般点或某些特殊点。

在应用此法时，应注意选择辅助平面，以使它与曲面的交线最简单易画（直线或圆）为原则。

对于平面立体则运用直线与平面相交求交点及两个平面求交线的方法，求出各棱线与截平面的交点，或各棱面与截平面的交线连接而成。

（2）表面取点法　利用立体表面在投影面上的投影有积聚性的特点求之。

（3）换面法

（4）斜投影法

本章主要讲述利用辅助平面法和表面取点法求解，对后两种方法将在下册中介绍。

§6-2　平面与平面立体相交

平面立体的截交线是一个多边形，它的顶点是平面立体的棱线或底边与截平面的交点，它的边是截平面与平面立体表面的交线。

一、平面与棱锥相交

〔例 6-1〕三棱锥被正垂面 P 所截，完成截交线的投影及截断面实形，如图 6-2 所示。

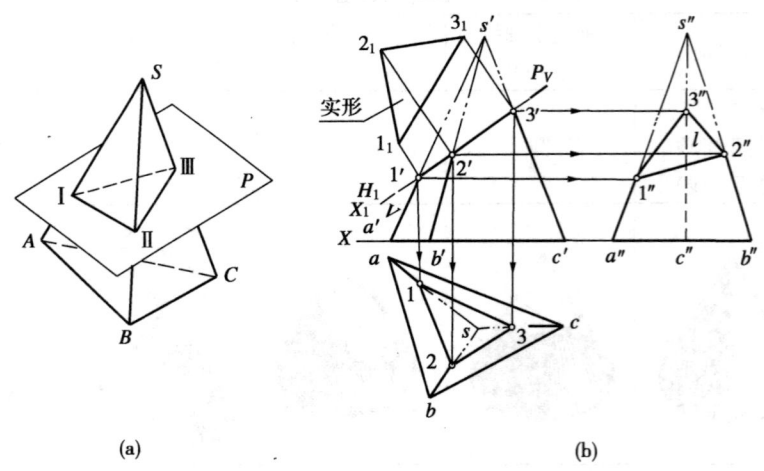

图 6-2　平面截切三棱锥

解　如图 6-2（a）所示，因截平面 P 为正垂面，故截平面的正面投影积聚在 P_V 上，H 面和 W 面截交线可利用求三棱锥各棱线与截平面交点来求之。

作图：如图 6-2（b）所示。

①作出三棱锥的棱线 SA、SB、SC 与截平面 P 的交点 Ⅰ、Ⅱ、Ⅲ 的 V 面投影 $1'$、$2'$、$3'$。

②根据点的投影规律求出 H、W 面投影 1、2、3 和 $1''$、$2''$、$3''$。

③依次连接各交点的同面投影即为所求。

100

④可用换面法求得截断面的实形△ⅠⅡⅢ（换面法见下册第15章）。

〔例6-2〕三棱锥被正垂面P、Q截切，完成其H、W面投影，如图6-3所示。

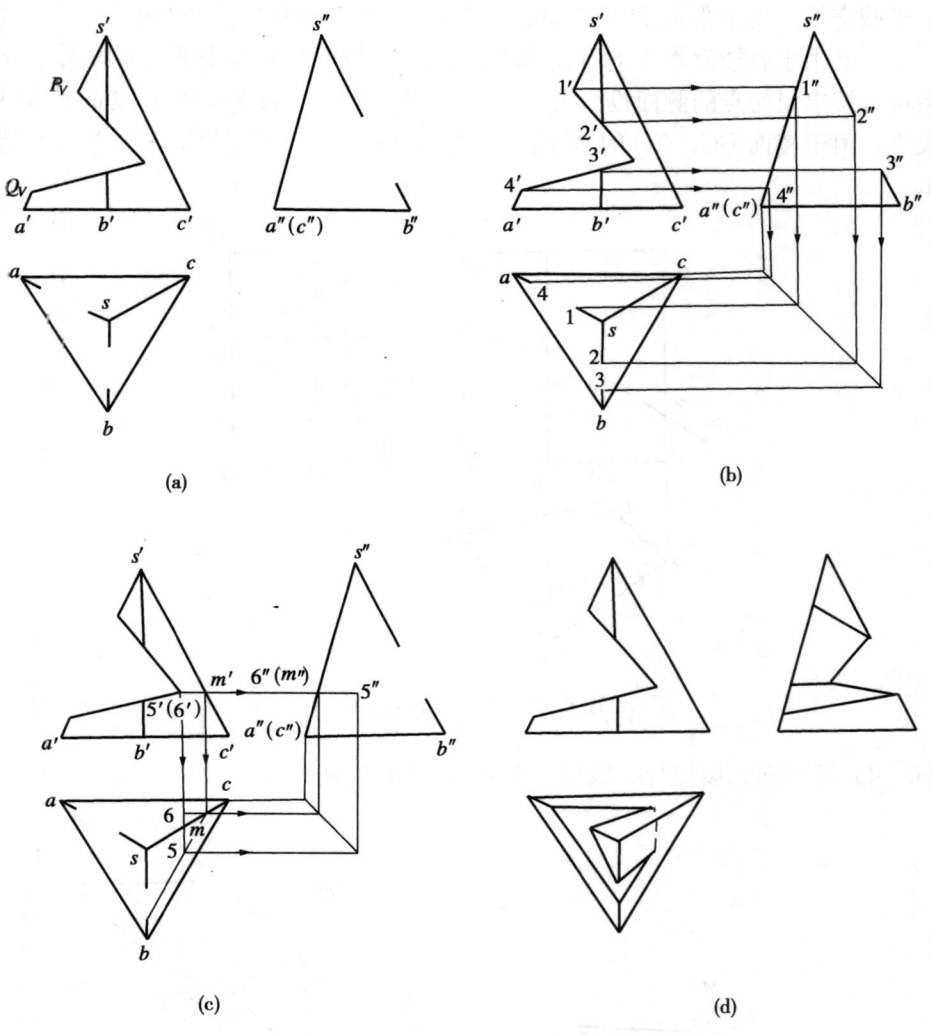

图6-3　平面截三棱锥的作图过程

解　如图6-3（a）所示，三棱锥底面ABC为水平面，棱面SAB和SBC为一般位置面，棱面SAC为侧垂面。P和Q为正垂面，截交线的V面投影积聚在P_V、Q_V上。

作图：

①作出三棱锥两条棱线SA、SB与截平面P、Q的交点Ⅰ、Ⅱ、Ⅲ、Ⅳ的V面投影1′、2′、3′、4′，由此再求出1、2、3、4和1″、2″、3″、4″。如图6-3（b）所示。

②作出SBC面Ⅴ点和SAC面Ⅵ点的H和W面投影。由图6-3（c）所示，过点Ⅴ和点Ⅵ作ⅤM∥BC、ⅥM∥AC，交棱线SC于M点，即作5′m′∥b′c′，6′m′∥a′c′交s′c′于m′，由此求得其余两投影5、5″和6、6″。

③连接各点的同面投影，即为所求。如图6-3（d）所示。

④判别可见性。由于P、Q的交线ⅤⅥ为正垂线，H面投影被锥面所遮，不可见，画虚线。

二、平面与棱柱相交

〔**例 6 - 3**〕试求四棱柱与平面 P 的截交线（图 6 - 4）。

解 求截交线，由于平面 P 为正垂面，可利用 P_V 的积聚性直接求出各棱的交点 Ⅰ、Ⅱ、Ⅲ、Ⅳ。又由于各棱垂直于 H 面，故交点的水平投影与棱本身的水平投影重合。利用投影关系可直接求出交点的侧面投影 $1''$、$2''$、$3''$、$4''$。顺次连接各交点的同面投影即得其截交线的投影。由于棱面 BC、CD 的 W 面投影为不可见。故交线 $2''3''$、$3''4''$ 亦不可见，如图 6 - 4 所示。

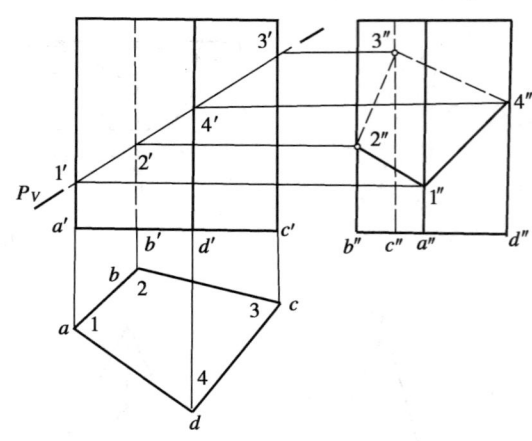

图 6 - 4 四棱柱的截交线

〔**例 6 - 4**〕试求斜三棱柱与一般位置平面 $\triangle MNL$ 的截交线（图 6 - 5）。

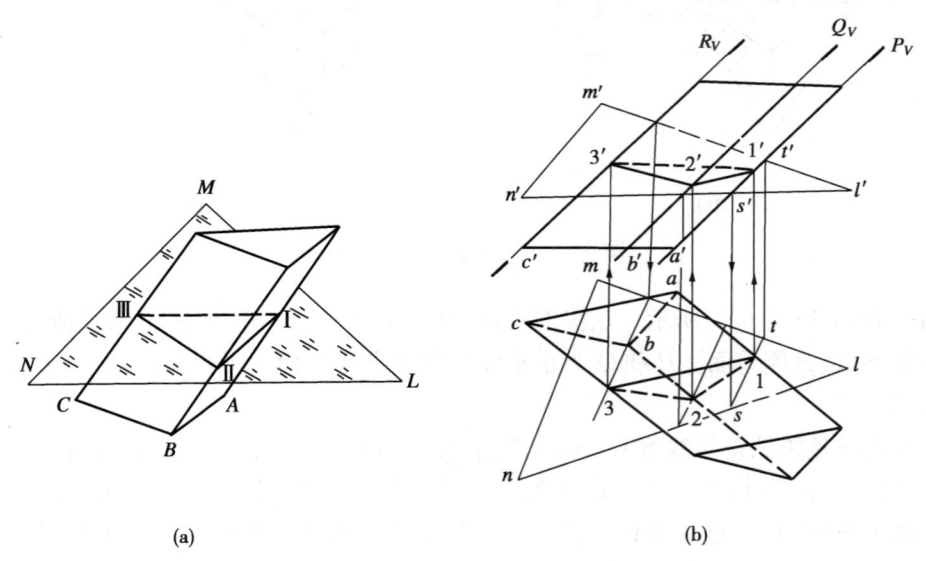

(a)   (b)

图 6 - 5 斜三棱柱的截交线

解 由于斜三棱柱的棱及截平面均处于一般位置，故必须采用包含直线作辅助平面的方法求出各棱与 $\triangle MNL$ 平面的交点。如图中首先包含 A 棱作辅助正垂面 P，求出 P 与 $\triangle MNL$ 的交线 ST（st，$s't'$），再由 st 与 A 棱的水平投影的交点 1 找出 $1'$，即得交点 Ⅰ（1，$1'$）。同法可求出另两棱与平面的交点 Ⅱ（2，$2'$）和 Ⅲ（3，$3'$），并顺次连接各交点的同面投影即为所求。由于辅助平面 P、Q 和 R 互相平行，故它们与平面的交线亦互相平行。利用此性质可使作图简化，且图形清晰。如图 6-5（b）中求交点 Ⅱ 和 Ⅲ 所示。图中还对交线投影的可见性进行了判别。

§6-3　平面与曲面立体相交

曲面立体的截交线通常是一条封闭的平面曲线，也可能是由截平面上的曲线和直线所围成的平面图形。截交线的形状取决于曲面立体的几何性质及其与截平面的相对位置。

一、平面与圆柱相交

〔例 6-5〕试求正垂面 P 与水平圆柱的截交线（图 6-6）。

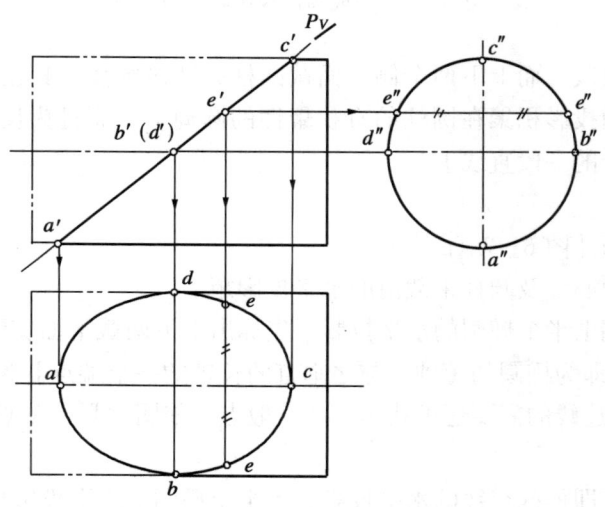

图 6-6　求圆柱截交线的投影

解　由正面投影可知，截平面 P 与圆柱轴线斜交，截交线应为椭圆。椭圆的正面投影积聚为直线段，与 P_V 重合，侧面投影积聚在圆周上，其水平投影也应为椭圆。

作图（如图 6-6）：

①可先定出椭圆的特殊点，如长短轴端点 A、C、B、D，它们处在最上、最下、最前、最后素线上。

②再用圆柱体表面取点法作出若干一般点，如 E 点，可由 e' 先求出 e''，再求出 e，因前后对称，一次作图可同时求得前后两点。

③用光滑曲线依次连接所求各点，即得水平投影椭圆。

〔例 6-6〕试完成图 6-7 所示圆柱被切后的俯视图。

解　由于圆柱体的轴线垂直于侧面，则侧面投影积聚为一个圆。圆柱左端被上下对称的两个相交于一条正垂线（直径）的正垂面所截，则截交线为上下对称的半个椭圆，其正面投影分别积聚在上下两斜线上，其侧面投影分别积聚在上下半圆周上，而水平投影仍为半个椭圆。

圆柱的右端为一凸榫，分别被一个水平面和一个侧平面上下对称各截去一块所得。由于上下两水平面与柱轴线平行，则其截交线为四条垂直于 W 面的素线，显然其正面投影分别积聚在上下两个水平面的正面投影上，其侧面投影积聚于圆周上的四个点。水平投影则

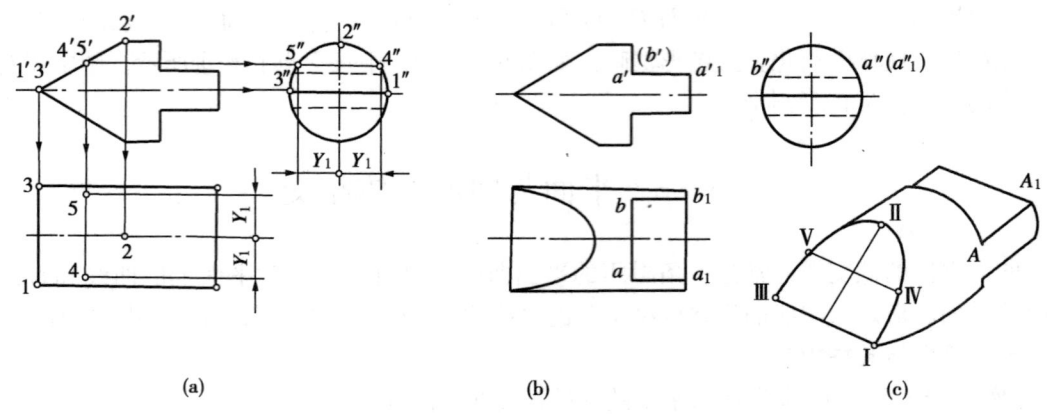

图 6-7 完成圆柱被切后的俯视图

为上下重合的两直线段。而上下两个侧平面截圆柱为两段圆弧，其正面投影积聚在截平面的正面投影上，侧面投影积聚在圆柱的有积聚性的圆周上，而且为反映实形圆弧。水平投影则积聚为上下重合的一段直线上。

作图：

（1）作左端椭圆［图 6-7（a）］

①作出圆柱的中心线及圆柱未截前的水平投影矩形。

②作出圆柱左端上半个椭圆的水平投影。先标出上下两截平面交线 I、III（1 3；$1'3'$；$1''3''$）的三面投影，即为椭圆的短轴。与之垂直的长轴的一个端点 II 为截交线的最高点。由 $2'$ 找出 $2''$ 和 2。为了连线的需要还可找出一些一般点，如图中IV、V点。由 $4'5'$ 找出 $4''$、$5''$ 和 4、5。

③光滑连接各点即得截交线的水平投影。下半个椭圆的水平投影与此重合。

（2）作右端凸榫［图 6-7（b）］

①作出水平面截圆柱的交线，即为两条侧垂线 AA_1 和 BB_1，如由 $a'a'_1$，找出 a''（a''_1）和 aa_1。

②作侧平面截圆柱的交线，即圆弧$\overset{\frown}{AB}$，$\overset{\frown}{a''b''}$ 积聚在圆周上且反映实形。由 $a'b'$ 和 $a''b''$ 可作出 ab。

③a、a_1、b、b_1 即为所求，其下方截去部分的水平投影与之重合。

（3）完成全图即为所求俯视图。图 6-7（c）为其轴测图。

二、平面与圆锥相交

〔例 6-7〕试求正圆锥的截交线投影（图 6-8）。

解 由表 6-2 可知，图中正圆锥被正垂面 P_V 所截的截交线为椭圆。该椭圆的正面投影积聚在 P_V 上，水平投影仍为椭圆。椭圆长轴的端点 I、II 为截交线的最低、最高点，均处在正视转向线上，由 $1'$、$2'$ 直接求得 1、2。用过线段 $1'2'$ 的中点的水平面 Q（辅助平面），求出的交点 IV、V 为椭圆短轴的端点，图中给出了求水平投影 4、5 的作图。用同法可求出其他一系列一般点（图中未示出）。也可在锥面上取一系列过锥顶的素线，求出它们与截平面的交点，如 SC（sc，$s'c'$）与 P_V 的交点 III（3，$3'$）。当求出足够点后，顺次连成椭圆即为所求。显然水平投影为可见。

图中给出了用换面法求断面实形的作图。

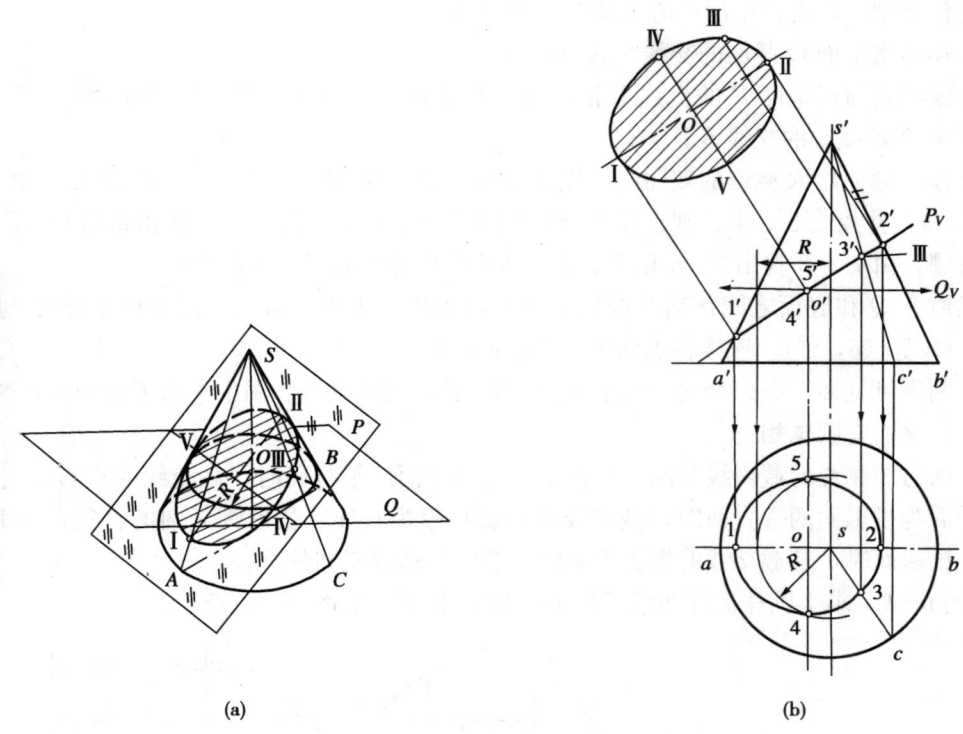

(a)   (b)

图 6‑8　求正圆锥的截交线、断面实形

〔**例 6‑8**〕试完成带缺口圆锥的俯、左视图（图 6‑9）。

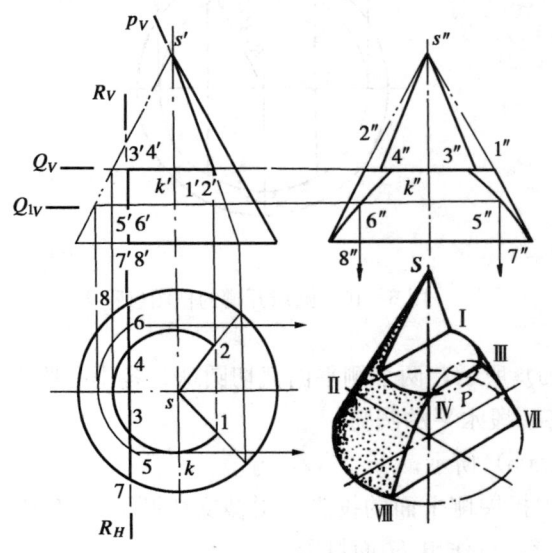

图 6‑9　求缺口圆锥的另两个视图

　　解　从主视图可知该圆锥被三个平面所截。即过锥顶的正垂面 P，截锥于两条直线。除正面投影有积聚性外，其余投影仍为直线。

　　垂直于轴线的水平面 Q，截锥为部分圆，其水平投影反映实形，其余投影积聚为一段直线。侧平面 R，截锥为部分双曲线，其 V、H 面投影积聚为一直线，W 面投影反映实形。

　　作图（图 6‑9）：

①作出俯、左视图中的中心线及圆锥的投影。

②作出水平面 Q 截锥的交线圆 K（kk'）.

③定出它与正垂面 P 的交线Ⅰ Ⅱ，由 $1'2'$ 找出 1、2 和 $1''$、$2''$。连 $s1$、$s2$、$s''1''$、$s''2''$，即得正垂面 P 截锥的交线 SⅠ、SⅡ。

④作出侧平面 R 截锥的双曲线。先作出平面 Q 与 R 的交线Ⅲ Ⅳ，即在圆 K 上由 $3'$、$4'$ 定出 3、4，并找出 $3''$、$4''$。则Ⅲ Ⅳ为所求双曲线上的两个最高点。再作出锥底与 R 平面的交线Ⅶ Ⅷ，由 $7'$、$8'$ 找出 7、8 和 $7''$、$8''$。则此两点为双曲线上的最低点。

然后在 Q 和底面之间作适当的辅助水平面求出若干个一般点，图中用平面 Q_1 求得Ⅴ（5，$5'$），Ⅵ（6，$6'$）。连接各点即得双曲线的投影。

⑤判别可见性，完成全图。由于 1、2 不可见，画成虚线。图中给出了它的轴测图。

三、平面与圆球相交

平面与球相交的截交线是圆。当截平面为投影面的平行面时，截交线的投影为实形圆；当截平面为投影面的垂直面时，截交线的投影积聚为直线，长度等于圆的直径；当截平面倾斜于投影面时，其截交线的投影为椭圆，椭圆长轴等于圆的直径。

〔**例 6-9**〕求半圆球被开凹槽后的 H、W 面投影，如图 6-10 所示。

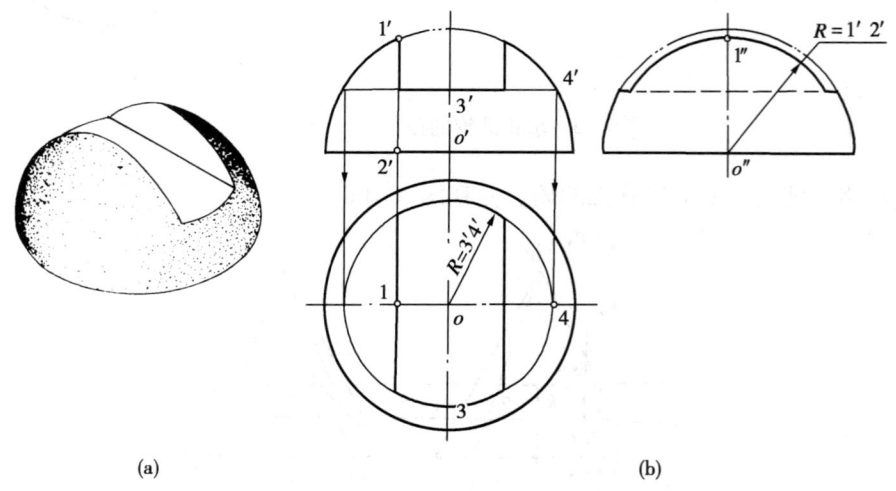

图 6-10 圆球开槽的作图过程

解   如图 6-10（a）所示，两个侧平面截切圆球，各得一段平行 W 面的圆弧；而水平面截切圆球，得前后各一段水平的圆弧。

作图：如图 6-10（b）所示。

①先在 V 面投影中扩展侧平面的投影，得截交线圆弧半径实长为 $1'2'$，由此作出凹槽截交线圆弧的 W 面投影，再作出 H 面投影。

②同理作出凹槽的水平面与球截交线的水平投影圆弧，半径为 $3'4'$。再作出 W 面投影。

③判别可见性，整理轮廓线。

〔**例 6-10**〕求圆球被正垂面截切的截交线投影。如图 6-11 所示。

解   如图 6-11（a）所示。由于截平面 P 为正垂面，所以球面的截交线圆为正垂圆，V 面投影具有积聚性，H、W 面投影为椭圆，可用辅助平面法求之。

作图：如图 6-11（b）所示。

106

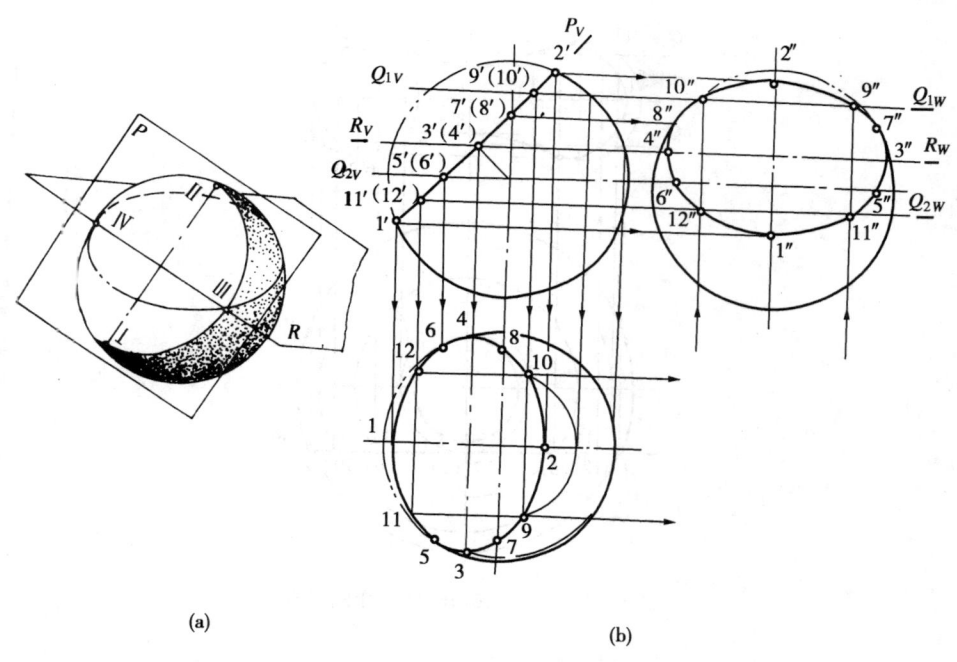

图 6-11　圆球被平面斜切的作图过程

①求作特殊点。由 V 面投影可知，点Ⅰ为最左、最低点，点Ⅱ为最右、最高点，由 $1'2'$ 直接求得 1、2 及 $1''$、$2''$，取 $1'2'$ 的中点 $3'$（$4'$）为截交线圆的 H、W 面投影椭圆长轴上的两个端点的 V 面投影，点Ⅲ、Ⅳ为最前、最后点，作辅助平面 R 可求得 3、4 及 $3''$、$4''$。点Ⅴ、Ⅵ、Ⅶ、Ⅷ为球面轮廓线上的点，由 $5'$、（$6'$）、$7'$、（$8'$）可求得 5、6、7、8 及 $5''$、$6''$、$7''$、$8''$。

②求作一般点。在适当位置上取若干个一般点，如点Ⅸ、Ⅹ、Ⅺ、Ⅻ，用辅助平面 Q_1、Q_2，由 V 面投影求得 H、W 面投影。

③顺次光滑连接各点的同面投影，整理轮廓线，判别可见性。

四、平面与圆环相交

平面与圆环相交时，截平面与圆环面的相对位置不同，截交线的形状亦不同。当截平面垂直于圆环轴线或通过圆环轴线截切时，截交线为圆；当截平面处于其他位置时，截交线一般为一条或两条封闭的平面曲线。可用辅助平面法求得圆环的截交线。

〔例 6-11〕圆环被正平面 P 所截，求截交线的 V 面投影，如图 6-12 所示。

解　正平面截切圆环，截交线的 V 面投影反映实形，是封闭的平面曲线，其 H 面投影积聚在 P_H 上。

作图：如图 6-12 所示。

①求作特殊点。点Ⅰ、Ⅱ分别是最左点、最右点，H 面投影在 P_H 与转向轮廓线相交处，由 1、2 求得 $1'$、$2'$；点Ⅲ、Ⅳ为最高点，点Ⅴ、Ⅵ为最低点，由 H 面投影 3、4、（5）、（6）求得 $3'$、$4'$、$5'$、$6'$；点Ⅶ、Ⅷ是内环面上的点（是位于圆环 W 面投影的内环面转向轮廓线上的点）。用辅助圆法由 7、（8）求得 $7'$、$8'$。

②求作一般点。如选取Ⅸ、Ⅹ、Ⅺ、Ⅻ四点用辅助平面 Q_1 和 Q_2 求点的 V 面投影。

五、平面与复合回转面的截交线

〔例 6-12〕试求回转面被正平面所截的截交线（图 6-13）。

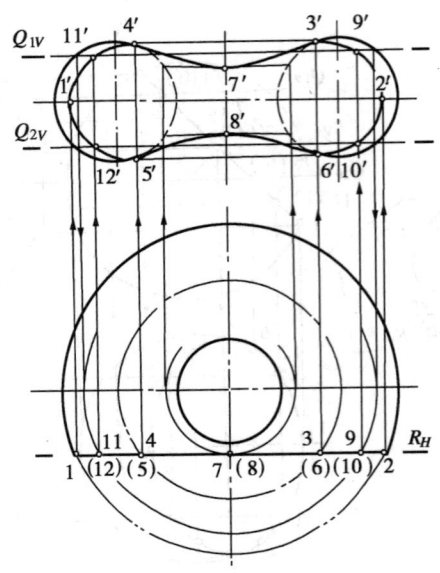

图 6-12　平面截切圆环的作图过程

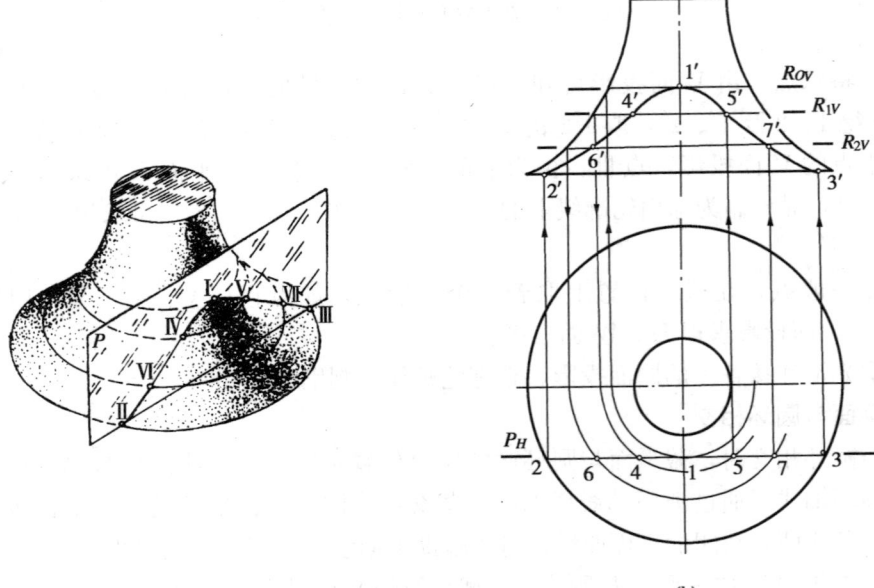

(a)　　　　　　　　　　　　　**(b)**

图 6-13　任意回转面的截交线

解　此回转面的轴线垂直于 H 面，当用正平面 P 截切时，其截交线为一般曲线，如图 6-13（a）所示。其 V 面投影反映实形，H 面投影积聚在 P_H 上。其作图如图 6-13（b）所示，请读者注意求最高点 I 的作图方法。

〔**例 6-13**〕试完成图 6-14 所示连杆头的截交线投影。

解　图 6-14 所示连杆头是由圆柱面、内环面和球面组成的同轴复合回转体，被前后两个对称的正平面 P_1、P_2 所截而成。其截交线是由截球所得的交线圆弧与截环面所得的一般曲线组合而成。其分界点 V、VI 处在环与球的分界圆上，即在过正视转向线两圆弧的切点 a' 所作垂直于连杆头轴线的圆周上。由于截平面前后对称，其截交线的正面投影前后重

108

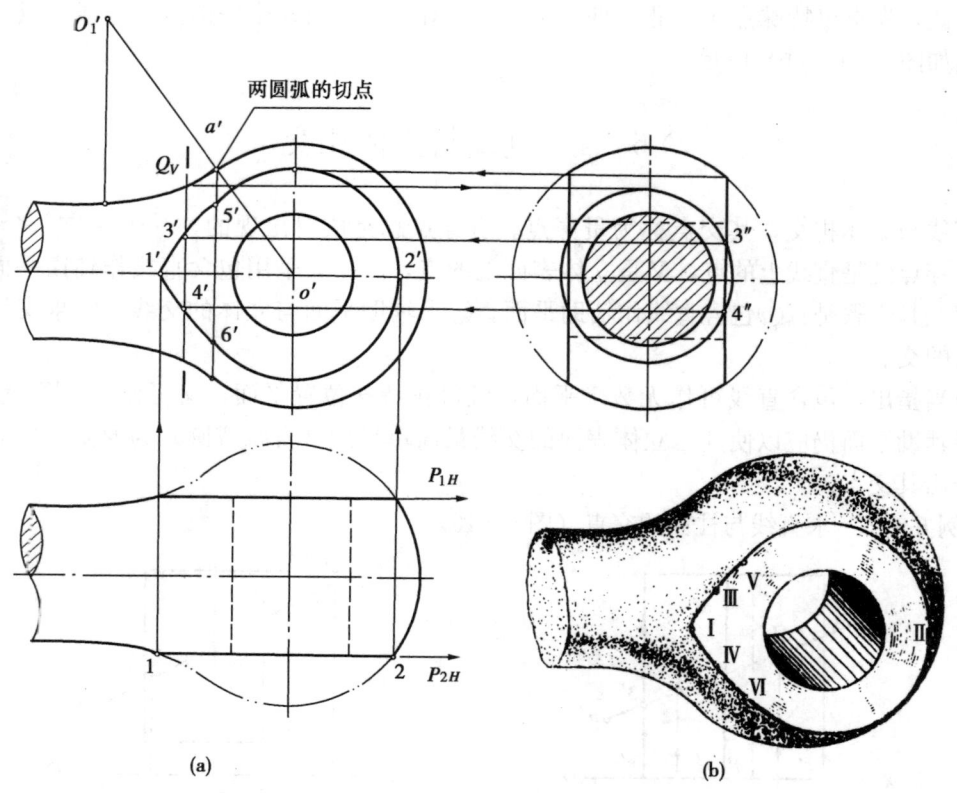

图 6-14 连杆头的截交线

合且反映实形，其余投影积聚成直线，且与截平面的相应投影重合。其作图如图 6-14（a）所示。图 6-14（b）为其轴测图。

〔例 6-14〕试完成顶尖截交线的投影（图 6-15）。

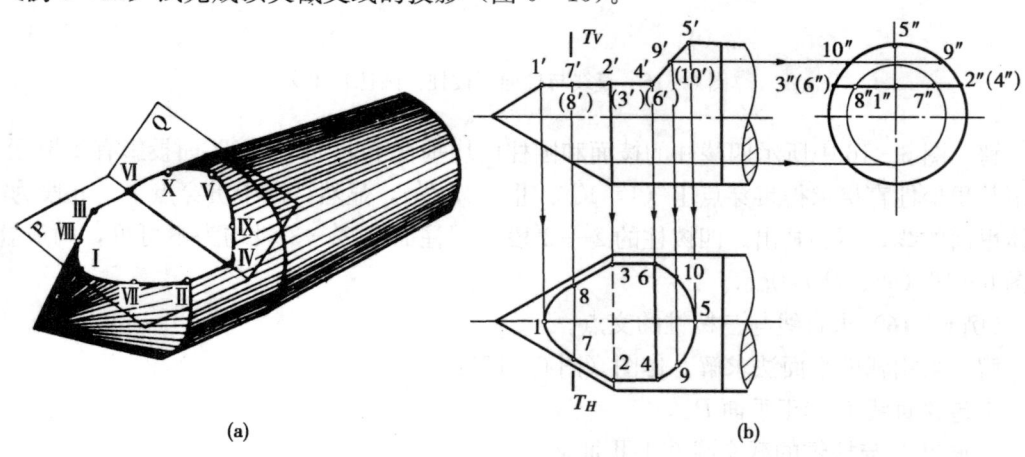

图 6-15 顶尖的截交线

解 图 6-15（a）所示顶尖由圆锥、圆柱及锥台所组成的同轴回转体被水平面 P 和正垂面 Q 切割而成。从主视图可知，其截交线由水平面 P 截锥所得的双曲线、截圆柱所得的两条素线和正垂面 Q 截圆柱的部分椭圆所组成。显然其 V 面和 W 面投影均有积聚性，只有 H 面投影待求。

109

为此，先求出特殊点Ⅰ、Ⅱ、Ⅲ、Ⅳ、Ⅴ、Ⅵ，再求出几个一般点，连线即成。其具体作图如图6-15（b）所示。

§6-4　直线与立体相交

直线与立体相交，其交点称为贯穿点。贯穿点总是成对出现的，一个穿进一个穿出。由于贯穿点既是直线上的点，又是立体表面上的点，故一般采用包含直线作辅助平面的方法求解。其步骤是：①包含直线作辅助平面。②求辅助平面与立体的交线。③求交线与已知直线的交点。

应当指出，包含直线可作无数个平面，既可作特殊位置平面，又可作一般位置平面。但选择辅助平面仍应以使其与立体表面的交线最简单易画（直线或圆）为原则，以利于准确地作出其交点。

〔例6-15〕求直线与柱面的交点（图6-16）。

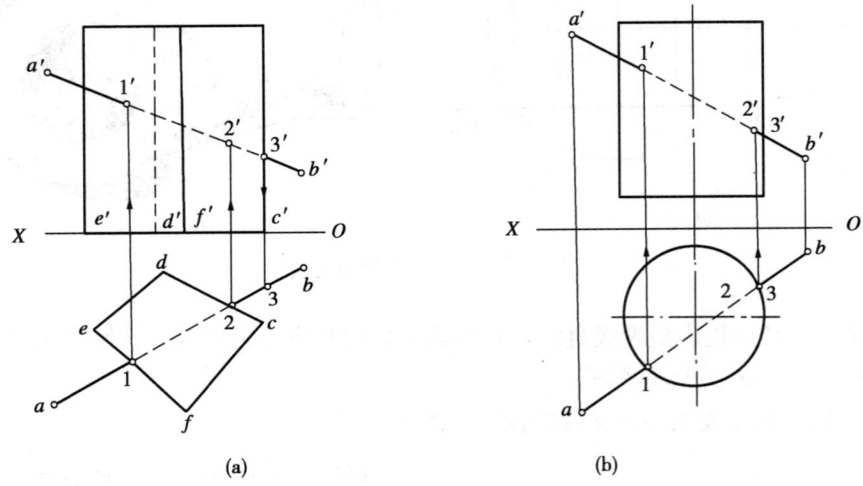

图6-16　直线与柱面（棱柱，圆柱）相交

解　图6-16中所示四棱柱的棱面和圆柱面均垂直于 H 面，故 H 面投影有积聚性，可利用其积聚性直接求得贯穿点Ⅰ（1，1'）、Ⅱ（2，2'），显然，图中贯穿点Ⅰ—Ⅱ段为贯穿到体里面的线，不必画出。四棱柱的2'—3'段及圆柱面的2'—3'段均为不可见，画成虚线，如图6-16（a）、（b）所示。

〔例6-16〕求直线与三棱锥的交点。

解　采用辅助平面法求解。作图（图6-17）：

①包含直线 L 作正垂面 P_V。

②求出 P 与棱锥的截交线△ⅠⅡⅢ。

③求出△123与 L 的交点 a、b，由 a、b 找出 a'、b'，则 A、B 为所求的贯穿点。

④判别可见性。如图所示，显然两贯穿点 A、B 之间的一段为立体里面的线不必画出。其余部分，则由于 A、B 所处的平面 SCD、SDE 的 H、V 面投影均为可见，故其余部分亦为可见。

〔例6-17〕求直线与圆锥的交点（图6-18）。

解　由于圆锥的投影均无积聚性，故只能用辅助平面法求其交点。显然，包含直线 L

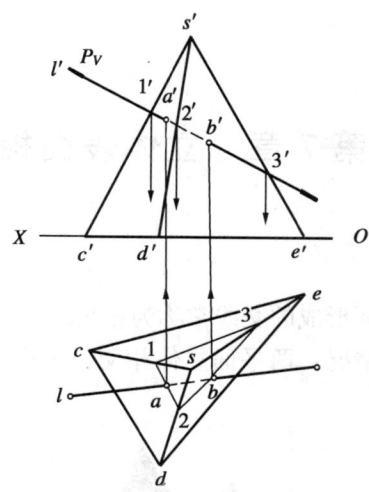

图 6-17 直线与三棱锥相交

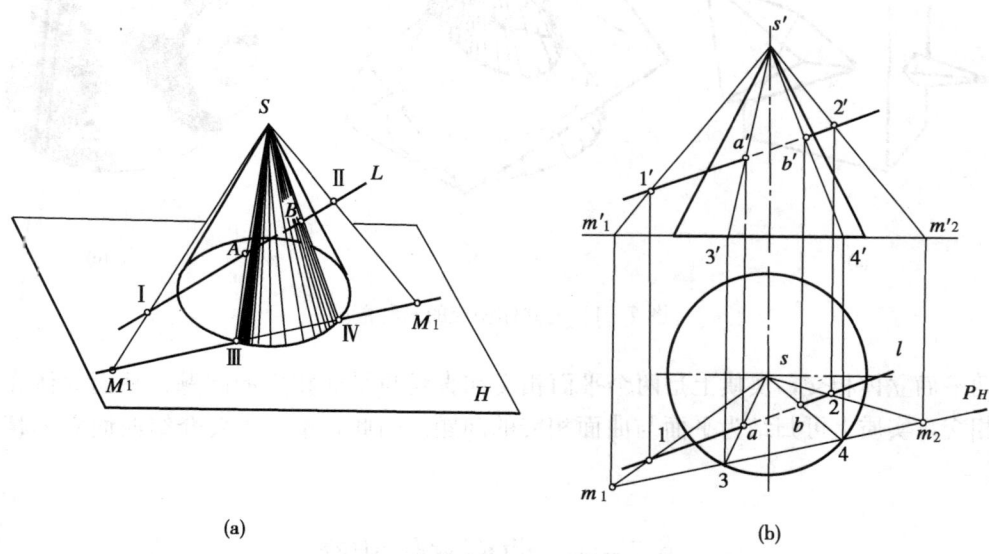

(a)   (b)

图 6-18 直线与圆锥相交

作通过锥顶 S 的一般位置平面 P 为辅助面，其作图最为简单。如图 6-18（a）所示，该辅助平面与锥面交于两条素线 SⅢ、SⅣ，它们与 L 的交点 A、B 即为所求的贯穿点。

作图［图 6-18（b）］：

①包含直线 L 作辅助平面 P，在直线 L 上任取两点 Ⅰ（1，1′），Ⅱ（2，2′），连 SⅠ、SⅡ 即定出平面 P。求出水平迹点 M_1（m_1，m_1'），M_2（m_2，m_2'），连 M_1、M_2 为迹线 P_H。

②求 P 与锥面的交线 SⅢ（S3，S3′）和 SⅣ（S4，S4′）。

③求出交线 SⅢ、SⅣ 与直线 L 的交点 A（a，a′）和 B（b，b′）即为所求。

④判别可见性，如图所示。

第7章 立体表面相交

两立体相交，在立体表面形成的交线常称为相贯线。

两立体相交通常分三种情况：两平面立体相交，平面立体与曲面立体相交和两曲面立体相交，如图7-1所示。

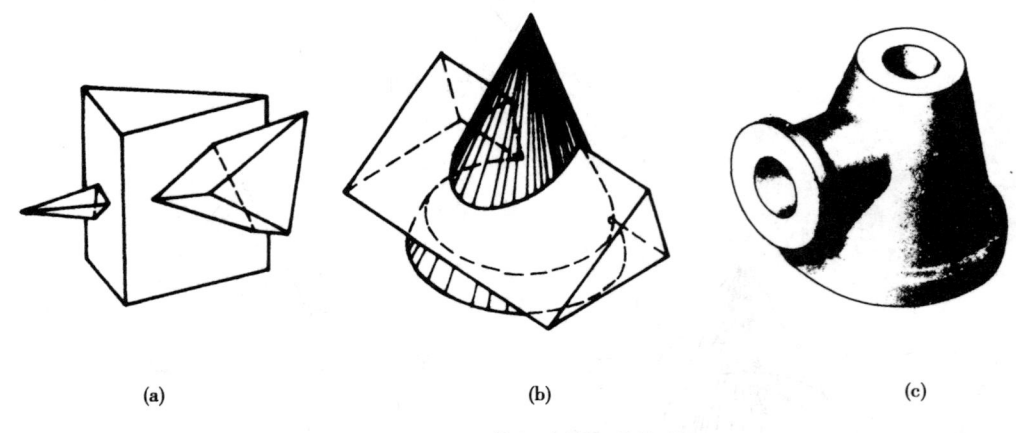

(a)   (b)   (c)

图7-1 两立体相交的三种情况

两平面立体相交，实质上是两个平面相交和直线与平面相交的问题；平面立体和曲面立体相交，实质上可归结为平面与曲面相交的问题。因此，本章主要介绍曲面立体相交的问题。

§7-1 曲面立体相交

在实际工程中，经常碰到曲面立体相交的机器零件，如图7-2所示。

一、相贯线的性质

两曲面立体相交时形成的相贯线具有下列性质：

（1）相贯线一般为封闭的空间曲线［图7-2（a）］，特殊情况下可能是平面曲线［图7-2（b）］或直线［图7-2（c）］。

（2）相贯线是两立体表面的共有线，也是两表面的分界线。相贯线上的点是两立体表面的共有点。

（3）相贯线的投影是具有一定规律性的曲线，不是一系列零乱无序的点的组合。

二、求相贯线的方法

根据相贯线的性质，求两曲面立体相贯线的问题可归结为求两曲面立体表面上的公有点问题。求公有点的一般方法是辅助平面法，即利用三面共点的原理求交点；也可利用曲面的积聚性投影在立体表面上，用表面取点的方法完成作图。

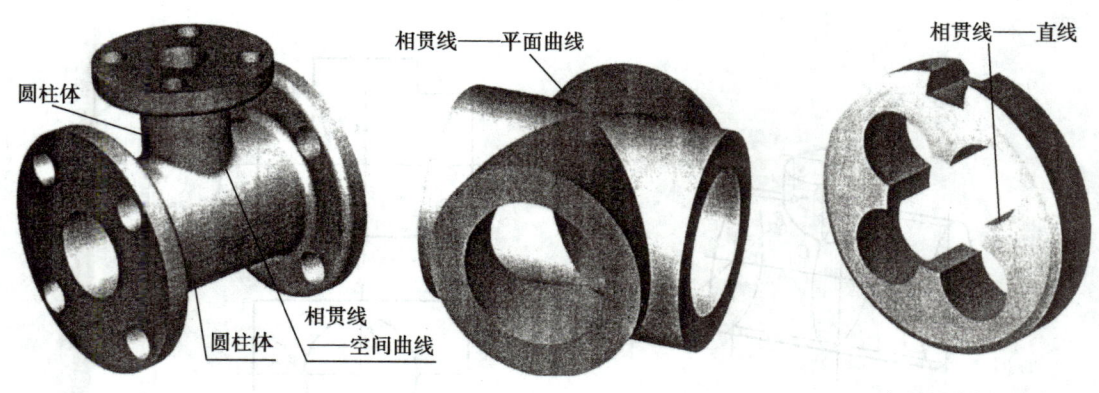

相贯线——平面曲线　　　　　　　相贯线——直线

圆柱体

圆柱体　　相贯线
　　　　——空间曲线

(a) 相贯线为封闭的空间曲线　　　(b) 相贯线分解为平面曲线　　　(c) 相贯线分解为直线

图 7-2　两圆柱体相交的实例

作图时，应尽可能首先确定相贯线上的特殊点。例如，相贯线上最高、最低、最左、最右、最前、最后各点以及位于曲面转向轮廓线上的点，这些点可帮助看出相贯线投影的大致形状并判别可见性。

除特殊点外，还要作出适当数量的一般点，以便使连接光滑。同时，要用虚、实线分别表示不可见和可见部分。判别可见性的原则是：只有同时位于两立体可见表面的相贯线的投影才是可见的，否则为不可见。

三、圆柱与柱圆相交

1. 用表面取点法求相贯线

当圆柱的轴线垂直某一投影面时，圆柱面在这个投影面上的投影具有积聚性，因而相贯线的一个投影就是已知的，利用这个已知投影，就可以用表面取点的方法求出其他投影。

〔例 7-1〕试求轴线正交的两个圆柱的相贯线（图 7-3）。

分析　从图 7-3 (b) 可以看出：两直径不等、轴线正交且前后、左右均对称的圆柱相交，其相贯线为一条封闭的空间曲线，由于大、小圆柱的轴线分别垂直于 W、H 面，相贯线的 H、W 面投影积聚在相应的圆周上，只需求相贯线的 V 面投影。为此，可利用其积聚性按已知两投影求第三投影的方法直接求解。

作图 [图 7-3 (b)、(c)、(d)]：

(1) 求特殊点　直接作出最左、最右、最前、最后点 A、E、C、F，为此先在 H 面投影上定出 a、e、c、f，找出 a''、e''、c''、f''，由此求出 a'、e'、c'、f'。显然 A、E 又是最高点，C、F 又为最低点。

(2) 求一般点　如图 7-3 (c) 所示，在水平投影圆周上任取左右对称的两点 b、d 作为相贯线上的两点 B、D 的水平投影，找出其侧面投影 b''、d'' 从而求得 b'、d'。用同样的方法再作出若干点。

(3) 连线　判别可见性，完成全图。如图 7-3 (d) 所示，由于两立体前后对称，所以相贯线也前后对称，看得见与看不见的前后两部分相贯线的 V 面投影重合，只用实线表示。

2. 用辅助平面法求相贯线

用辅助平面法求相贯线时，首先要根据所给曲面的形状确定选择什么样的辅助平面。其原则是使辅助平面同时与相贯的两曲面的截交线最简单易画（直线或圆）。

显然，上例的相贯线也可用辅助平面求出。如图 7-4 (a) 所示，轴线正交的两圆柱相

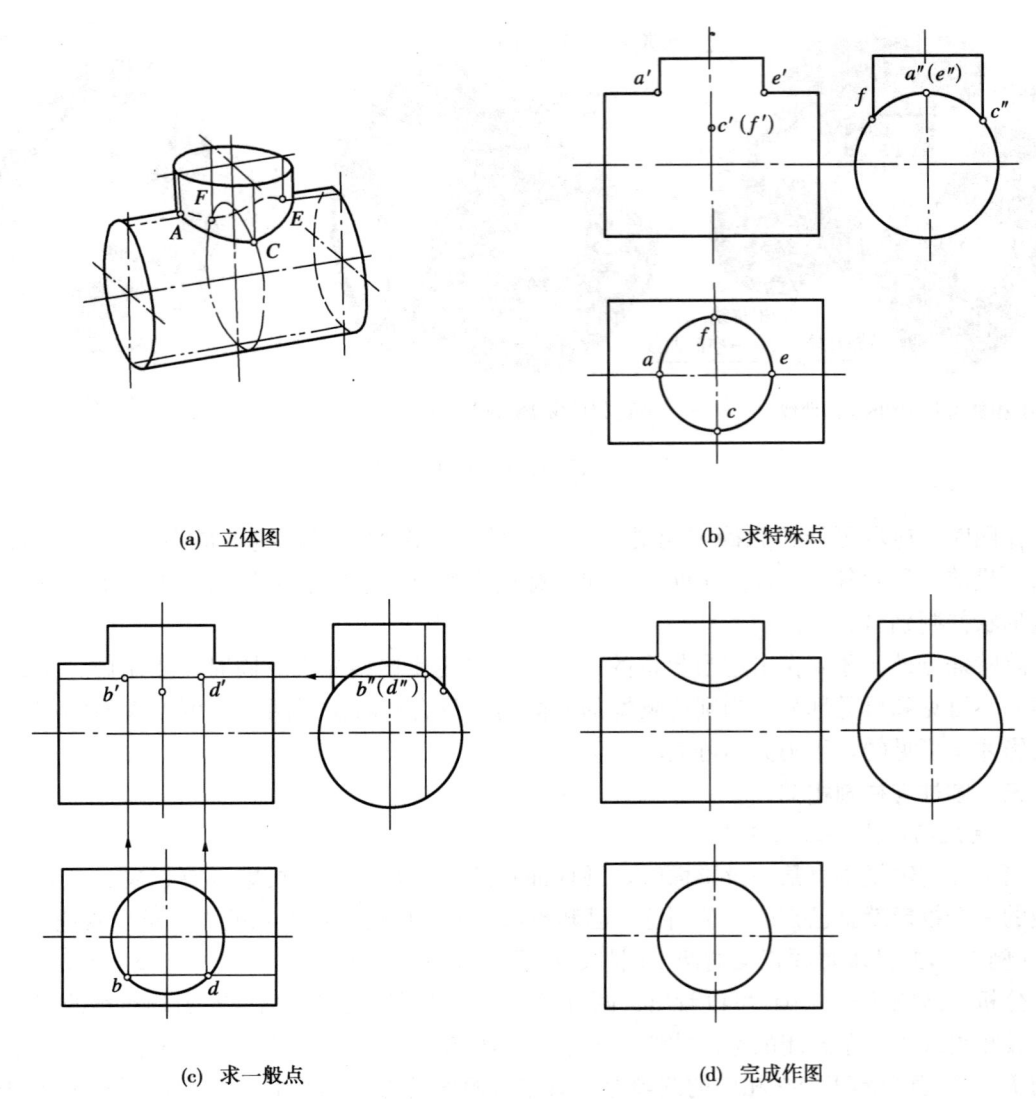

(a) 立体图   (b) 求特殊点

(c) 求一般点   (d) 完成作图

图 7-3　求两圆柱的相贯线

贯，可作一与两轴线所在平面平行的正平面 P 同时截切两圆柱，平面 P 与直立圆柱 Ⅰ 的交线为两条平行线 L、L_1；与水平圆柱 Ⅱ 的交线为两条平行线 K、K_1。这两组平行线位于同一平面上，它们的交点 B、D 就是两圆柱表面和平面 P 三个面的公有点，也就是相贯线上的点。

　　投影图的作法如图 7-4（b）所示。在水平投影上作 P_H 与直立圆柱的水平投影圆相交于 b、d 两点，即 B、D 的水平投影，也是截交线 L、L_1 的积聚性投影，由此可作出截交线 L 和 L_1 的正面投影 l′、l_1′。在侧面投影上作 P_W，与反映为圆的水平圆柱相交于 b″（d″），即为 B、D 两点的侧面投影，也是截交线 K 的积聚性投影。由此，可作出截交线 K 的正面投影 k′、k′与 l′、l_1′相交，交点即为 b′、d′。

　　按同样的方法再作一些正平截面，即可求得相贯线正面投影的若干点，从而完成全图。

　　根据辅助平面选取的原则，本例还可选与一圆柱轴线垂直并且与另一轴线平行的平面作为辅助平面，如图 7-5 所示。

　　工程上两圆柱轴线正交的情况最为常见。通常有如图 7-6 所示的 3 种形式：①两圆柱

114

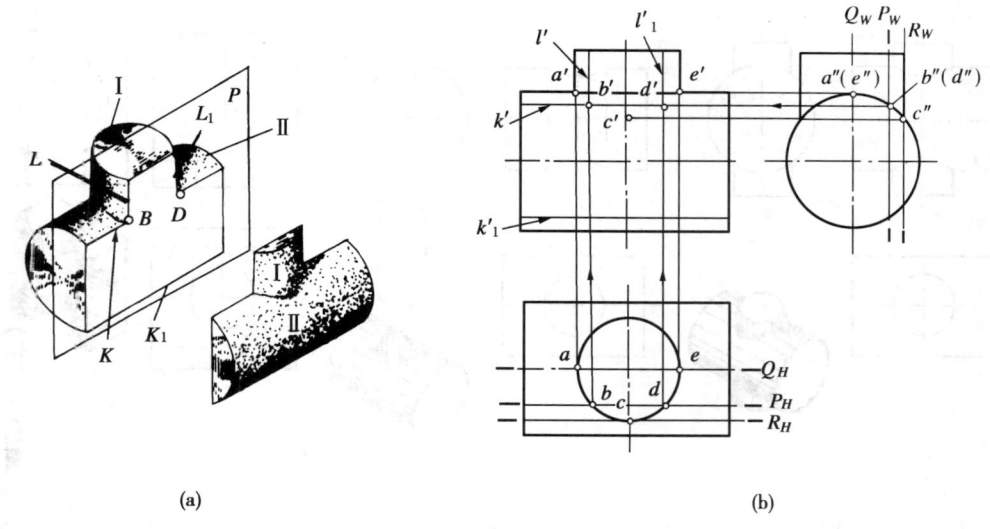

(a)

(b)

图 7 - 4　用辅助平面法求相贯线

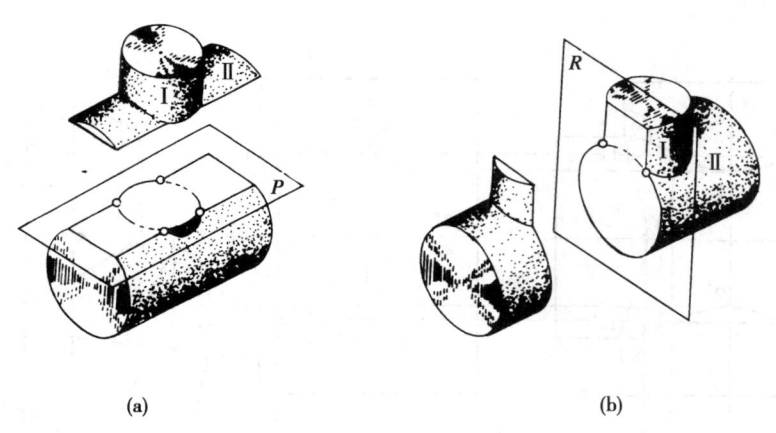

(a)

(b)

图 7 - 5　辅助平面的选择

正交；②圆柱与圆柱孔正交；③两圆柱孔正交。它们的相贯线的求法与上例相同。

〔例 7 - 2〕试求轴线交叉垂直的两圆柱的相贯线（图 7 - 7）。

分析　由图 7 - 7 可知，由于两圆柱轴线分别垂直于 H、W 面，故相贯线的 H、W 面投影为已知，因此可同样利用其积聚性或辅助平面法求出其正面投影。

作图：

（1）求特殊点　利用 H、W 面投影直接求出最前点Ⅰ（1，$1'$）、Ⅱ（2，$2'$）；最后点Ⅲ（3，$3'$）、Ⅳ（4，$4'$）；最高点Ⅴ（5，$5'$）、Ⅵ（6，$6'$）；最低点Ⅶ（7，$7'$）、Ⅷ（8，$8'$）；最左点Ⅸ（9，$9'$）、Ⅹ（10，$10'$）；最右点Ⅺ（11，$11'$）、Ⅻ（12，$12'$）的正面投影。

（2）作一般点　用正平面 P 作辅助平面，求得四个交点 A（a，a'）、B（b，b'）、C（c，c'）、D（d，d'）。

（3）连线判别可见性，完成全图。

相贯线正面投影的可见性可根据判别原则定出，同时位于两圆柱可见表面的点为可见，即 $5'-a'-1'-b'-6'$ 及 $7'-c'-2'-d'-8'$ 为可见，画成实线。其余为不可见，画成虚线。应当注意，完成相贯线后应补全两立体的外形轮廓线至相贯线交点，直立圆柱的正视转向

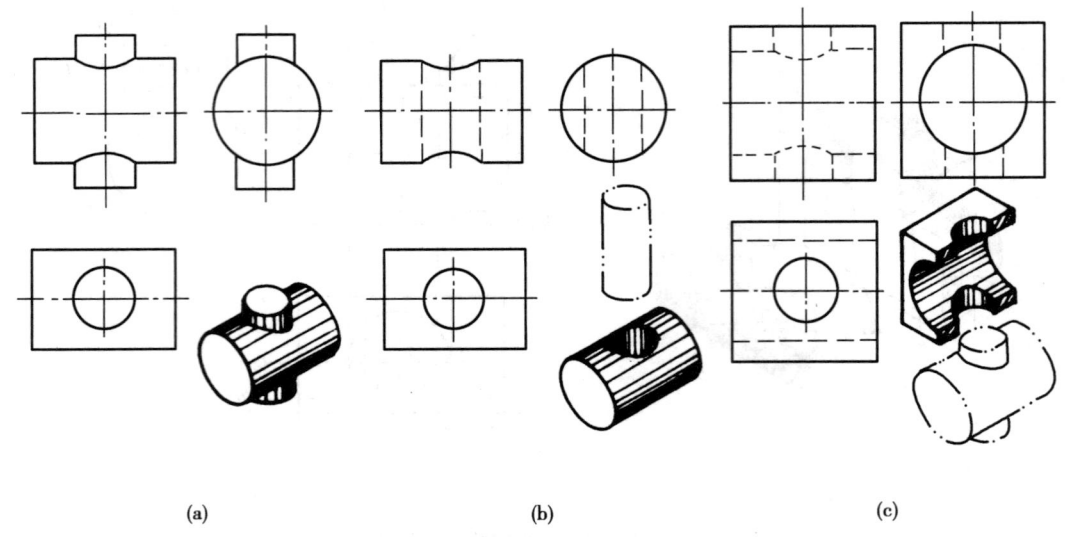

(a)   (b)   (c)

图 7-6 两圆柱正交的三种形式

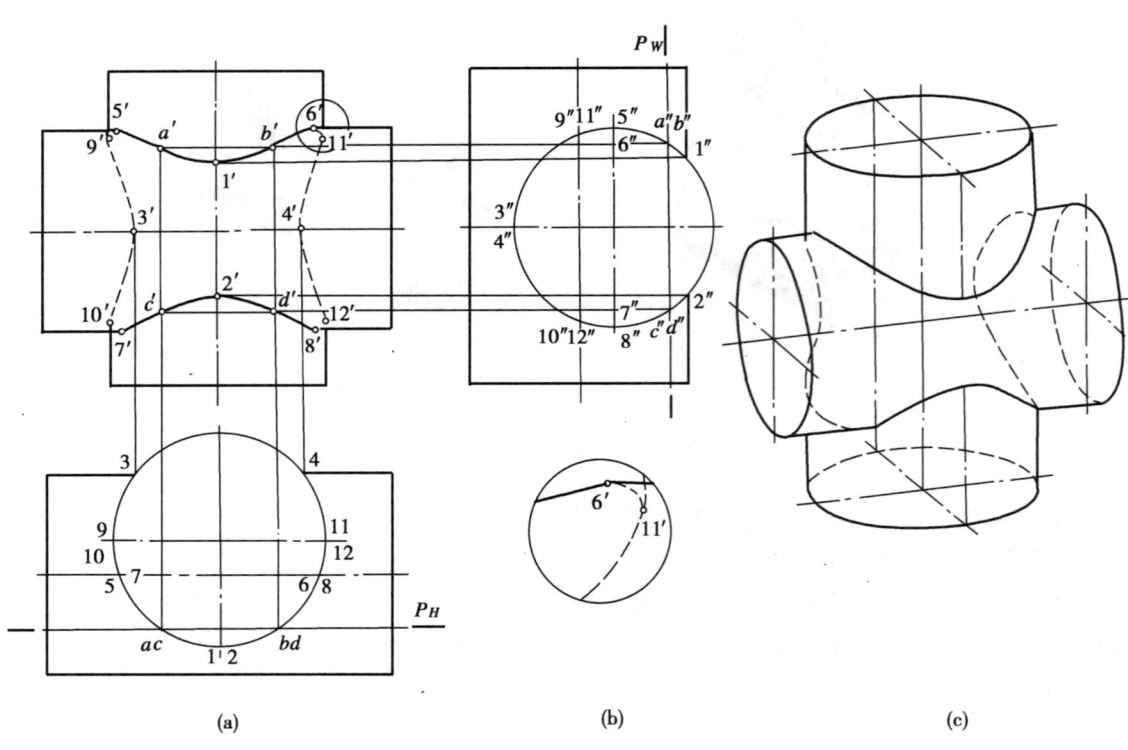

(a)   (b)   (c)

图 7-7 两圆柱偏交

轮廓线被水平圆柱所遮住的部分应画成虚线，如放大图 7-7（b）所示。

四、圆柱与圆锥相交

〔例 7-3〕试求图 7-8 所示圆柱与圆锥的相贯线。

分析 图中圆柱与圆锥的轴线正交，圆柱的轴线垂直于 W 面，其 W 面投影积聚为圆，相贯线的 W 面投影重合在该圆上，所以，实际上相贯线的 W 面投影是已知的，只要求其他两个投影。这时可采用辅助平面法，根据辅助平面的选择原则，本例只能选用水平面或

116

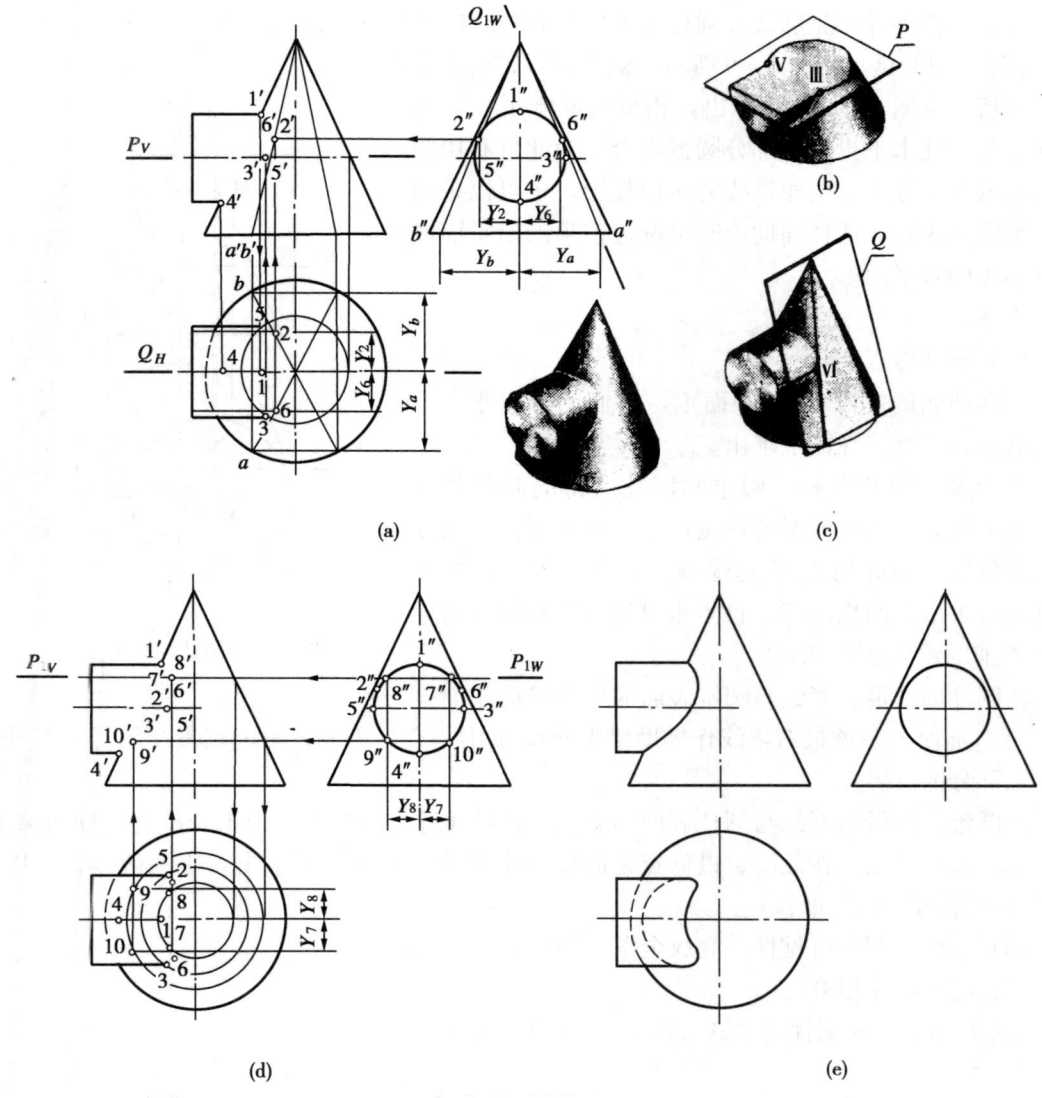

图 7 - 8　圆柱和圆锥正交

过锥顶而平行于圆柱轴线的平面作辅助面，如图 7 - 8 （b）、（c）所示。

作图：

（1）作特殊点［图 7 - 8 （a）］　用过锥顶的正平面 Q 截圆锥、圆柱，其截交线分别为正视转向线，其交点 Ⅰ （1，1′）、Ⅳ （4，4′）为相贯线上的最高、最低点。用过圆柱轴线的水平面 P 截圆锥为水平圆，截圆柱为俯视转向线，其交点 Ⅲ （3，3′）、Ⅴ （5，5′）为最前、最后点。用过锥顶且与圆柱相切的侧垂面 Q_1，求得极限点 Ⅱ （2，2′）和 Ⅵ （6，6′）。

（2）作一般点　在最高、最低点之间作一系列水平面，求出一系列的一般点，如用辅助平面 P_1 求得一般点 Ⅶ、Ⅷ。如图 7 - 8 （d）所示。

（3）连线、判别可见性，完成全图，顺次光滑连接各点即得其投影。由于相贯线前后对称，故主视图上的投影重合，画成实线。关于其水平投影的可见性，则必须是同时位于圆锥、圆柱的可见表面上的相贯线才是可见的，故处在圆柱面上半部的相贯线为可见，下半部的相贯线为不可见，即 3—10—4—9—5 为不可见，画成虚线，点 3、5 为其分界点。

最后，整理外形轮廓线，圆柱水平投影的外形轮廓线应画到3、5为止〔图7-8（e）〕。

〔例7-4〕试求如图7-9所示，圆柱与圆锥的相贯线。

分析 从图7-9可以看出，相贯线的水平投影为已知，与圆柱水平投影的部分圆弧重合，为此可利用圆锥表面取点的方法求出相贯线的正面投影，也可以采用辅助平面法求解，选择辅助面时可选过锥顶的铅垂面或垂直轴线的水平面。

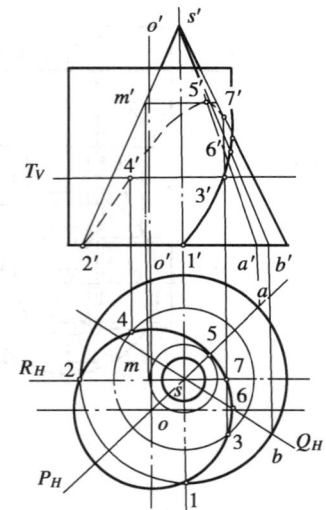

图7-9 圆柱与圆锥偏交

作图：

（1）求特殊点

①两曲面的底圆都在H面上，它们的交点Ⅰ、Ⅱ为最低点，可直接在图上求出。

②当水平辅助面截切圆锥和圆柱所得的两圆相切时，水平投影5为此两圆的切点，这时辅助平面的高度是最高位置，因此切点Ⅴ是最高点，由圆锥表面取点的方法可求出正面投影5′。该点也可通过圆柱轴线与锥顶S作辅助铅垂面P求出。

③圆柱面的最右素线与圆锥表面的交点Ⅵ的正面投影6′可由锥顶S及该最右素线作辅助铅垂面Q求出，它是正面投影上相贯线的可见部分与不可见部分的分界点。

④圆锥面的最右素线与圆柱表面的交点Ⅶ，可通过作过锥顶S的正面R为辅助面求出。

（2）求一般点 在最高、最低点之间作一系列的水平辅助面求出若干一般点，如用辅助平面T求得一般点Ⅲ、Ⅵ。

（3）连线，判别可见性，完成全图，如图7-9所示。

五、圆柱与球相交

〔例7-5〕试求圆柱与半球（图7-10）的相贯线。

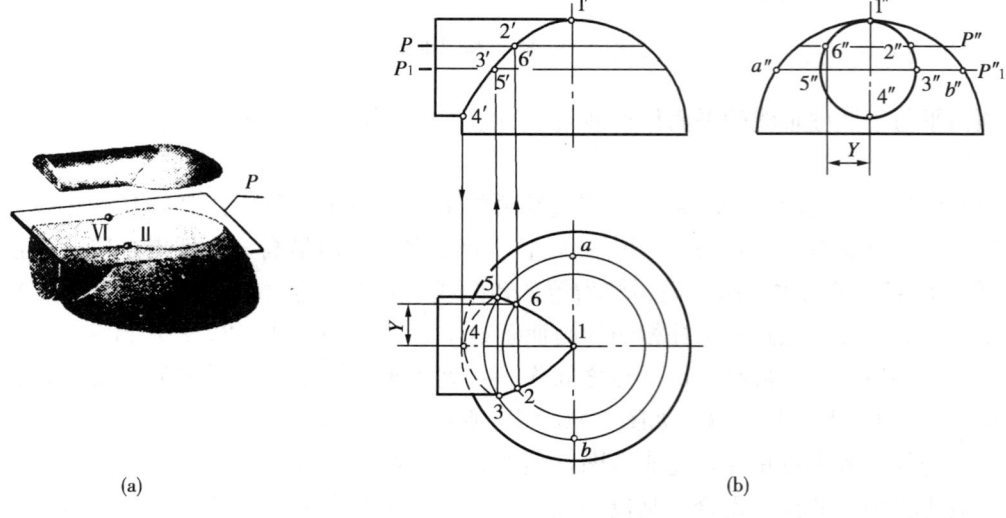

（a）　　　　　　　　　　　　　　　　　（b）

图7-10 圆柱和半圆球相交

118

分析 由图可知，水平圆柱的最高素线与球相切，相贯线为一条封闭的空间曲线，且前后对称。

由于相贯线在 W 面上的投影与水平圆柱的投影重合，因此只需要作出它在 V、H 面上的投影。

作图：

（1）求出特殊点　Ⅰ、Ⅳ两点是最高点和最低点，也是最右点和最左点，可以根据投影关系直接求出。

（2）求一般点　其他一般点的作法可应用辅助平面法。如图 7 - 10（a）所示以水平面 P 作为辅助面，它与圆柱的交线就是圆柱表面的素线；与球的交线为一圆。素线与圆的交点即为共有点。如相贯线最前点Ⅲ和最后点Ⅴ的作法，就是过圆柱轴线作水平面 P_1，它与圆柱相交为最前和最后两条素线；与球相交为以 AB（即 $a''b''$）为直径的圆，这两条素线与圆的交点即为Ⅲ、Ⅴ。先在水平投影中作出这两个点的投影 3、5（这两点也是可见部分与不可见部分的分界点）；然后在 V 面上作出 3′、5′。同理作出Ⅱ、Ⅵ等点。

（3）连线、判别可见性完成全图，如图 7 - 10（b）所示。

六、圆锥和球相交

〔例 7 - 6〕试求圆锥与球面的相贯线。

分析　如图 7 - 11 所示，圆锥面与球面相交，且具有公共的前后对称面，故相贯线为一条前后对称的封闭空间曲线。由于两相贯体的投影均无积聚性，故可采用辅助平面法求解。

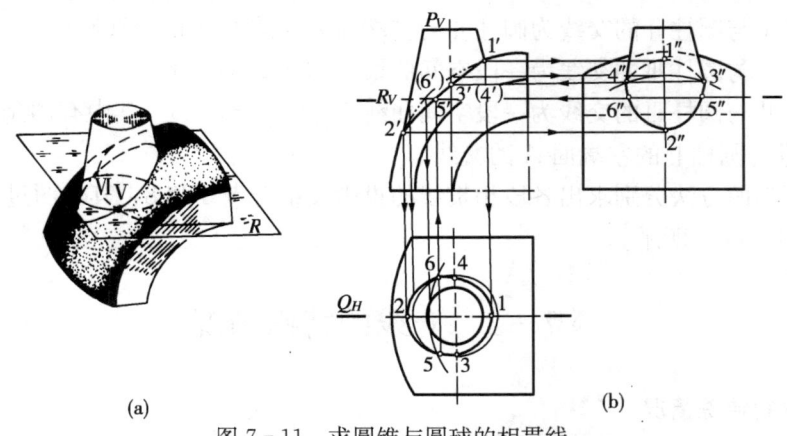

图 7 - 11　求圆锥与圆球的相贯线

作图：

（1）求特殊点　最高、最低点Ⅰ、Ⅱ可选用通过前、后对称面的正平面 Q 求出。其截交线就是正面上的两组轮廓线，它们的交点 1′、2′ 即为Ⅰ、Ⅱ点的正面投影。由 1′、2′ 即可求得 1、2 和 1″、2″。点Ⅰ、Ⅱ又分别是相贯线的最右点和最左点。

为了找出相贯线投影在侧面的可见与不可见的分界点，我们选用通过圆锥轴线且平行于侧面的 P 平面为辅助平面。P 平面与圆台的交线是圆台的侧面轮廓线，与球的交线是一段圆弧。它们的侧面投影的交点 3″、4″ 就是相贯线在侧面的可见与不可见的分界点，分界点的正面投影和水平投影分别在 P_V、P_H 上。

（2）求一般点　在最高点与最低点之间任作一水平截面 R，它与圆锥的交线为圆，与球的交线为圆弧，两交线的交点Ⅴ、Ⅵ就是相贯点。可先作出其水平投影 5、6，然后在 R_V、R_W 上求出它们的 5′、6′ 和 5″、6″。用类似方法再求出一些一般点，然后按顺序光滑地连接各点并将不可见部分画成虚线即得所求相贯线的投影。

七、多个立体相交

三个或三个以上的立体相交，其表面之交线称为组合相贯线。它由几段单一相贯线组合而成，各段相贯线分别是两个立体表面的交线，几段单一相贯线的结合点必定是相贯体上三个表面的共有点，也是组合相贯线上的特殊点。

如图 7-12（a）所示，为三个圆柱体相交。其组合相贯线由三段组成 [图 7-12（b）]：

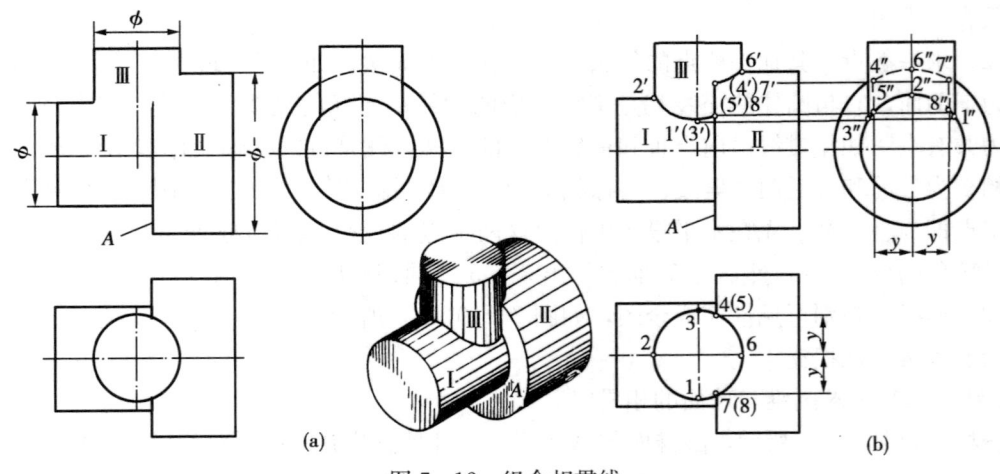

图 7-12　组合相贯线

（1）圆柱Ⅰ与圆柱Ⅱ的交线为圆柱Ⅱ的左端面 A 截圆柱Ⅰ的交线圆——58大圆弧。

（2）圆柱Ⅰ与圆柱Ⅲ的交线为一段空间曲线 5-3-2-1-8。

（3）圆柱Ⅱ与圆柱Ⅲ的交线为一段空间曲线 5-4-6-7-8。其中有两条直线段 4-5，7-8 为圆柱Ⅲ与圆柱Ⅱ的左端面 A 的交线。

用前述所学的方法分别求出各段相贯线的投影及结合点 5 和 8，其作图过程读者见图自明，如图 7-12（b）所示。

§7-2　交线的特殊情况

一、交线的特殊情况

前面已述，两曲面立体相交，其交线一般情况下为封闭的空间曲线，从代数学的观点可知，一个 m 次曲面和一个 n 次曲面相交，其交线为一条次数等于两曲面次数之积 $m \cdot n$ 的空间曲线。对于常见的圆柱、圆锥、球等曲面相交，交线为四次的空间曲线。在特殊情况下，它可分解为低次曲线：

（1）公切于一球的两个等径圆柱相交，其交线为两条平面曲线——椭圆 [图 7-13（a）、（b）]。

（2）公切于一球的圆柱与圆锥相交，其交线也为两条平面曲线——椭圆 [图 7-13

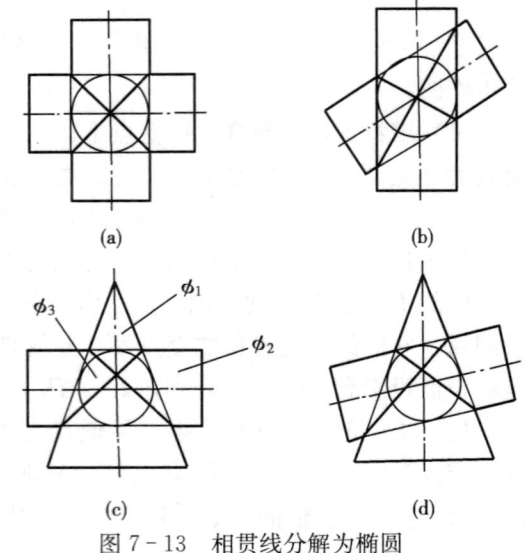

图 7-13　相贯线分解为椭圆

(c)、(d)]。

（3）两个共轴线的回转曲面相交，其交线为垂直于轴线的平面曲线——圆。当轴线平行于某个投影面时，其交线在该投影面上的投影为直线段。如图 7-14 所示。

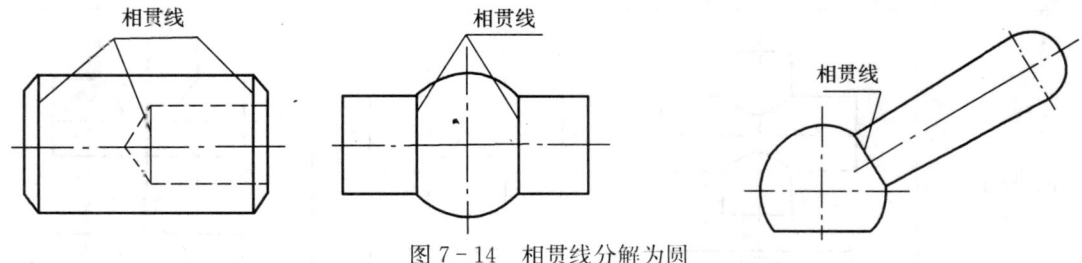

图 7-14　相贯线分解为圆

（4）轴线互相平行的两圆柱相交，其交线为两条平行轴线的直线，如图 7-15（a）所示。

（5）两个共锥顶的圆锥面相交，其交线为一对相交直线，如图 7-15（b）所示。

二、影响交线形状的因素

通过对交线的讨论，可知两相贯体的表面性质、在空间所处的相对位置及其本身尺寸大小的变化，是影响空间相贯线形状的三个因素。为便于掌握相贯线的变化趋势，特按照这三个因素把常见的相贯线列成表 7-1 和 7-2，供分析和画图时参考。

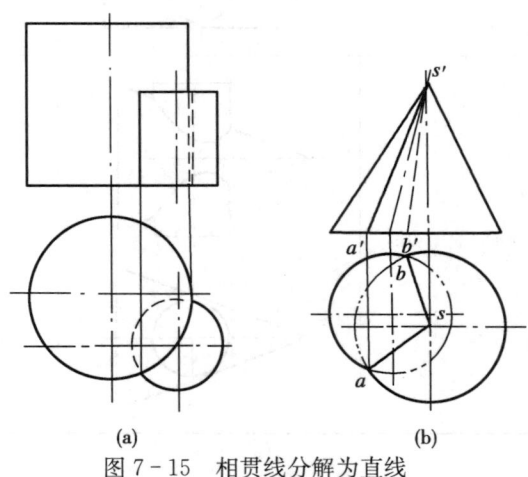

(a)　　　　　　(b)

图 7-15　相贯线分解为直线

表 7-1 表面性质和相对位置对相贯线的影响

相对位置 表面性质	轴 线 正 交	轴 线 斜 交	轴 线 交 叉
柱、柱相交			
锥、柱相交			

121

表 7 - 2表面性质和尺寸变化对相贯线的影响

尺寸变化 表面性质	改 变 直 立 圆 柱 的 直 径		
柱、柱正交			
锥、柱正交			

第8章 组合体

对于任何机器零件，一般都可以看成是由若干个基本几何形体所组成的组合体。本章将重点讨论组合体的画图、看图和标注尺寸的基本方法，以便为今后学习零件图打下坚实的基础。

§8-1 组合体及其形体分析法

一、组合体的组合方式

由若干个基本形体所组成的物体，称为组合体。组合体按其组合方式，可分为叠加和切割两种基本方式，常见的是这两种形式的综合。

因此，组合体一般分为三类：叠加类、切割类和综合类。如图8-1所示。

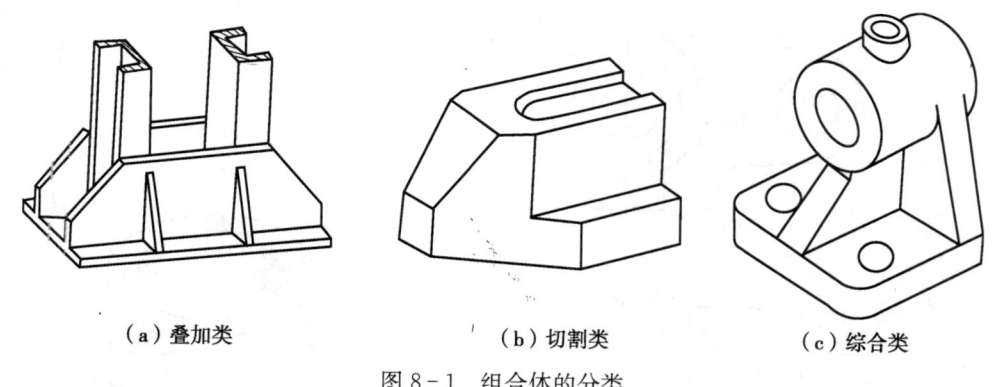

(a) 叠加类　　　　　(b) 切割类　　　　　(c) 综合类

图8-1　组合体的分类

二、组合体各表面的连接形式

组合体的相邻各表面之间存在着共面（或不共面）、相切和相交这三种基本连接形式。

（1）共面（或不共面）　当两个基本形体的表面重合，而周围表面不共面，则重合处有分界线。如图8-2（a）所示，形体Ⅰ和形体Ⅱ周围各表面均不共面，因此，在图8-2（b）的视图中应画出其分界线。

若周围有表面共面时，则重合处无分界线。如图8-2（c）中形体Ⅲ和形体Ⅱ，除左表面外其余三面均共面，因此这三个表面均无分界线，在视图中的相应处不应画线。

（2）相切　两基本形体的表面相切，其表面呈光滑过渡，其分界线一般不画出。如图8-3（b）所示，形体Ⅰ和Ⅲ相切，其相切处无线，在三视图8-3（a）中的相应处不画线，其相应轮廓线投影应画到切点为止。当两曲面的公共切平面垂直于某投影面时，则在该投影面上的切线投影应画出，如图8-3（c）所示。

（3）相交　当两个基本形体的表面相交时，则应画出其交线（截交线或相贯线）的投影。如图8-3（b）所示，形体Ⅱ与Ⅲ相交，形体Ⅳ与Ⅲ相交，相交处均有交线，其交线投

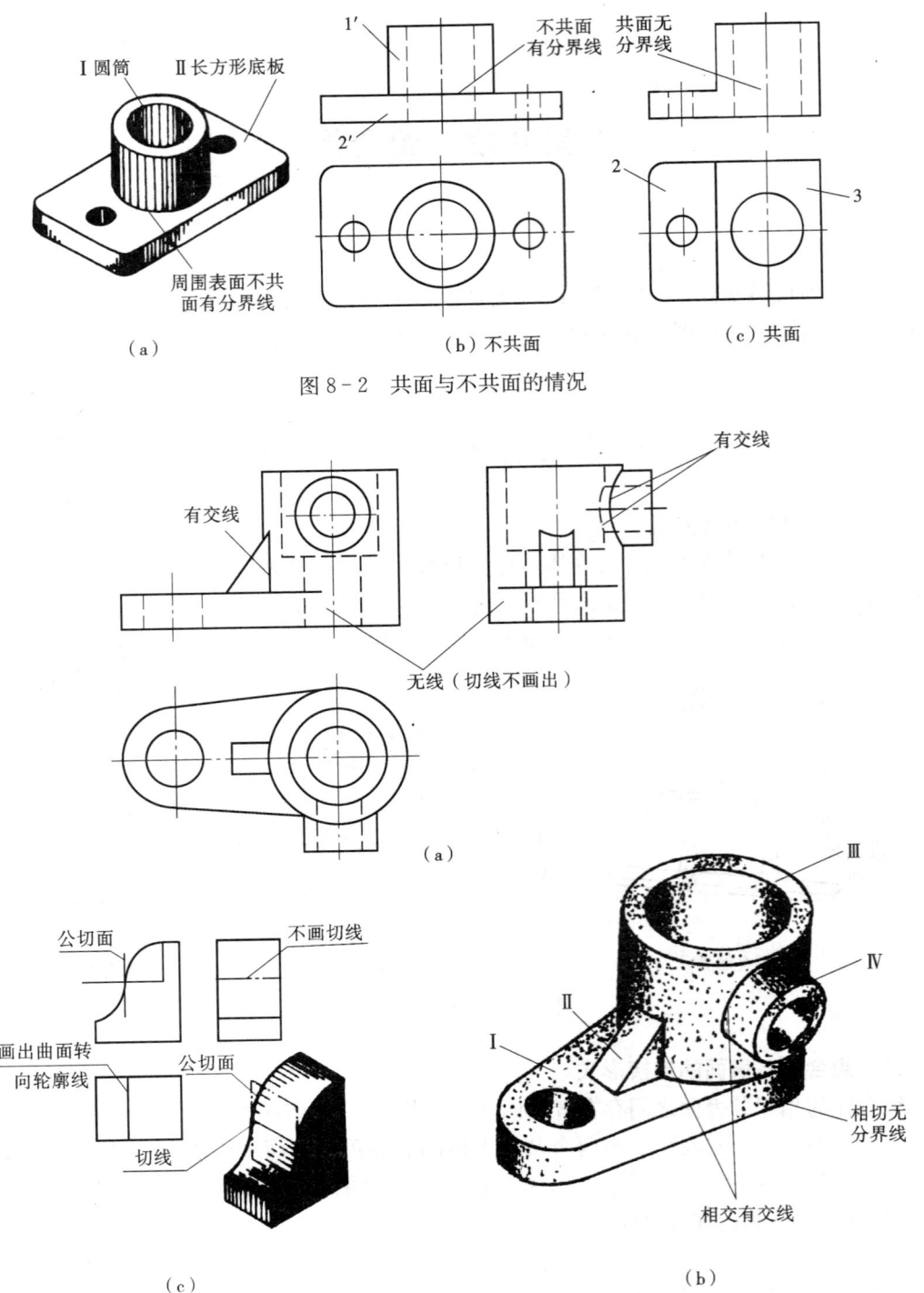

图 8-2　共面与不共面的情况

（a）
（b）不共面
（c）共面

（a）

（c）
（b）

图 8-3　相切与相交

影应画出，如图 8-3（a）所示。

三、形体分析法

将一个复杂的物体假想地分解为若干个基本形体，并分析它们的组合方式及其相对位置关系，这种分析法称为形体分析法。在运用形体分析法时，应着重分析：

（1）该组合体是由哪些基本形体所组成的，其组合方式各是什么？

（2）各基本形体之间的相对位置如何？

（3）基本形体之间的各邻接表面的关系如何？是共面、相交还是相切？若相交其交线又处于什么位置？

如图8-4（a）所示的轴承座，它由底板Ⅰ、支承板Ⅱ、加强筋Ⅲ、轴承Ⅳ、圆柱凸台Ⅴ所组成。其组合方式主要是叠加、切割，属于综合类。

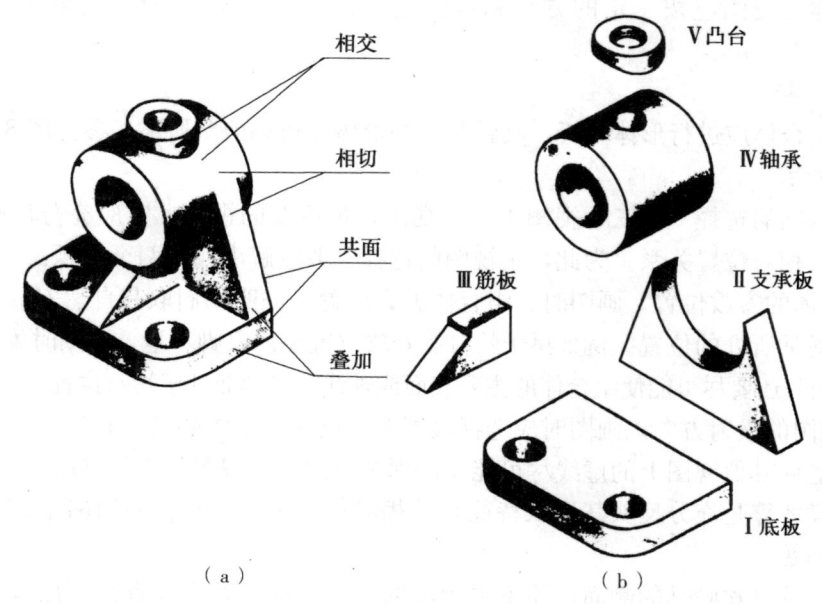

（a）　　　　　　　　　　　（b）

图8-4　轴承座的形体分析

各基本形体之间的相对位置及邻接表面的关系是：

以底板Ⅰ为基础，将其放平，在其上叠加支承板Ⅱ，使其后表面与底板的后表面共面，共面则无分界线。轴承Ⅳ放在支承板Ⅱ的圆柱槽内，其后端面与支承板的后表面不共面，支承板Ⅱ的两侧面与轴承Ⅳ的表面相切，相切处无分界线。加强筋板Ⅲ安放在轴承Ⅳ与底板Ⅰ之间，其后表面与支承板的前表面重合。凸台Ⅴ叠加在轴承Ⅳ的正上方，则两表面相交，有相贯线。

通过上述分析，使我们对较复杂的轴承座的组成情况、各形体间的相对位置及各表面的邻接关系有了一个透彻的了解，这对正确而方便地画出轴承座的三视图，标注尺寸等都是极为有利的。因此，形体分析法是画图、看图和标注尺寸的最基本的方法。

图8-5给出了用形体分析法将物体进行分解的另一种方式。支架通过这种叫做树型结构的分解，即从根部（0层）到叶部的多层分解后，便得出组成支架的七个基本形体和它们的相对位置等关系。相反，如果我们将若干个（如图中的七个）已知的基本形体，按照给定的树型结构关系（相对位

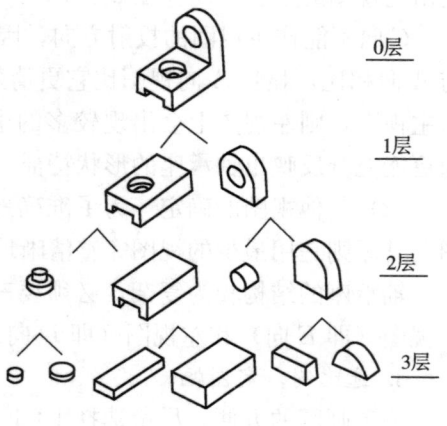

图8-5　支架的形体分析

置关系），从叶部到根部的逐层进行组合就能构造出一个新物体。

因此，形体分析法又是构思新物体的一种最基本的方法。

§8-2　组合体视图的画法

画组合体三视图应按一定的方法和步骤进行，现以图8-4所示的轴承座为例说明如下：

1. 形体分析

对所画组合体应进行形体分析，其轴承座的形体分析如前节所述，参见图8-4。

2. 视图选择

（1）主视图的选择　在三个视图中，主视图是最主要的视图，它应充分反映出物体的形状特征及其相对位置关系。为此，主视图的选择一般应解决如下两个问题：

1）组合体的安放位置。画图时，组合体怎么放置？一般我们取其自然安放位置，即物体在自然界通常所处的位置。例如桌子的自然安放位置是四只脚着地，画图时绝不能画成四只脚朝天。同时还要尽可能使组合体的主要表面或轴线与投影面处于特殊位置，以利于画图。

2）主视图的投射方向。画图时应选择最能充分反映出物体的形状特征及其相对位置关系，同时又能使其他视图上的虚线尽可能少的那个方向为主视图的投射方向。

究竟怎样才算是充分反映其形状特征和其相对位置关系呢？我们用两个例子帮助读者来理解这个问题。

画家画马总喜欢画马的侧面，而不去画马的正面，这是因为只有从侧面画马才能充分反映出马的形状特征，因此画家选择了马的侧面这个方向作为他画马的投射方向。

但摄影师给人照相，则与画家画马不同，照相总是照正面像，因为正面像最能充分反映出一个人的面部特征，这里摄影师选择了正面这个方向作为投射方向。

从以上可看出，画家画马和摄影师照相所选择的方向虽然不同，但其目的都是为了充分反映出马或人的形状特征。因此，我们在选择主观图的投射方向时，就必须认真分析比较，选择其中一个最能充分反映出物体形状特征的方向，作为主视图的投射方向。如图8-6所示，轴承座按其自然安放位置放好后，要从图中箭头所指的A、B、C、D四个方向中定出主视图的投射方向。图8-6（b）中分别画出了从各个方向投射后所得到的视图。很明显，C向不能作主视图的投射方向，因为C向视图虚线较多，不能清楚地反映其形状特征。与A向相比，显然A向视图比它更清楚。B向和D向所得视图完全一样。但若以D向视图为主视图，则左视图上会出现较多的虚线，它没有B向好。最后比较A、B向，A向比B向更能充分反映出轴承座的形状特征，所以确定A向为主视图的投射方向。

（2）其他视图的确定　为了准确地表达物体的结构形状，还应确定适当数量的其他视图。其原则是用最少的视图完整清晰地表达出物体的结构形状。

轴承座的结构较为复杂，必须要三个视图才能表达清楚。因此，当主视图确定后，其俯视图（即E向）和左视图（即D向）也就随之而定。

3. 选比例，定图幅

为了画图的方便，尽量选择1∶1的比例。比例选定后，根据组合体的实际大小算出三个视图所占的面积，并在视图之间留出适当的间距及标注尺寸的位置，从而定出相应的标准图幅。

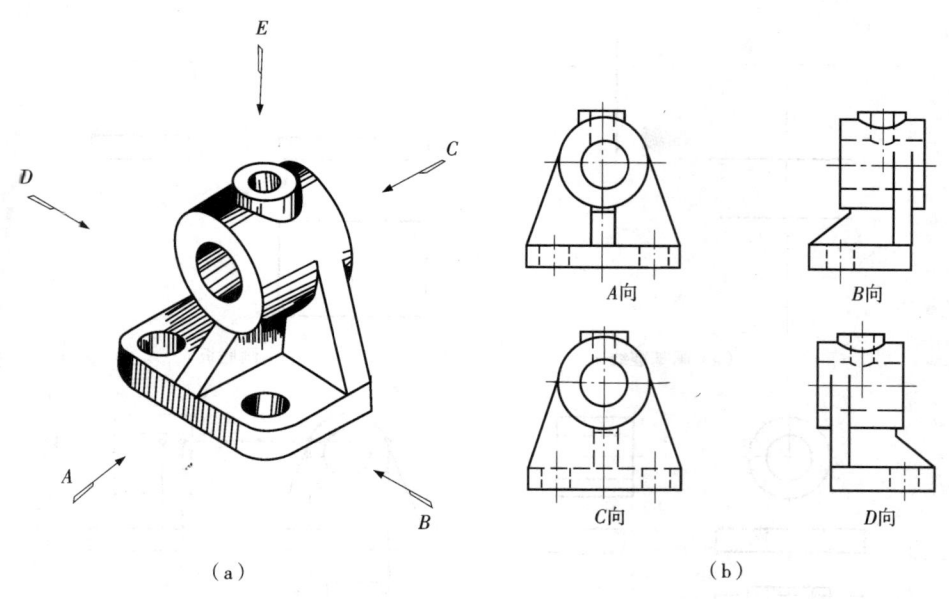

（a）

（b）

图 8-6　主视图的选择

4. 画底稿

先将图纸固定，画好图框及标题栏，根据各视图所占面积，布置各视图的位置，布图力求匀称、美观。其次画出各视图的作图基准线和主要中心线（每个视图必须确定两个方向的基准线），如图 8-7（a）所示，然后按形体分析法所得出的基本形体，逐个画出它们的三视图，如图 8-7（b）～（e）所示。

画图时，先画主要形体后画次要形体，先画可见部分后画不可见部分，先画反映实形或有积聚性的投影后画其他投影。要一个形体一个形体地画，而且必须是三个视图一起画，这样既保证了投影关系，又提高了绘图速度。

5. 检查、加深、完成全图

底稿画完后，应按形体逐个仔细检查，修正错误，补画遗漏的线条。特别是对称中心线及回转体的轴线一定要画出。然后按规定的标准线型加深，完成全图，如图 8-7（f）所示。

§8-3　组合体的尺寸标注

物体的形状是通过视图来表达，而它的真实大小及其相对位置，则是通过标注尺寸来确定。在第 1 章标注平面图形尺寸的基础上，本节进一步学习基本形体和组合体的尺寸标注。

一、基本形体的尺寸标注

基本形体（平面立体和常见回转体）一般要标注长、宽、高三个方向的尺寸。如图 8-8（a）所示。标注平面立体的尺寸时，应注出其底面（或上、下底面）和高度的尺寸。正六棱柱的底面只需标注对面距（或对角距）即可。但生产中为了下料的方便，也常将对角距尺寸加上括号标注出来供参考。

如图 8-8（b）所示的回转体，当在一个视图上所注出的尺寸就能完全确定其形状大小

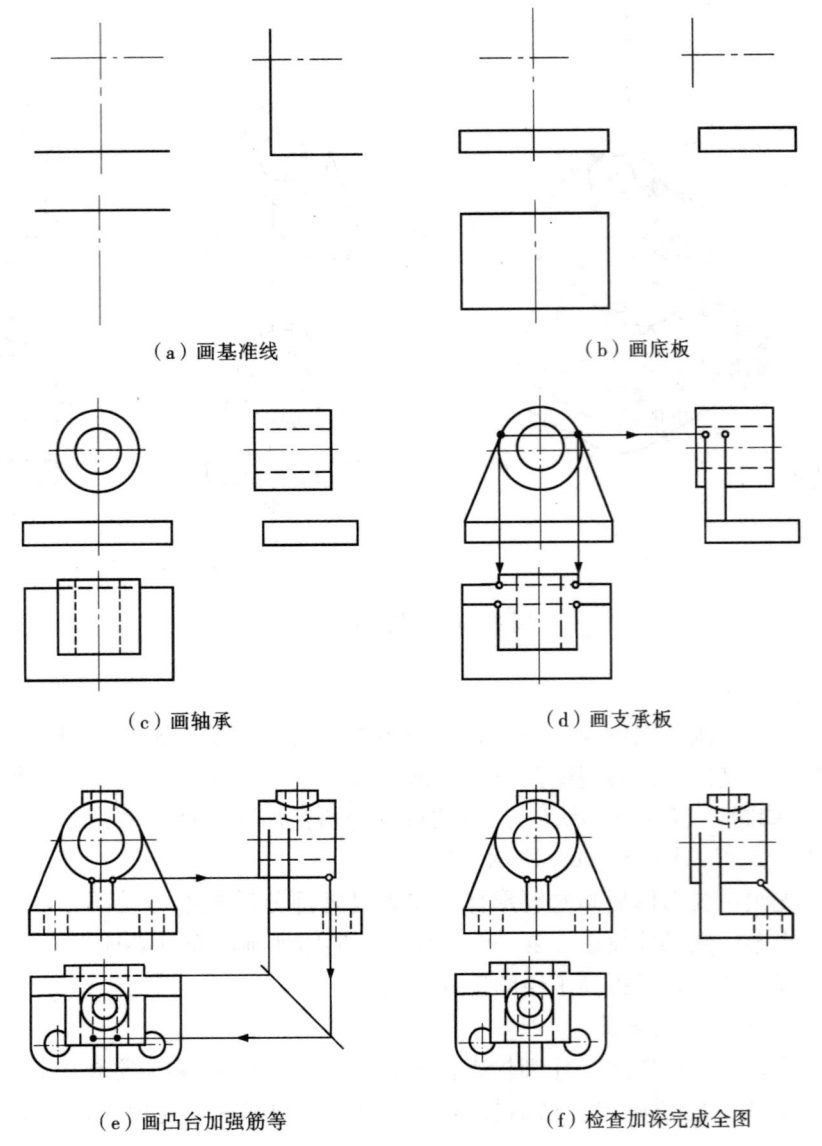

（a）画基准线　　　　　　　　　　（b）画底板

（c）画轴承　　　　　　　　　　（d）画支承板

（e）画凸台加强筋等　　　　　　　　（f）检查加深完成全图

图 8-7　组合体画图步骤

时，则可减少视图数量，其余视图可省略不画。如圆柱、圆锥等回转体，在其非圆视图上标注直径和高度尺寸后，其形状大小被完全确定，因此它只需一个视图即可。球和环也只需要一个视图。但球必须在直径符号 ϕ（或半径 R）前加注"S"。

二、具有截交线、相贯线的基本形体的尺寸标注

当基本形体被平面切割而具有截交线或两基本形体相交而具有相贯线时，由于其截交线、相贯线是自然产生的，所以不得在交线上标注尺寸。

如图 8-9 所示的具有截交线的基本形体中，除了注出基本形体本身的尺寸外，还要注出确定截平面位置的尺寸。截平面的位置一经确定，其表面交线也就随之而定，因此不应再标注截交线的尺寸。

图 8-10 给出了具有相贯线的基本形体的尺寸标注，只需注出各相贯体本身的尺寸及

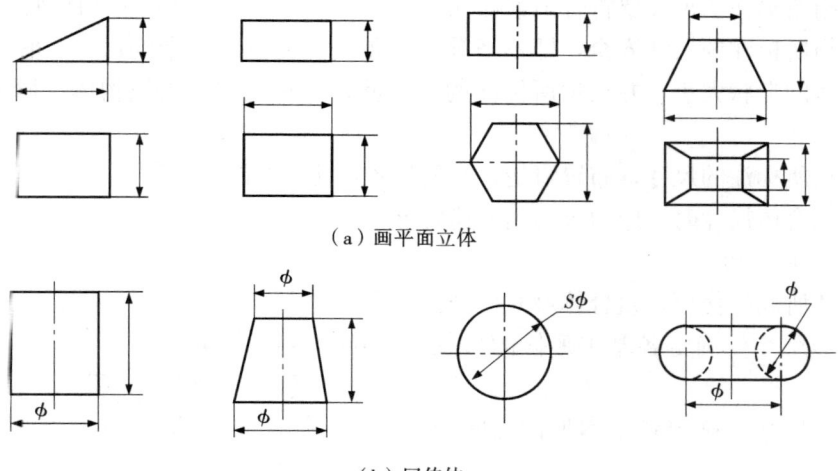

（a）画平面立体

（b）回传体

图 8-8　基本形体的尺寸标注

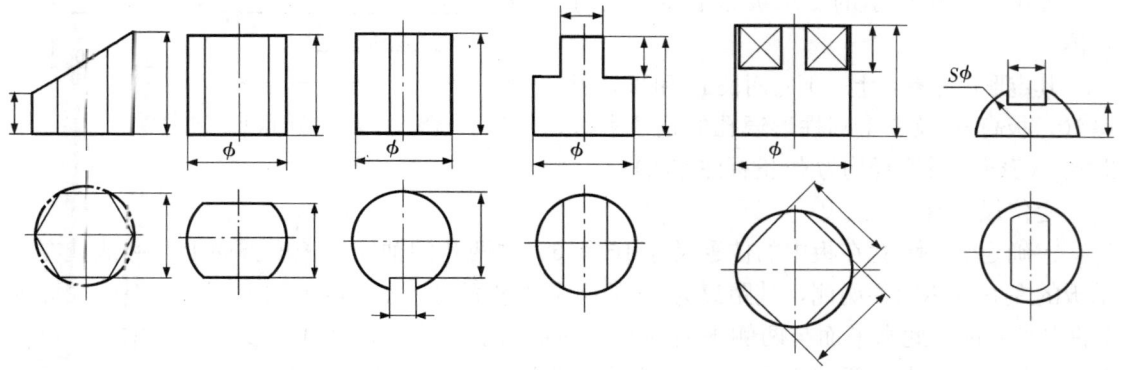

图 8-9　具有截交线的回转体尺寸标注示例

确定其相对位置的尺寸，而不应注出交线的尺寸。

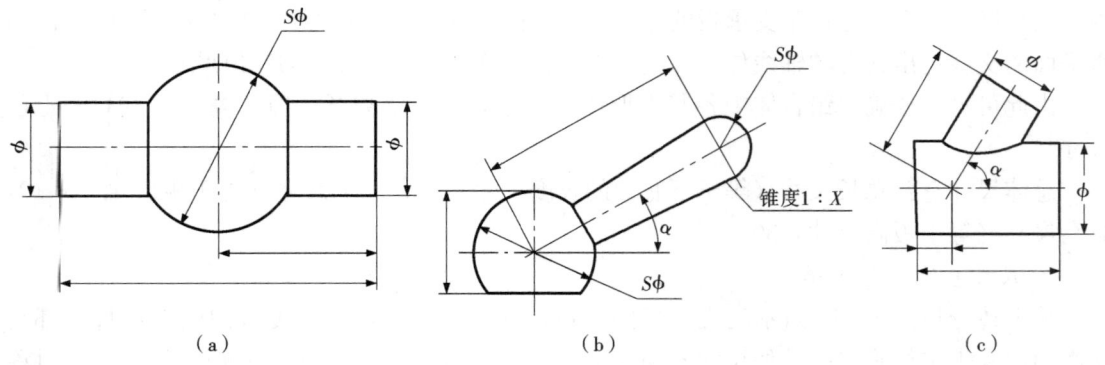

（a）　　　　　　　　（b）　　　　　　　　（c）

图 8-10　具有相贯线的回转体尺寸标注示例

三、组合体的尺寸标注

1. 标注组合体尺寸的要求

组合体尺寸标注的要求是：正确、完整、清晰。

正确是指所标注的尺寸要符合国家标准《机械制图》中有关尺寸注法的规定。

完整是指所标注的尺寸齐全，即不遗漏、不重复，又没有多余的尺寸。它正好能完全确定该组合体的形状大小，并根据所标注的尺寸就能顺利地制造出该物体，而不致发生任何困难。

清晰是指所标注的尺寸，布置清楚，排列整齐，便于看图。

在标注组合体尺寸时，应力求达到上述要求。

2. 组合体尺寸的分类

根据尺寸所起的作用，组合体尺寸可分为三类：

（1）定形尺寸　确定各基本形体的形状大小的尺寸。

（2）定位尺寸　确定各基本形体之间相对位置的尺寸。

（3）总体尺寸　确定组合体总长、总宽、总高的尺寸。

如图 8-11 所示的支承板为最简单的组合体。

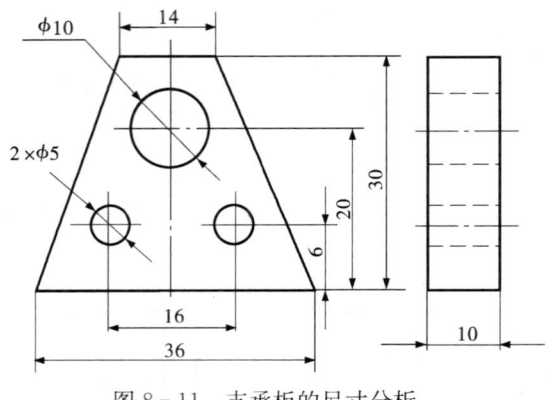

图 8-11　支承板的尺寸分析

其定形尺寸有：上、下底面长 14 和 36，板厚 10，板高 30 及三个圆柱形通孔的直径 φ10、2×φ5（表示两孔直径均为 φ5 的标注方法）。

定位尺寸有：

①确定 2×φ5 孔在板中的位置尺寸 16 和 6。这两孔的轴线在长度方向上对称地处在支承板的左右对称面的两侧，其距离为 16 的两个侧平面内；在高度方向上，它处在距底面为 6 的水平面内。此水平面与两侧平面的交线即定出了两孔在长度和高度方向的位置。由于 2×φ5 为通孔，孔的两端面与支承板的前后两端面平齐，故两孔在宽度方向的定位尺寸为 0。

②确定 φ10 孔在板中的位置尺寸 20。此孔轴线在高度方向上位于距底面为 20 的水平面内；在长度方向上正好位于支承板的左右对称面内，其定位尺寸为 0；即由此左右对称面与水平面的交线定出此孔的轴线位置。同 2×φ5 孔一样，在宽度方向的定位尺寸为 0。

由此可见，要确定组合体中各基本形体的位置，一般需要长、宽、高三个方向的定位尺寸。

总体尺寸有：总长尺寸（等于下底面的长度尺寸）36，总宽尺寸（等于板厚尺寸）10，总高尺寸（等于板高尺寸）30。

3. 尺寸基准及其选择

从上述分析图 8-11 所示的支承板的定位尺寸中可看出，凡高度方向的定位尺寸都是从底面出发来进行确定的，如尺寸 6 和 20；在长度方向和宽度方向则分别是从其左右对称面和后端面（或前端面）出发来确定其定位尺寸的。这种用来确定标注尺寸的起始位置的几何元素称为尺寸基准。

在三维空间中，组合体应在长、宽、高三个方向各选一个主要基准，以便从基准出发标注各基本形体的定位尺寸。而基准的选择必须是最能体现出该组合体的结构特点，且便于尺寸的测量。尺寸基准可以是点、直线和平面。通常选用较大的底面、对称平面、重要的端面及回转体的轴线等作为尺寸基准。图 8 - 11 所示的支承板是选底面作为高度方向的主要尺寸基准，选后端面（或前端面）作为宽度方向的主要尺寸基准，选左右对称面作为长度方向的主要尺寸基准。

除主要基准之外，根据需要组合体的每个方向还可选一个或几个辅助基准。但是，主要基准与辅助基准之间必须要有一个联系尺寸。

应当指出，定位尺寸必须是从基准出发进行标注，如图 8 - 11 中高度方向的定位尺寸 6 和 20 都是从高度方向的尺寸基准——底面出发而标注的。当定位尺寸关于基准对称时，则必须用对称的形式注出，如图 8 - 11 中定位尺寸 16 的标注形式。

图 8 - 12 给出了简单组合体——不同形状板的尺寸标注示例。读者可自行分析，指出图中尺寸基准选在何处，哪些是定形尺寸，哪些是定位尺寸及总体尺寸。

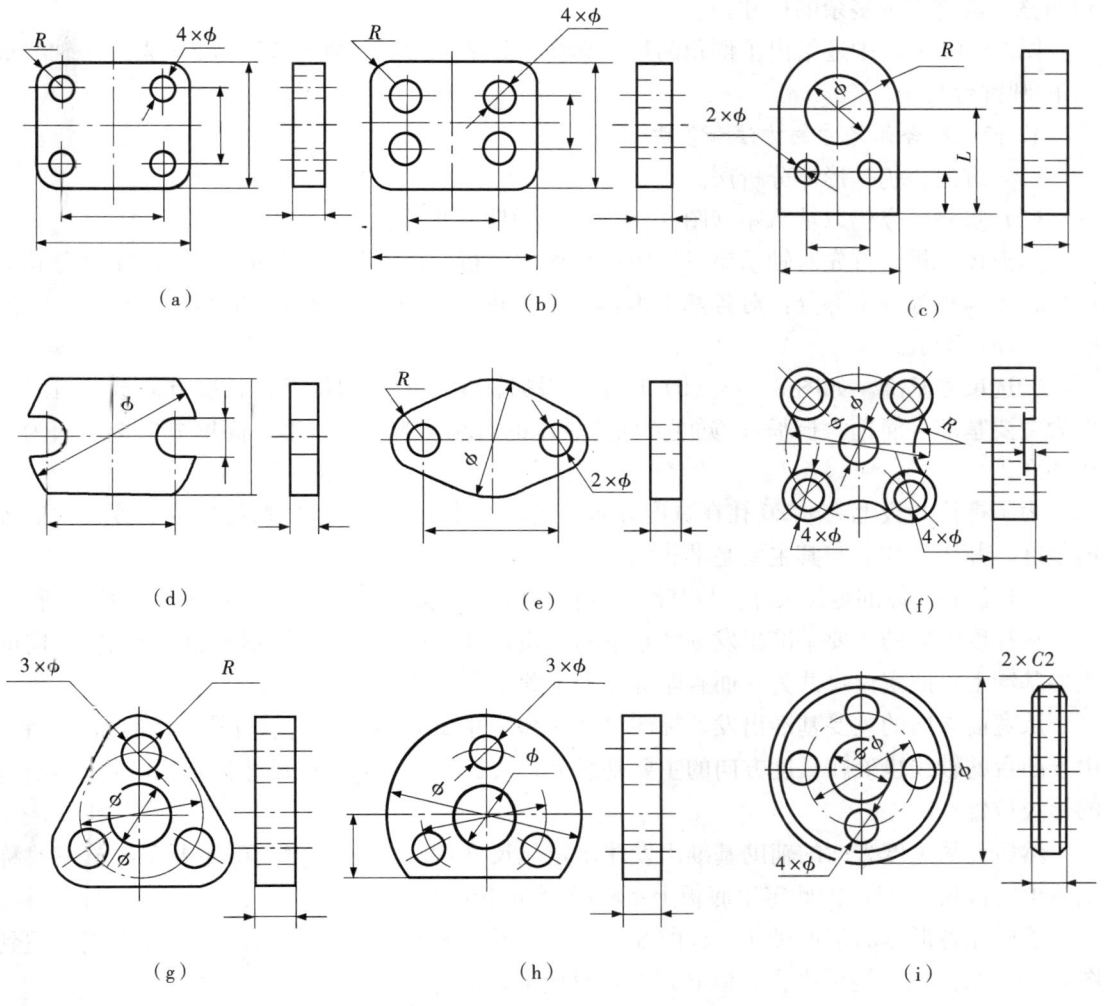

图 8 - 12　不同形状板的尺寸标注示例

必须指出，在标注总体尺寸时，读者应特别注意防止出现多余的尺寸。如图 8 - 11 中，总体尺寸等于相应的定形尺寸而已在图中注出，因此不得再标注。又如图 8 - 12（c）中的总高尺寸，由于图中已注出定形尺寸 R 和定位尺寸 L 这两个尺寸，则总高尺寸由 $R+L$ 定出，而不应再标注。如果确实需要标注总高尺寸，则必须将此方向的尺寸进行调整。或在

尺寸 R、L 中任去掉一个，或在 R、L、$R+L$ 这三个尺寸中将一个不重要的尺寸加上括号，以表示此尺寸为参考尺寸。

但是，对于这种外表面具有圆柱面结构的组合体或机件，为了加工的方便一般在图中应清楚地标注出半径 R 及其中心线（或孔轴线间）的定位尺寸 L，而不应注出该方向的总体尺寸，它可由尺寸 R 和 L 得出。图 8-12（e）属于此种情况。

但对于图 8-12（a）、（b）所示的情况，则必须注出其总体尺寸。因为这也是考虑到加工和下料的方便。图示平板的四个角为圆柱面，不管它与孔是否同轴，均应注出圆角的定形尺寸 R 和两孔轴线间的定位尺寸，而且还必须标注出总体尺寸。

总之，在标注组合体的总体尺寸时应区分情况分别对待。要搞清楚在什么情况下不要标注、在什么情况下一定要标注。并且在标注总体尺寸后一定要对该方向的尺寸进行校核和调整，避免出现多余的尺寸。

图 8-12（i）中还给出了倒角的尺寸标注，如 $2 \times C2$（即两个高度为 2，素线与轴线成 45° 的圆锥台）。

4. 标注组合体尺寸的方法和步骤

（1）方法　仍是形体分析法。

（2）步骤　今仍以轴承座（图 8-4）为例说明其步骤如下：

①形体分析。首先对轴承座三视图进行形体分析，由 §8-1 可知，该轴承座可分解为底板、支承板等五个部分，对各基本形体的形状进行分析，并初步注出其定形尺寸，如图 8-13（a）所示。

②选尺寸基准。如图 8-13（b）所示，根据轴承座的结构特点，长度方向选左右对称面为主要基准（简称为长基）；宽度方向选轴承的后端面为主要基准；高度方向选底面为主要基准。

为了标注底板上 $2 \times \phi20$ 孔在宽度方向的定位尺寸，选支承板的后端面为宽度方向的辅助基准，并用尺寸 8 与其主要基准相联系。

③标注各形体的定位尺寸。从基准出发标注出各形体的定位尺寸，如图 8-13（b）所示。

从高度方向的主要基准出发标注轴承的定位尺寸 70，由于轴承的轴线位于长度方向的主要基准上，故定位尺寸为 0 而省略标注，由此定出其轴线的位置。

从宽度方向的主要基准出发，标注尺寸 8 和尺寸 28，以定出支承板及凸台的前后位置，由于凸台的轴线也处在长度方向的主要基线上，故长度方向的定位尺寸为 0，由此定出凸台的轴线位置。

然后，从宽度方向的辅助基准出发注出定位尺寸 52，从长度方向的主要基准出发对称地注出定位尺寸 64，由此定出底板上 $2 \times \phi20$ 孔的轴线位置。

④标注各形体的定形尺寸。将图 8-13（a）中所标注的各形体的定形尺寸直接移注到图 8-13（c）的三视图中去。但必须注意避免出现重复或多余的尺寸。

将图 8-13（a）中轴承的尺寸 $\phi56$、$\phi36$、56 直接移注在图 8-13（c）中的相应处，而 $\phi18$ 与凸台的 $\phi18$ 孔为同一尺寸，由凸台注出。

将凸台的尺寸 $\phi30$、$\phi18$、36 直接移注过去，但 $\phi56$ 已在轴承中注出，不要再注。将底板的尺寸 100、70、16、$2 \times \phi20$、$R18$ 直接移注过去。

在支承板的尺寸 $\phi56$、100、54、14 中，由于尺寸 $\phi56$，尺寸 100 均已在图中注出，故不再标注；尺寸 54 由于标注了定位尺寸 70 也不再标注，所以只需将尺寸 14 移注过去。

132

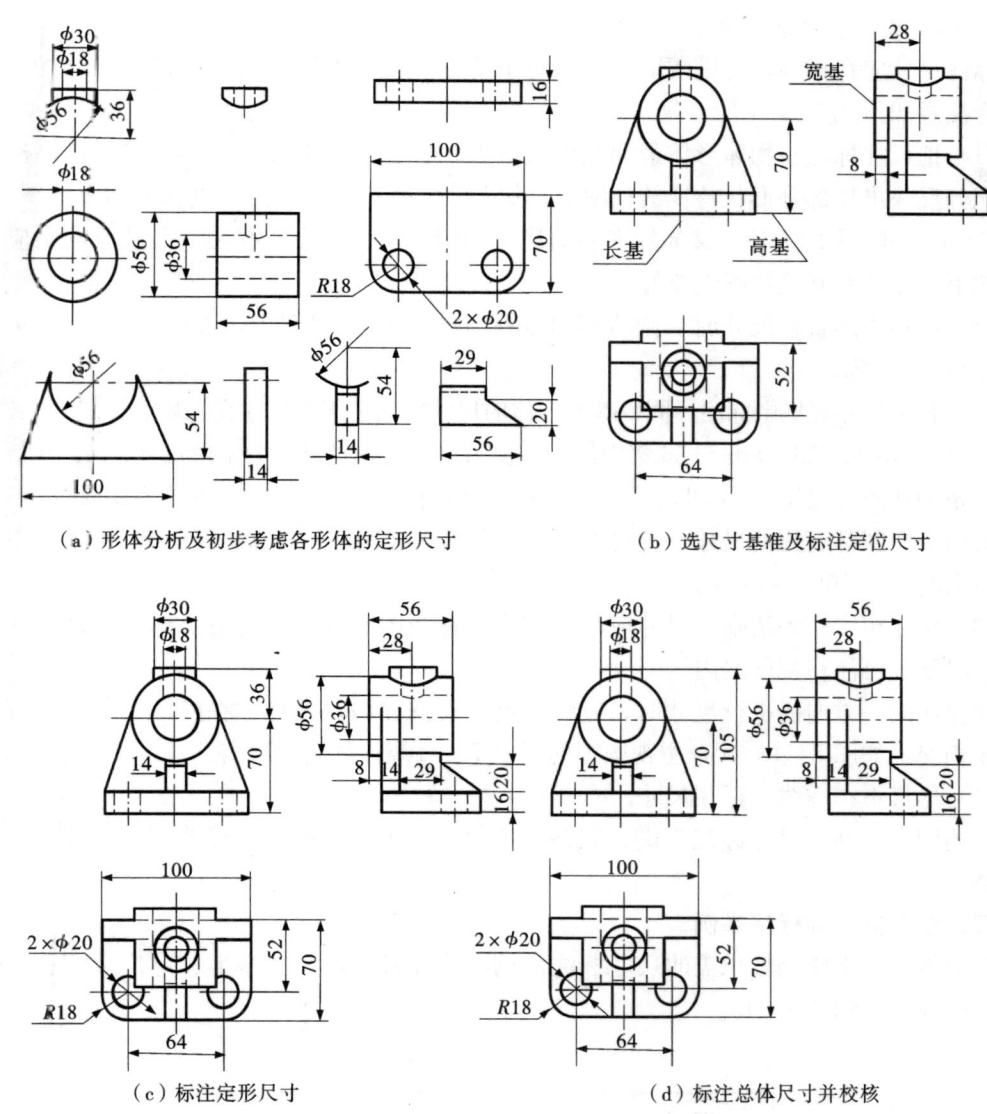

（a）形体分析及初步考虑各形体的定形尺寸　　　　　（b）选尺寸基准及标注定位尺寸

（c）标注定形尺寸　　　　　　　　　　　（d）标注总体尺寸并校核

图 8-13　标注轴承座尺寸的方法步骤

在加强筋的尺寸 $\phi56$、54、14、29、56、20 中，除尺寸 $\phi56$、54、56（可从 70-14 得出）不再标注外，其余尺寸均应移注过去。

⑤标注总体尺寸。如图 8-13（d）所示轴承座的总长尺寸为 100，它与底板的长度尺寸相同，不再标注；总宽尺寸为 78，但该方向已注出底板宽度尺寸 70 及定位尺寸（或联系尺寸）8，这是两个不能缺少的重要尺寸而必须保留，故总宽尺寸 78 不能注出，否则成为多余尺寸。

总高尺寸为 106，但该方向已注出了定位尺寸 70 及确定凸台高度的尺寸 36，要标注总高尺寸 106，就必须对尺寸 70 和 36 进行调整。由于定位尺寸 70 不能少，故可去掉尺寸 36，而注出总高尺寸 106。这样既定出了凸台的高度，又有一个总高的整体概念。

⑥校核。按形体分析法对所标注的尺寸进行全面的校对检查，修正错误，使之达到正确、完整、清晰的要求，如图 8-13（d）所示。

133

5. 标注尺寸的注意事项

标注尺寸应在正确、完整的前提下，力求清晰和便于看图。为此，在尺寸配置等问题上，应注意如下几点：

（1）把尺寸标注在物体形体最明显的视图上　标注每一部分的定形尺寸时，要标注在最能充分反映出该部分形状特征的视图上。如标注半径尺寸，应注在投影为圆弧的视图上，如图 8-13（d）中的 $R18$。又如加强筋的尺寸 29 和 20 应注在左视图。而其厚度则应注在主视图上，比注在其他视图上要好。

标注回转体的直径尺寸时，则应尽可能标注在非圆的视图上。如图 8-13（d）中的 $\phi56$、$\phi36$、$\phi30$ 等。

（2）相关尺寸要集中标注　同一基本形体的尺寸应尽量集中标注在一块。如图 8-13（d）中轴承的定形尺寸 $\phi56$、$\phi36$ 和 56 集中注在左视图上。又如底板上的定形尺寸 100、70、$R18$、$2\times\phi20$ 及两孔的定位尺寸 64 和 52 等，都集中标注在俯视图上。这样，便于看图时查找。

对两个视图都有用的尺寸，应集中注在两个视图之间。如图 8-13（d）中主、左视图之间注出的 70、106、$\phi56$ 等。

（3）尺寸布置整齐清晰　尺寸应尽量安排注在视图之外，靠近所要标注的部位。在允许的情况下也可注在视图之内。

在标注同一方向的平行尺寸时，应将小尺寸安排在内，大尺寸在外，以免尺寸线和尺寸界线相交，如图 8-13（d）主视图中的尺寸 70、106；$\phi18$、$\phi30$ 等。

（4）尽量不在虚线上标注尺寸。

上述四点在确保尺寸标注正确、完整的前提下，灵活掌握、统筹兼顾、合理布置、力求清晰。

四、组合体尺寸标注举例

下面给出了支座和轴承盖的尺寸标注示例，请读者指出尺寸基准、定位尺寸和总体尺寸，见图 8-14 和图 8-15。

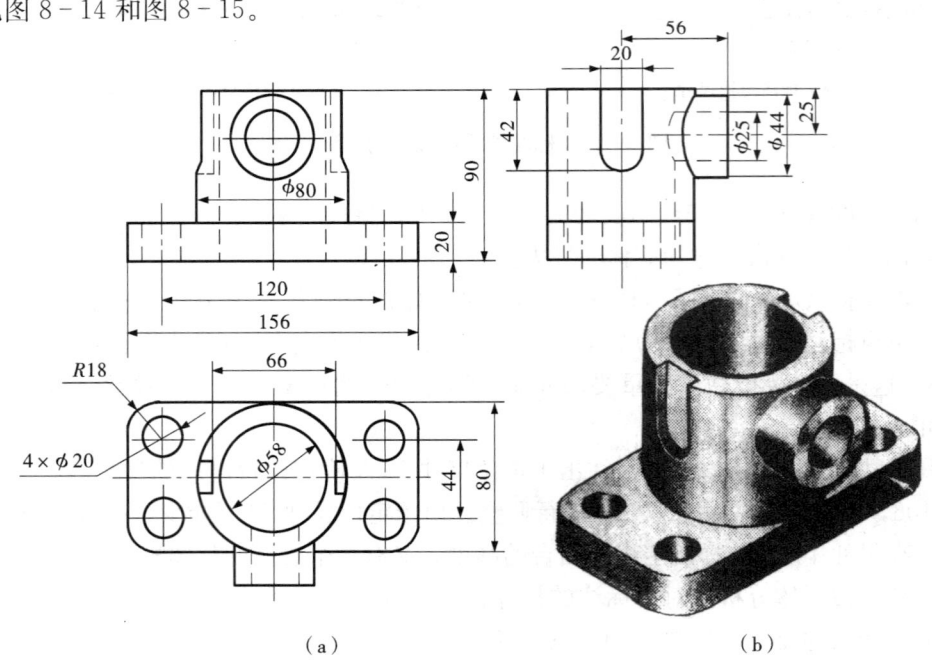

（a）　　　　　　　　　　　　　　　（b）

图 8-14　支座的尺寸标注

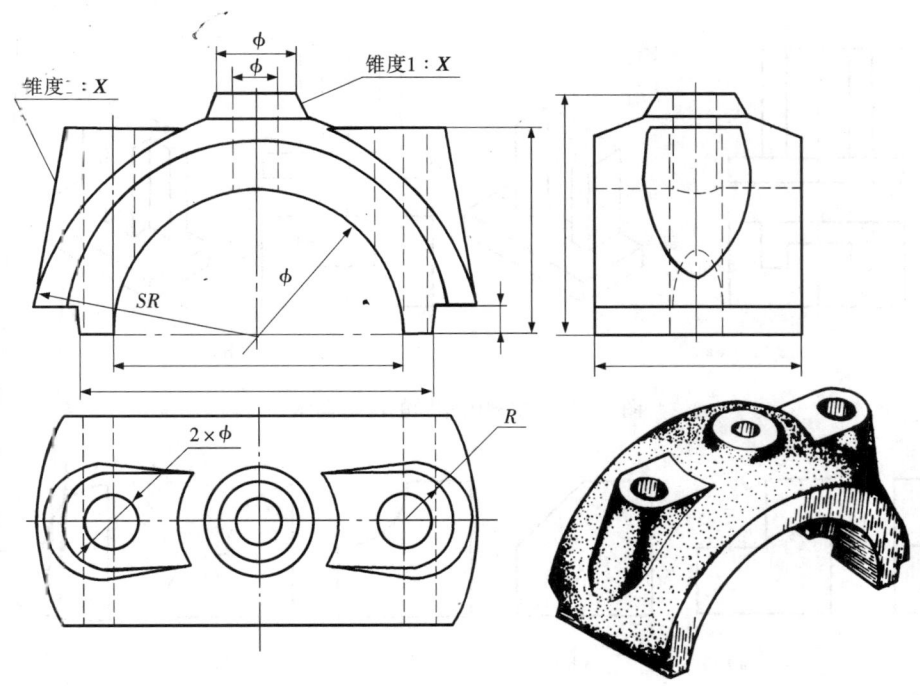

图 8-15　轴承盖的尺寸标注

§8-4　看组合体视图

一、看图时必须解决的几个问题

画图是根据物体画出它的视图，是一个从空间到平面的问题。而看图则是根据所给定的视图想象出空间物体的结构形状，是一个从平面返回到空间的问题。在看图时，必须首先解决如下几个问题：

1. 要将所给定的一组视图联系起来看

物体的结构形状是通过一组视图来进行表达的，而每一个视图又只能表达物体某个投射方向的形状。因此，任何一个视图，有时甚至是两个视图都不能唯一确定物体的结构形状。

如图 8-16（a）和（b）所示，两个组合体的主视图相同，而俯视图不同，所表示的形状就不相同。

例如图 8-17 所示的主、俯视图，就不能唯一确定空间物体的结构形状。

读者不难发现这是一个形状不定的多解问题，它对应于空间多个形状不同的物体。图 8-17 中画出了空间五种完全不同形状的物体，实际上，读者还可以构思出更多的物体。由此可见，当与不同的左视图相搭配时，它所表示的物体的形状也就各不相同。

仅此两例，就充分说明在看图时，不能光凭一个或两个视图来确定物体的形状，而必须是要一组视图联系起来看，才能唯一确定所给物体的形状。

2. 看图必须要从最能反映形状特征的视图入手

组合体的主视图通常反映出物体的主要形状特征，所以看图一般都从主视图入手。但是，组合体的各基本形体的形状特征并不一定都集中在主视图上。因此，看图时要善于找

135

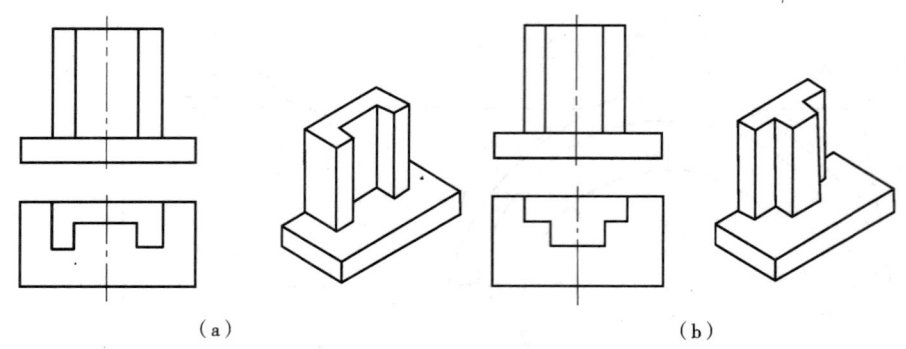

图 8-16　主视图相同的两组合体

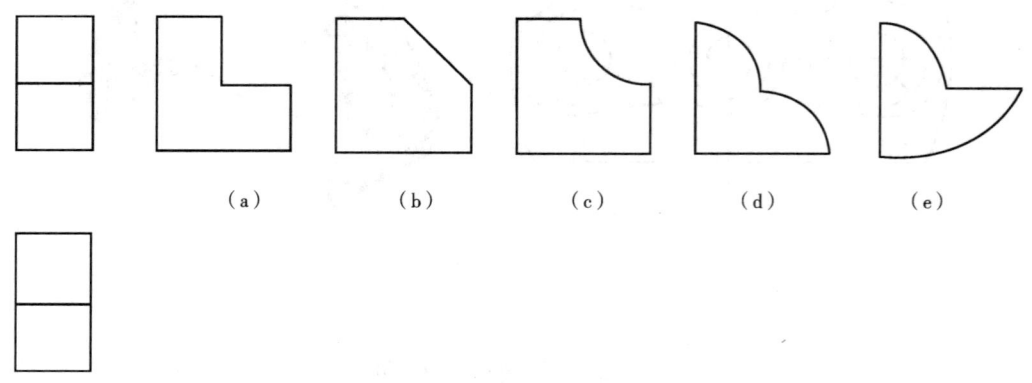

图 8-17　两个视图的多解问题

出最能反映各形体形状特征的那个视图，从而加快看图速度。

如图 8-18 所示的支架组合体，它由三个基本形体所组成。看形体Ⅰ时，要从反映实形的俯视图 1 看起；看Ⅱ时，要从反映实形的主视图 2′ 看起；看Ⅲ时，则应从反映实形的左视图 3″ 看起。

3. 要搞清视图中的线条与线框的真实含义

物体的视图一般是由一些线条和封闭线框组合而成。因此，在看图时，必须搞清其真实含义，才能有效地提高看图速度。

如图 8-19 所示，主视图中线框 1′ 和 2′ 分别对

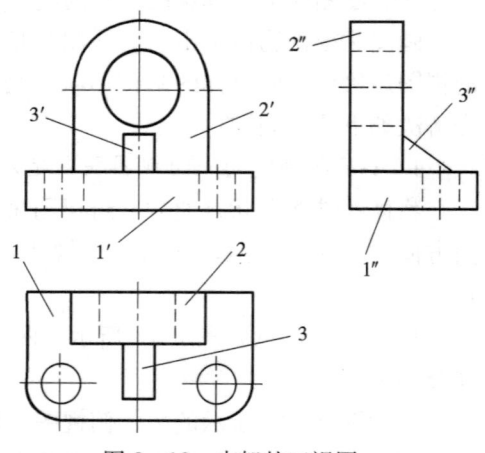

图 8-18　支架的三视图

应于图 8-19（a）中的两个平行平面Ⅰ和Ⅱ、图 8-19（b）中的两相交平面Ⅰ和Ⅱ、图 8-19（c）中相交的曲面Ⅰ和平面Ⅱ以及图 8-19（d）中的两相交曲面Ⅰ、Ⅱ。同样可得出俯视图中的两个线框 3、4 所对应的各种情况。

由此可得出：视图中的线框总是代表一个面（平面或曲面）。

再看主视图中的线条 5′，分别对应于图 8-19（a）中的水平面Ⅳ、图 8-19（b）中的Ⅰ、Ⅱ两平面的交线、图 8-19（c）中的曲面Ⅰ与平面Ⅱ的交线和图 8-19（d）中的两曲面的交线。

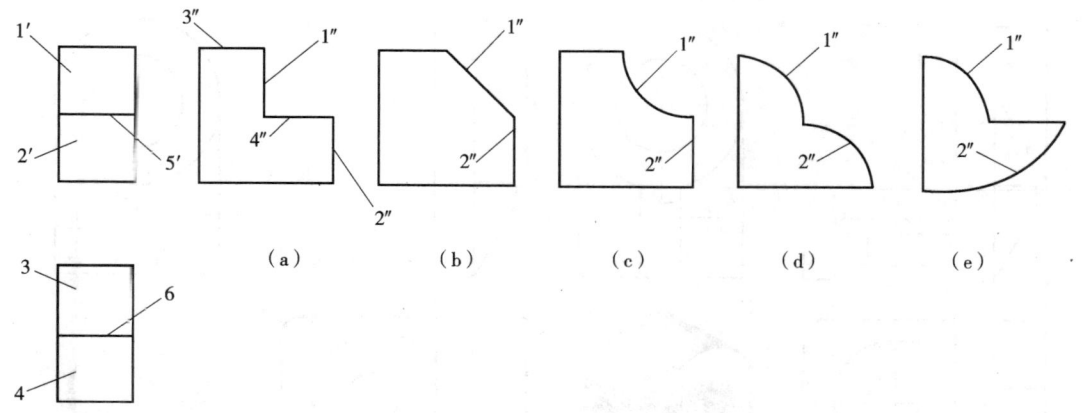

图 8-19　线条与线框的含义

同样可分析得出俯视图中线条 6 所对应的各种情况。

由此可得出：视图中的线条可能代表物体上的一个有积聚性的面（平面或曲面），也可能代表物体上的一条棱线或曲面的转向线。

4. 根据线框与线框之间所处的位置，确定物体各表面的相对位置

一个线框总是代表一个面，若两个线框相连，则有可能是两个面平行，或两个面相交。若平行，则必须定出其前后、左右、上下的层次关系。例如图 8-19 主视图中的线框 1′、2′相连，它对应于图 8-19（a）中的两个平行平面，且平面Ⅱ在前，Ⅰ在后。

俯视图中的相连线框 3 和 4，对应于图 8-19（a）中的上下两个平行平面，且平面Ⅲ在上，Ⅳ在下。

显然，不难想象处在线框包围之中的线框，它可能表示一个凸面、凹面或孔的投影。如图 8-18 主视图中线框 2′中的线框 3′是一个凸面，而其中的圆线框则代表一个孔的投影。

5. 在看图过程上，要动手画出各组成部分的轴测（草）图以帮助想象其整体形状

如图 8-20 中所示的形体Ⅰ、Ⅱ、Ⅲ、Ⅳ、Ⅴ的轴测图。

二、看图的方法和步骤

看图的方法：形体分析法和线面分析法。

1. 形体分析法

形体分析法是看组合体视图的基本方法。用形体分析法看图，一般是把反映物体形状特征的主视图按线框分成几个部分；然后根据投影规律，借助三角板、分规等工具找出每个线框所对应的其他投影，把各个部分的形状看懂；最后根据其组合方式，确定各形体间的相对位置，综合想象出物体的整体形状。

下面举例说明看图的具体方法和步骤。

〔例 8-1〕看支架三视图想象整体形状（图 8-20）。

解　（1）按线框分部分　根据图 8-20（a）所示三视图，可将主视图大致分为五个封闭的实线线框，即将支架分为五个部分。其组合方式主要是叠加，其次也有切割，属综合类组合体。

（2）按线框定形体　线框划定后，根据投影规律逐个找出各线框所对应的其他投影，想象其形状，定出各形体。

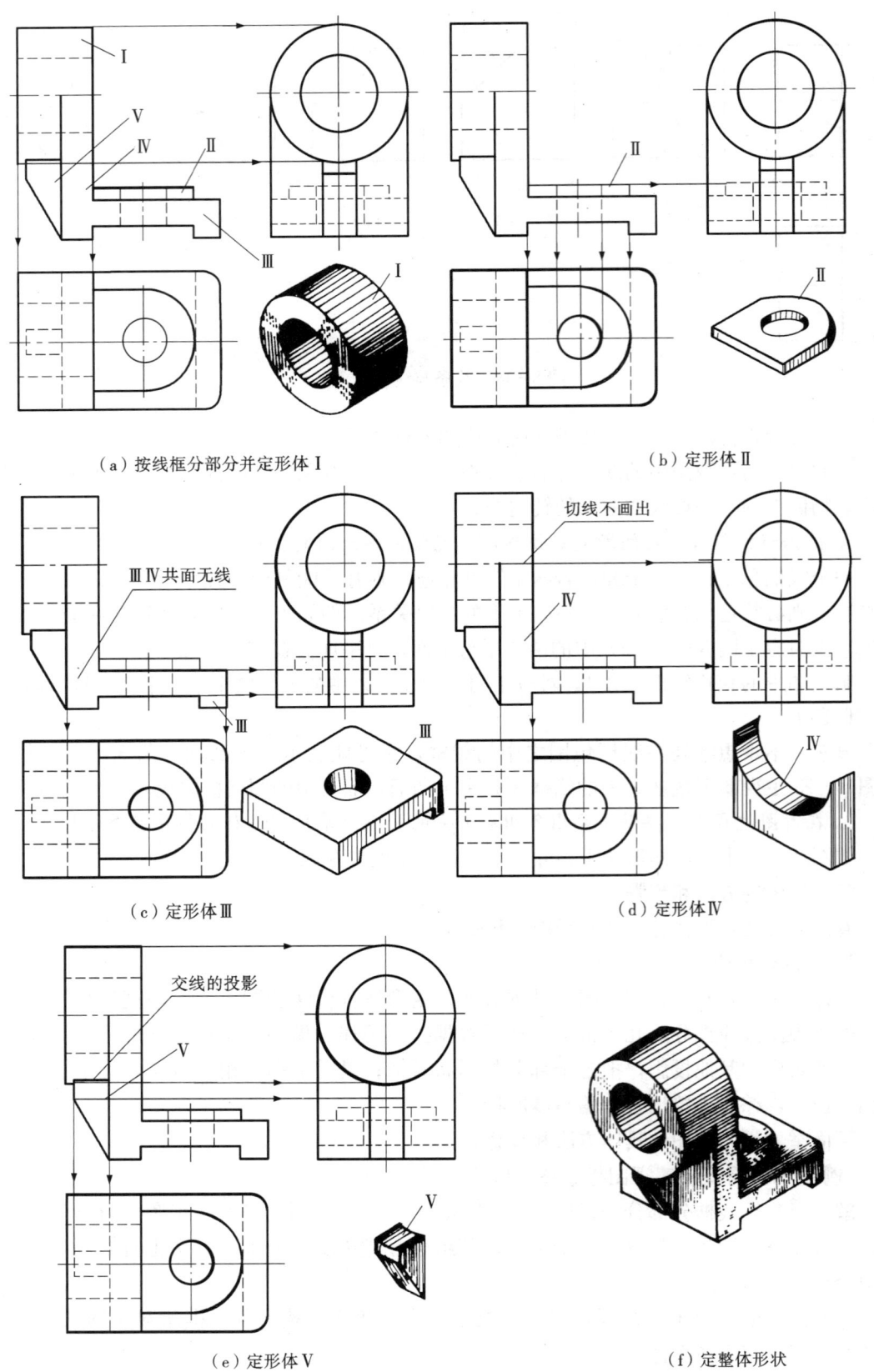

（a）按线框分部分并定形体 I

（b）定形体 II

（c）定形体 III

（d）定形体 IV

（e）定形体 V

（f）定整体形状

图 8-20　看支架三视图

如线框Ⅰ，在主、俯视图上的投影均为矩形，在左视图上为圆，可知它是一个圆柱体；由于线框Ⅰ中还包含有一个虚线框，可知该圆柱体中间还钻有一圆柱形通孔。由此定出形体Ⅰ的形状，如图8-20（a）的轴测图所示。

同样经分析可定出形体Ⅱ为右端是半圆柱面，中间钻通孔的长方块凸台［图8-20（b）］；形体Ⅲ为右端两角为小圆柱面，中间钻通孔，下部开矩形通槽的底板［图8-20（c）］；形体Ⅳ为上端挖去半圆柱形槽的支承板［图8-20（d）］；形体Ⅴ为四棱台的上端挖去圆柱形槽的加强筋［图8-20（e）］。

（3）综合想象整体形状　根据所定出的各基本形体的形状、组合方式和其相对位置，综合想象出该物体的整体形状。

即形体Ⅳ叠加在形体Ⅲ上，除右表面外，其余三面均共面；形体Ⅱ叠加在形体Ⅲ上；形体Ⅰ和Ⅳ右边靠齐，前后两面相切，形体Ⅴ与Ⅰ相交，与Ⅳ叠合，其整体形状如图8-20（f）的轴测图所示。

2. 线面分析法

组合体也可看成是由若干个表面所围成的封闭实体，而这些表面又是由一些线（直线或曲线）所组成。因此，看图时也可把物体分解为若干个表面，利用线、面投影规律分析确定各表面的形状及其相对位置，从而想象出物体的整体形状。这种方法称为线面分析法。

运用线面分析法时，应解决如下问题：

（1）物体由哪些表面所围成？在空间各是什么形状？

（2）各表面间的相对位置怎样？

（3）各邻接表面的关系怎样？是共面、相切还是相交？

对于看较复杂物体的视图时，往往是形体分析法和线面分析法结合起来使用。即在形体分析法的基础上，对较难看懂的局部，运用线面分析法帮助看懂其局部形状。下面举例说明。

〔例8-2〕看压块三视图，想象整体形状（图8-21）。

解　（1）初步分析视图　从图8-21（a）所示的压块三视图可知，三个视图中的线条和线框较多，其形状较复杂。若用线面分析法直接进行分析，初学者一时难以看懂。但从三个视图的外部轮廓特点来看，该压块属于切割类组合体。可先进行形体分析，看懂其大致形状，然后再作线面分析看懂各个面的形状，就能顺利地看懂整个压块的形状。

（2）形体分析　从三个视图的外形看，压块的原形是长方体，经过不同的切割后而成。

很明显，从主视图可看出，该长方体被一个正垂面B切去其左上角一块；从俯视图可看出，其左端被前后对称的两个铅垂面A各切去一块；从左视图可看出，它被对称的正平面C和水平面D前后各切去一块；结合主、俯视图还可看出，其顶部被切去左端为圆柱面的一长方块，然后在中间钻一个通孔而成，如图8-21（b）的轴测图所示。

（3）线面分析　通过上述形体分析，其整体形状已基本形成。但要彻底看懂其三视图，还必须用线面分析法找出各个面或线在三视图中的各投影，想象出它们的空间形状及其相对位置关系。如分析铅垂面A，它在俯视图上的投影积聚为直线a，按投影关系找出它在主视图上的投影为七边形线框a'，利用垂直面的非积聚性投影必为其类似形的特性，很容易在左视图上找出它的投影也必为其类似形——七边形线框a''。其三面投影单独画于图8-21（c）中。

同样从三视图中可分析得出：正垂面B的正面投影积聚为直线b'，水平投影为梯形线

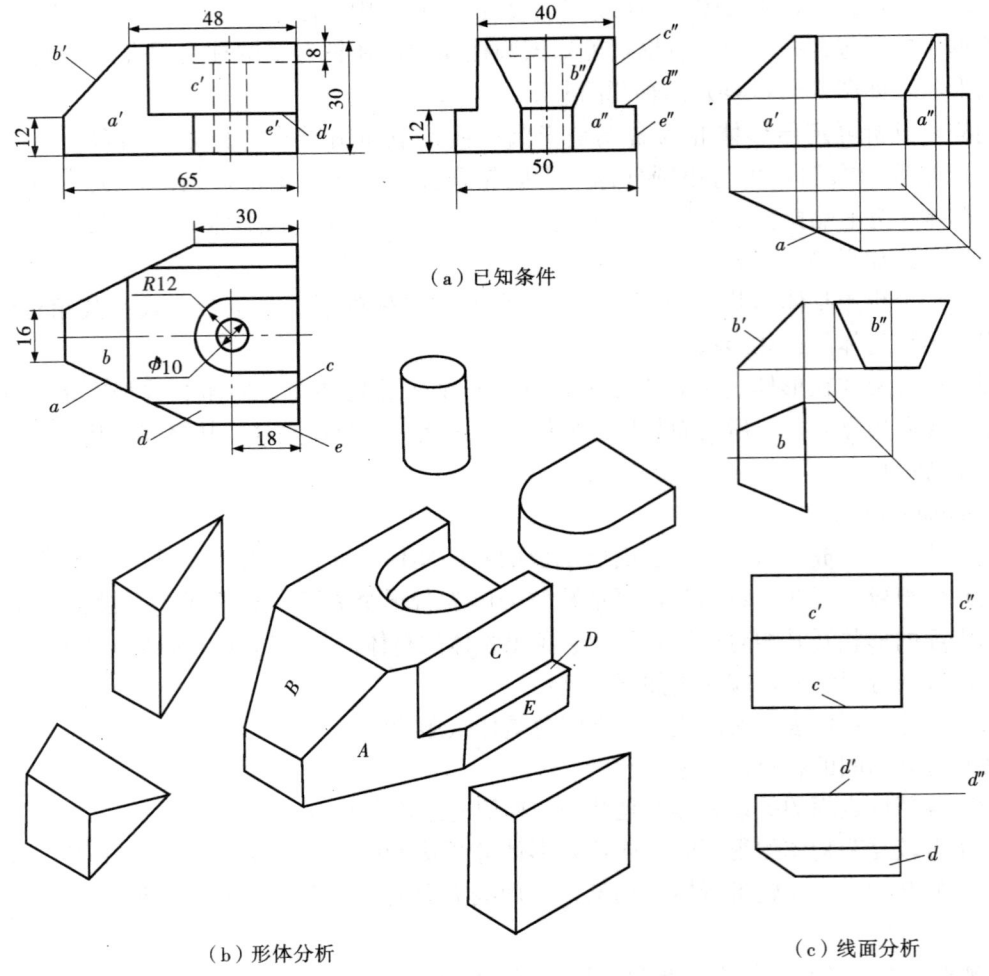

图 8-21　压块三视图

框 b，侧面投影必为其类似形——梯形线框 b″。其三面投影也单独画于图 8-21（c）中。

该图中还单独给出了正平面 C 和水平面 D 的三面投影。通过上述分析可知：铅垂面 A 的形状为图示七边形图形，正垂面 B 为梯形，正平面 C 为矩形，水平面 D 为直角梯形。

再分析各面的相对位置关系：主视图中有三个封闭线框 a′、c′ 和 e′，经分析可知，线框 a′ 与 c′ 相连，为 A、C 两面相交；线框 a′ 与 e′ 相连，为 A、E 两面相交。线框 c′ 与 e′ 相连，为两个平行平面 C 和 E，且面 E 在前，C 在后。

（4）综合想象出整体形状　通过上述分析，即可得出其整体形状，如图 8-21（b）所示。

三、已知两视图补画第三视图

由两视图补画第三视图或由三视图补漏画线条，是看图和画图的一种综合训练。这种训练、能有效地培养和提高学生的思维能力、空间想象能力、构思能力以及分析问题和解决问题的能力。

〔例 8-3〕由支架的主、俯视图补画出左视图（图 8-22）。

解　如图 8-22（b）所示，将主视图分成三个封闭线框 a′、b′ 和 c′。我们知道，线框与线框相连，或为面与面相交，或为面与面平行。根据投影关系，对照俯视图可知，这三

140

个线框所代表的面为三个平行平面，它们对应于俯视图中三条相互平行的直线 a、b、c。

为什么会是这种结论呢？因为很明显，从主视图中线框 b' 所包围的圆线框可看出，它对应于俯视图中从直线 b 开始，一直伸到后端面的两条虚线，可知它是圆柱孔的投影。由此即可定出 B 面的位置，它为正平面，其水平投影积聚为直线 b。

又从线框 a'、c' 可看出，其上部均有半径相等的可见半圆弧，对照俯视图可知它们为等径的半圆柱孔。由此可看出 A、C 两面的水平投影为与直线 b 平行的前后两条直线，即三个面为相互平行的正平面，且 B 面居中。但究竟 A 面在前还是在后呢？还须进一步分析判断。如果处在 C 面之下的 A 面在后方，则其半圆柱孔的正面投影一定不可见，但这与题设不符，故 A 面在前，而 C 面在后。因此上述判断正确。至此，读者不难想象出支架的整体形状，它可分为前、中、后三层，如图 8-22（f）的轴测图所示。然后逐步补画出其左视图，如图 8-22（b）～（e）所示。

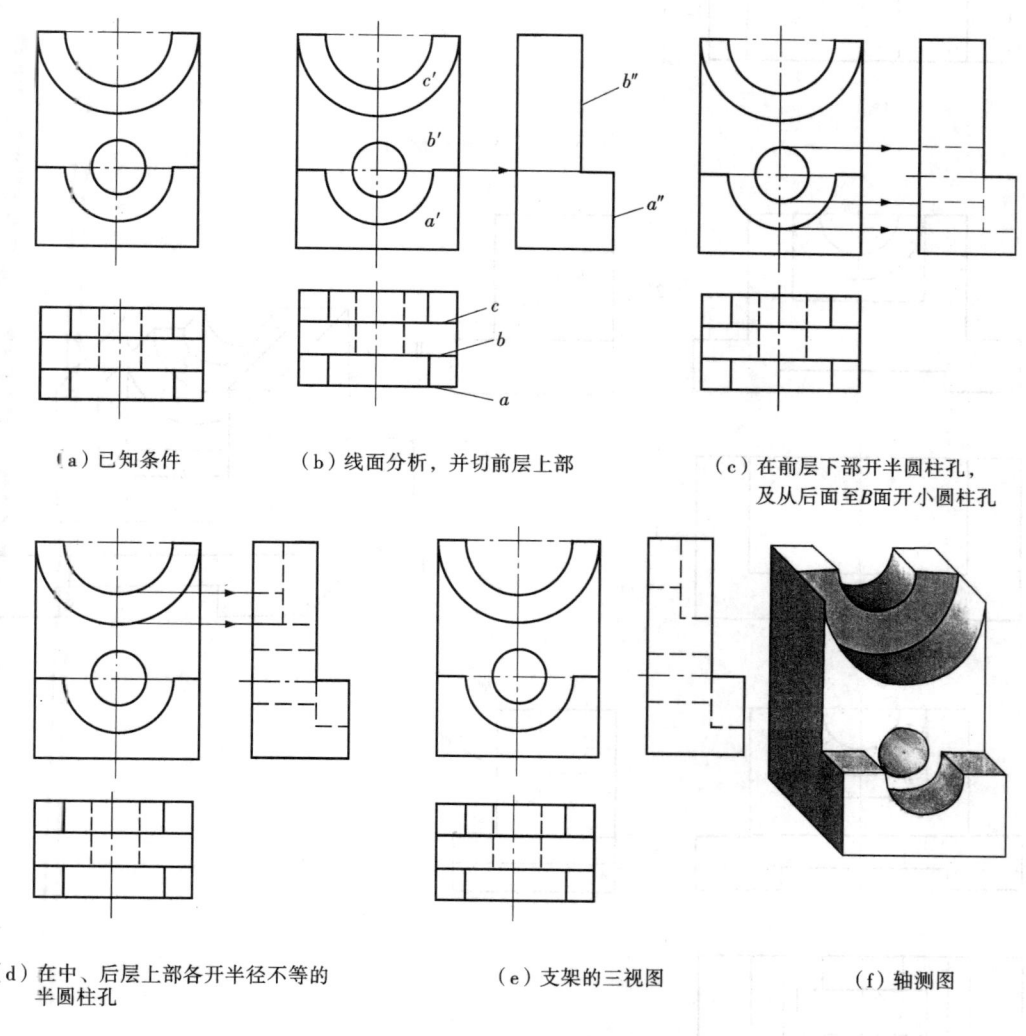

（a）已知条件　　　　（b）线面分析，并切前层上部　　　　（c）在前层下部开半圆柱孔，
　　　　　　　　　　　　　　　　　　　　　　　　　　　　　　　及从后面至 B 面开小圆柱孔

（d）在中、后层上部各开半径不等的　　　（e）支架的三视图　　　　（f）轴测图
　　　半圆柱孔

图 8-22　补画支架左视图

〔例 8-4〕根据组合体的主、俯视图补画出左视图（图 8-23）。

解　分析及补画左视图的方法步骤如图 8-23 所示。

〔例 8-5〕试补齐视图中所漏画的线条〔图 8-24（a）〕。

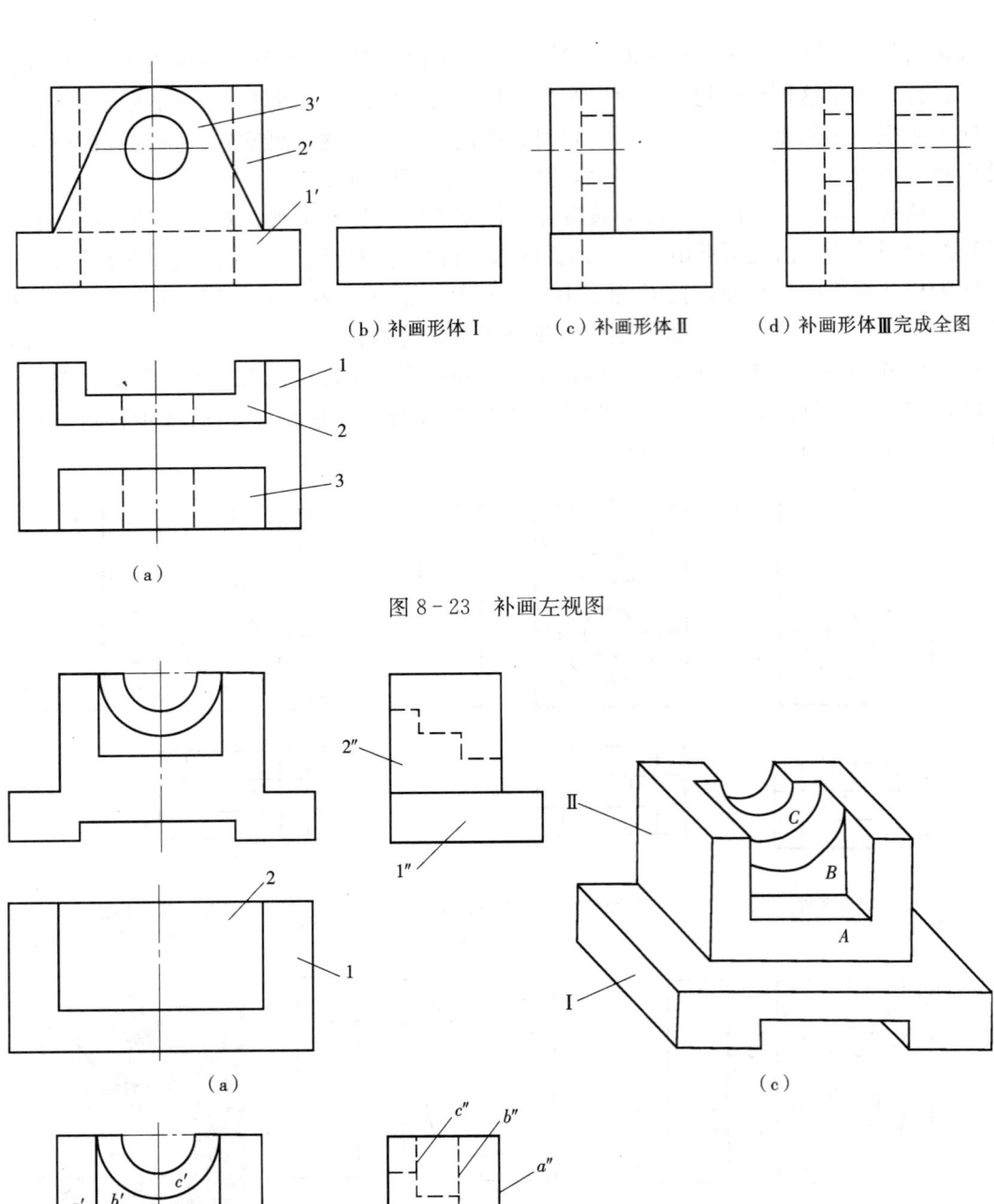

（b）补画形体Ⅰ　　　　（c）补画形体Ⅱ　　　　（d）补画形体Ⅲ完成全图

（a）

图 8-23　补画左视图

（a）　　　　　　　　　　　　　　　　　　（c）

（b）

图 8-24　补漏画线条

解 分析所给的三视图可知，该组合体由形体Ⅰ和Ⅱ叠加而成。它们除背面共面外，其余三面不共面，则应在主视图中补画出交线的投影，如图 8-24（b）所示。

从主视图可知，形体Ⅰ的底部挖了一个矩形通槽，于是应在俯、左视图上补画出相应的投影，如图 8-24（b）所示。从主视图还知，形体Ⅱ又可分为三个封闭线框 a'、b'、c'，对照左视图可知，形体Ⅱ被切割成前、中、后三层；前层切割成矩形槽，中层和后层分别切割成大、小半圆柱孔槽。其整体形状如图 8-24（c）所示。然后在左视图中补齐 B、C 两面的投影 b'' 和 c''，再在俯视图中补齐各层的水平投影，补齐后的三视图如图 8-24（b）所示。

§8-5　组合体的轴测图及其草图的画法

当我们掌握了平面立体和曲面立体的轴测图的画法后，就不难画出组合体的轴测图及其草图。其基本方法仍是用坐标法和切割法，按组合体的组合方式，逐个画出各基本形体而成。

〔**例 8-6**〕试画出图 8-25 所示组合体的正等测图。

解 （1）定坐标系，画轴测轴，如图 8-25（a）、（b）所示。

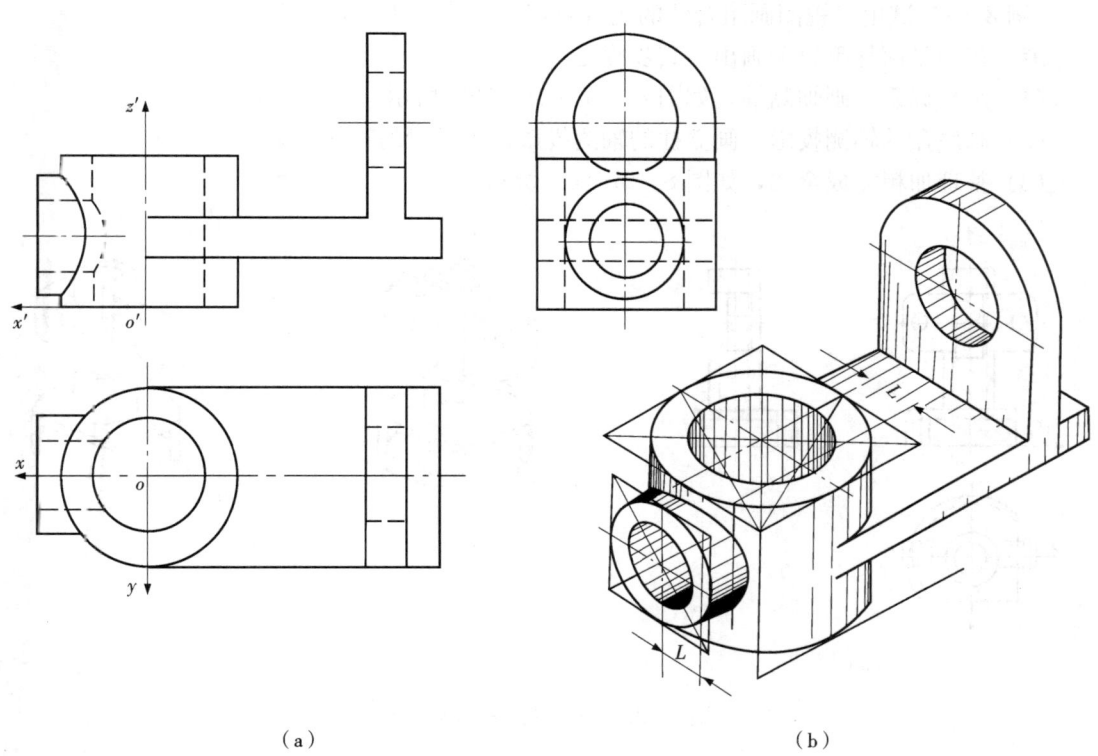

（a）　　　　　　　　　　　　　（b）

图 8-25　由三视图画轴测图

（2）画大圆柱的轴测投影。

（3）画与之相贯的小圆柱的轴测投影。图中采用辅助平面法求相贯线的轴测投影。

（4）画平板的轴测投影。同时应画出平板与大圆柱相截部分的可见的截交线。

（5）画立板的轴测投影，完成全图。

〔**例 8 – 7**〕试画出图 8 – 26（a）所示弯板的正等测图。

解 该组合体由底板Ⅰ、弯板Ⅱ及加强筋Ⅲ组成。形体Ⅱ和Ⅲ为一般柱面。

要画出其轴测图，必须作出一系列侧平面去剖切该物体，求出各个断面的截交线，并用坐标法画出各断面的轴测投影，然后光滑连接而成。作图如图 8 – 26（b）、（c）所示。

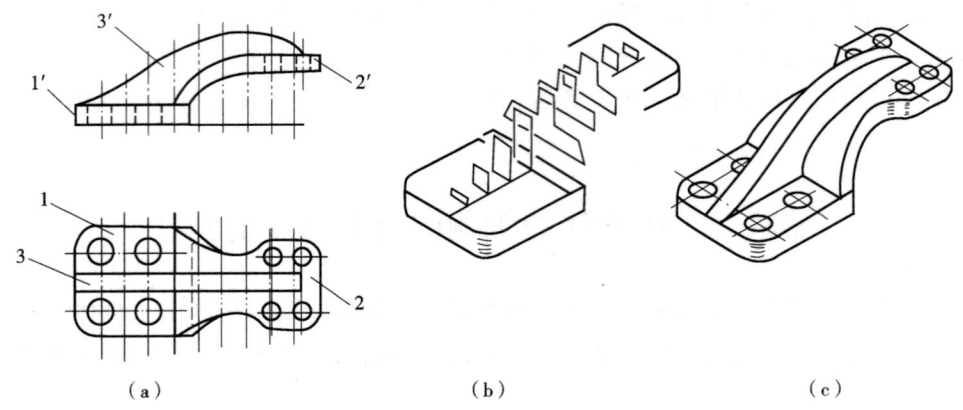

图 8 – 26　作弯板的轴测图

〔**例 8 – 8**〕试由三视图画组合体的正等测草图（〔图 8 – 27（a）〕。

解 草图是由徒手目测画出。其步骤是：

（1）定坐标系，画轴测轴，如图 8 – 27（a）、（b）所示。

（2）画底盘的轴测投影；画立柱的轴测投影；画横梁的轴测投影。

（3）整理加粗完成全图，如图 8 – 27（c）所示。

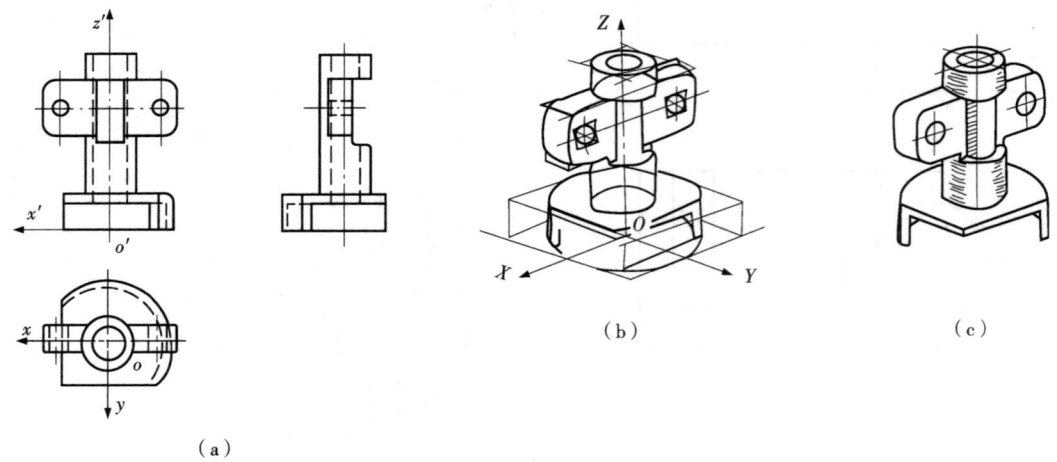

图 8 – 27　由三视图画轴测草图

〔**例 8 – 9**〕由轴测图徒手画出组合体的三视图（图 8 – 28）。

解 该组合体为切割类型，可看做是在长方体上切去四个形体而成。画其三视图草图时，可在方格纸上进行，具体画法如图 8 – 28 所示。

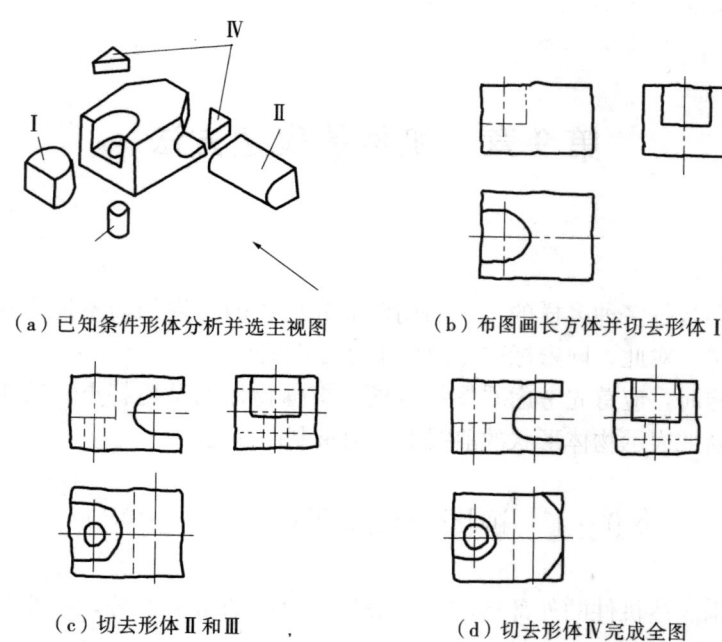

（a）已知条件形体分析并选主视图　　　（b）布图画长方体并切去形体Ⅰ

（c）切去形体Ⅱ和Ⅲ　　　　　　　　（d）切去形体Ⅳ完成全图

图 8-28　由轴测图徒手画三视图

第9章 机件的表达方法

机件的结构形状是多种多样的，有的用前面介绍过的三视图尚不能表达清楚，还需要采用其他表达方法。对此，国家标准专门作了这方面的规定。

绘制技术图样时，应首先考虑看图的方便。根据物体的结构特点，选用适当的表示方法。在完整、清晰地表示物体形状的前提下，力求制图简便。

§9-1 视图 (GB/T17451—1998)

视图主要用来表达机件的外部形状。一般只画机件的可见部分，必要时才画出不可见部分。

常用的视图：基本视图、向视图、局部视图和斜视图。

一、基本视图

国家标准规定采用正六面体的六个面为基本投影面，如图9-1（a）所示。机件向基本投影面投射得到的视图称为基本视图。六个基本视图的名称及投射方向规定为：

主视图——由前向后投射所得的视图（前→后）；

俯视图——由上向下投射所得的视图；

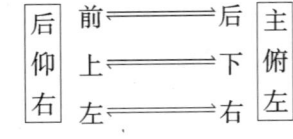

左视图——由左向右投射所得的视图；

右视图——由右向左投射所得的视图；

仰视图——由下向上投射所得的视图；

后视图——由后向前投射所得的视图。

六个基本投影面的展开方法如图9-1（b）所示。展开后六个基本视图的配置关系如图9-1（c）所示。

若六个基本视图画在同一张图纸内，且按图9-1（c）所示位置配置时，则一律不标注视图的名称。其投影规律仍与三视图相同，但应注意主、后视图表达的左右关系正好相反。

六个基本视图也可如图9-1（d）所示用向视图的方法表示。

实际画图时，除主视图外还需画几个基本视图，应根据机件外部结构形状的复杂程度而定。图9-2所示的机件采用了四个基本视图表达。

二、向视图

向视图是可自由配置的基本视图。可根据需要将某个方向的视图配置在图纸的任意位置。应在向视图的上方标出"X"（"X"为大写拉丁字母），在相应视图附近用箭头指明投射方向，并注上同样的字母，如图9-1（d）所示。

三、局部视图

将机件的某一部分向基本投影面投射所得的视图称为局部视图。

如图9-3（a）所示机件，当画出主、俯两个基本视图后，机件上仍有左、右两侧面的

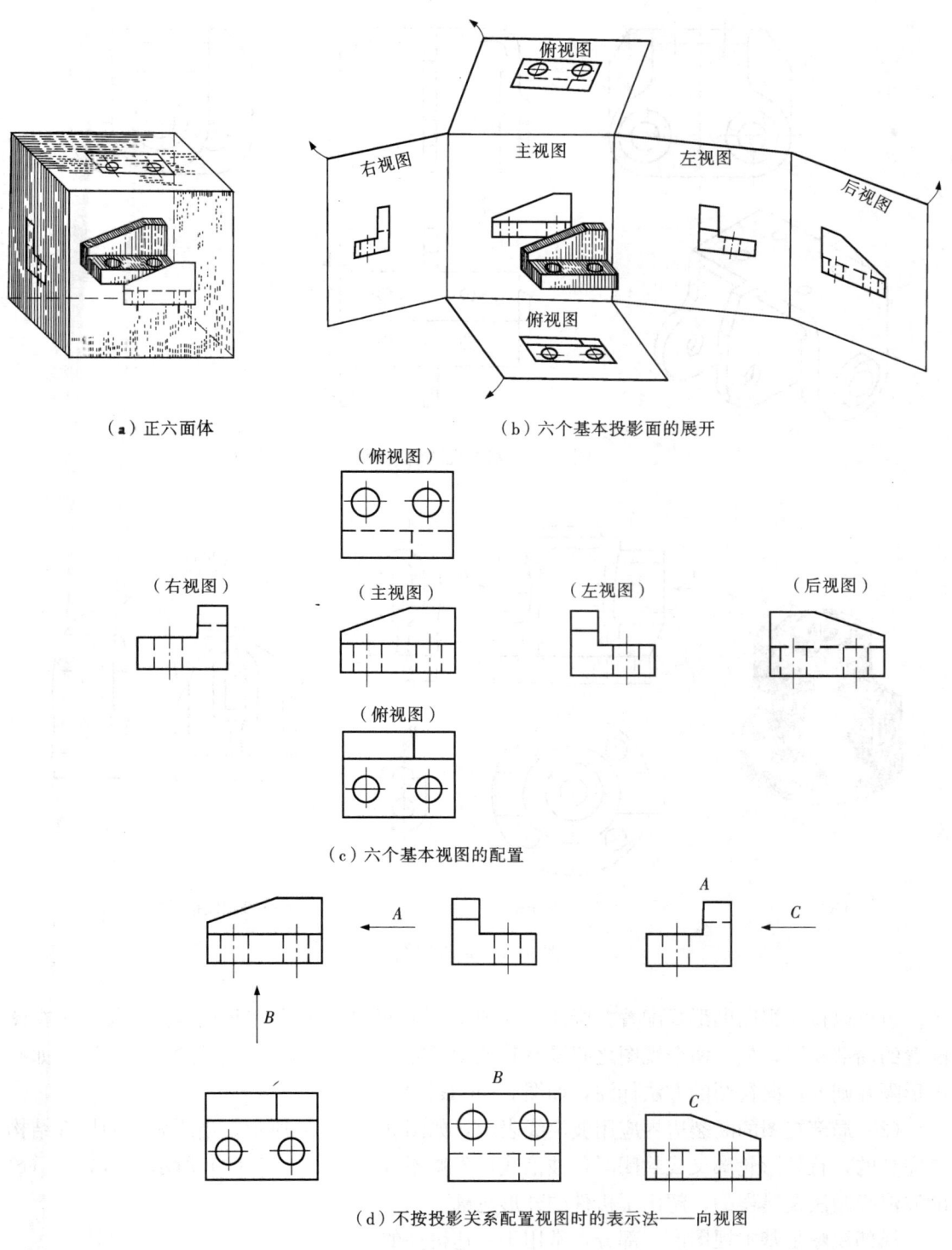

（a）正六面体 （b）六个基本投影面的展开

（c）六个基本视图的配置

（d）不按投影关系配置视图时的表示法——向视图

图 9-1 六个基本视图

凸台形状尚未表达清楚，但又无需画出完整的左或右视图。这时，可只画出表达该部分的 A 向和 B 向局部视图，如图 9-3（b）。这样省去了左、右两个视图，重点突出，表达清楚。

采用局部视图时应注意：

（1）局部视图可按基本视图的形式配置，如图 9-6（b）中处于俯视图位置的局部视

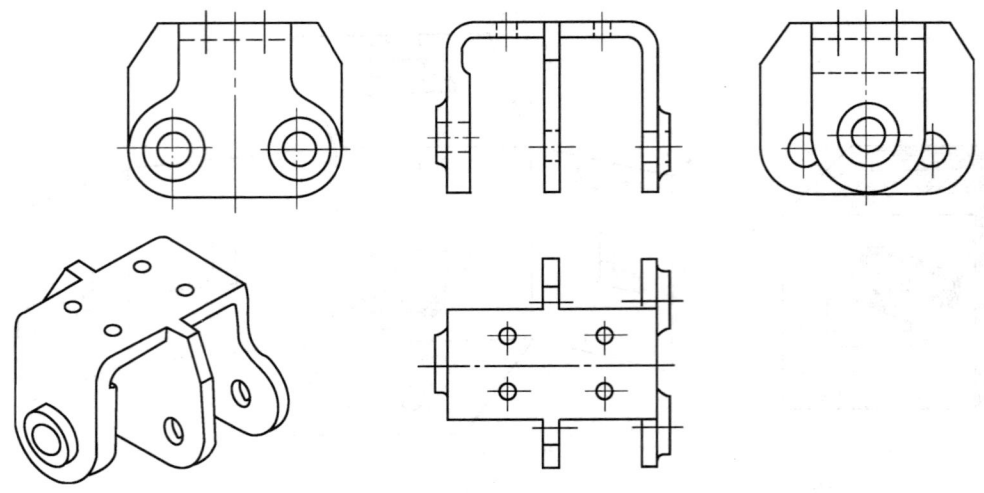

图 9-2　基本视图的应用

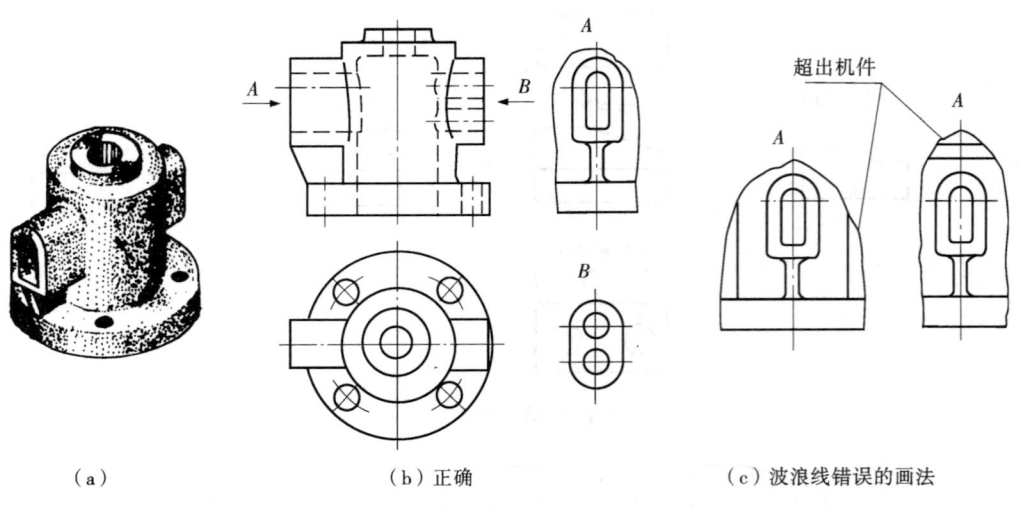

（a）　　　　　　　　　（b）正确　　　　　　（c）波浪线错误的画法

图 9-3　局部视图

图。也可以按向视图的形式配置并标注，如图9-3中的 A 向视图和 B 向视图。按基本视图配置的局部视图，如果两个视图之间没有其他图形隔开，则不要标注［图9-6（b）］。如有图形隔开则要按向视图的方法标注，如图9-6（a）所示。

（2）局部视图的断裂边界应用波浪线表示，如图9-3（b）所示。当所表示的局部结构是完整的，且外形轮廓又成封闭时，波浪线可省略不画，如图9-3（b）所示。图9-3（c）的波浪线画法是错误的，超出了机件的外形轮廓。

局部视图是基本视图的一部分，常用于表达机件的局部外形结构。

四、斜视图

机件向不平行基本投影面的平面投射所得的视图称为斜视图。

图9-4是压紧杆的三视图，由于机件上有一部分结构形状是倾斜的，在俯、左视图上都不能反映该部分的实形。为此，可选择一个与机件倾斜部分平行且垂直于一个基本投影面的辅助投影面，将倾斜结构向该面上投射，即得斜视图。如图9-5和图9-6（a）所示。

斜视图通常按向视图的形式配置与标注。为了保持斜视图与基本视图的投影关系，一般用带字母的箭头指明投射部位和方向，将斜视图配置在箭头所指的方向上，如图 9-6 (a) 中的 A 向视图。

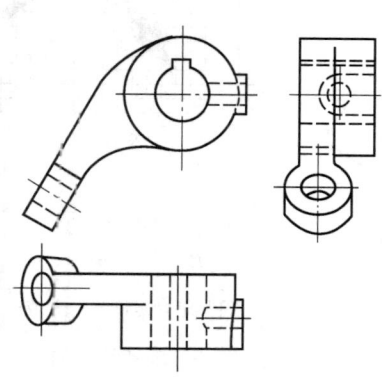

图 9-4　压紧杆的三视图

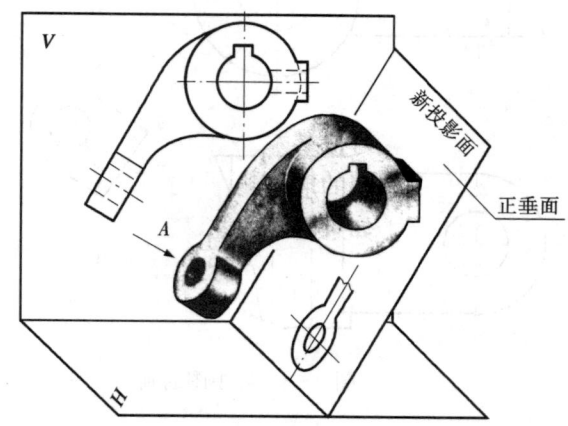

图 9-5　压紧杆倾斜结构的斜视图

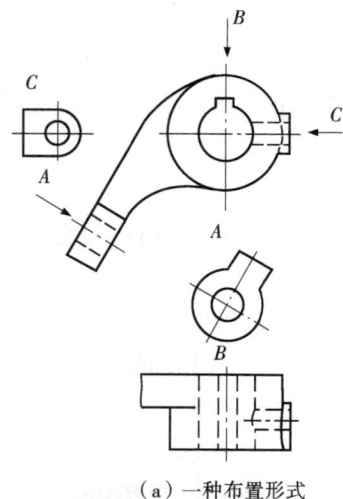

（a）一种布置形式

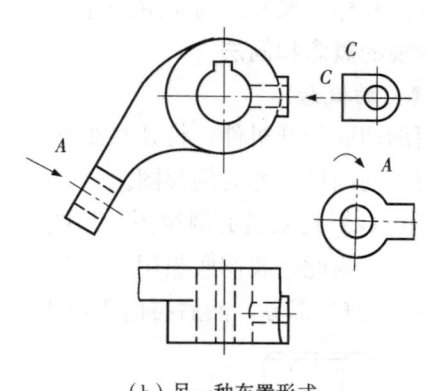

（b）另一种布置形式

图 9-6　压紧杆的斜视图和局部视图

必要时，允许将斜视图旋转配置。这样配置时，表示该视图名称的大写拉丁字母应靠近旋转符号的箭头端，如图 9-6 (b) 中的 A 向视图，也允许将旋转角度注写在字母后（图 9-7）。

斜视图的投影面应按箭头所指方向旋转展开（图 9-8）。

旋转符号的尺寸和比例如图 9-9 所示。

斜视图通常用来表达机件倾斜部分的实形，其他部分不必全部画出而用波浪线或折断线断开，如图 9-6 (a) 的 A 向视图和图 9-7 (b) 中的 A 向视图。当所表达的结构形状完整，且外轮廓又是封闭图形时，则波浪线或折断线可省略不画，如图 9-8 (a) 中的 A 向视图。

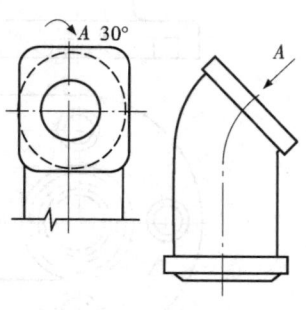

图 9-7　斜视图画法（二）

149

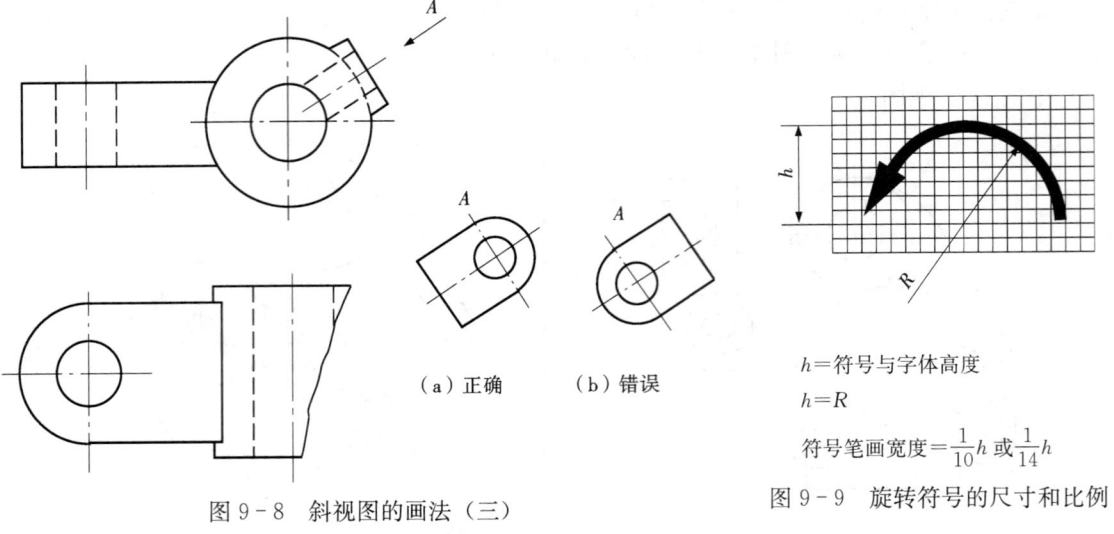

图 9-8 斜视图的画法（三）

（a）正确　　（b）错误

$h=$符号与字体高度

$h=R$

符号笔画宽度$=\dfrac{1}{10}h$或$\dfrac{1}{14}h$

图 9-9　旋转符号的尺寸和比例

§9-2　剖视图（GB/T17452—1998、GB/T4458. 6—2002）

当物体内部结构形状比较复杂时，视图中会出现较多的虚线，这既影响图形的清晰性，又不便于看图和标注尺寸。为了解决这个问题，常采用剖视的方法。

一、剖视的概念和画法

1. 剖视图的概念

假想用剖切面剖开机件，将处在观察者与剖切面之间的部分移出，而将其余部分向投影面投射所得的图形，称为剖视图。

图 9-10（a）是泵盖的两视图，从图中可以看出主视图出现了许多虚线，说明其内部结构比较复杂。为此，我们假想用一个剖切平面沿机件的前后对称面把它完全剖开〔图 9-10（b）〕。移去前半部分，然后再向正面投射，便得泵盖的剖视图。

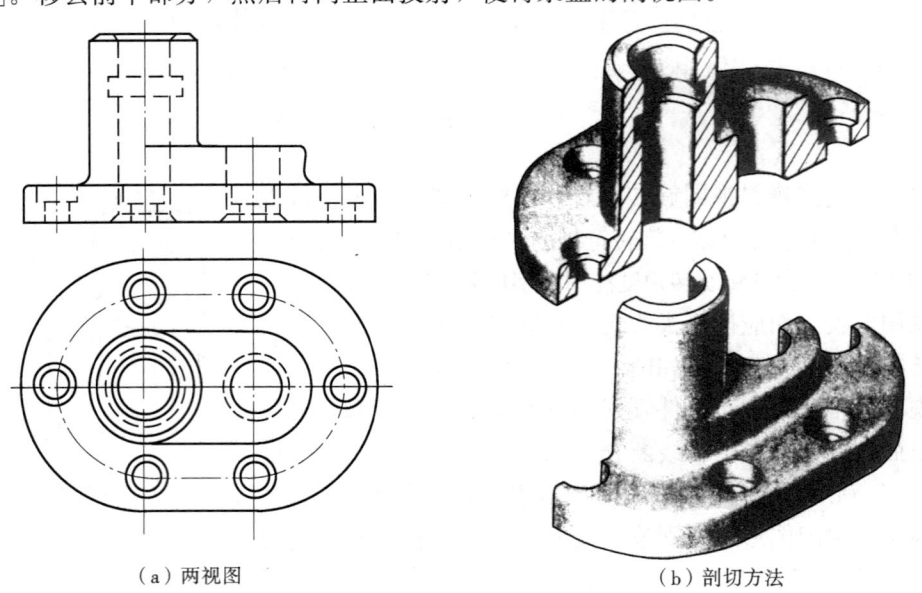

（a）两视图　　　　　　　　（b）剖切方法

图 9-10　泵盖的剖切方法

2. 剖视图的画法

下面以图 9-10 所示的泵盖为例说明画剖视图的步骤：

（1）确定剖切面的位置。取通过泵盖的前后对称面的正平面为剖切面，将物体切开，移去剖切面前面部分，用粗实线画出物体被剖切后的截断面的轮廓线，如图 9-11（a）。

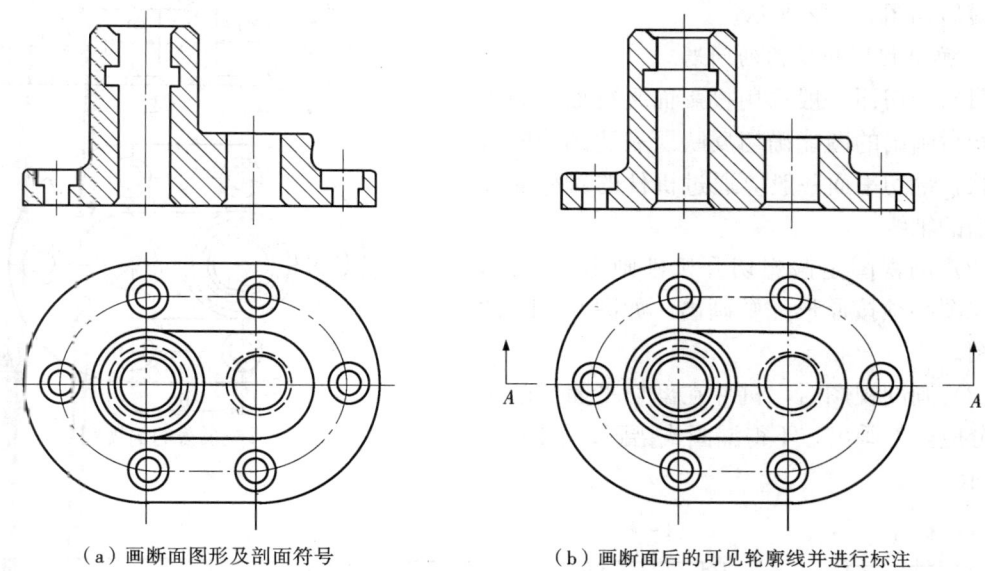

（a）画断面图形及剖面符号　　　　　（b）画断面后的可见轮廓线并进行标注

图 9-11　作泵盖的剖视图

（2）在剖面区域（剖切面与物体的接触部分）内画上通用剖面线。

（3）画出剖切面后的可见轮廓线，如图 9-11（b）。与图 9-11（a）对照比较可以看出，剖视后，原来看不见的内部结构变成看得见，相应的虚线变成粗实线，画有通用剖面线的地方表明是剖切面与机件的接触部分（实体部分），反之是不接触部分（空腔或孔洞）。因此，剖视将机件的内部结构形状、空腔与实体部分的区分表达得一清二楚。

（4）按规定对剖视进行标注，如图 9-11（b）所示。

3. 剖视的标注

为了便于判断剖切位置和剖切后的投射方向，以及剖视图与其他视图之间的对应关系，对剖视图应进行标注，具体要求如下：

（1）在剖视图的上方注出剖视图的名称"X-X"（X 为大写拉丁字母）。如图 9-11（b）中主视图的 A-A。

（2）在相应的视图上用剖切符号表示出剖切位置和投射方向，并注上同样的字母，如图 9-11（b）所示。

剖切符号是用来指示剖切面的起、讫、转折位置（用粗短画线表示）和投射方向（用箭头表示或粗短画线表示）。标注时，表示剖切位置的粗短画线尽量不要与图形的轮廓线相交，剖切符号之间的剖切线可省去不画。箭头标注在起、讫剖切位置处的粗短画线的两端。

如果在同一张图纸上同时有几个剖视图，则其名称应按字母顺序排列，不得重复。

若遇下列情况，剖视图的标注可简化或省略：

①当剖视图按投影关系配置，中间又没有其他图形隔开时，可允许省略剖切符号中的箭头，图 9-11（b）中的箭头可以省略。

151

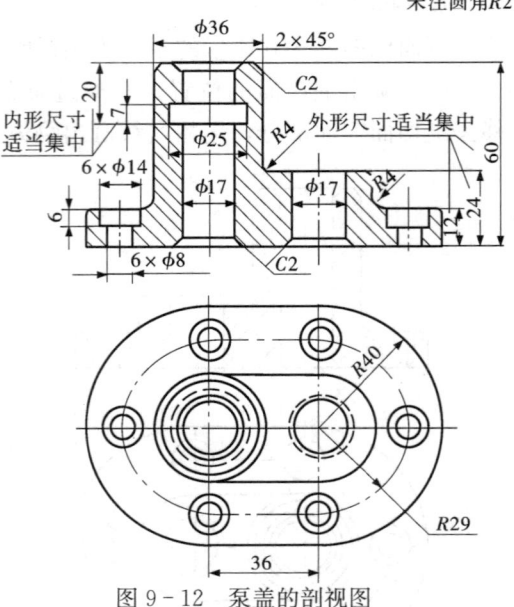

②当剖视图按投影关系配置，中间又没有其他图形隔开，且单一剖切平面与机件的对称平面重合时，可以省略标注，因此，图9-11（b）中的剖视标注可全部省略，加上尺寸标注，最后如图9-12所示。

4. 画剖视图应注意的问题

（1）剖切面一般选用投影面平行面。为了使剖切后画出的图能确切反映所表达部分的真实形状，剖切平面一般应通过机件的对称面或孔、槽的轴线。

（2）剖视图是假想切开机件画出的图形，其他视图必须按原形完整画出，如图9-12的俯视图。

（3）画剖视图时，机件在剖切平面后的可见部分应全部画出，不得漏画或错画，如图9-13所示。

图9-12　泵盖的剖视图

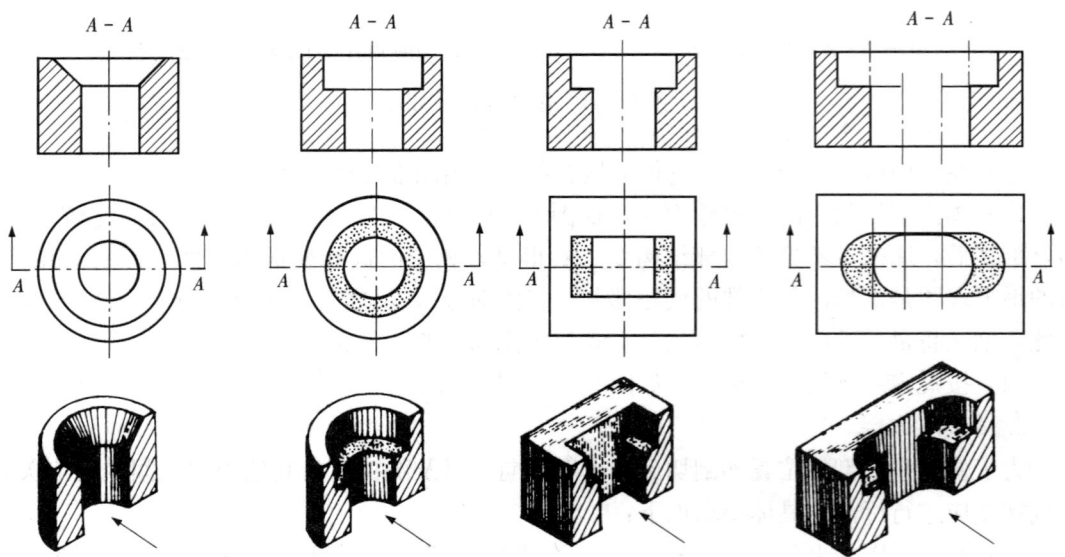

图9-13　几种孔槽的剖视图（立体图是剖切后留下的部分）

（4）通用剖面线只画在剖面区域内，剖面区域是指剖切平面与物体接触的部分（实体部分）。GB/T17453—1998规定，通用剖面线一般以适当角度的平行细实线绘制，最好与主要轮廓线或剖面区域的对称线成45°，如图9-14所示。同一机件的通用剖面线的方向要相同，间隔要相等。

通用剖面线只有在剖面区域内不需要表示材料的类别时采用。若要在剖面区域内表示材料的类别，应采用特定的剖面符号表示。特定剖面符号由相应的标准确定，如表9-1所示。

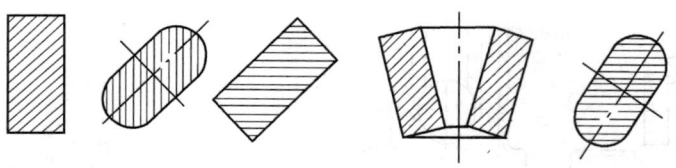

图 9-14 通用剖面线的画法

表 9-1   剖 面 符 号

材料名称	剖面符号	材料名称	剖面符号	材料名称	剖面符号
金属材料（已有规定剖面符号者除外）		线圈绕组元件		混凝土	
非金属材料（已有规定剖面符号者除外）		转子、电枢、变压器和电抗器的叠钢片		钢筋混凝土	
玻璃及其他透明材料		胶合板（不分层数）		格网（筛网、过滤网等）	
木材（纵剖面）		型砂、填砂、砂轮、陶瓷及硬质合金、粉末冶金		砖	
木材（横剖面）		液体		基础周围泥土	

（5）剖视图中，不可见轮廓线一般不画，但结构尚未表达清楚时则必须画出虚线。

二、剖视图的种类和应用

按剖开机件的范围的多少，可将剖视图分为全剖视图、半剖视图和局部剖视图。

1. 全剖视图

用剖切平面完全地剖开机件所得到的剖视图称为全剖视图，图 9-12 所示的剖视就是全剖视。

全剖视图主要用于表达外形简单、内部结构较复杂的机件（图 9-15）；也用来表达由回转面构成的外形简单而内部复杂的机件（图 9-16）。

全剖视图的标注方法按前述规定的方法标注。

2. 半剖视图

当机件具有对称平面时，向垂直于对称平面的投影面上投射所得的图形。它以对称线为界，一半画成剖视图，另一半画成视图，这种合成的图形称为半剖视图，简称半剖，如图 9-17 所示。

半剖视图主要用于内、外结构形状均需要表达的对称机件，如图 9-18 所示。或接近对称，其不对称部分已有另外视图表达清楚的机件，如图 9-19 所示。

采用半剖视图时应注意：

（1）在半剖视图中，半个剖视图和半个视图的分界线规定以点画线画出。

153

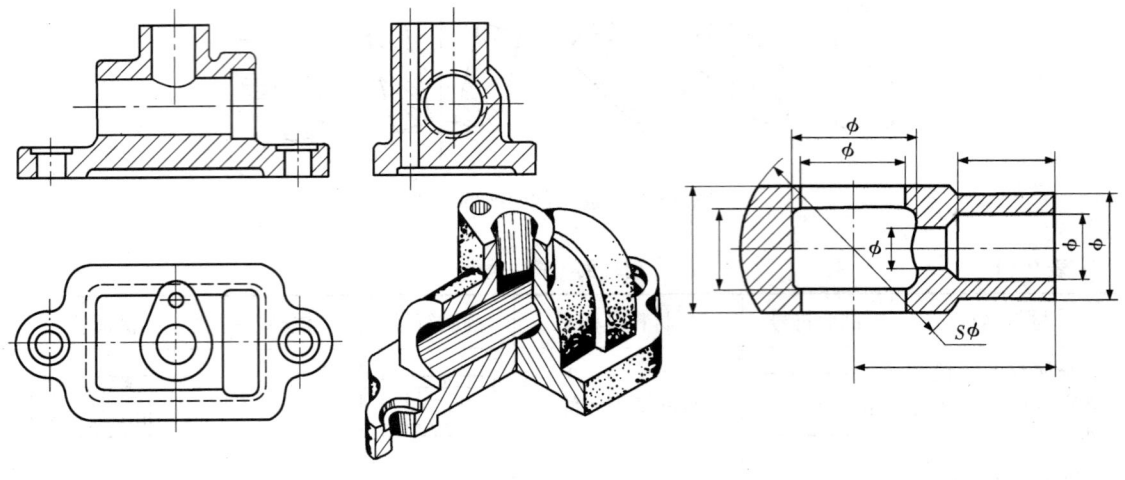

图 9-15　全剖视图　　　　　　　　图 9-16　回转体的全剖视图

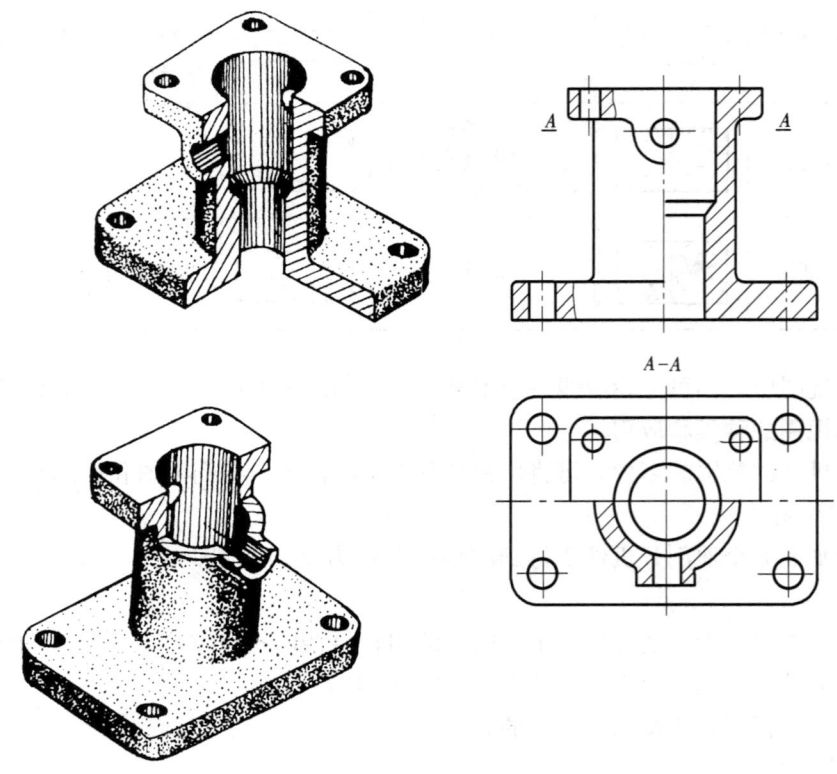

图 9-17　半剖视图

（2）由于采用半剖的为对称机件，在半剖中已表达清楚的内形，在另一半视图中其虚线省去不画，如图 9-17 和图 9-18 所示。

（3）半剖视图的标注与全剖视的标注相同。

3. 局部剖视图

用剖切面局部地剖开机件所得的剖视图称为局部剖视图（图 9-20）。

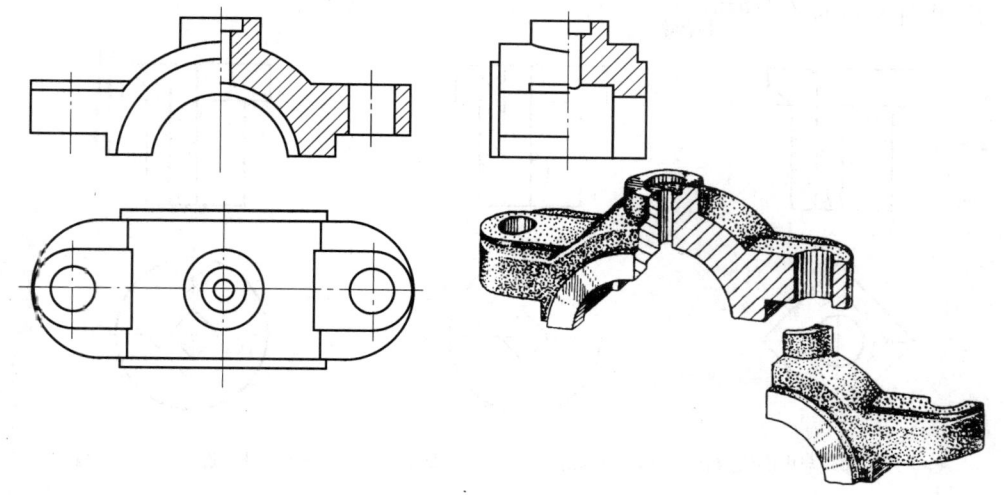

图 9-18　轴承盖的半剖视

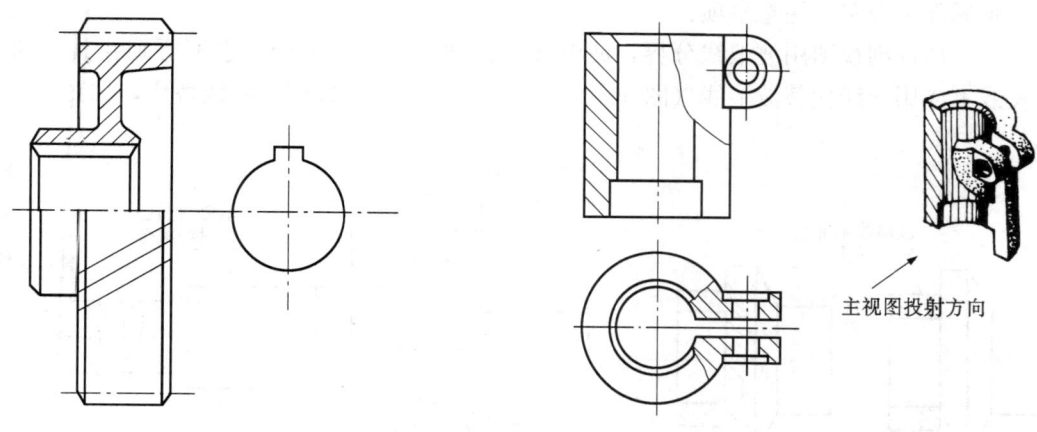

图 9-19　机件接近于对称的半剖视图

图 9-20　局部剖视图

局部剖视图应用于以下情况：

（1）当不对称机件的局部结构需要表达，而又不宜作全剖或半剖时，如图 9-21 所示。

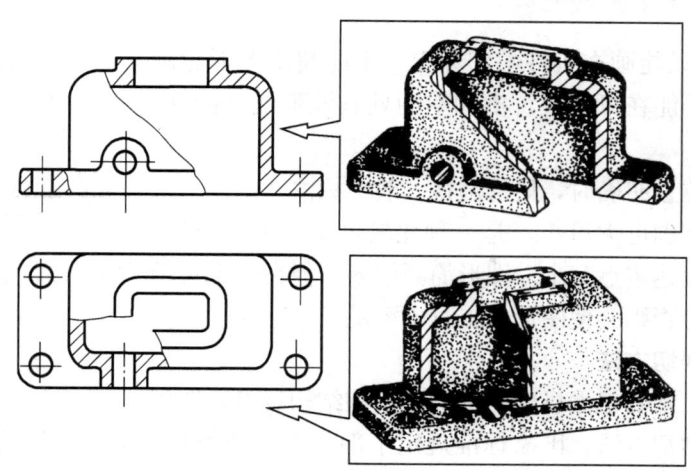

图 9-21　用局部剖视图表达零件的内形

（2）机件虽然对称，但不宜作半剖的机件，如图9-22所示。

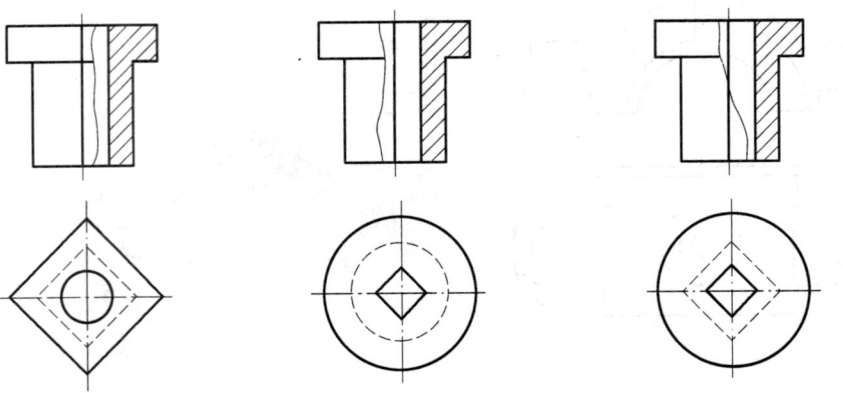

（a）外轮廓线与中心线重合　（b）内轮廓线与中心线重合　（c）内外轮廓线与中心线重合

图9-22　局部剖视图

画局部剖视图的注意事项：

（1）局部剖视图用波浪线分界，波浪线不得和其他图线重合，也不要画在其他图线的延长线上或用交线代替波浪线（图9-23、图9-24）。也可以用折断线替代，如图9-25所示。

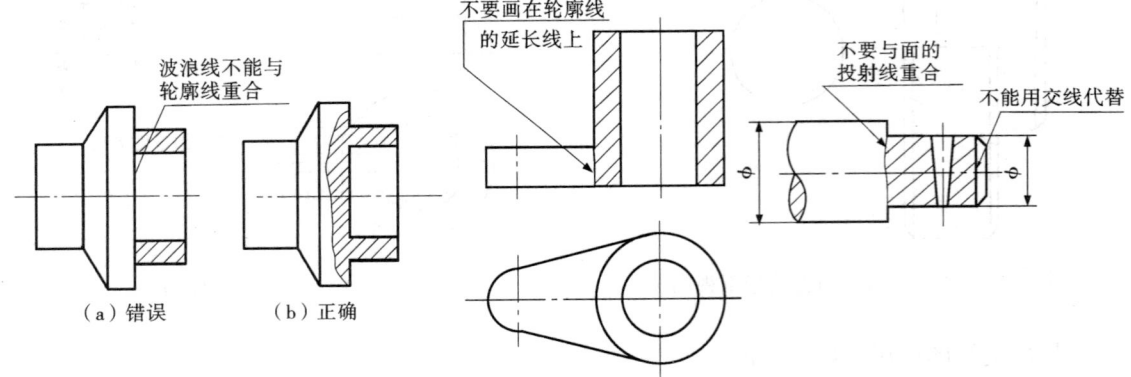

图9-23　局部剖视图的波浪线　　　　图9-24　局部剖视图中波浪线的错误画法

（2）波浪线只能画在机件的实体上，不能超出图形轮廓线之外，同时也不能在可见孔、槽和空洞处画波浪线（图9-26）。

（3）当剖切位置明确时，局部剖视一般不标注。

局部剖视其范围可大可小，是一种比较灵活的表达方法。运用得好，可使表达重点突出、图形简明清晰。但在一个视图中不宜过多采用，否则会使图形显得过于零乱。

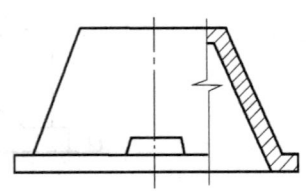

图9-25　折断线替代波浪线

三、常用的剖切方法

画剖视图时，常要根据机件的不同形状和结构特点，选用不同的剖切面和剖切方法。国家标准规定了剖切面的种类有：单一剖切面、几个平行的剖切平面、几个相交的剖切面。用这些种类的剖切面剖开机件，便产生相应的剖切方法。不论采用哪一种剖切面及其相应的剖切方法，一般都可采用全剖视图、半剖视图及局部剖视图来表达。

1. 单一剖切面

（1）一般采用平行于基本投影面的平面剖切。如前述的全剖、半剖和局部剖都是用这类平面剖开机件，图9-27中的 $A-A$ 剖视就是用平行于 V 面的单一平面剖切。此外也可采用单一柱面剖开机件，如图9-27中的 $B-B$ 剖视，但应按展开绘制。

（2）根据实际需要，也可用不平行基本投影面的剖切平面剖切。

图9-28所示的机件，为了表达机件上部凸台的内部结构及上部方板形状，用过凸台通孔中心线的正垂面剖切机件，这种用不平行基本投影面的剖切平面剖开机件的方法称为斜剖视。斜剖的方法适用表达机件的倾斜部分的内部结构形状。

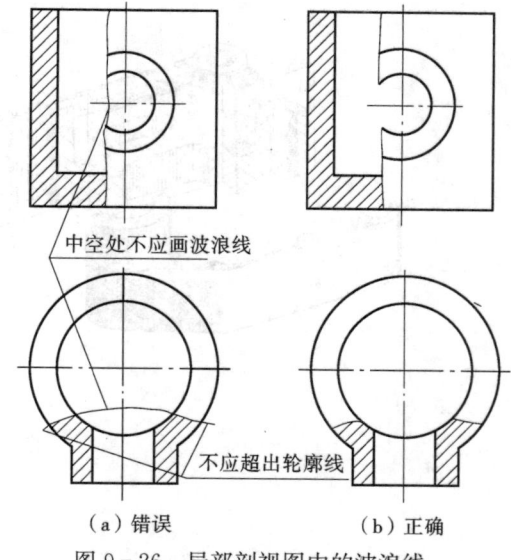

中空处不应画波浪线

不应超出轮廓线

（a）错误　　　　　（b）正确

图9-26　局部剖视图中的波浪线

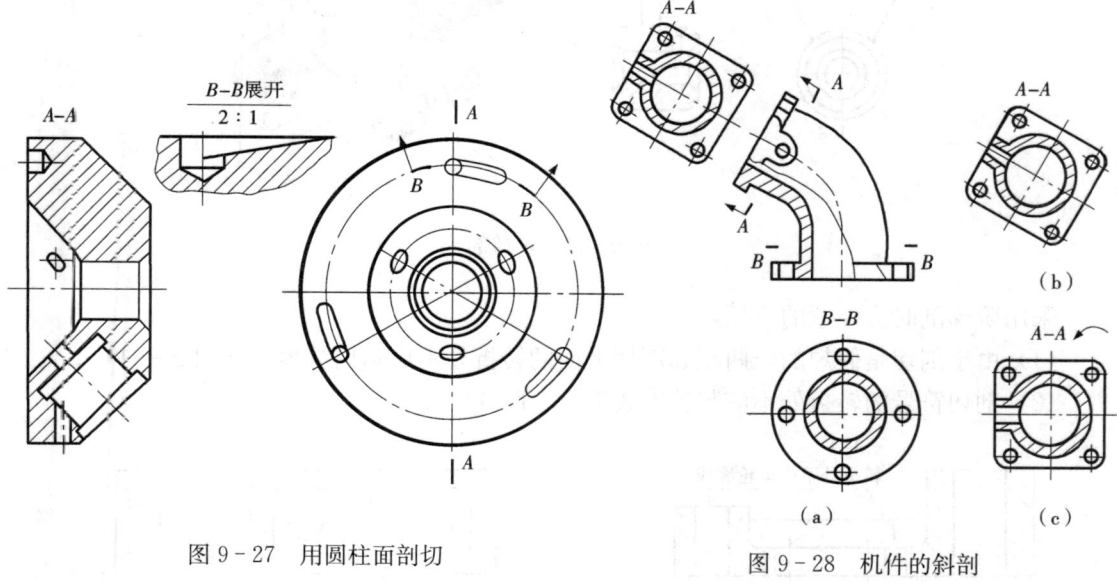

图9-27　用圆柱面剖切

图9-28　机件的斜剖

用斜剖方法绘制的剖视图，一般按投影关系配置在箭头所指的方向上，如图9-28（a）中的 $A-A$ 剖，也可以画在其他位置，如图9-28（b）所示，必要时还可将其旋转摆正画出，如图9-28（c）所示。

斜剖一定要标注，标注形式和方法如图9-28所示。

2. 几个平行的剖切面

用几个平行的剖切平面剖开机件的方法称为阶梯剖。如图9-29和图9-30所示，当机件上有较多的内部结构形状，而它们的轴线或对称面又处在两个或多个平行的平面上时，可采用阶梯剖。

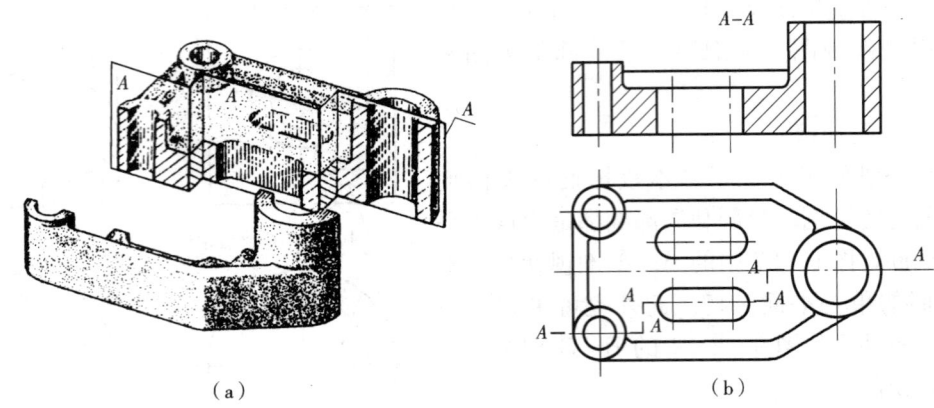

（a）

（b）

图 9 - 29　阶梯剖

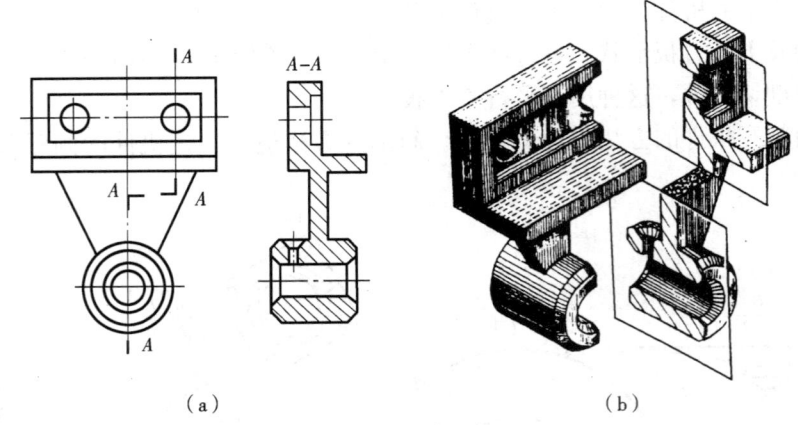

（a）

（b）

图 9 - 30　阶梯剖

采用阶梯剖时应注意的事项：

（1）由于剖切是假想的，两相邻剖切平面的转折处不应画出分界线（图 9 - 31）。

（2）剖切符号的转折处不应与轮廓线重合（图 9 - 32）。

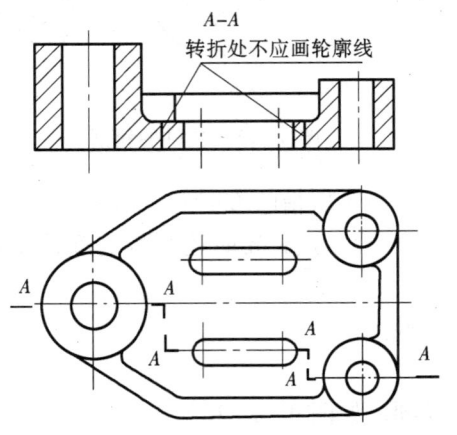

图 9 - 31　阶梯剖的错误画法（一）

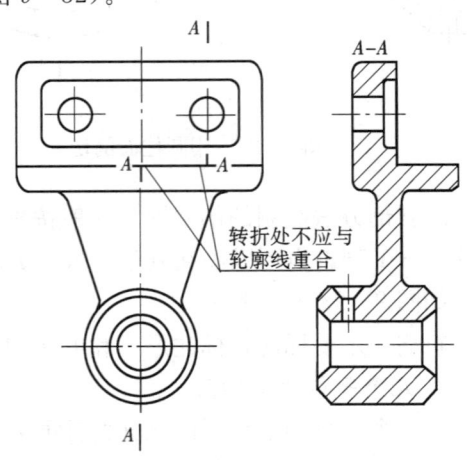

图 9 - 32　阶梯剖的错误画法（二）

（3）剖切位置的选择，应避免在剖视图上出现不完整的结构要素（图 9-33）。只有当机件上两个结构要素具有公共对称中心线或轴线时，才允许出现不完整的结构要素。可各画一半，此时应以对称中心线或轴线为界，如图 9-34 中的 $A-A$ 所示。

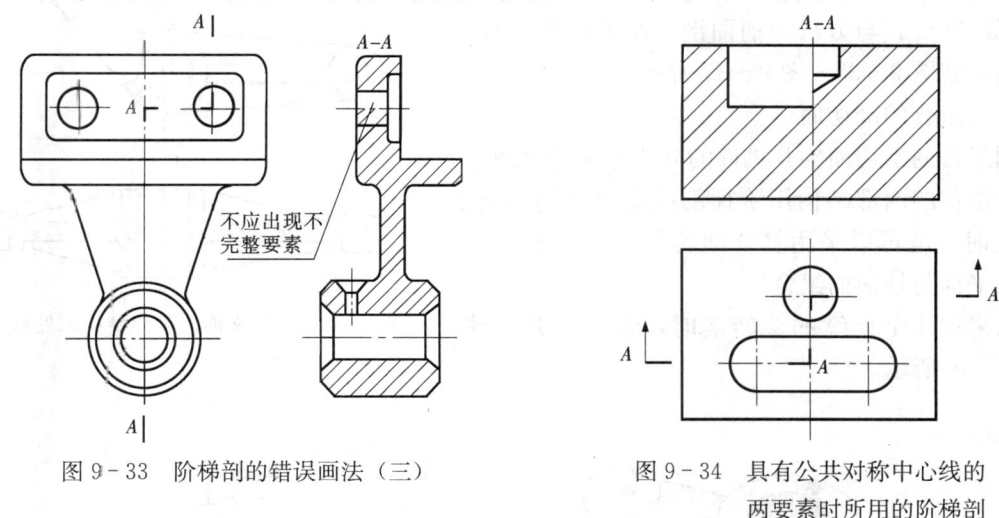

图 9-33　阶梯剖的错误画法（三）　　　　　图 9-34　具有公共对称中心线的
　　　　　　　　　　　　　　　　　　　　　　　　　　　两要素时所用的阶梯剖

（4）阶梯剖必须进行标注，如图 9-29 和图 9-30 所示。

3．几个相交的剖切面

（1）用两个相交平面剖切

用两个相交的剖切平面（交线垂直于某一基本面）剖开机件的方法称为旋转剖。

旋转剖适用于剖切那些具有公共回转轴线的机件，且轴线恰好是两剖切平面的交线。一般情况下，两个剖切面分别是投影面平行面和投影面垂直面，如图 9-35（a）所示。在绘制该剖视图时，为了使剖切到的倾斜结构在图上能反映实形，必须将剖开后的倾斜结构绕公共轴线旋转到与选定的投影面平行后再进行投射，如图 9-35（b）所示。

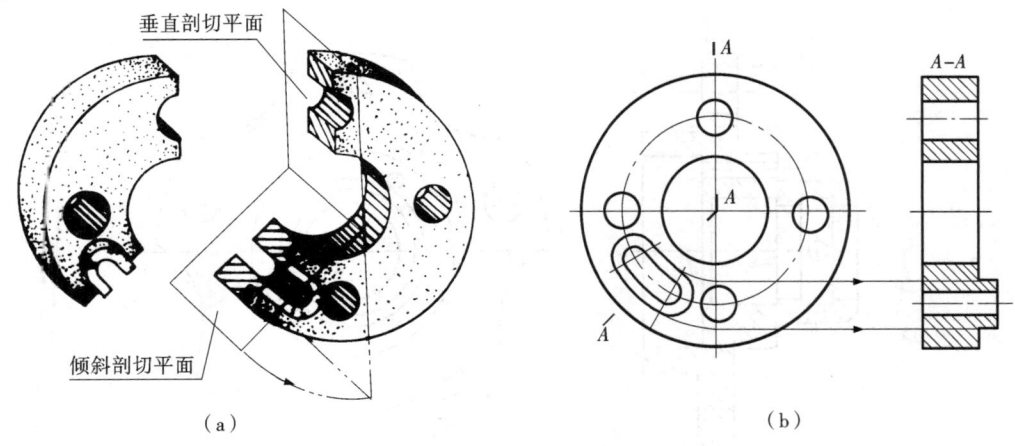

（a）　　　　　　　　　　　　　　　　（b）

图 9-35　机件的旋转剖

采用旋转剖时应注意的事项：

①位于剖切平面后的其他结构要素一般仍按原来位置投影画出，如图 9-36 中的小孔在俯视图上的投影。

159

②剖切后产生不完整要素时，应将该部分按不剖画出，如图9-37中的臂。

③旋转剖一定要标注。

标注的形式与方法与前面剖视图的标注所述内容一致，如图9-35~图9-37所示。

（2）组合的剖切面

用组合的剖切面剖开机件的方法称为复合剖。

当机件的内部结构用阶梯剖或旋转剖仍不能表达清楚时，就可以采用复合剖的方法，如图9-38所示（平面与柱面的组合）。

当采用几个连续的旋转剖时，常用展开画法，如图9-39所示。

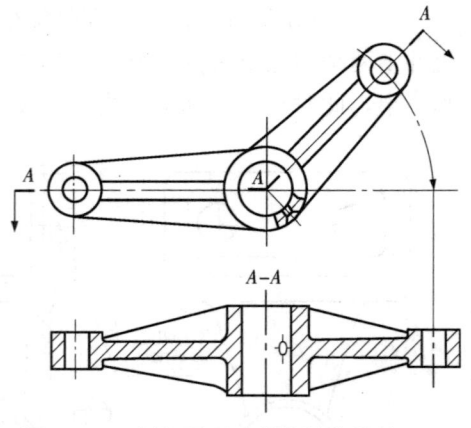

图9-36　剖切平面后其他结构的处理

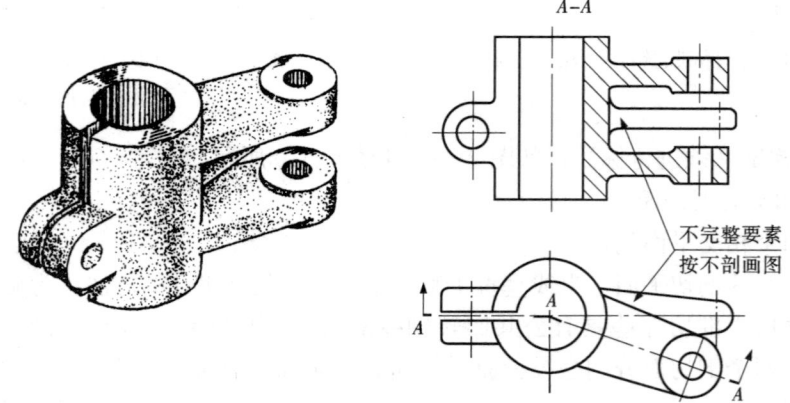

图9-37　剖切产生的不完整要素的处理

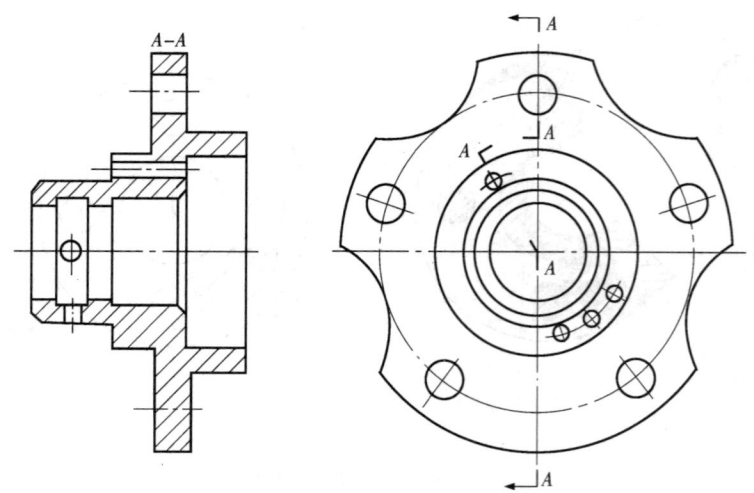

图9-38　机件的复合剖

复合剖一定要标注，标注的方法与阶梯剖、旋转剖相同（图9-38）。

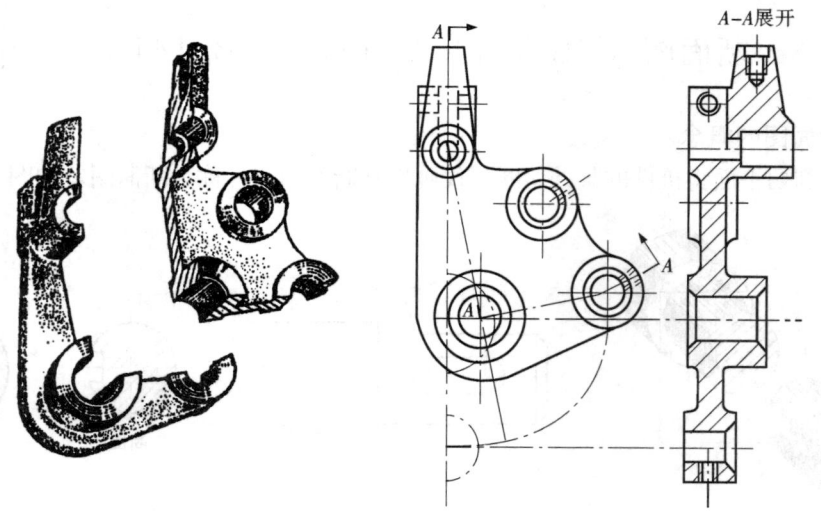

图 9-39　复合剖切的展开画法

四、剖视图的特殊情况及其标注

（1）用同一个剖切面剖切机件，而按不同方向投影所得到的两个不同剖视图，按图 9-40 的方法标注。

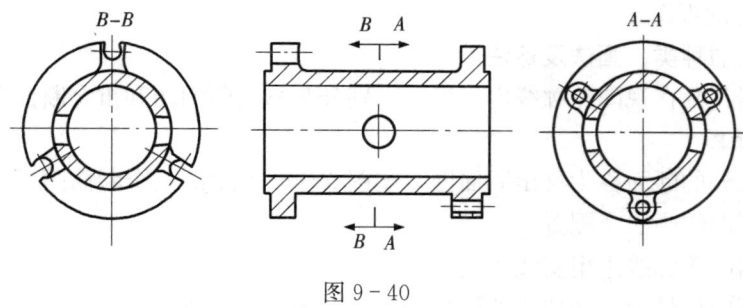

图 9-40

（2）用几个剖切平面分别剖切机件，而得到完全相同的剖视图时，按图 9-41 的形式标注。

（3）对于某些对称机件的剖切，可将投影方向一致的几个剖视图各取一半（或 1/4）合并成一个图形，并按图 9-42 的方法标注。

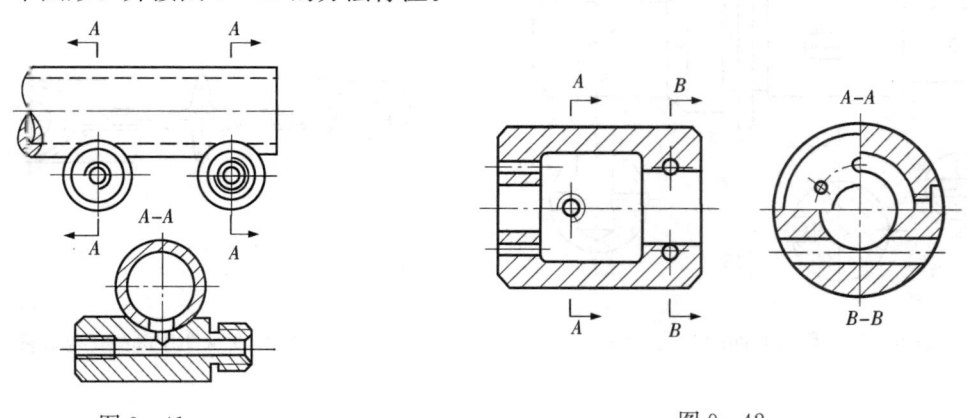

图 9-41

图 9-42

§9-3 断面图 (GB/T17452－1998、GB/T4458.6－2002)

一、断面图的概念

假想用剖切平面将机件的某处切断，仅画出其断面图形，称为断面图，如图9-43所示。

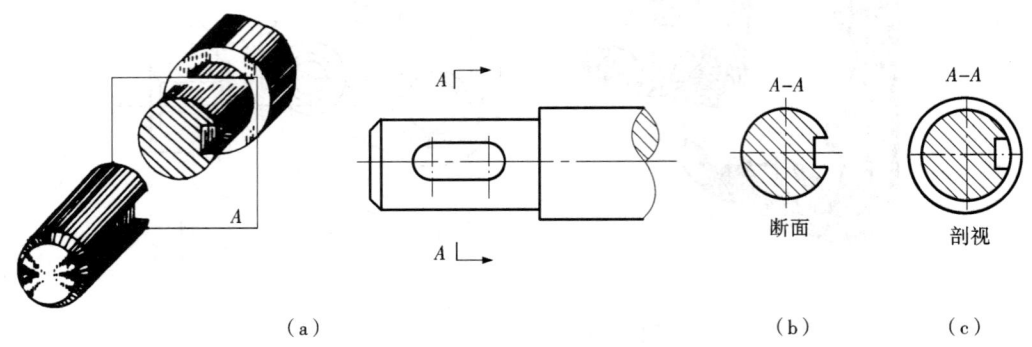

（a） （b） （c）

图9-43 断面图的形成

断面图与剖视图的区别在于：断面图只画机件被剖切后的断面形状，而剖视图除画出断面形状之外，还必须将机件上位于剖切平面后的形状画出，如图9-43（b）为断面图，图9-43（c）为剖视图。

二、断面图的种类、画法及标注

断面图根据其画在视图轮廓线内、外的区别分为移出断面图和重合断面图。

1. 移出断面图

画在视图之外的断面称为移出断面图。如图9-44所示的三个断面图。

（1）移出断面的画法及配置

①移出断面的轮廓线用粗实线画出。

②移出断面应尽量画在剖切线的延长线上，如图9-44所示。

③当断面图形对称时，可画在视图的中断处（图9-45）。也可将移出断面配置在其他适当的位置，并可将图形旋转（图9-46）。

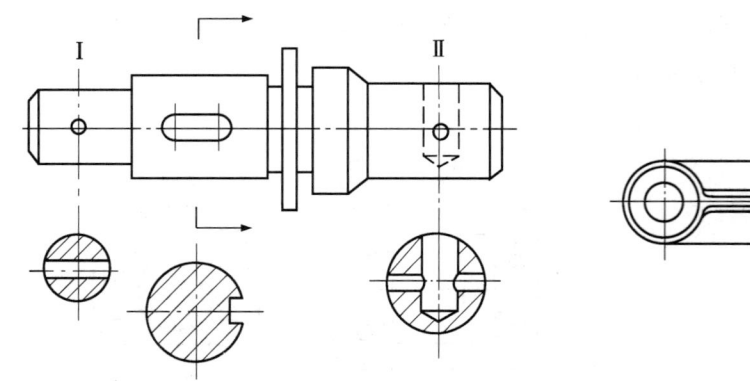

图9-44 移出断面的画法（一） 图9-45 配置在视图中断处的移出断面

162

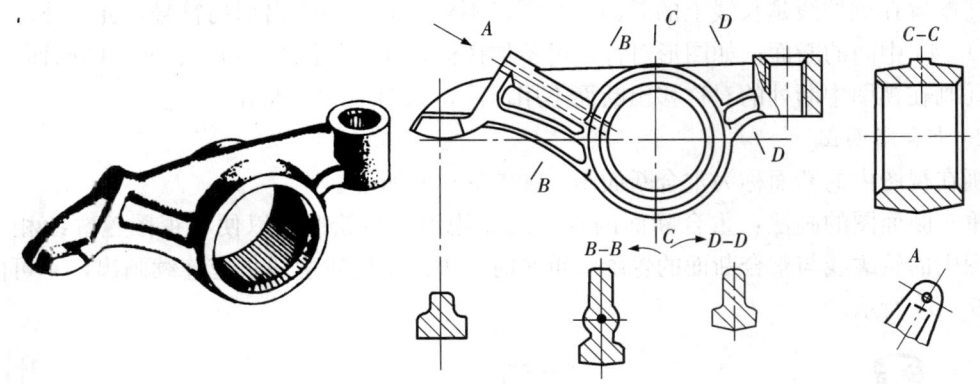

图 9-46 移出断面的画法（二）

④剖切平面应与被剖切部分的主要轮廓线垂直（图9-47）或通过圆弧轮廓的中心（图9-46）；若由两个相交的剖切平面剖切出的断面画在一起时，中间部分应断开，如图9-47所示。

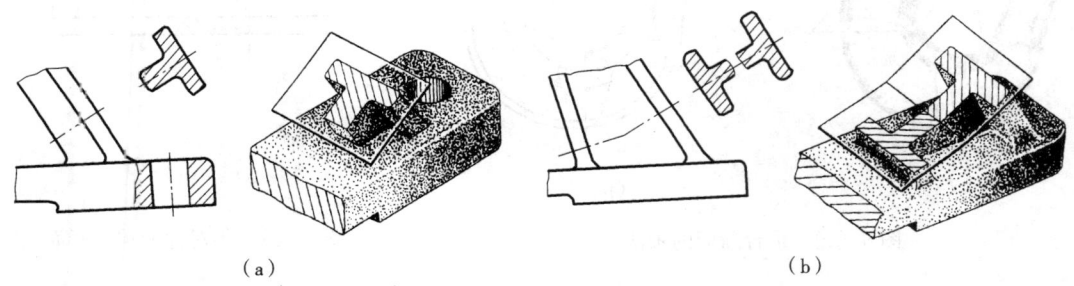

图 9-47 移出断面的画法（三）

⑤当剖切平面通过由回转面形成的孔或凹坑的轴线时，则这些结构一律按剖视绘制，即将孔、凹坑的轮廓线画成封闭型的，如图9-44Ⅰ、Ⅱ处的断面图。

⑥当剖切平面通过非圆孔，会导致出现完全分离的两个断面时，则这些结构也应按剖视绘制，如图9-48所示。

（2）移出断面的标注

①未画在剖切线延长线上的断面，当图形不对称时，要用字母和剖切符号标明剖切位置和投射方向，并在断面图上方注上相同的字母，如图9-48所示。如图形对称时，则可省略箭头，如图9-49所示。

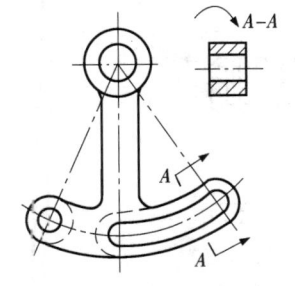

图 9-48 断面的规定画法

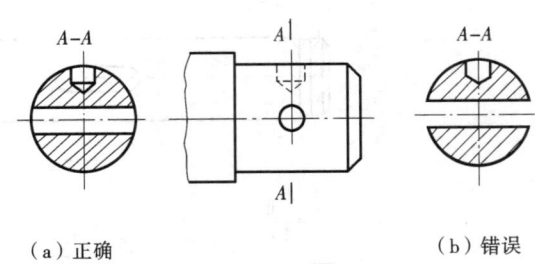

图 9-49 移出断面的画法（四）

163

②配置在剖切线延长线上的断面，当图形不对称时，需画出剖切符号，允许省略字母，如图9-44中间的断面；如图形对称，可不加任何标注，如图9-44Ⅰ、Ⅱ处的断面。

③画在视图中断处的对称移出断面不用标注，如图9-45所示。

2.重合断面图

画在视图内的断面称为重合断面图，如图9-50所示。

重合断面图的画法：重合断面的轮廓线要用细实线绘制，以便与视图轮廓线相区别。当视图中的轮廓线与重合断面的轮廓线重叠时，视图中的轮廓线仍应连续画出，不可间断，如图9-51所示。

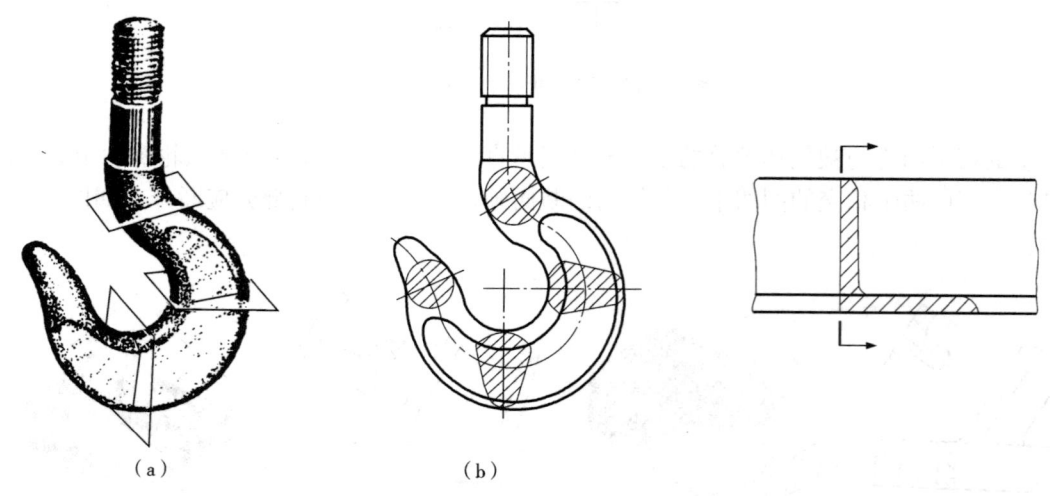

（a）　　　　　　　　　　（b）

图9-50　重合断面的画法　　　　　　　图9-51　不对称的重合断面

对称的重合断面不用标注，如图9-50所示，不对称的重合断面可标出剖切符号，如图9-51所示。也可省略不标注。

当视图中图线不多，将断面图形画在视图内不会影响其清晰时，可采用重合断面图。

§9-4　其他表达方法

一、局部放大图

当机件上某些细小结构在原图上表达不清或不便于标注尺寸时，可将该部分结构用大于原图的比例单独画出，这种图形称为局部放大图，如图9-52Ⅰ、Ⅱ两处所示。

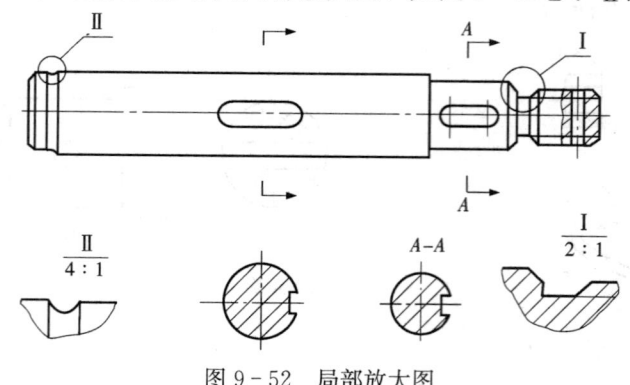

图9-52　局部放大图

画局部放大图的注意事项：

（1）应用细实线圈出被放大的部位，若机件上有几处需放大时，必须用罗马数字依次标明被放大部位，并在局部放大图的上方标明相应的罗马数字和所采用的比例（图9-52），当机件上仅有一处放大时，在放大图的上方只需注明其放大比例即可（图9-53）。

（2）局部放大图应尽量配置在被放大部位附近（图9-52），有时，还可用几个图形表达同一个被放大部分的结构（图9-53）。

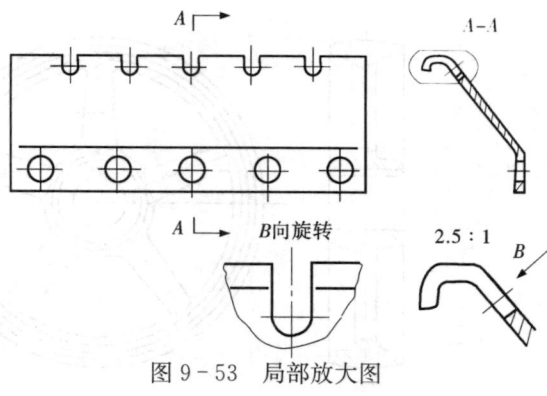

图9-53　局部放大图

（3）局部放大图可画成视图、剖视或断面图，它与被放大部位的表达方法无关。

（4）放大图的投影方向应和被放大部分的投影方向相同，与整体联系的部分用波浪线断开画出（图9-54）。

（5）当同一机件上不同部位的局部放大图相同或对称时，只需画出其中的一个（图9-55）。

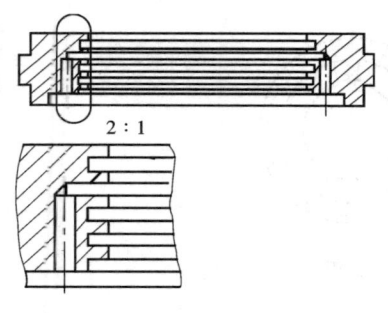

图9-54　局部放大图

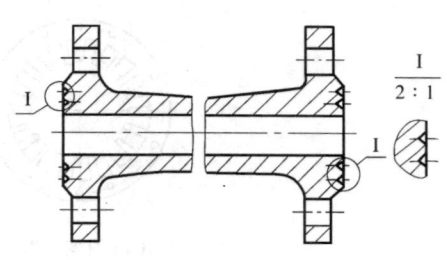

图9-55　局部放大图

二、简化画法（GB/T16675.1～16675.2－1996）

（1）机件上的肋板、轮辐及薄壁等结构，若剖切平面沿其纵向剖切，则这些结构均不画剖面符号，而用粗实线将它与其邻接部分分开，如图9-56、图9-57所示。

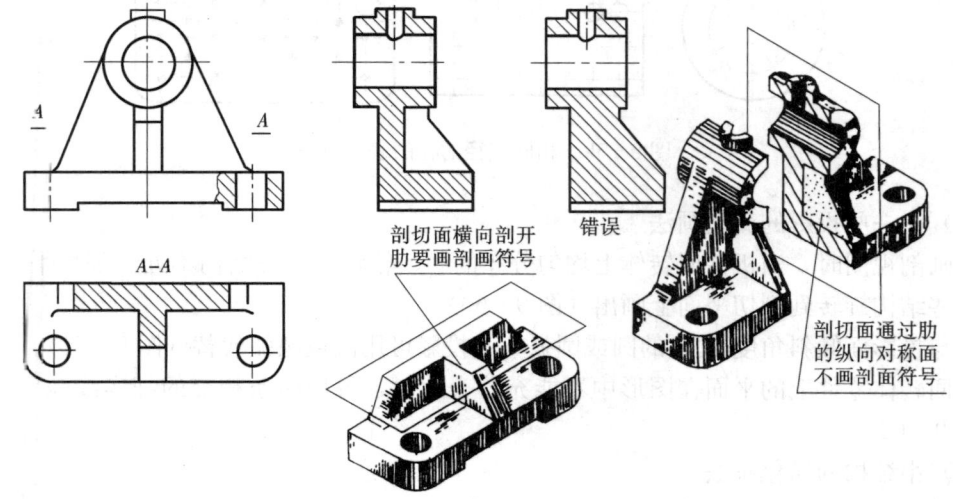

剖切面横向剖开肋要画剖画符号

错误

剖切面通过肋的纵向对称面不画剖面符号

图9-56　剖视图中肋板的画法示例（一）

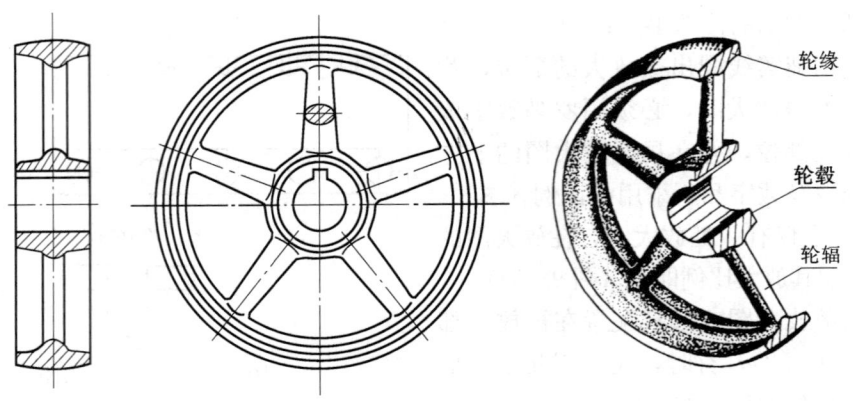

图 9-57 轮辐的画法

(2) 对相同结构的简化画法

①当机件具有若干相同结构并按一定规律分布时，只需画出几个完整的结构，其余用细实线连接，在零件图中则必须注明该结构的总数（图 9-58）。

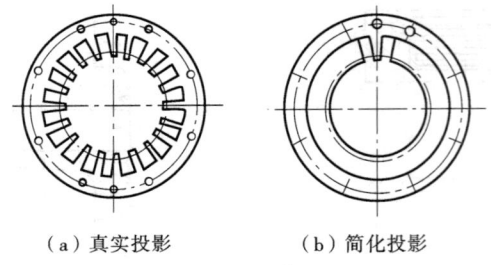

（a）真实投影　　　（b）简化投影

图 9-58 具有相同结构并按一定规律分布的机件表达方法

②若干直径相同且成规律分布的孔，可以仅画出一个或少量几个，其余只需用细点画线或＋表示其中心位置（图 9-59）。

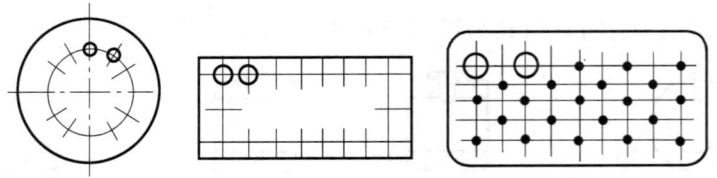

图 9-59 相同直径的孔的表达方法

(3) 对一些投影的简化画法

①画剖视图时，当机件回转体上均匀分布的肋、轮辐、孔等结构不处于剖切平面上时，可将这些结构旋转到剖切平面上画出（图 9-60）。

②与投影面倾斜角度≤30°的圆或圆弧，其投影可用圆或圆弧代替（图 9-61）。

③回转体零件上的平面在图形中不能充分表达时，可用两条相交的细实线表示这些平面（图 9-62）。

(4) 小结构的简化画法

①当机件上较小结构及斜度已在一个图形中表达清楚时，其他图形可以简化或省略（图 9-63、图 9-64）。

166

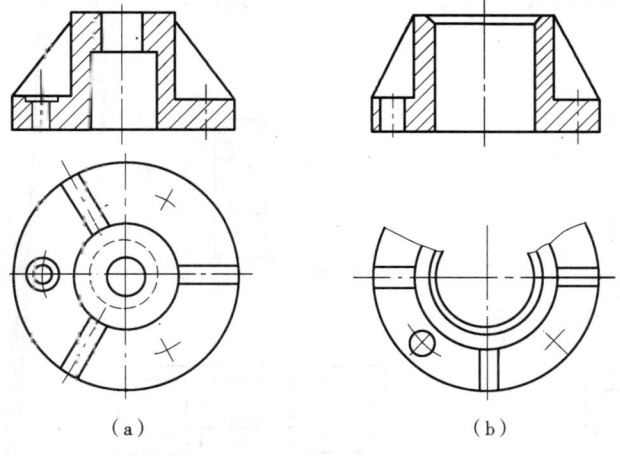

图 9-60　成辐射状均匀分布的肋、孔的表达方法

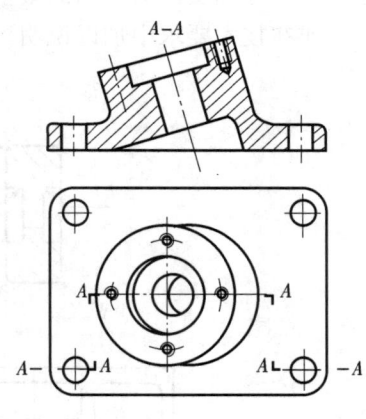

图 9-61　倾斜角度≤30°的圆
　　　　　或圆弧的表达方法

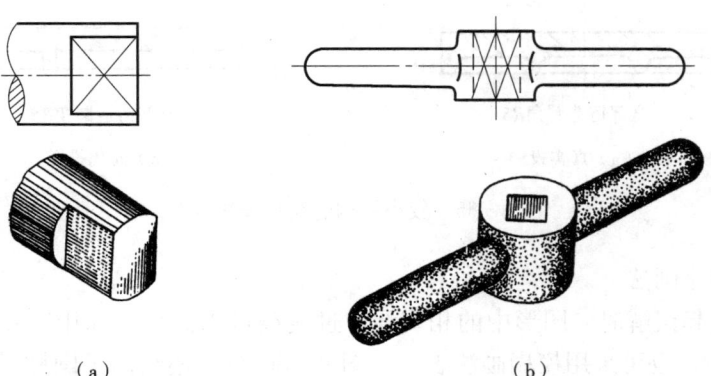

图 9-62　回转体上的平面表示法

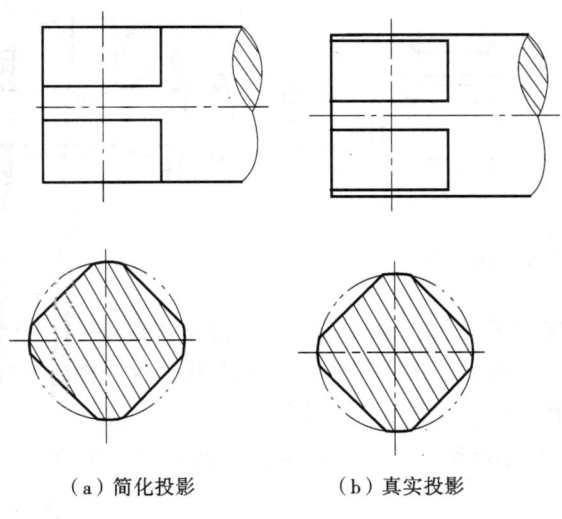

（a）简化投影　　　　（b）真实投影

图 9-63　较小结构的简化画法（一）

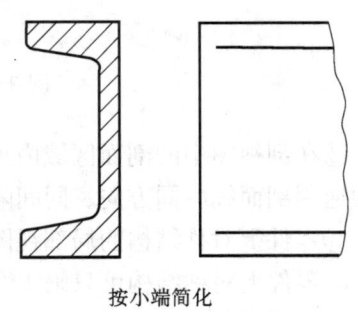

按小端简化

图 9-64　较小结构的简化画法（二）

②除确实需要表示的某些结构圆角外，其他圆角在零件图中均可不画，但必须注明尺寸或在技术要求中加以说明（图9-65）。

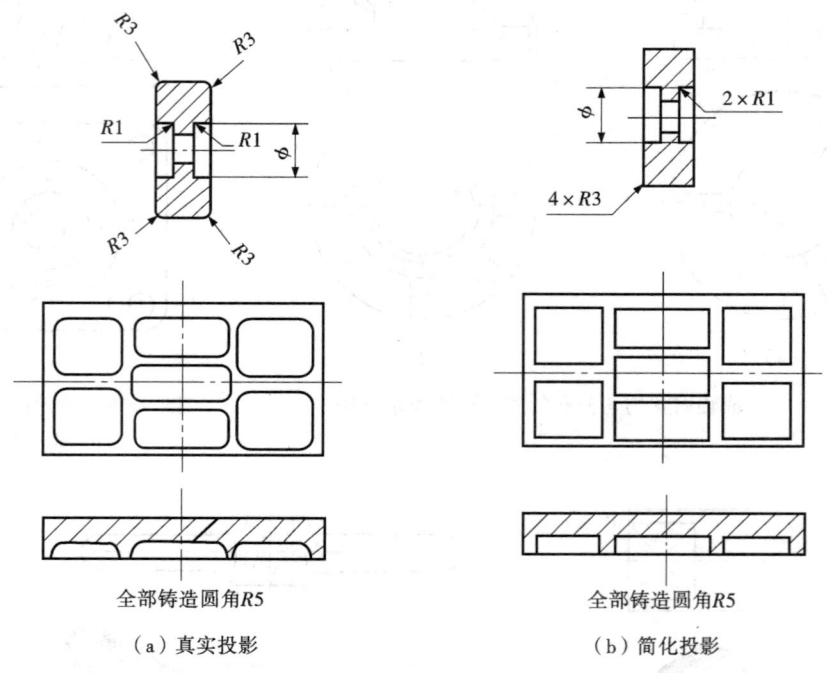

（a）真实投影　　　　　　　　　　（b）简化投影

图9-65　较小结构的简化画法（三）

（5）其他简化画法

①在不致引起误解时，图形中的相贯线、过渡线可以简化，如用圆弧或直线代替非圆曲线（图9-66），也可采用模糊画法表示。图9-66（c）还给出了圆柱形法兰和类似零件上均匀分布的孔的表示法。

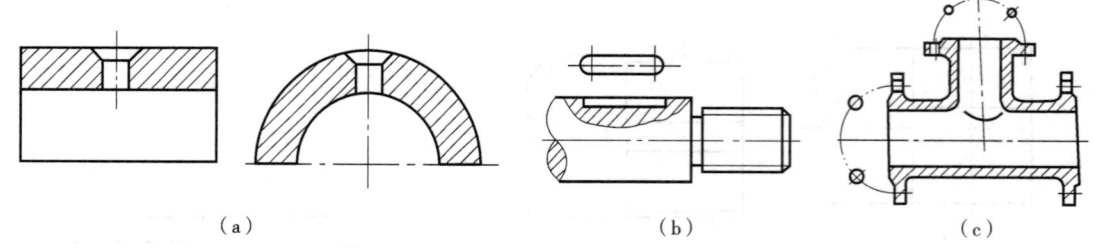

（a）　　　　　　　　　　（b）　　　　　　　　　　（c）

图9-66　相贯线、过渡线的简化画法

②在剖视图中的剖面区域内可再作一次局部剖视。采用这种方法表达时，两个剖面区域的通用剖面线应同方向、同间隔，但要互相错开，并用引出线标注出其名称（图9-67）。

③零件上对称结构的局部视图，可采用图9-68所示方法绘制。

④零件上对称结构可只画1/2或1/4，并在对称中心线的两端画出两条与其垂直的平行细实线（图9-69）。

⑤基本对称的零件仍可按对称零件的方式绘制，但应对其中不对称的部分加注说明（图9-70）。

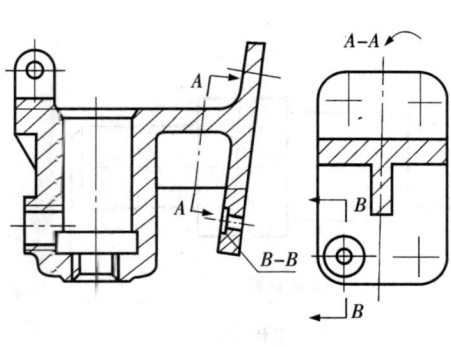

图 9-67 剖中剖

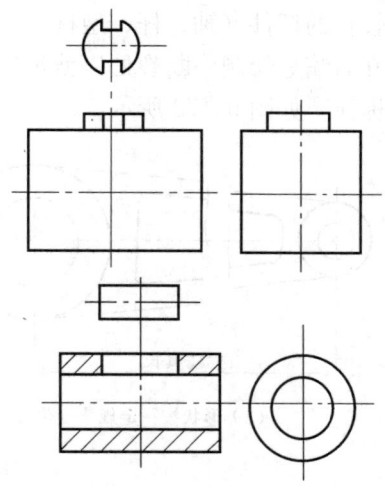

图 9-68 对称结构的局部视图

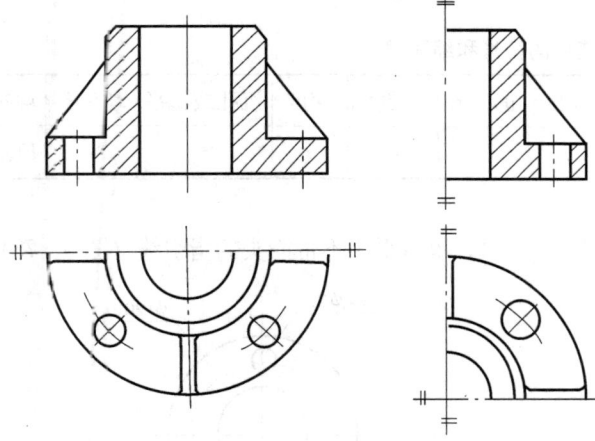

图 9-69 对称机件视图的简化画法

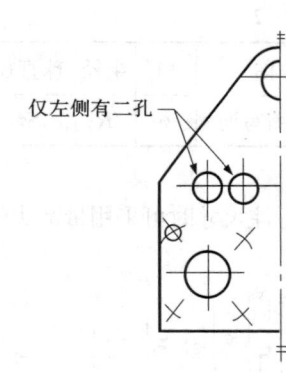

仅左侧有二孔

图 9-70 基本对称的零件表示

⑥在零件图中，可以用涂色代替剖面符号（图 9-71）。在不致引起误解的情况下，剖面符号可省略（图 9-72）。

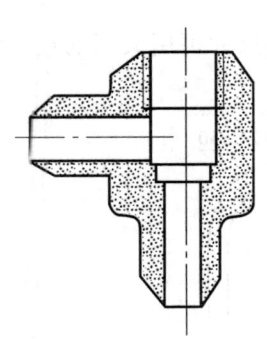

图 9-71 涂色代替剖面符号

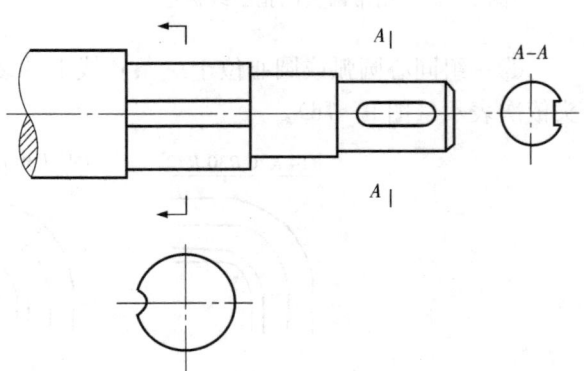

图 9-72 剖面符号的省略

⑦较长的杆件（轴、杆、型材、连杆等）沿长度方向的形状一致或按一定规律变化时，允许断开后缩短绘制，断裂处以波浪线画出。机件中断后，图上的长度尺寸仍按机件的实际长度标注，如图9-73所示。

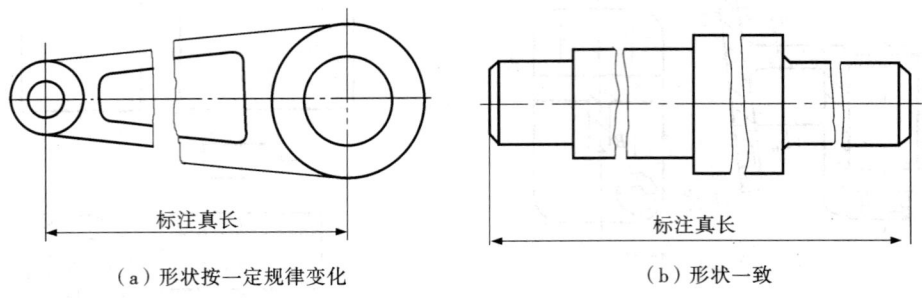

（a）形状按一定规律变化　　　　　　（b）形状一致

图9-73　断裂画法

（6）尺寸标注简化

①标注尺寸时，应尽可能使用符号和缩写词（表9-2）。

表9-2　　　　　　　　　　　尺寸标注使用的符号和缩写词

名　称	直径	半径	球直径	球半径	厚度	正方形	45°倒角	深度	沉孔或锪平	埋头孔	均布
符号或缩写词	ϕ	R	$S\phi$	SR	t	□	C	▼	⊔	⌵	EQS

②标注尺寸时可采用带箭头的指引线（图9-74），也可采用不带箭头的指引线（图9-75）。

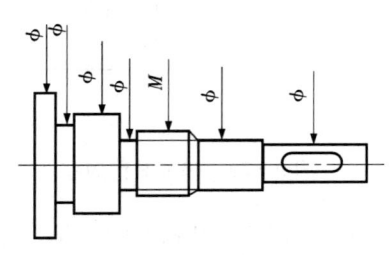

图9-74　用带箭头的指引线标注尺寸

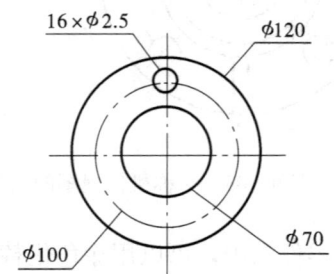

图9-75　用不带箭头的指引线标注尺寸

③一组同心圆弧或圆心位于一条直线上的多个不同心圆弧的尺寸可用共用的尺寸线箭头依次表示（图9-76）。

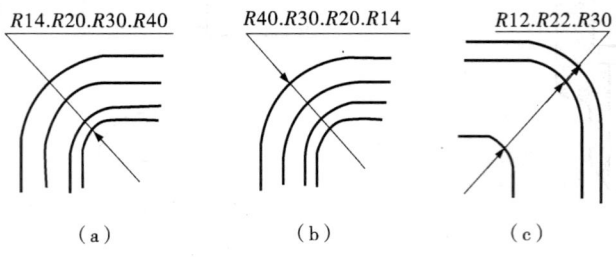

（a）　　　　　　（b）　　　　　　（c）

图9-76　同心圆弧的简化标注

④一组同心圆或尺寸较多的台阶孔的尺寸，也可以用共用的尺寸线和箭头依次表示（图9-77）。

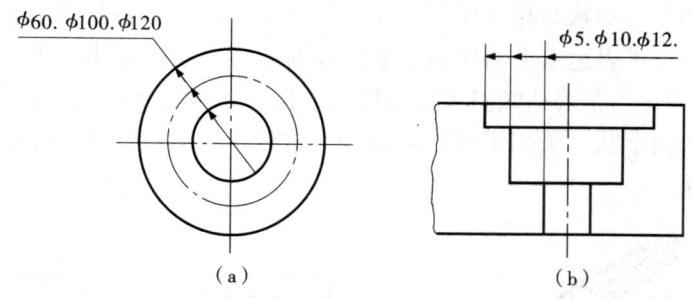

图9-77　同心圆或阶梯孔的简化标注

⑤在同一图形中，对于尺寸相同的孔、槽等成组要素，可仅在一个要素上注出其尺寸和数量（图9-78）。

⑥小倒角允许用注明尺寸的方式表示（图9-79）。

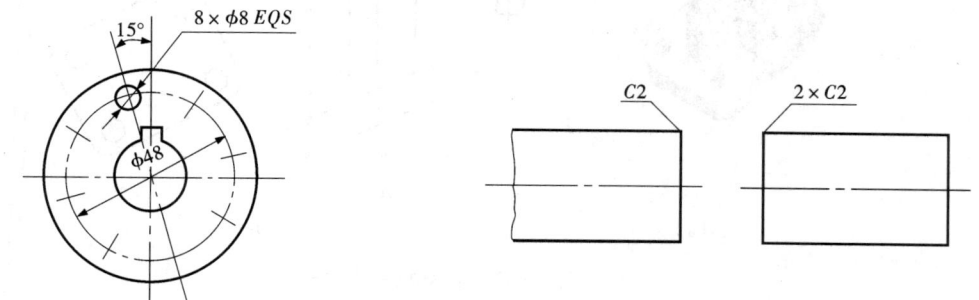

图9-78　孔、槽成组要素的标注　　　　图9-79　小倒角用注明尺寸表示

⑦各类孔可采用旁注和符号相结合的方法标注（图9-80）。

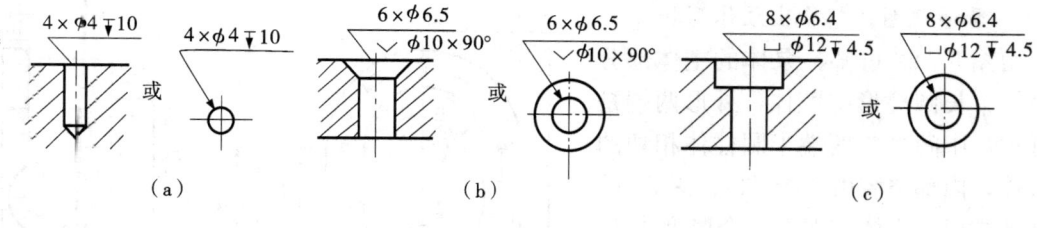

图9-80　孔的旁注法

§9-5　表达方法的综合应用

前面讨论了机件的各种表达方法，包括各种视图、剖视和断面等的画法，在画图时要根据不同机件的具体情况，正确地、灵活地、综合地选择使用。一个机件往往可以选用几种不同的表达方案，方案选择的好坏，要看其所画图形是否把机件的结构形状表达得完整、正确和清楚，同时力求做到画图简单和读图方便。

一、支架（图 9-81）的表达方式

为了表达支架的内、外形状，主视图采用了局部剖视，这样既表达了水平圆柱、十字肋板和倾斜底板的外部形状与相对位置，又表达了水平圆柱上的轴孔和倾斜板上四个小孔的内部结构形状；为了表达水平圆柱和十字肋板的连接关系，采用了 B 向局部视图（配置在左视图的位置上）；为了表达倾斜板的实形和小孔的分布情况，采用了 A 向斜视图；为了表达十字肋板的断面形状，采用了移出断面图。这样，支架仅用了四个图形，就能完整清楚地表达它的形状。

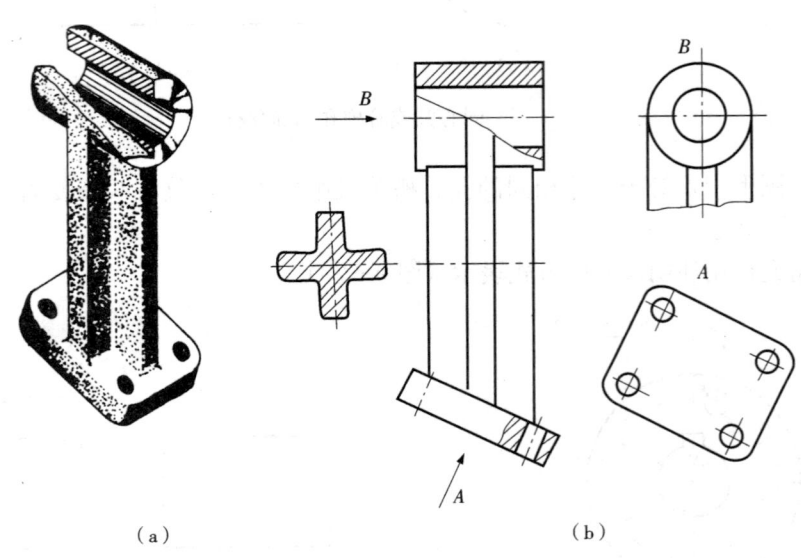

（a）　　　　　　　　　　　　（b）

图 9-81　支架的表达方案

二、泵体（图 9-82）的表达

图 9-82 为泵体的三视图，按照完整、清晰表达机件的要求，需重新选择恰当的表达方案。为此我们可按下述步骤进行分析和作图：

1. 看懂视图，想象出泵体形状

由图 9-82 可知，泵体的主体部分是由一个长圆柱形空腔体，外形两端是半圆柱，中间是与两端半圆柱体相切的长方体，内部空腔由三个 $\phi44$、深 30 的圆柱孔拼成；主体前端有一个厚度为 10 的凸缘，主体后面有一个"8"字形凸台，凸台厚度为 15，凸台上部有 $\phi22$、$\phi16$ 的同轴圆柱孔，$\phi16$ 孔与主体空腔相通，凸台下部有一个 $\phi16$ 的盲孔。左右两侧是 $\phi24$ 圆柱，圆柱中间有 $\phi12$ 的圆柱孔与主体空腔相通。底板是一块有凹槽的长方体，左右有 $\phi10$ 的圆柱通孔。通过上述分析，结合图中尺寸标注，便可想象出泵体的形状。

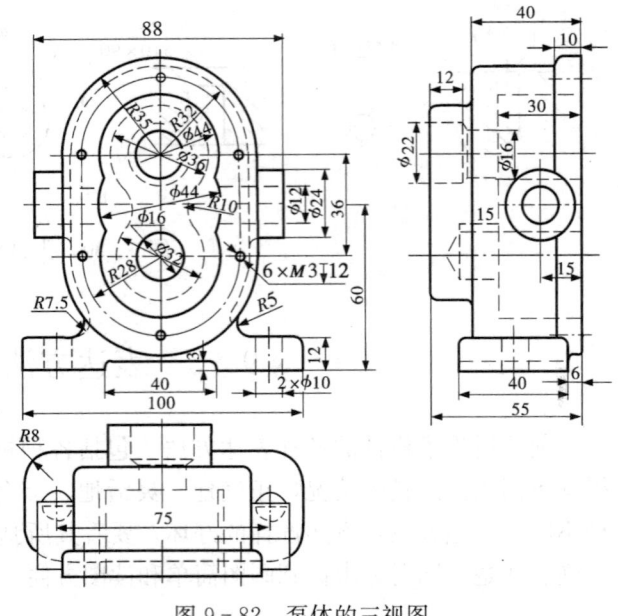

图 9-82　泵体的三视图

172

2. 选择适当的表达方式

(1) 选择主视图 从图9-82所示的泵体中不难看出，原主视图能充分反映出该物体的主要形状特征，故仍选作为主视图。

(2) 确定其他视图，重新考虑表达方案 图中泵体虽左右对称，但根据泵体的实际形状，主视图不必画成半剖视，而只要把左右两侧的圆柱和孔画成局部剖即可。为了把主视图中用"8"字虚线所示的泵体后面凸台表达清楚，故增加一个 A 向视图表达。

原左视图虚线较多，其内部结构表达不清楚，故将左视图画成全剖视，这样便可把泵体内部结构形状表达清楚。

通过上面主视图与左视图的表达，泵体只剩下底板形状尚未表达清楚，为此采用 B 向视图表达。而底板上的两个孔，可在主视图中采用局部剖表达一个即可，省去俯视图。最后表达如图9-83所示。

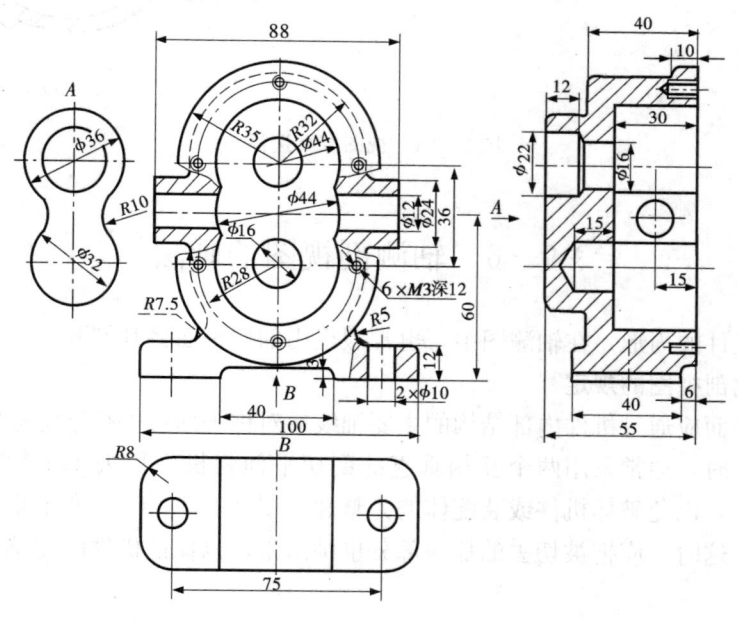

图 9-83 重新表达的泵体图

3. 适当调整尺寸的标注

按照"正确、完整、清晰"标注尺寸的要求，适当调整尺寸的标注，如"8"字形凸台、底板上的有关尺寸移到相应视图上去标注，则更为明显。其余尺寸的调整情况，请读者自行分析。

三、箱体（图9-84）**的表达**

图 9-84（a）为一箱体的立体图，为了表达该箱体的内、外结构形状，视图表达方案如图9-84（b）所示。用了主、俯两个基本视图，并在主视图上取 A-A 复合剖；俯视图上取局部剖来表达内部结构。此外，还用了两个局部视图与两个斜视图表达几个方向的外形。请读者对该表达方案进行分析。

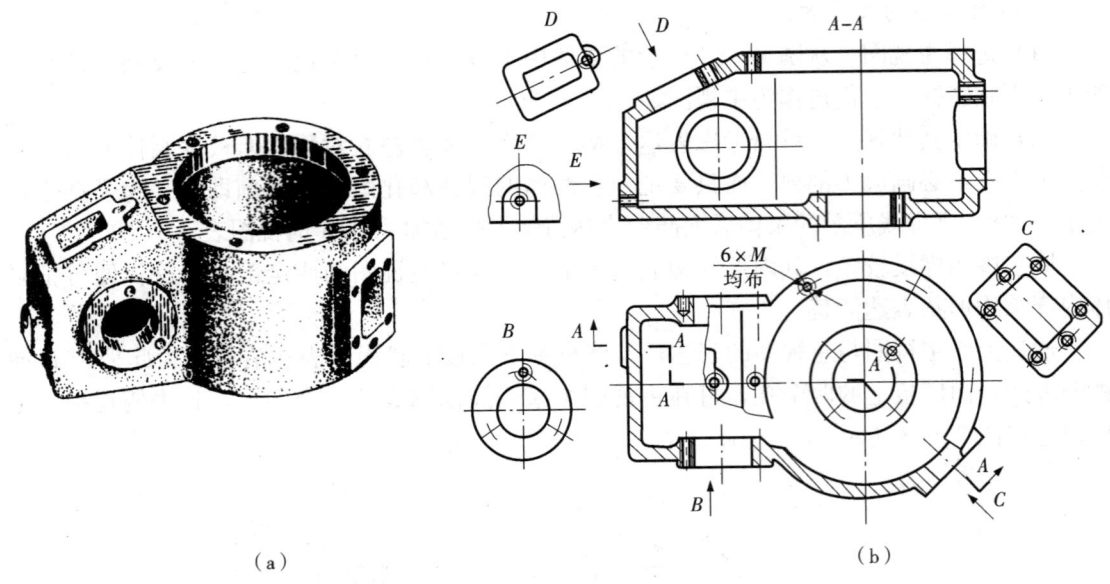

（a）   （b）

图 9-84　视图方案选择

§9-6　轴测剖视图的画法

为了表达机件的内形，在轴测图中，也常假想用剖切平面将其剖开。

一、画轴测剖视图的规定

（1）剖切平面应通过机件内部结构的主要轴线或对称平面且平行于坐标面。

（2）在剖切时，通常采用两个互相垂直的剖切平面将机件切去 1/4 ［图 9-85（b）］。一般不采用全剖，以免破坏机件或装配体的完整性 ［图 9-85（a）］。但有时为了某种需要，也可画成全剖。这时，应把被切去的那一部分也画出来，以保证机件的完整性（图 9-86）。

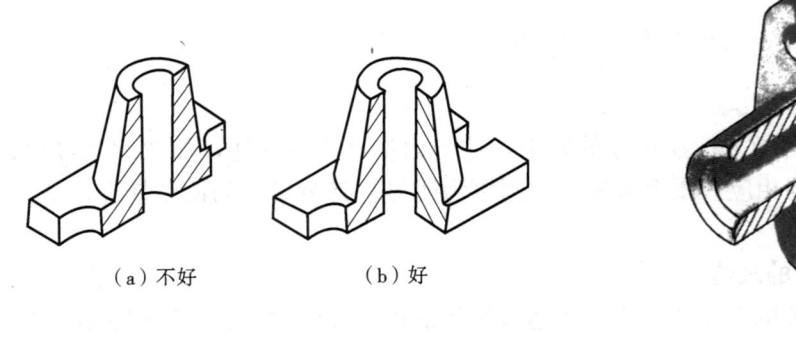

（a）不好　　　（b）好

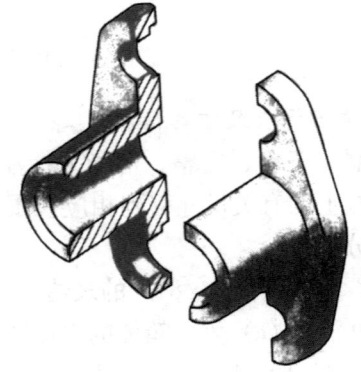

图 9-85　轴测剖视图的剖切方法（一）　　　图 9-86　轴测剖视图的剖切方法（二）

（3）剖切平面剖到物体的实体部分应画上剖面线，其方向应如图 9-87（c）所示。

（4）当剖切平面通过肋板的对称平面时，规定肋板上不画剖面线，而用粗实线与相邻部分分开，也可加细点以示区别，如图 9-88（c）所示。

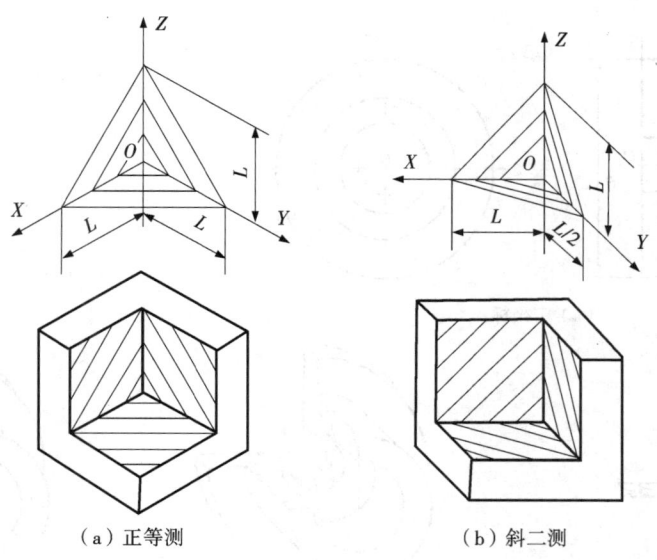

（a）正等测　　　　　　　　　　（b）斜二测

图 9-87　剖面线的方向

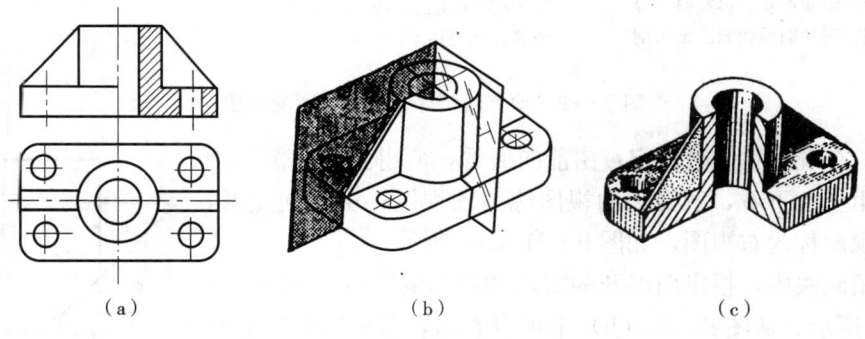

（a）　　　　　　　　　　（b）　　　　　　　　　　（c）

图 9-88　正等测剖视图的画法

二、轴测剖视图的画法

轴测剖视图一般有下面两种画法。

方法一：先画出完整的轴测图，然后沿轴测轴方向用剖切平面切开，如图 9-88 所示，这种方法初学者易于掌握。

方法二：先画出剖切断面的轴测投影，然后画出内、外可见的轮廓线，其作图步骤如图 9-89 所示。

§9-7　第三角画法简介

两个互相垂直的投影面将空间分成四个分角，如图 9-90 所示。将物体置于第一分角内进行投影，画出表达物体图形的方法称为第一角画法。我国和德国、俄罗斯等采用的是第一角画法。将物体置于第三分角内进行投射，画出表达物体图形的方法称为第三角画法。美、日等国采用的是第三角画法。为了适应国际科学技术交流的要求，必须对第三角画法有所了解。

第三角画法是将投影面放置在观察者与物体之间，并假定投影面是透明的，如图 9-91

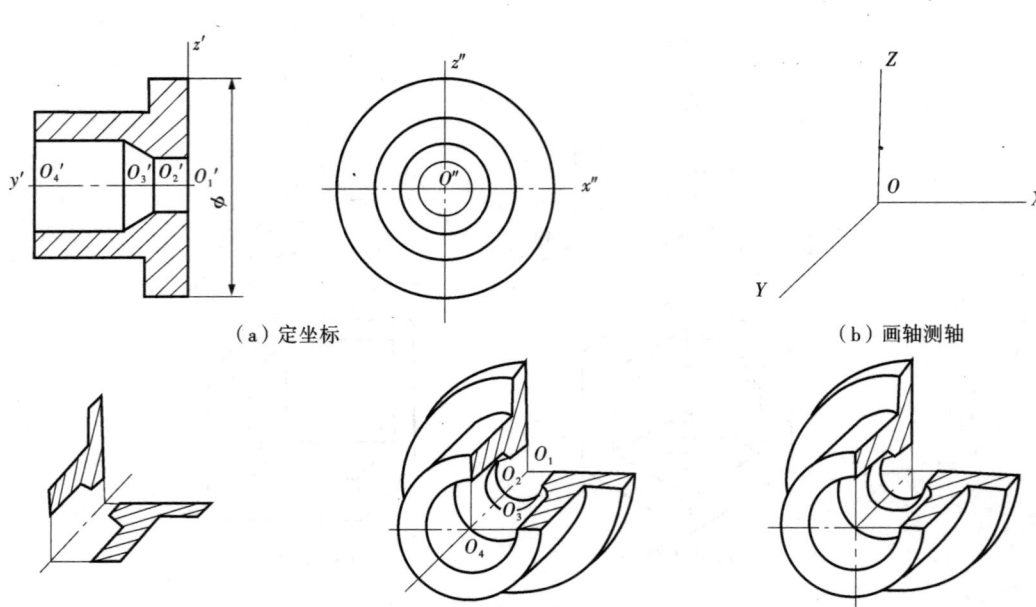

（a）定坐标 　　　　　　　　　　　　　　　　　　　　（b）画轴测轴

（c）先画出过轴线的水平面和正平面　　　（d）画剖切后所余部分。画图时，先　　　（e）完成轴套的斜二等轴测剖视图
　　　剖切后的断面形状。再按斜二等　　　　　在O_1Y_1轴上定出圆心O_2，O_3，O_4的
　　　轴测剖视图的剖面线画法画出剖　　　　　位置，然后用不同直径画圆
　　　面线

图 9-89　轴套斜二等轴测剖视图的画法

（a）所示。在观察物体时规定：由前向后看，所得到的视图称为
前视图；由上往下看，所得到的视图称为顶视图；由右向左看，
所得到的视图称为右视图，如图 9-91（b）所示。

　　第三角画法中，投影面展开的方法和视图的配置如图 9-92
（a）、（b）所示。从图 9-92（b）中可以看出，顶视图位于前视
图的上方，右视图位于前视图的右方。

　　第三角画法的六个基本视图的配置如图 9-93 所示。最常见
的是前视图、顶视图和右视图。采用第三角画法时，必须在图样
中画出第三角画法的识别符号（图 9-94）。

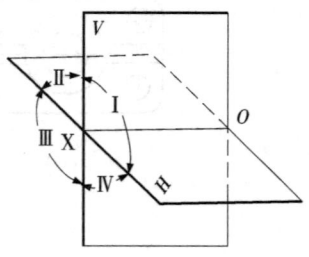

图 9-90　四个分角

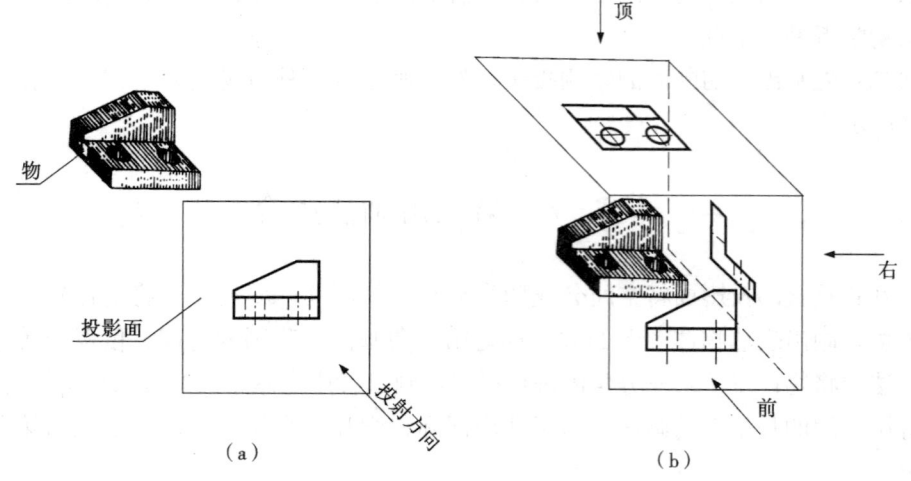

（a）　　　　　　　　　　　　　　　　　　　（b）

图 9-91　第三角投影法

176

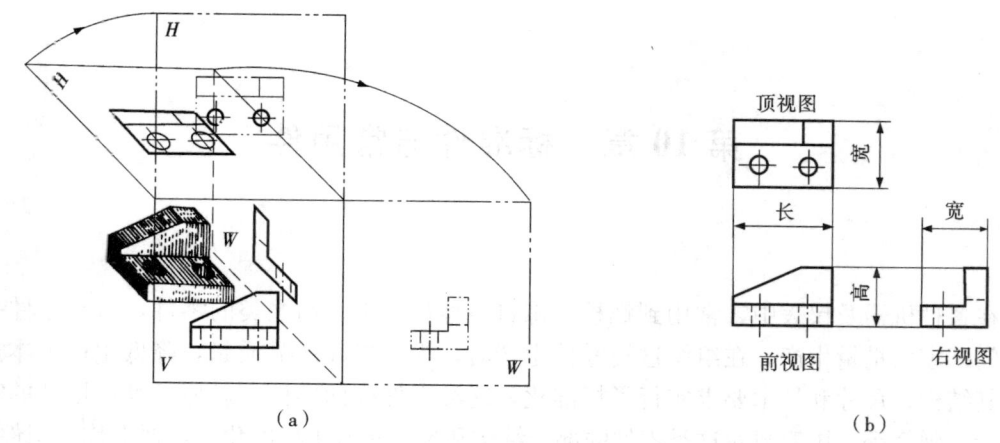

（a）	（b）

图 9-92　投影面的展开和视图配置

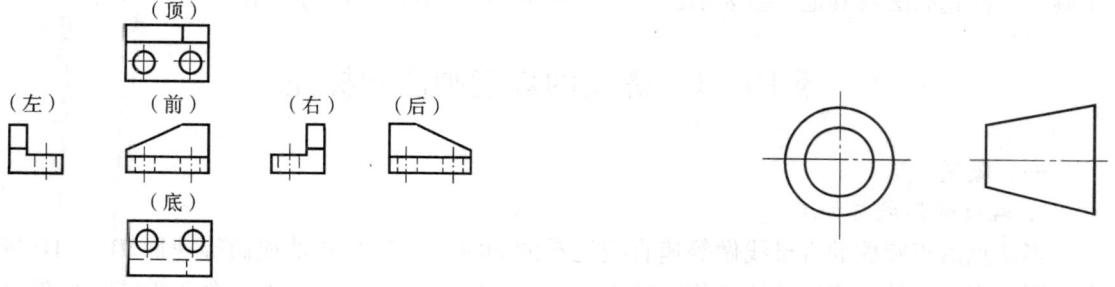

图 9-93　第三角投影法的六个基本视图

图 9-94　第三角画法识别符号

图 9-95 所示为用两种画法画出的三视图，从中可以看出，第一角画法与第三角画法主要的区别是：视图的名称及配置不同；另外视图的前后方位关系也不同。因此，用第三角画法画图时要注意与第一角画法的区别外，三个视图之间仍保持"长对正、高平齐、宽相等"的投影关系。

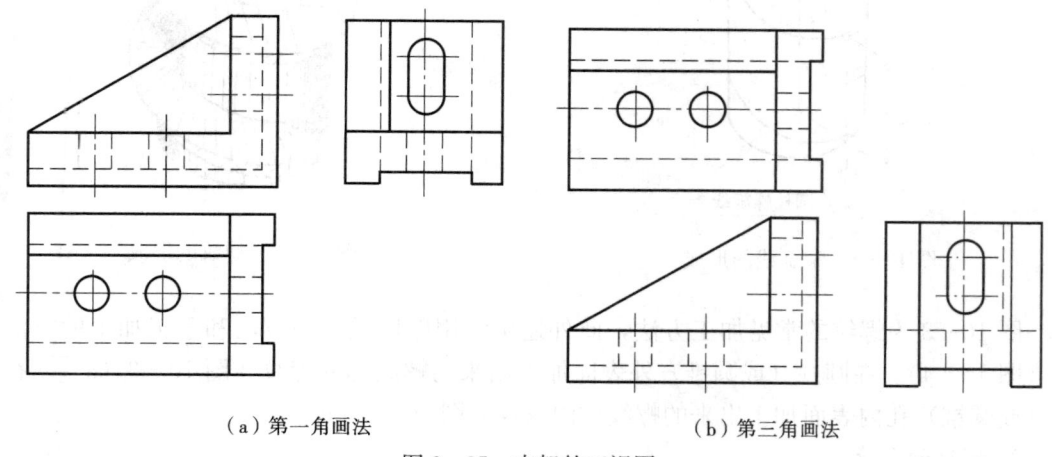

（a）第一角画法	（b）第三角画法

图 9-95　支架的三视图

读者在熟练掌握第一角画法的基础上，通过画图、看图的实践，也能很快掌握和看懂第三角画法的图样。

第 10 章　标准件与常用件

在各种机器及仪表中，常用到螺栓、螺钉、螺母、键、销之类的零件，这类零件一般由专门厂家大批量生产。在组织这类零件生产时，为了提高产品质量，降低生产成本，国家对其结构、尺寸和技术要求实行了标准化，这类零件称标准件。对另一类常用到的零件如齿轮、弹簧等，国家只对这类零件的部分结构和尺寸实行了标准化，习惯上称常用件。

标准件与常用件的结构已经定型或基本定型，国家标准《机械制图》制定了它们的规定画法、简化画法及其他一些表示法。本章分别介绍部分标准件与常用件的基本知识。

§10-1　螺纹的规定画法和标注

一、概述

1. 螺纹的形成与加工

当动点沿正圆柱的直母线做等速直线运动的同时，又绕圆柱轴线做等速回转运动，则点在圆柱表面上的合成运动轨迹称圆柱螺旋线，如图 10-1 所示。当一个与轴线共面的平面图形，如图 10-2 的三角形 ABC 沿着圆柱螺旋线运动时，形成的螺旋体就是螺纹（图 10-2）。

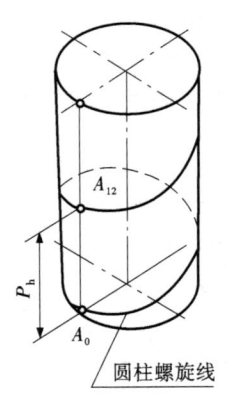

图 10-1　螺旋线的形成

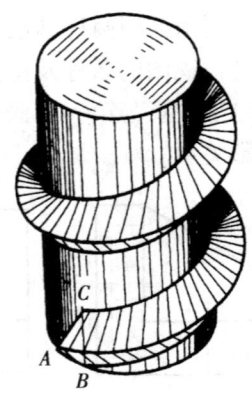

图 10-2　螺纹的形成

图 10-3 为螺纹的常见加工方法，此外还可利用碾压成形的方法和手工加工的方法制造（图 10-4）。在圆柱（或圆锥）外表面加工出来的螺纹称外螺纹 [图 10-3 (a)]，在圆柱（或圆锥）孔内表面加工出来的螺纹称内螺纹 [图 10-3 (b)]。

2. 螺纹的要素

螺纹的结构、型式和尺寸都取决于螺纹的要素，只有下列要素都相同的内、外螺纹才能旋合在一起成对使用。

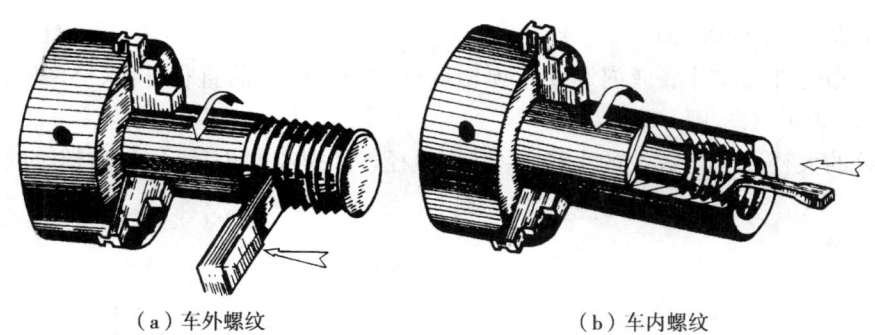

（a）车外螺纹　　　　　　　（b）车内螺纹

图 10-3　车削螺纹

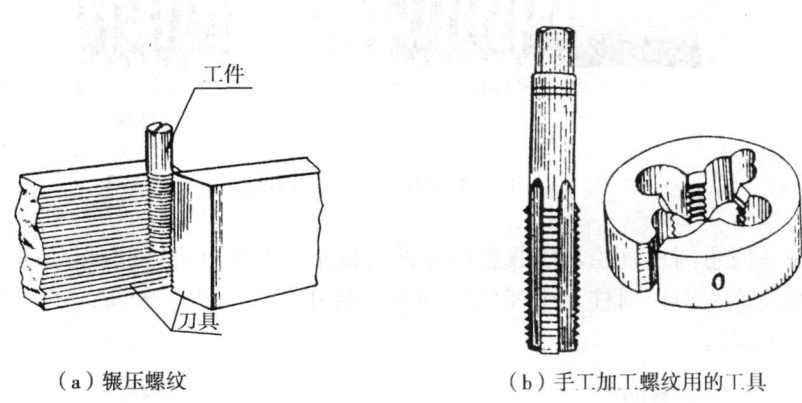

（a）辗压螺纹　　　　　　　（b）手工加工螺纹用的工具

图 10-4　螺纹的其他加工方法

（1）牙型

螺纹牙型是指通过螺纹轴线的剖面上螺纹的轮廓形状，即用以形成螺纹的平面图形的真形。常见的螺纹牙型有三角形、梯形、锯齿形、矩形等（图 10-5）。

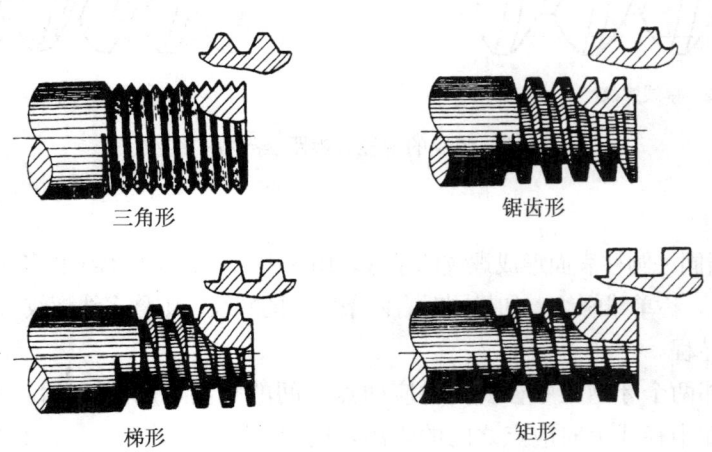

三角形　　　　　　　　　　锯齿形

梯形　　　　　　　　　　　矩形

图 10-5　螺纹牙型

（2）螺纹直径

螺纹直径有大径、中径、小径之分。

大径　指与外螺纹牙顶或内螺纹牙底相重合的假想圆柱的直径，内、外螺纹的大径分

别用 D、d 表示（图 10-6）。

小径　指与外螺纹牙底或内螺纹牙顶相重合的假想圆柱的直径，内、外螺纹的小径分别用 D_1、d_1 表示（图 10-6）。

外螺纹的大径 d 与内螺纹的小径 D_1 又称顶径，外螺纹的小径 d_1 与内螺纹的大径 D 又称底径。

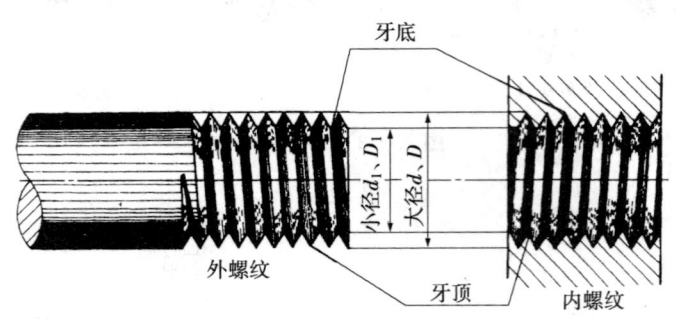

图 10-6　螺纹的大径和小径

中径　为一假想圆柱直径，该假想圆柱的母线通过牙型上的沟槽和凸起宽度相等的地方。此假想圆柱称为中径圆柱，中径圆柱的母线称中径线，内、外螺纹的中径分别用 D_2、d_2 表示（图 10-7）。

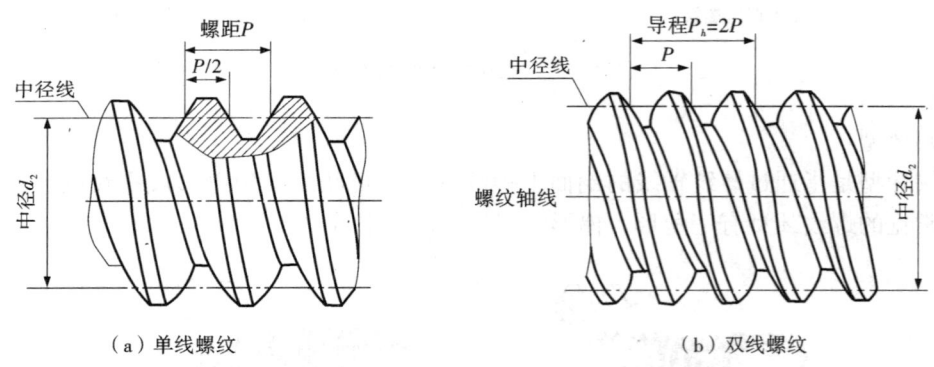

（a）单线螺纹　　　　　　　　　　（b）双线螺纹

图 10-7　螺纹的中径、螺距、导程、线数

（3）线数

螺纹线数是指同一圆柱表面形成螺纹的条数，用 n 表示。螺纹有单线和多线之分，当圆柱表面只有一条螺纹时，称单线螺纹，如果同时有两条以上的螺纹，则称多线螺纹（图 10-7）。

（4）螺距和导程

螺距是指相邻两个牙型在中径线上对应两点之间的距离，用 P 表示。导程是指同一条螺纹上相邻两牙在中径线上对应点之间的距离，用 P_h 表示（图 10-7）。显然，单线螺纹的螺距等于导程，多线螺纹的导程等于螺距乘线数，即 $P_h = n \cdot P$。

（5）旋向

螺纹的旋向是指螺纹旋进的方向，按顺时针方向旋进的螺纹称右旋螺纹，按逆时针方向旋进的螺纹称左旋螺纹。判断螺纹旋向的简单方法是将螺纹竖直放置，其可见部分自左向右升高的是右旋螺纹，反之为左旋螺纹（图 10-8）。

180

3. 螺纹的种类

螺纹种类很多，按用途分有连接螺纹和传动螺纹，按牙型分有三角形螺纹、梯形螺纹、锯齿形螺纹等。按螺纹牙型、直径、螺距是否符合国家标准，螺纹又可分为：

标准螺纹——牙型、直径、螺距均符合标准；

特殊螺纹——牙型符合标准，而直径或螺距不符合标准。

非标准螺纹——牙型不符合标准。

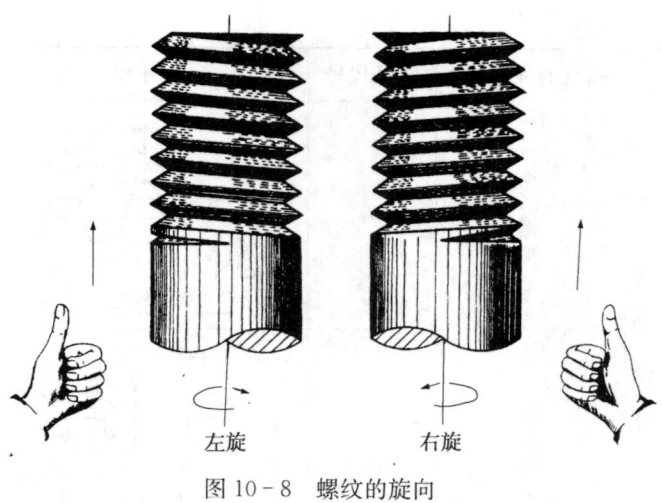

图 10-8　螺纹的旋向

表 10-1 列出了几种常用的标准螺纹，它们的主要尺寸可参看有关标准或附录中的附表 1～5。

表 10-1　　　　　　　　　　　　常用的标准螺纹

螺纹的种类		特征代号	牙型放大图	说　明
普通螺纹	粗　牙	M		牙型为等边三角形，牙型角为 60°，牙顶牙底均削平。粗牙普通螺纹用于一般机件的连接，细牙普通螺纹的螺距比粗牙的小，用于连接细小、精密及薄壁零件
	细　牙			
连接螺纹 管螺纹	用螺纹密封的管螺纹	圆锥内螺纹　R_c		牙型角为 55°，牙顶、牙底为圆弧。适用于水管、油管、煤气管等薄壁零件上
		圆锥外螺纹　R		
		圆柱内螺纹　R_P		
	非螺纹密封的管螺纹	G		

螺纹的种类		特征代号	牙型放大图	说　明
传动螺纹	梯形螺纹	Tr	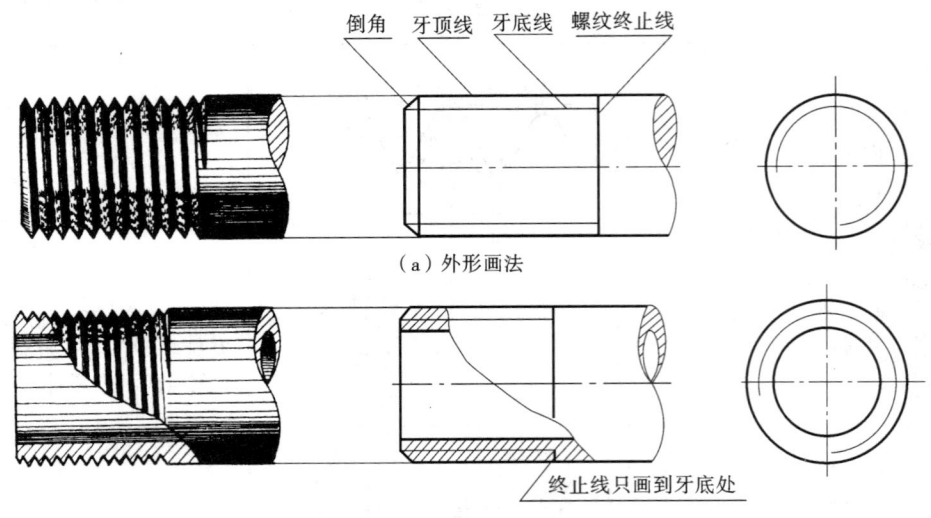	牙型为梯形，牙型角为30°。用于承受两个方向轴向力的传动，如车床丝杠
	锯齿形螺纹	B		牙型为锯齿形。用于承受单向轴向力的传动，如千斤顶丝杆

二、螺纹的规定画法

国家标准《机械制图》（GB 4459.1—1995）制定了螺纹的规定画法。

1. 外螺纹的规定画法

如图 10-9 所示，外螺纹的牙顶（大径）用粗实线表示，牙底（小径）用细实线表示，螺纹终止线用粗实线表示。螺纹端部如有倒角，表示螺纹牙底的细实线应画入倒角部分[图 10-9（a）]。在垂直于螺纹轴线的视图中，牙顶（大径）画粗实线圆，表示牙底（小径）的细实线圆只画约 3/4 圈，此时，轴上的倒角圆省去不画。当外螺纹被剖切后，螺纹终止线按图 10-9（b）所示的画法画出。

图 10-9　外螺纹的规定画法

2. 内螺纹的规定画法

在剖视图中，内螺纹的牙顶（小径）用粗实线绘制，牙底（大径）用细实线绘制，螺

182

纹终止线用粗实线绘制，剖面线画到螺纹牙顶的粗实线处〔图10-10（a）〕。在垂直于螺纹轴线的视图中，牙顶（小径）画粗实线圆，牙底（大径）的细实线圆仍画成约3/4圈，倒角圆仍省去不画，如图10-10（a）所示。

对于不通螺纹孔，应将钻孔深度和螺纹深度分别画出，注意钻孔顶端的圆锥孔顶角应画成120°〔图10-10（b）〕。

当螺纹孔不剖切时，螺纹牙顶，牙底及螺纹终止线均用虚线画出〔图10-10（c）〕。

图10-10（d）为螺孔相贯时的画法。

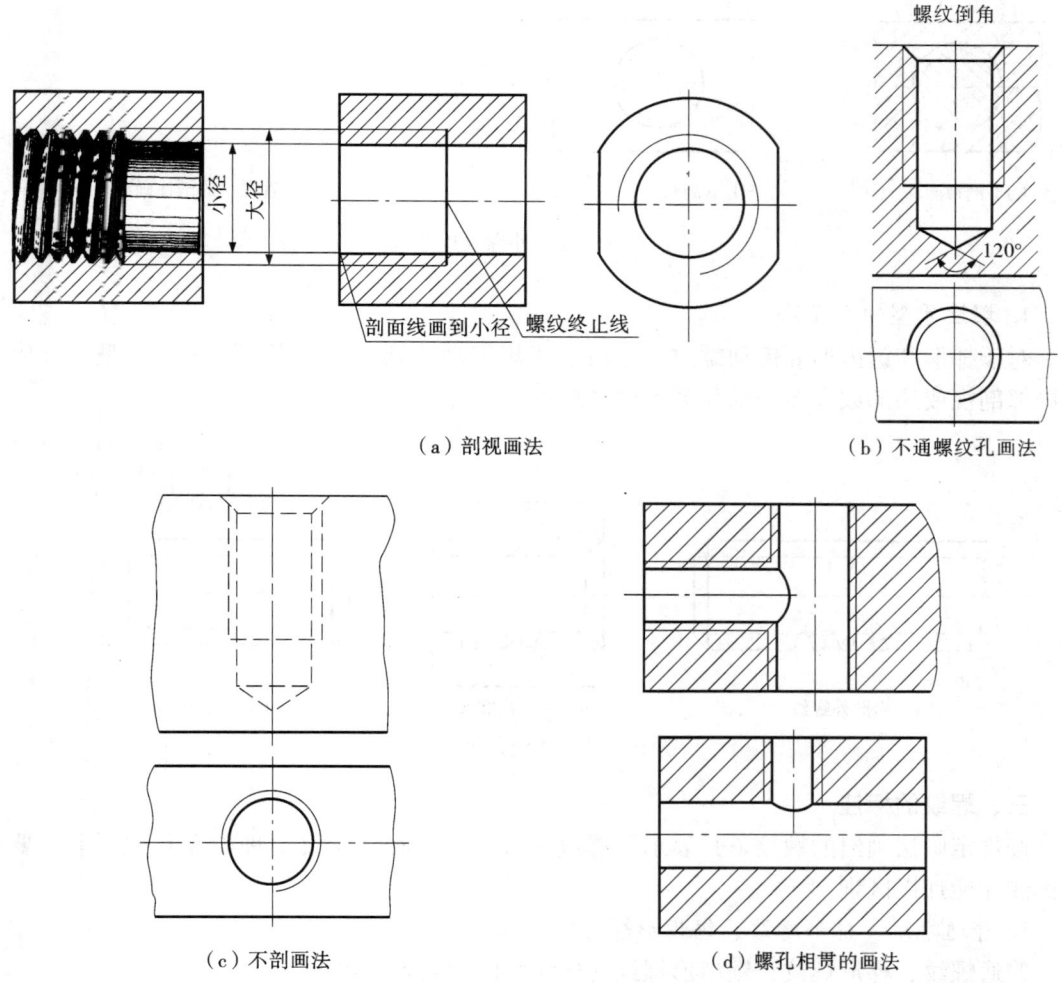

（a）剖视画法　　　　　　　　　　（b）不通螺纹孔画法

（c）不剖画法　　　　　　　　　　（d）螺孔相贯的画法

图10-10　内螺纹的规定画法

3. 内、外螺纹的连接画法

图10-11表示内、外螺纹连接的规定画法。在剖视图中内、外螺纹相互结合的部分按外螺纹的表示法画出，其余部分仍按各自的规定画法表示〔图10-11（a）、（c）〕。画图时，要注意表示内螺纹牙底的细实线和表示外螺纹牙顶的粗实线、表示外螺纹牙底的细实线和表示内螺纹牙顶的粗实线必须分别处在一条直线上。不可见螺纹的所有图线均用虚线绘制，如图10-11（b）所示。

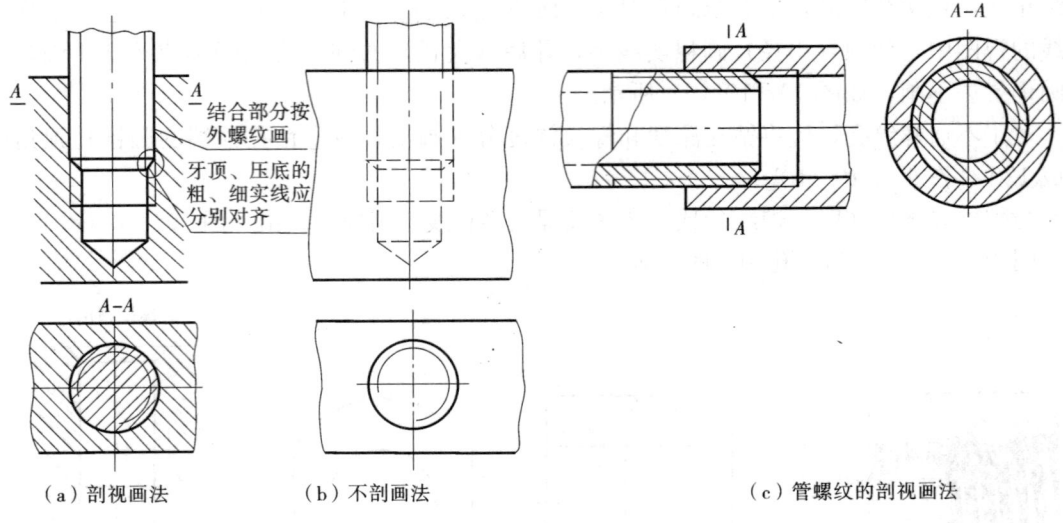

（a）剖视画法   （b）不剖画法   （c）管螺纹的剖视画法

图 10-11 内、外螺纹连接画法

4. 螺纹牙型的表示法

对于梯形和锯齿形等传动螺纹，除按上述规定画法画出外，当需要表示牙型时，应采用局部剖视或局部放大图表示几个牙型（图 10-12）。

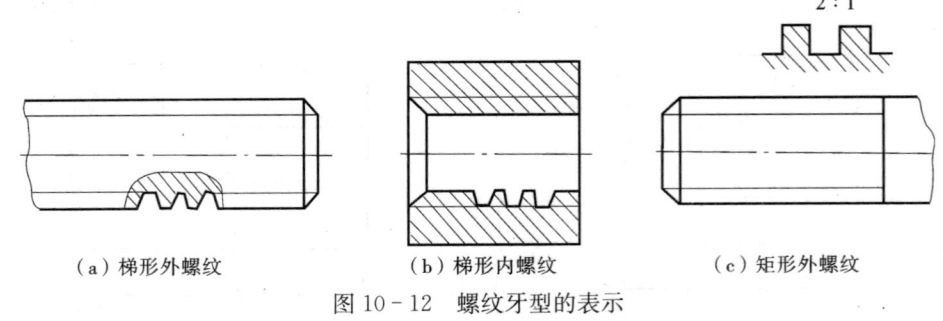

（a）梯形外螺纹   （b）梯形内螺纹   （c）矩形外螺纹

图 10-12 螺纹牙型的表示

三、螺纹的标注

按规定画法画出的螺纹，只表示了螺纹的大径和小径，螺纹的种类和其他要素则要通过标注才能加以区别。

1. 普通螺纹、梯形螺纹、锯齿形螺纹的标注

普通螺纹、梯形螺纹、锯齿形螺纹的标注由以下内容组成：

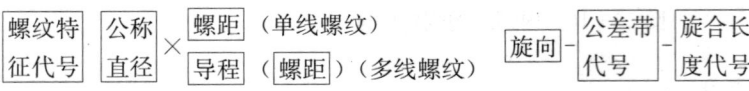

标注时注意几点：

（1）螺纹特征代号见表 10-1。

（2）公称直径是指螺纹大径。

（3）粗牙普通螺纹的螺距不标注。

（4）右旋螺纹的旋向省略不注，左旋螺纹的旋向标注"LH"。

（5）螺纹公差带由其相对于基本牙型的位置和大小所构成。其中，位置由基本偏差确定，并规定内螺纹的下偏差和外螺纹的上偏差为基本偏差。大小则由公差值确定，并按公

184

差大小分为若干等级。具体规定见表 10-2。

表 10-2   普通螺纹直径公差带的位置和大小

公 差 带	内 螺 纹		外 螺 纹	
	中径 D_2	小径 D_1	大径 d	中径 d_2
基本偏差（位置）	G、H		e、f、g、h	
公差等级（大小）	4、5、6、7、8		4、6、8	3、4、5、6、7、8、9

（6）普通螺纹要分别标注中径公差带代号和顶径公差带代号（顶径是指外螺纹的大径和内螺纹的小径）。如中径公差带与顶径公差带代号相同，则只标注一个代号。梯形螺纹、锯齿形螺纹只标注中径公差带代号。

（7）旋合长度是指两相互配合的螺纹，沿螺纹轴向相互旋合部分的长度。普通螺纹的旋合长度分短、中、长三组，分别用代号 S、N、L 表示；梯形、锯齿形螺纹只分 N、L 两组。当旋合长度为 N 组时，不标注旋合长度代号。

以上几种螺纹在图样上的标注方法与线性尺寸的标注方法相同，即从大径线处引出尺寸界线，将要标注的内容按前所述的顺序依次标注在尺寸线的上方或尺寸线的中断处，其标注示例见表 10-3。

表 10-3   标准螺纹的标注示例

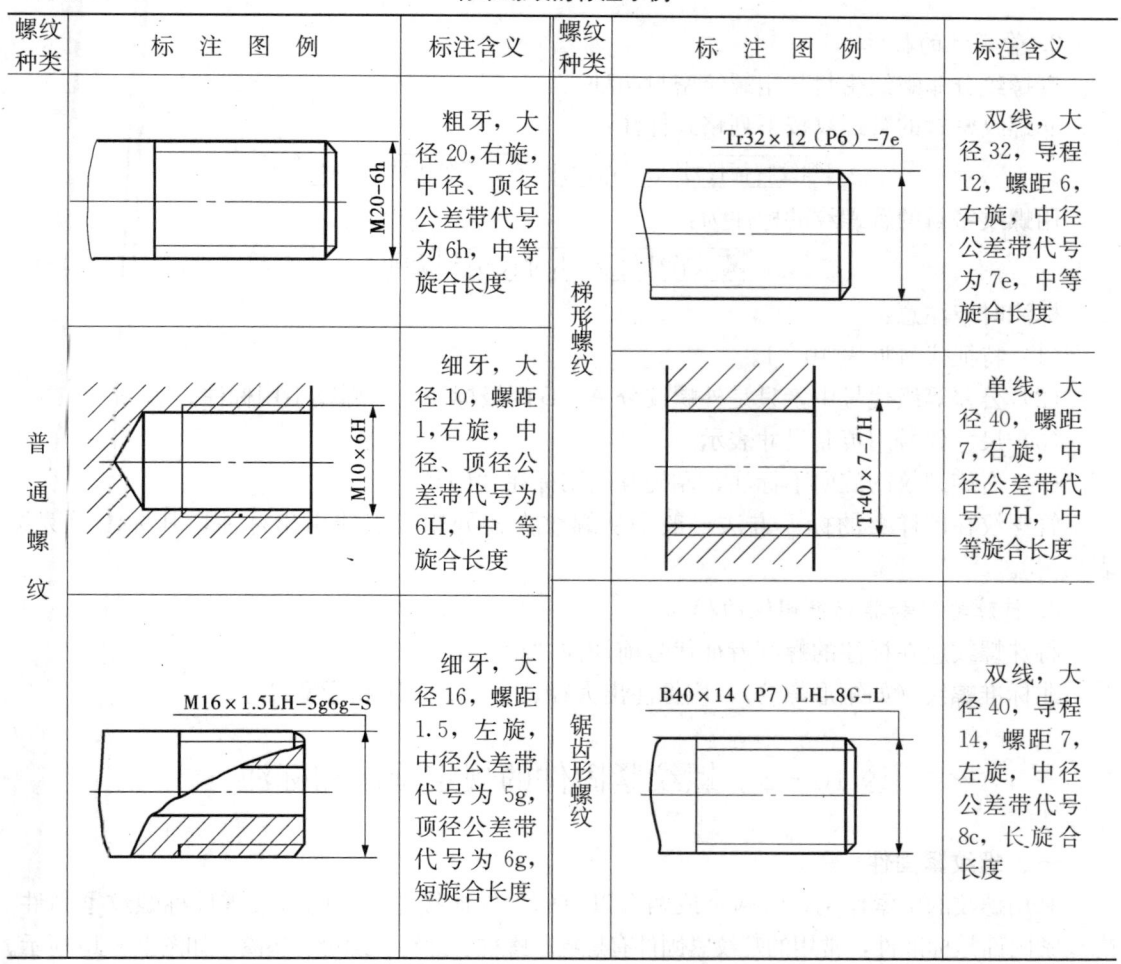

续表

螺纹种类	标注图例	标注含义	螺纹种类	标注图例	标注含义
非螺纹密封的管螺纹	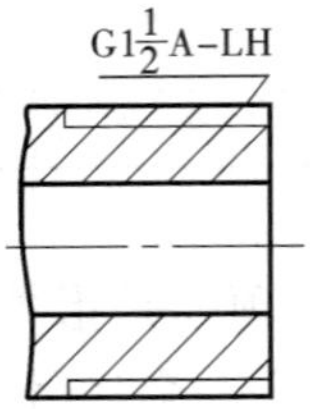 G1$\frac{1}{2}$A-LH	管螺纹外螺纹 A 级，左旋，尺寸代号为 1$\frac{1}{2}$	用螺纹密封的管螺纹	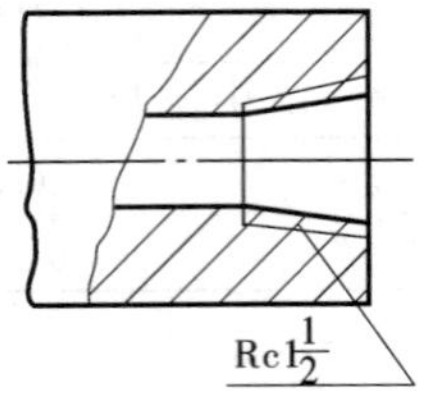 Rc1$\frac{1}{2}$	锥管螺纹内螺纹，右旋，尺寸代号为 1$\frac{1}{2}$
				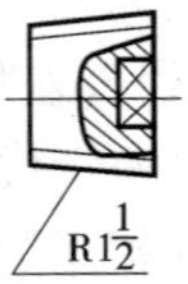 R1$\frac{1}{2}$	锥管螺纹外螺纹，右旋，尺寸代号为 1$\frac{1}{2}$
	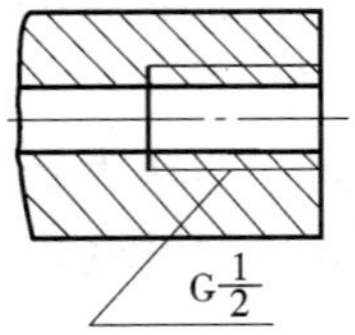 G$\frac{1}{2}$	管螺纹内螺纹，右旋，尺寸代号 1$\frac{1}{2}$		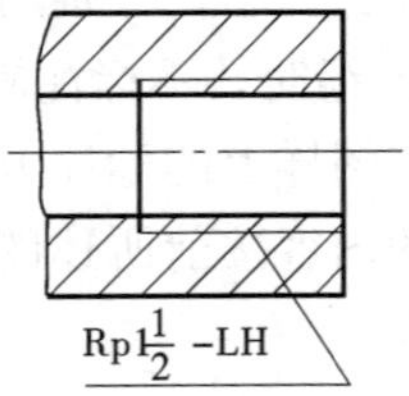 Rp1$\frac{1}{2}$-LH	与圆锥外螺纹相匹配的圆柱内螺纹，左旋，尺寸代号为 1$\frac{1}{2}$

2. 管螺纹的标注

管螺纹分非螺纹密封与用螺纹密封两种。

非螺纹密封的管螺纹按下列格式标注：

$$\boxed{螺纹特征代号}\ \boxed{尺寸代号}\ \boxed{公差等级代号}-\boxed{旋向}$$

用螺纹密封的管螺纹的标注为：

$$\boxed{螺纹特征代号}\ \boxed{尺寸代号}-\boxed{旋向}$$

标注时应注意：

(1) 特征代号见表 10-1。

(2) 公差等级代号中，只是外螺纹分 A、B 两极标注，内螺纹不用标注。

(3) 尺寸代号用英制尺寸表示。

(4) 右旋螺纹的旋向不标注，左旋螺纹则标注"LH"。

管螺纹在图样上的标注方法一般是从螺纹大径处用指引线引出标注，其标注示例见表10-3。

3. 特殊螺纹和非标准螺纹的标注

特殊螺纹应在标注的螺纹特征代号前加注"特"字。

非标准螺纹（如矩形螺纹），应标注出大径、小径、螺距和牙型尺寸。

§10-2　螺纹紧固件的规定画法和标注

一、螺纹紧固件

利用螺纹的旋紧作用，将两个或两个以上的零件连接在一起的有关零件称螺纹紧固件。螺纹紧固件是标准件，常用的螺纹紧固件有螺栓、螺柱、螺钉、螺母、垫圈，如图 10-13 所示。

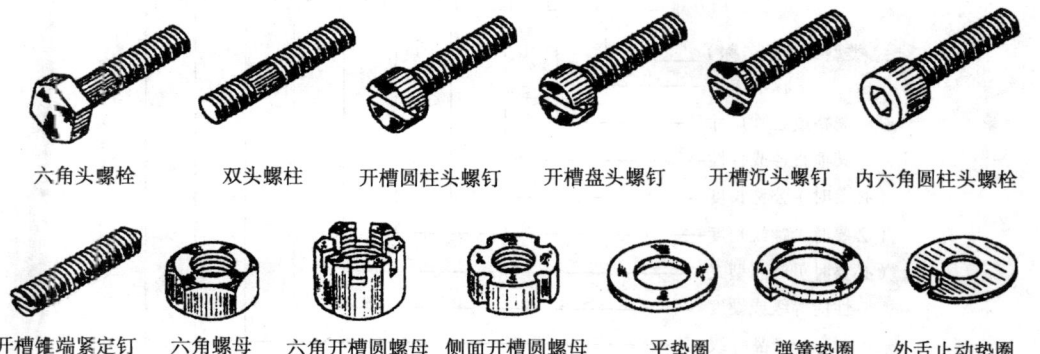

六角头螺栓　　　双头螺柱　　　开槽圆柱头螺钉　　　开槽盘头螺钉　　　开槽沉头螺钉　　内六角圆柱头螺栓

开槽锥端紧定钉　　六角螺母　　六角开槽圆螺母　　侧面开槽圆螺母　　　平垫圈　　　弹簧垫圈　　　外舌止动垫圈

图 10 - 13　螺纹紧固件

二、螺纹紧固件的画法和规定标记

（1）查表画法

螺纹紧固件一般不需要画其零件图，当需要用图形表达时，可根据其规定标记从相应的标准查出各部分尺寸，再按尺寸画出其图形。

（2）比例画法

为了画图的方便，在绘制螺纹紧固件的装配图时常采用比例画法。即以螺栓、螺柱或螺钉的螺纹大径 d 为基数，按一定比例关系确定其他部分的尺寸及与之相配的螺母，垫圈的主要尺寸，图 10 - 14 为螺母、螺栓、垫圈的比例画法。

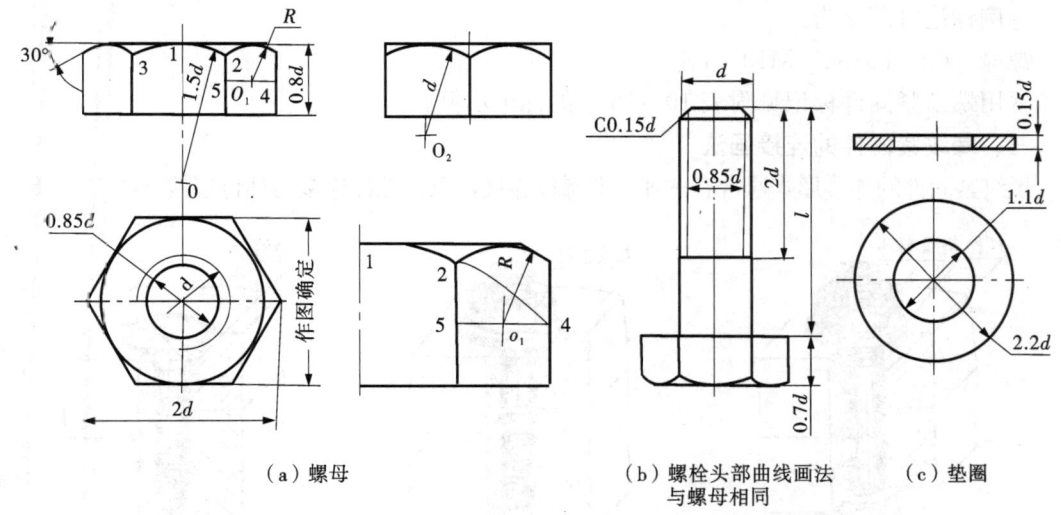

（a）螺母　　　　　　　（b）螺栓头部曲线画法　　　（c）垫圈
　　　　　　　　　　　　与螺母相同

图 10 - 14　螺母、螺栓、垫圈的比例画法

（3）完整标记

紧固件一般为标准件，其结构型式、尺寸和技术要求均要用规定标记表示，其完整的规定标记内容与格式如下所示。

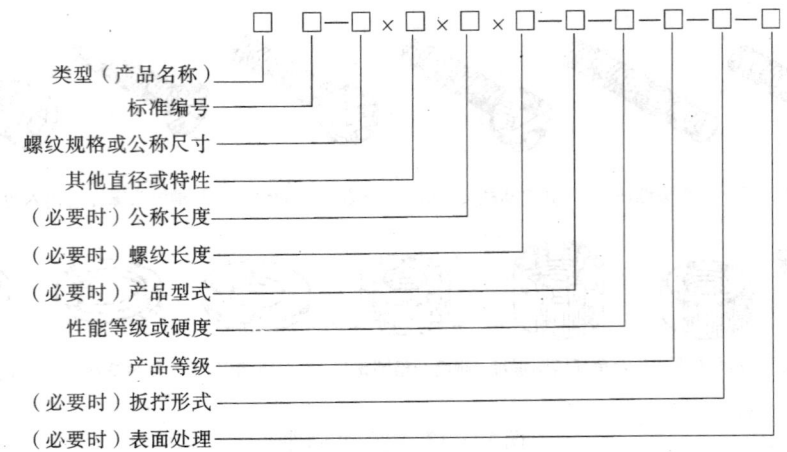

类型（产品名称）
标准编号
螺纹规格或公称尺寸
其他直径或特性
（必要时）公称长度
（必要时）螺纹长度
（必要时）产品型式
性能等级或硬度
产品等级
（必要时）扳拧形式
（必要时）表面处理

例如，螺纹规格 $d=$M10，公称长度 $l=$100，性能等级为 10.9 级，表面氧化、产品等级 A 级的六角头螺栓的标记为：

螺栓　GB/T5782—2000—M10×100—10.9—A—0

（4）简化标记

标记简化的原则：

①标准的年代号允许省略；

②仅有一种型式、精度、性能等级（或材料）、热处理或表面处理时允许省略；

③有两种以上型式、精度、性能等级（或材料）、热处理或表面处理时，可规定省略其中的一种（在产品标准的标记示例中规定）。

上例标记可简化为：

螺栓　GB/T5782—M10×100

常用螺纹紧固件标记见附表 10～16 中的标记示例。

三、螺纹紧固件的连接画法

螺纹紧固件的连接形式通常有三种，即螺栓连接，双头螺柱连接与螺钉连接（图 10-15）。

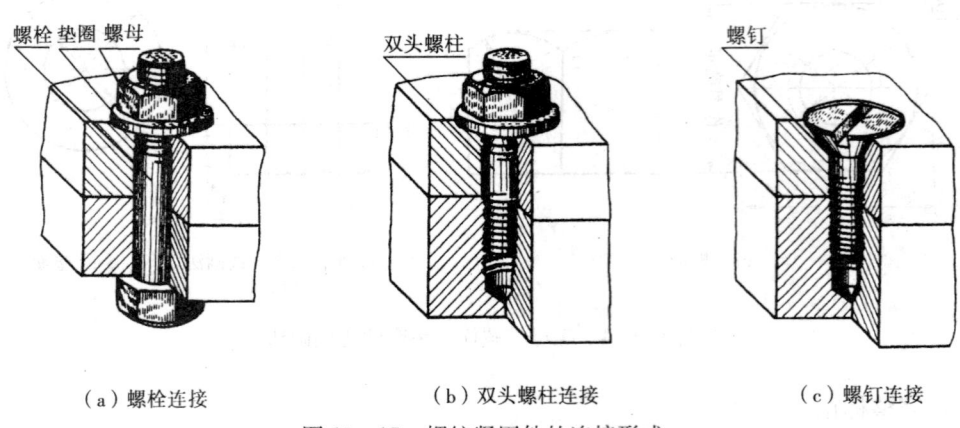

螺栓 垫圈 螺母　　　　　双头螺柱　　　　　螺钉

（a）螺栓连接　　　　　　（b）双头螺柱连接　　　　　（c）螺钉连接

图 10-15　螺纹紧固件的连接形式

1. 螺栓连接

当被连接的零件较薄时常采用螺栓连接。连接时，将螺栓杆身穿过被连接件的通孔，在切制有螺纹的一端套上垫圈，并用螺母拧紧，即为螺栓连接［图 10-15（a）］。绘制螺栓连接图时，首先应按其型式、公称直径从有关的标准中查出它们的尺寸。关于螺栓公称长

度为 l，则应根据被连接件的厚度、螺母及垫圈的厚度按下式计算确定（图 10-16）：

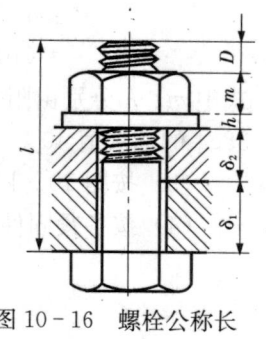

$$l \geqslant \delta_1 + \delta_2 + m + h + a$$

式中，δ_1、δ_2 为被连接件的厚度，h 为垫圈厚度，m 为螺母厚度，a 为螺栓伸出螺母顶面的高度（按 $0.2d \sim 0.3d$ 取值）。按上式计算出 l 值后，由附表 10 查取与 l 相近的标准长度。

图 10-16　螺栓公称长度的计算

所有尺寸确定之后，即可画出螺栓连接装配图［图 10-17（a）］，根据规定，装配图中允许采用简化画法［图 10-17（b）］。

画螺栓连接图时，除应遵照前述有关的规定画法外，还须符合装配画法的有关规定：

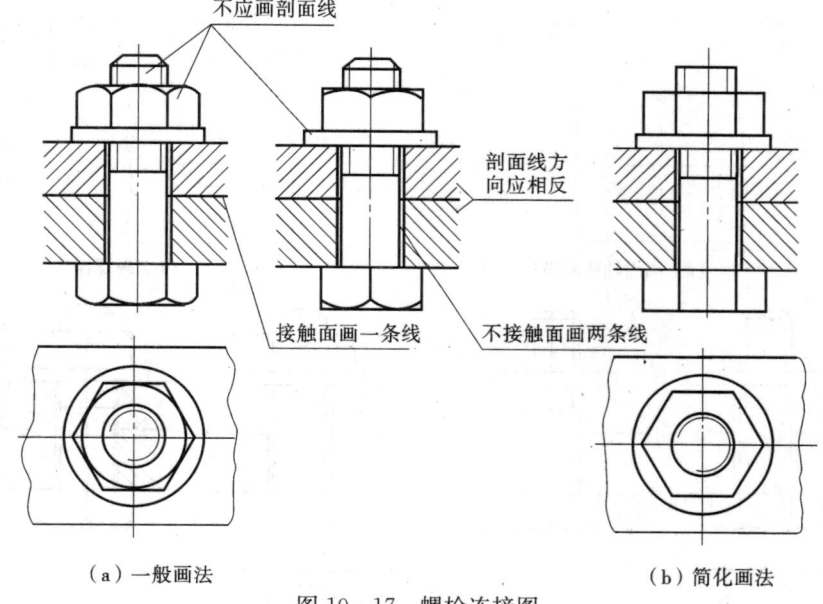

（a）一般画法　　　　　　　　　　　　（b）简化画法

图 10-17　螺栓连接图

（1）相邻两零件表面接触时画一条粗实线，不接触时画两条粗实线。

（2）在剖视图中，相邻两零件的剖面线方向应相反或方向相同但间隔不同，同一零件的剖面线方向和间隔在各剖视图中应一致。

（3）剖切平面通过标准件（螺栓、螺母、垫圈等）和实心零件（轴、球等）的轴线时，这些零件按不剖绘制，即仍画其外形。

〔例 10-1〕用 M10 的六角头螺栓（GB 5782—2000）连接两个零件，被连接件的厚度分别为 $\delta_1 = 10$ mm，$\delta_2 = 15$ mm，并选用六角螺母（GB 6170—2000）和平垫圈（GB 97.1—2002），试画出该螺栓连接图。

分析：根据给定的条件，可从相关标准查出有关尺寸，然后按有关画法即可画出螺栓连接图。

解：

（1）按 1∶1 确定被连接零件的孔径

孔径＝1.1×10 mm＝11 mm

（2）确定螺栓公称长度 l

$$l \geqslant \delta_1 + \delta_2 + m + h + a$$
$$= (10 + 15 + 8.4 + 2 + 3)\ mm = 38.4\ mm$$

式中 m、h 分别由附表 14、15 查出，a 取 $0.3d$。在附表 10 中，l 的标准长度系列取略长于 38.4 的标准值 40。

（3）按图 10-14 中的比例确定各紧固件的其余尺寸。

（4）按各紧固件尺寸进行作图，作图如图 10-18 所示。

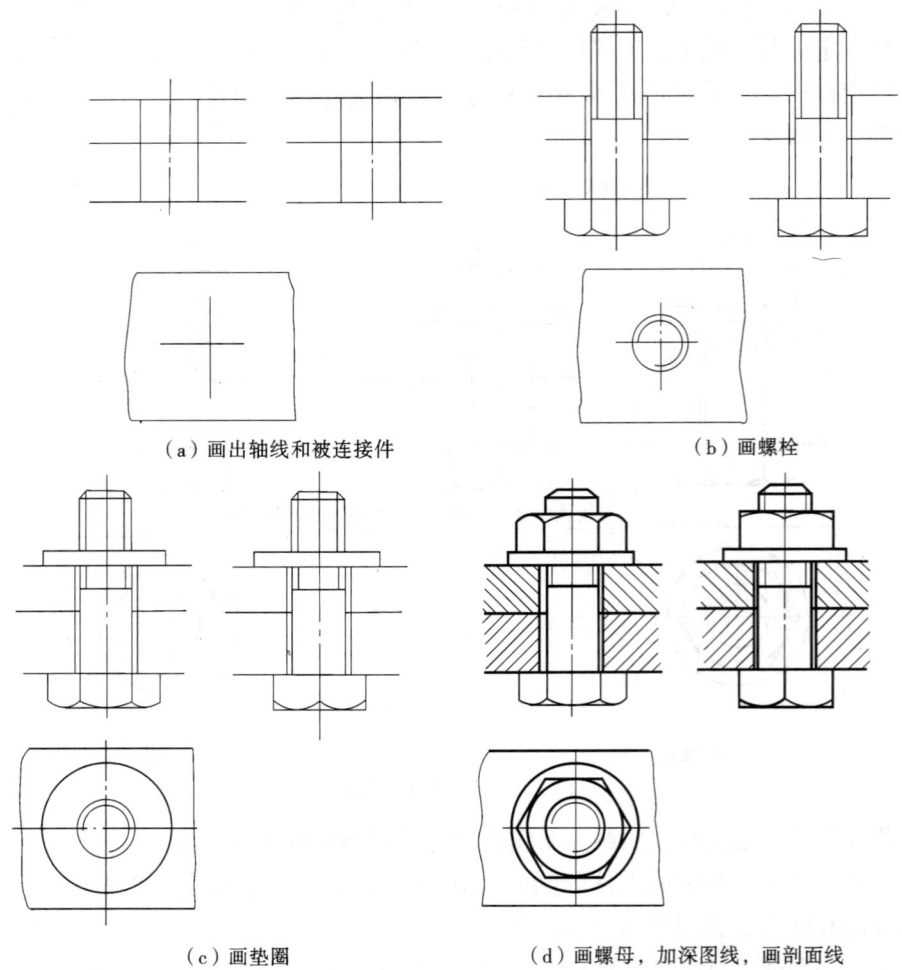

（a）画出轴线和被连接件　　　　　　　　　　（b）画螺栓

（c）画垫圈　　　　　　　　（d）画螺母，加深图线，画剖面线

图 10-18　螺栓连接图的作图步骤

2. 双头螺柱连接

将双头螺柱的旋入端旋入被连接件的螺纹孔内，紧固端穿过另一被连接件的通孔，加上垫圈并拧紧螺母，即为双头螺柱连接，如图 10-15（b）所示。双头螺柱常用于被连接件之一较厚，不宜或不允许钻成通孔的情况。

绘制双头螺柱连接图时，同样需要先确定螺柱、螺母、垫圈的型式及公称直径、从相关标准中查出它们的尺寸（或按比例画法确定）。双头螺柱的比例画法如图 10-19 所示，其公称长度 l 按下式计算确定（图 10-20）。

$$l \geqslant \delta + m + h + a$$

然后对照标准确定其标准长度（附表 11）。

190

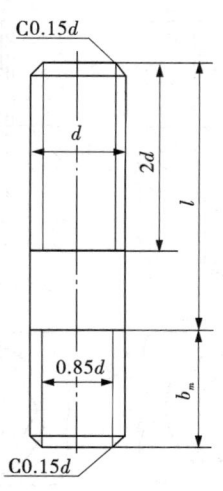

图10-19 双头螺柱的比例画法

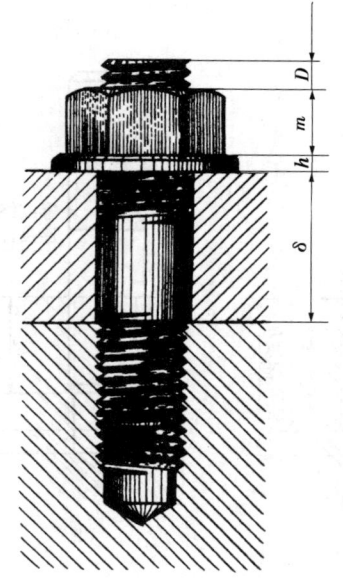

图10-20 双头螺柱公称长度的计算

为了保证连接可靠,旋入端 b_m 应全部旋入螺孔内,所以螺纹终止线应与被连接件的表面重合〔图10-21(b)〕。作图时,钻孔深度与螺孔深度按 $H_1 = b_m + 0.8d$,$h_1 = b_m + 0.5d$ 选取〔图10-21(a)〕,而 b_m 的值与螺孔材料有关,一般按下列情况选取。

带螺孔的被连接件	b_m 值	标 准
青铜、钢	d	GB/T897—1988
铸铁	$1.25d$	GB/T898—1988
铝及铝合金	$1.5d$	GB/T899—1988
非金属材料	$2d$	GB/T900—1988

双头螺柱的连接图画法如图10-22(a)所示,也可采用简化画法〔图10-22(b)〕。

〔例10-2〕已知两端均为粗牙普通螺纹的 A 型双头螺柱,$d=12$ mm,带螺孔的被连接件的材料为铸件,另一被连接件的厚度 $\delta=10$ mm,使用六角螺母和平垫圈,试写出螺母、垫圈、双头螺柱的规定标记,并画出连接图。

分析:根据给定的条件,可从相关标准中查出有关的尺寸,或根据螺柱的公称直径按比例画法近似确定出有关的尺寸,即可画出连接图。

解:

(1) 查附表14、15可知螺母、垫圈的规定标记是:

螺母　　GB/T6170　　M12

垫圈　　GB/T97.1　　12

螺母厚度尺寸 $m=10.8$　　垫圈高度尺寸 $h=2.5$

(2) 计算双头螺柱的公称长度 l:

$$l = \delta + m + h + a = (10 + 10.8 + 2.5 + 3.6)\ \text{mm} = 26.9\ \text{mm}$$

查附表11双头螺柱标准长度系列,取 $l=30$。

该双头螺柱的规定标记应为:

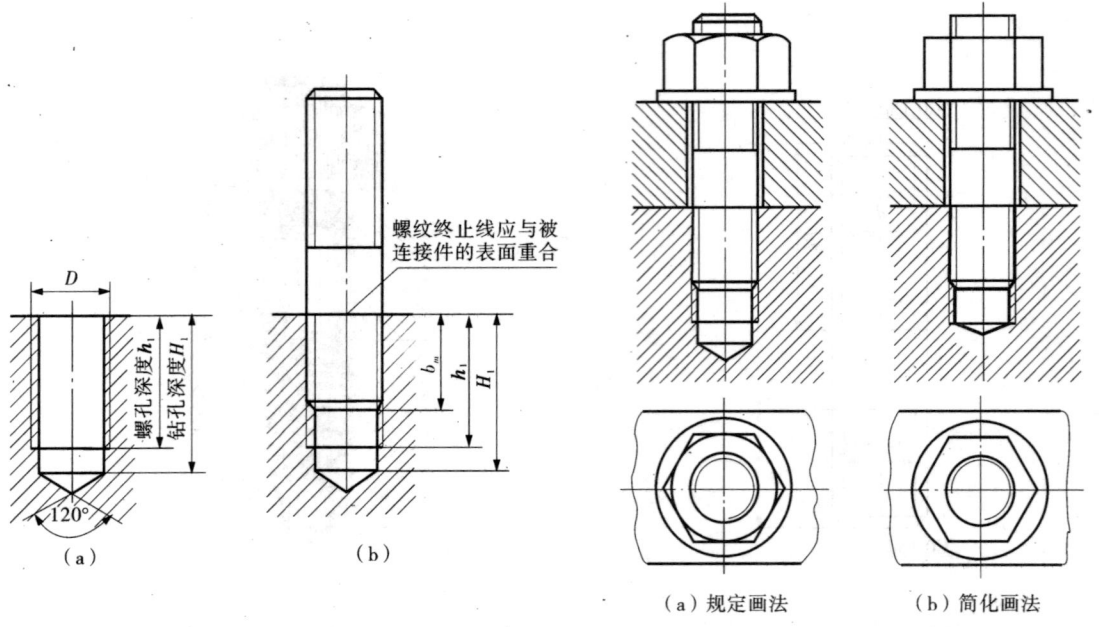

图 10-21　钻孔深度、螺孔深度及其
与双头螺栓 b_m 的关系

（a）规定画法　　（b）简化画法

图 10-22　双头螺柱连接图

螺柱　GB/T898　AM12×30

（3）根据图 10-14，图 10-19，图 10-21 定出各连接件的其余尺寸。

（4）画连接图，作图步骤见图 10-23。

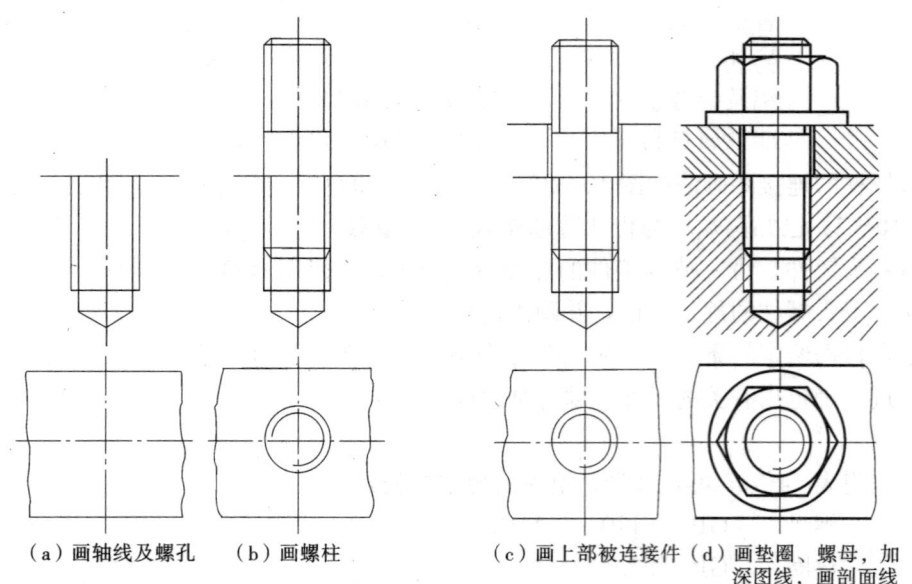

（a）画轴线及螺孔　（b）画螺柱　　　　（c）画上部被连接件（d）画垫圈、螺母，加
　　　　　　　　　　　　　　　　　　　　　　　　深图线，画剖面线

图 10-23　双头螺柱连接图的作图步骤

3．螺钉连接

螺钉连接是将螺钉穿过一被连接件的通孔而直接拧入另一被连接件的螺孔中的连接，如图 10-15（c）所示。

螺钉按用途分连接螺钉和紧定螺钉。连接螺钉用于连接不经常拆卸且受力不大的零件，而紧定螺钉则用于固定两个零件的相对位置，使它们不产生相对运动。

螺钉的规定标记见附表 12、13 的标记示例，其规格尺寸为螺纹大径 d 及公称长度 l。l 的长度可按下式计算确定（图 10-24）后，按标准系列选取。

$$l \geqslant \delta + b_{\mathrm{m}}$$

式中 b_{m} 为螺钉的旋入长度，其确定方法与双头螺柱相同。

绘制螺钉连接图时，螺钉头部尺寸可查表得出，也可按比例画法近似画出（图 10-25）。

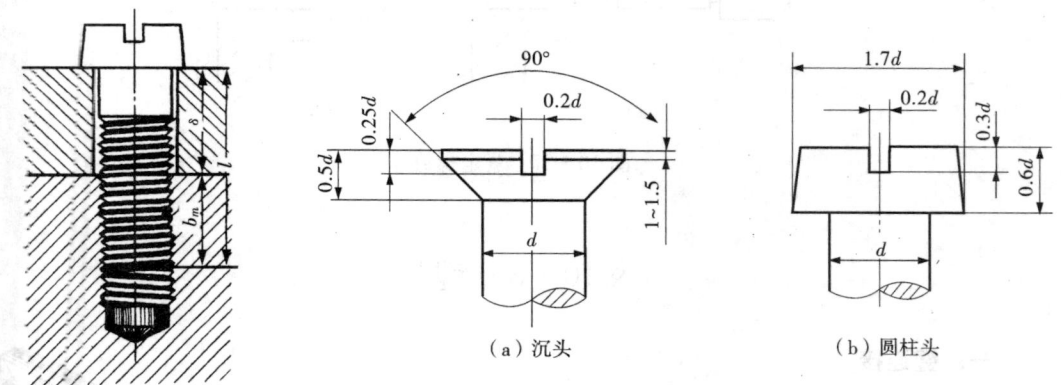

图 10-24 螺钉公称长度的计算

图 10-25 螺钉头部的比例画法

（a）沉头　　（b）圆柱头

图 10-26 所示为开槽盘头、开槽沉头、开槽圆柱头连接螺钉的连接图画法。从图中可以看出，螺钉的螺纹终止线应高于两被连接零件的接触面，螺钉头部的改锥槽在反映螺钉轴线的视图上应画出槽口的实形，在投影为圆的视图上，则应画成与中心线倾斜 45°。槽宽不足 2 mm 时，可将其涂黑表示 [图 10-26（d）]。

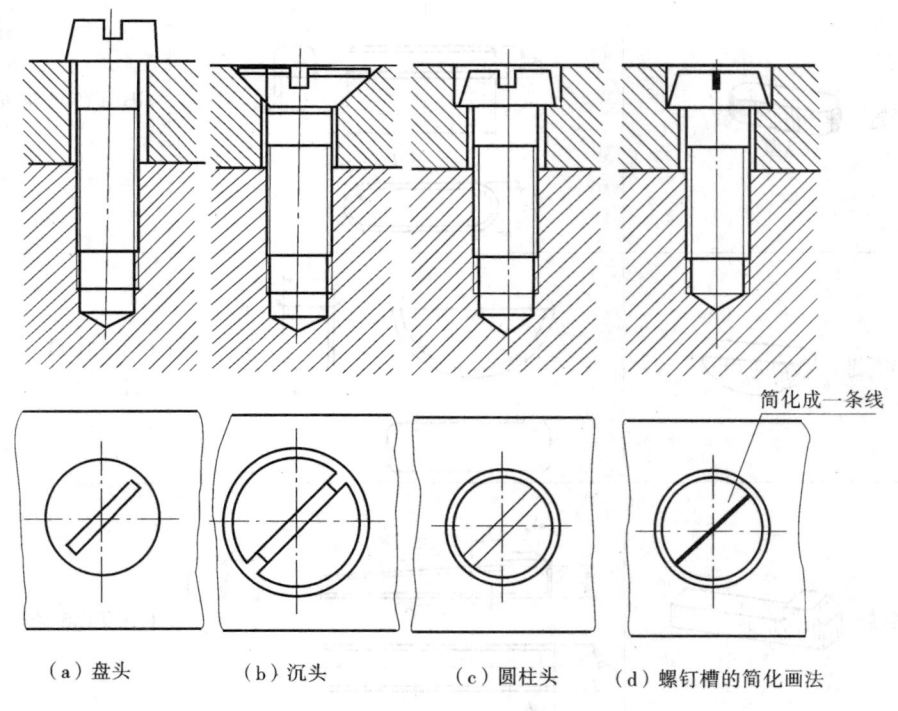

（a）盘头　　（b）沉头　　（c）圆柱头　　（d）螺钉槽的简化画法

图 10-26　螺钉连接图

193

紧定螺钉的连接情况及连接画法如图 10-27 所示。

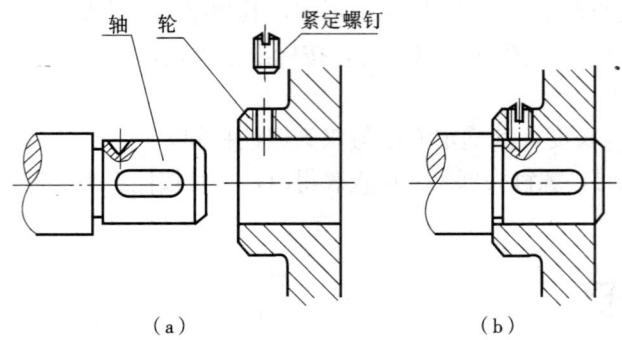

（a）   （b）

图 10-27 紧定螺钉连接

§10-3 键与销

一、键连接

键是用来连接轴和轴上的传动件（如齿轮、皮带轮等），并通过它来传递转矩的一种零件，如图 10-28 所示。

键是一种标准件，常用的键有普通平键、半圆键与钩头楔键，其型式及规定标记如表 10-4 所示。

图 10-28 键连接

表 10-4   常用键的型式及其规定标注

名　称	图　例	规定标记
普通型平键 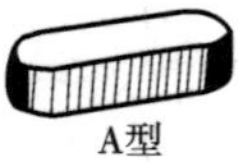 A型	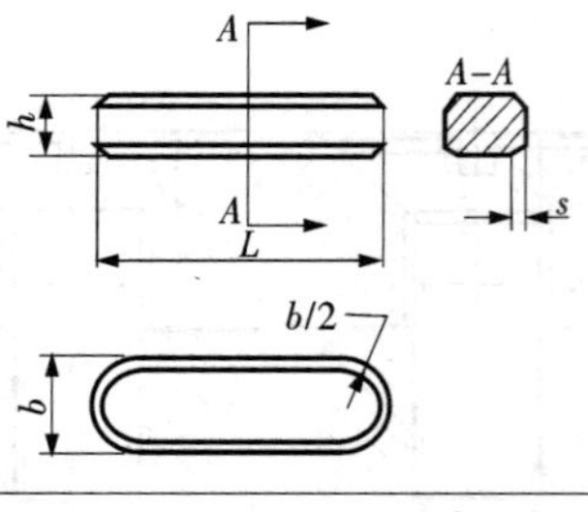	GB/T1096 键 $b \times h \times L$
普通型半圆键 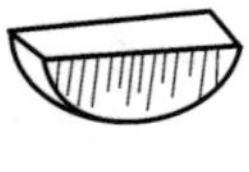	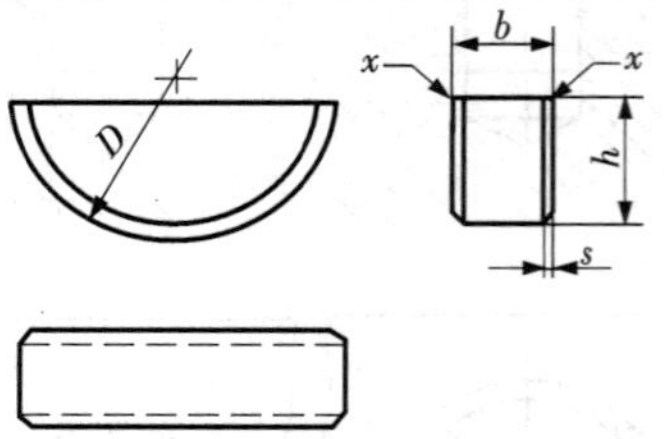	GB/T1099.1 键 $b \times h \times D$
钩头型楔键 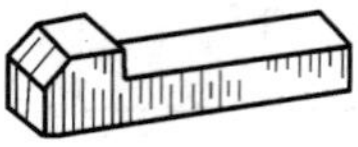	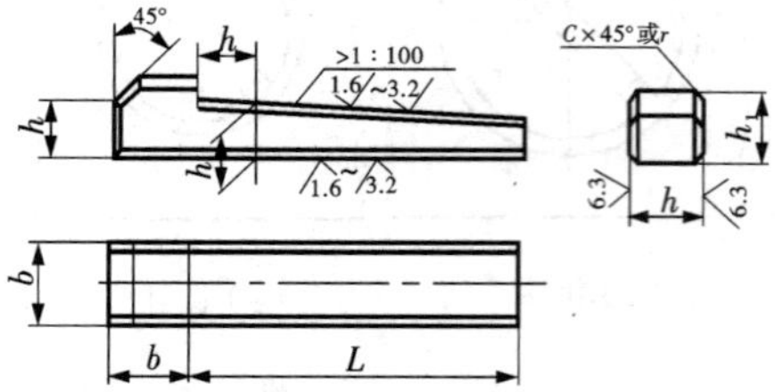	GB/T1565 键 $b \times L$

1. 普通平键

普通平键有 A、B、C 三种型式（见附表 17），其中以 A 型键应用最多。

普通平键的尺寸可从国标（附表 17）中查得，键的高度 h 和宽度 b 根据被连接轴的直径选取，而长度 l 则按轮毂长度，并参照标准长度系列确定。另外从附表 17 中还可以查出与键相配的键槽尺寸，键槽的尺寸标注如图 10-29 所示。

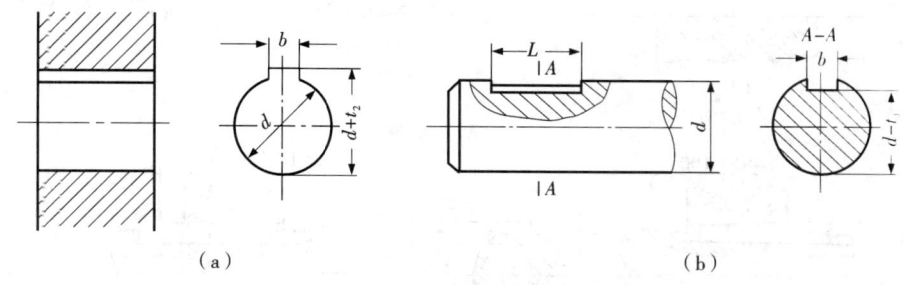

（a）　　　　　　　　　　　（b）

图 10-29　普通平键键槽的尺寸标注

普通平键的连接画法如图 10-30 所示。普通平键的工作面是两侧面，这两侧面与键槽两侧面相接触，键的底面与轴上键槽的底平面相接触，所以画一条粗实线，键的顶面与轮毂上键槽顶面不接触，有一定的间隙量（$t_1 + t_2 - h$），故要画两条线，如放大图 I 所示。

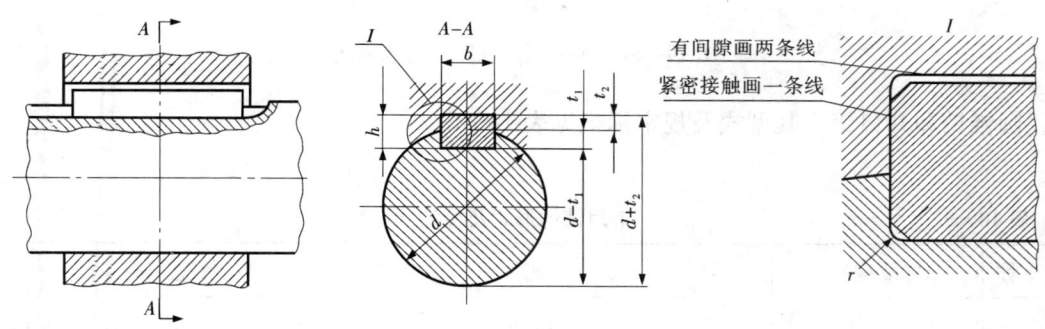

图 10-30　普通平键连接画法

2. 半圆键

半圆键具有自动调位的优点，主要用于锥形轴与轻载的连接上。

半圆键及其键槽的尺寸，可根据轴的直径在国标 GB/T1098-2003、GB/T1099.1-2003 中查得。

半圆键的工作面也是两侧面，其连接画法与普通平键的连接画法相似［图 10-31（a）］。

3. 钩头楔键

楔键只适用于定心精度要求不高，载荷平稳和低速的连接上。它有普通型楔键（GB/T1564）和钩头型楔键（GB/T1565）。

楔键的上、下面是工作面，键的上表面有 1∶100 的斜度，轮毂键槽的底面也有 1∶100 的斜度，连接时将键打入键槽，其中钩头型楔键的钩头是为了拆键用的，其连接画法如图 10-31（b）、（c）所示，键的斜面与轮毂的斜面必须紧密贴合。钩头型楔键及键槽的尺寸与公差请分别查 GB/T1565-2003 和 GB/T1563-2003。

二、销

销也是一种标准件，一般用于零件之间的连接或在装配时作定位用。常用的销有圆柱

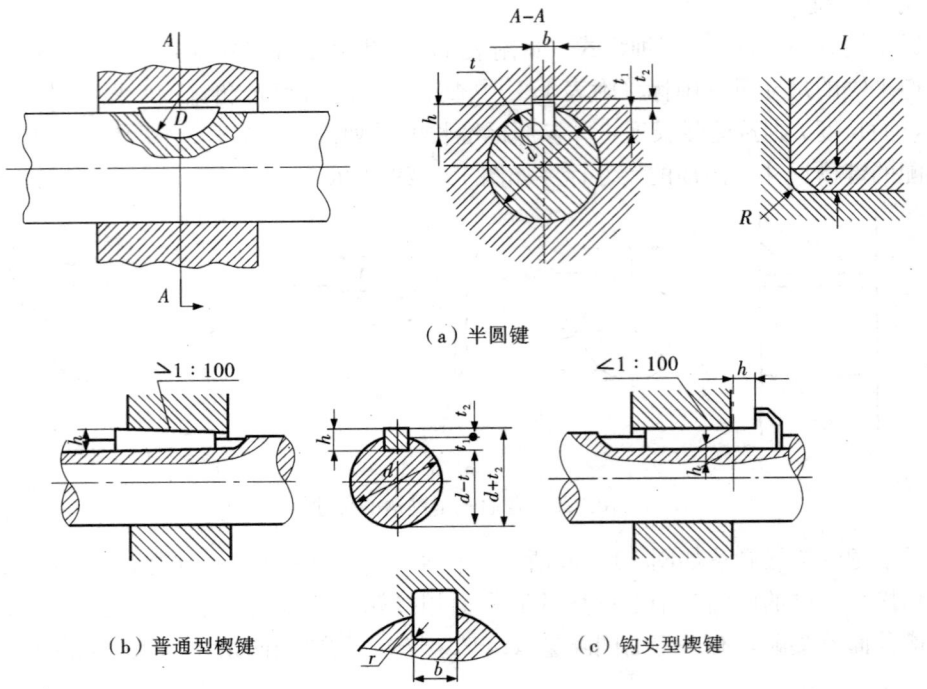

（a）半圆键

（b）普通型楔键　　　　　　　　　　　　（c）钩头型楔键

图 10-31　半圆键、楔键的连接画法

销、圆锥销和开口销，其型式及规定标记见表 10-5。

表 10-5　　　　　　　　　　　　　　常用销的形式及标注

名　称	标准编号	图　例	标记示例
圆锥销	GB/T117—2000		公称直径 $d=10$ mm，公称长度 $l=60$ mm，材料为 35 钢，热处理硬度 28～38HRC、表面氧化处理的 A 型圆锥销： 销 GB/T117—2000　A10×60
圆柱销	GB/T119.1—2000	A型直径公差m6　B型直径公差h8 C型直径公差h11　D型直径公差u8	公称直径 $d=10$ mm，长度 $l=30$ mm，材料为 35 钢，热处理硬度 28～38HRC，表面氧化处理的 A 型圆柱销： 销 GB/T119.1—2000　A10×30
开口销	GB/T91—1986		公称直径 $d=5$ mm，长度 $l=50$ mm 材料为低碳钢，不经表面处理的开口销： 销 GB/T91—1986　5×50

销的连接画法如图 10 - 32 所示。

用销连接或定位的两个零件，它们的销孔是一道加工的，以保证相互位置的准确性，所以在零件图上的销孔除了注明销孔的尺寸外，还要说明加工时的情况，如图 10 - 33 所示。

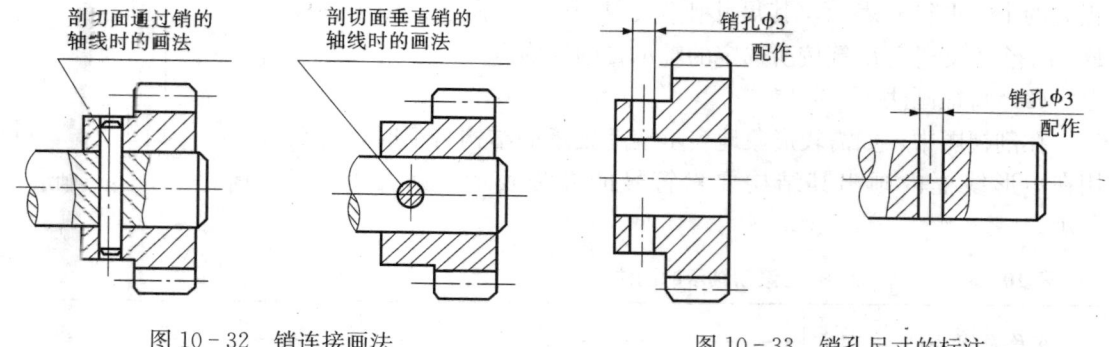

图 10 - 32　销连接画法　　　　　　图 10 - 33　销孔尺寸的标注

§10 - 4　滚动轴承（GB/T4459.7－1998）

一、滚动轴承的结构和种类

1. 滚动轴承的结构

滚动轴承是支承旋转轴的标准组件，它具有摩擦阻力小，效率高，结构紧凑、维护简单等优点，因此在机器中得到广泛的应用。

滚动轴承的结构一般由内圈、外圈、滚动体和保持架组成，如图 10 - 34 所示。

（a）　　　　　　　　（b）　　　　　　　　（c）

图 10 - 34　滚动轴承的结构

2. 滚动轴承的种类

滚动轴承的种类很多，一般按其承受载荷的方向或公称接触角的不同分为两类：

（1）向心轴承——主要用于承受径向载荷，公称接触角 0°～45°。

（2）推力轴承——主要用于承受轴向载荷，公称接触角 45°～90°。

二、滚动轴承的画法

GB/T4459.7－1998 对滚动轴承规定了三种画法，表 10 - 6 列出了特征画法和规定画法。

1. 简化画法

简化画法可采用通用画法或特征画法，但在同一图样中一般只采用一种画法。

（1）通用画法

在剖视图中，当不需要确切地表示滚动轴承的外形轮廓、载荷特性、结构特征时，可采用通用画法。用矩形线框及位于线框中央正立的十字形符号表示，其尺寸比例如图 10-35 所示。图中外径 D、内径 d 及宽度 B 等按所选定的轴承查国标确定。

（2）特征画法

在剖视图中，如需较形象地表示滚动轴承的结构特征时，可采用在矩形线框内画出其结构要素符号的方法表示，见表 10-6 所示。

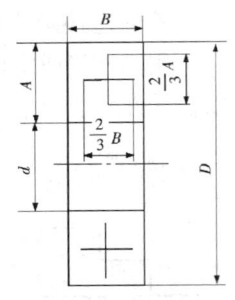

图 10-35 滚动轴承通用画法

表 10-6 　　　　　　　　　　　滚动轴承的画法

名称及代号	主要数据	画　法		
		规定画法	特征画法	装配画法
深沟球轴承 GB/T276—1994 类型代号 6	D d B			
圆锥滚子轴承 GB/T297—1994 类型代号 3	D d T C B			
推力球轴承 GB/T301—1995	D d T			

在垂直于滚动轴承轴线的投影面的视图上，无论滚动体的形状（球、柱、针等）及尺寸如何，均可按图 10-36 所示的方式绘制。

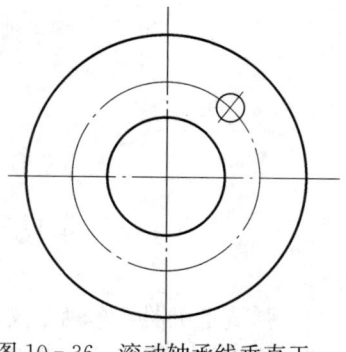

图 10-36 滚动轴承线垂直于投影面的特征画法

2. 规定画法

必要时，在滚动轴承的产品图样、产品样本、产品标准、用户手册和使用说明书中采用规定画法绘制滚动轴承。采用规定画法绘制滚动轴承的剖视图时，轴承的滚动体不画剖面线，其各套圈可画成方向和间隔相同的通用剖面线。

规定画法一般绘制在轴的一侧，另一侧按通用画法画出。规定画法的尺寸比例见表 10-6，表中的外径 D、内径 d 及宽度 B、T 等几个主要尺寸，按所选定的轴承代号查相关国家标准确定（附表 20～22）。

三、滚动轴承的代号

滚动轴承的代号由基本代号、前置代号和后置代号构成。前置代号、后置代号是轴承在结构形状、尺寸、公差、技术要求等有改变时，在其基本代号左右添加的补充代号。

前置代号用字母表示，后置代号用字母或加数字表示，其代号及其含义、编制规则请查阅国家标准 GB/T272—1993。如果轴承的结构、尺寸、公差、技术要求等没有特殊要求，则只标记基本代号。

基本代号是轴承代号的基础，用来表示轴承的基本类型、结构和尺寸。基本代号由类型代号、尺寸系列代号、内径代号组成。

类型代号用阿拉伯数字（0，1，2，3，4，5，6，7，8）表示或用大写拉丁字母（N，V，QJ）表示。例如，3 表示圆锥滚子轴承，5 表示推力球轴承，6 表示深沟球轴承，N 表示圆柱滚子轴承。

尺寸系列代号由轴承的（高）宽度系列代号和直径系列代号组合而成。例如，向心轴承的宽度系列代号（8，0，1，2，3，4，5，6）为 2，直径系列代号（7，8，9，0，1，2，3，4）为 9，则整个尺寸系列代号为 29；又如，推力轴承的高度系列代号（7，9，1，2）为 1，直径系列代号（0，1，2，3，4，5）为 1，则整个尺寸系列代号为 11。

内径代号一般由两位数字构成，其中 00，01，02，03 分别表示内径 $d=10$，12，15，17（单位 mm）；代号数字 ≥04 时，代号数字乘以 5 即为轴承内径；内径从 0.6 到 10 的非整数及内径从 1 到 9 的整数的代号表示法请查阅 GB/T272—1993。

滚动轴承的标记示例：[1]

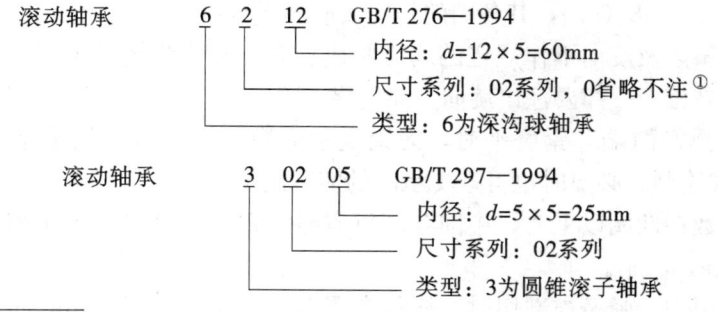

滚动轴承   6   2   12   GB/T 276—1994
- 内径：$d=12×5=60$mm
- 尺寸系列：02 系列，0 省略不注 [1]
- 类型：6 为深沟球轴承

滚动轴承   3   02   05   GB/T 297—1994
- 内径：$d=5×5=25$mm
- 尺寸系列：02 系列
- 类型：3 为圆锥滚子轴承

---

[1] GB/T272—1993 规定：深沟球轴承的尺寸系列代号 00，01，02，03，04 与类型代号 6 组合时，常把宽度系列代号（第一个数字）省略不注。

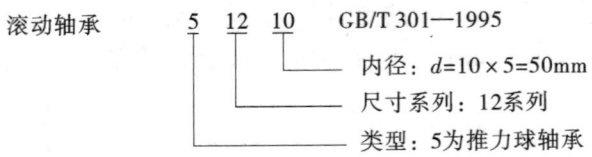

滚动轴承　　5　12　10　　GB/T 301—1995

内径：$d=10×5=50mm$

尺寸系列：12系列

类型：5为推力球轴承

§10-5　弹簧（GB/T4459.4—2003）

弹簧是机器、车辆、仪表和电器中常用到的零件，其作用为减震、储能、夹紧和测力等。

弹簧的种类较多，这里只介绍应用最广的圆柱螺旋压缩弹簧的画法，其他种类的弹簧画法可查阅有关标准。

1. 圆柱螺旋压缩弹簧各部分名称及尺寸关系（图10-37）。

（1）线径 d——弹簧钢丝的直径。

（2）弹簧外径 D_2——弹簧的最大直径。

（3）弹簧内径 D_1——弹簧的最小直径，$D_1=D_2-2d$。

（4）弹簧中径 D——弹簧的平均直径，$D=(D_2+D_1)/2=D_2-d=D_1+d$

（5）节距 t——除支承圈外，相邻两圈的轴向距离。

（6）支承圈 N_z——为使压缩弹簧支承平稳，制造时需将弹簧两端并紧磨平，这部分圈数仅起支承作用，故称支承圈。一般支承圈数有 1.5圈、2圈、2.5圈三种，其中较常见的是 2.5圈。

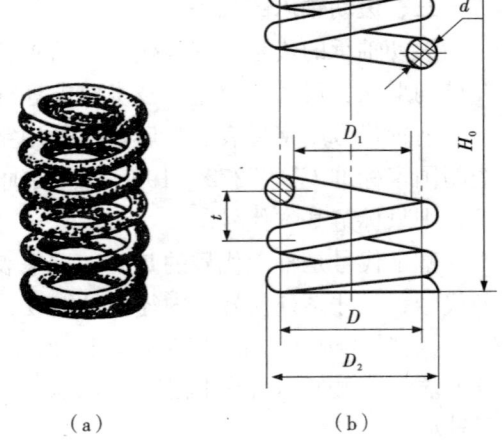

(a)　　　　　(b)

图10-37　圆柱螺旋压缩弹簧

（7）有效圈数 n——除支承圈外，保证相等节距的圈数。

总圈数：$n_1=n+N_z$。

（8）自由高度 H_0——弹簧在不受外力作用时的高度，$H_0=nt+(N_z-0.5)\,d$。

（9）弹簧展开长度 L——簧丝展直后的长度，$L=n_1\sqrt{(\pi D)^2+t^2}$。

2. 圆柱螺旋压缩弹簧的规定画法（GB/T4459.4—2003）

（1）螺旋弹簧在平行于轴线的投影面上所得的图形可画成视图［图10-37（b）］，也可画成剖视图［图10-38（a）］，其各圈的轮廓线应画成直线。

（2）右旋弹簧以及旋向不作规定的均应画成右旋。左旋弹簧要画成左旋或右旋，但不论画成左旋还是右旋，一律要注出旋向"左"字。

（3）如要求弹簧两端并紧磨平时，无论支承圈数多少和末端紧贴情况如何，均按图10-38（a）形式绘制，必要时也可按支承圈的实际结构绘制。

（4）有效圈数在四圈以上时，中间各圈可省略，省略后允许适当压缩图形长度，其画法如图10-38（a）所示。

（5）在装配图中，弹簧被剖切时，线径在图形上等于或小于 2 mm 的剖面可用涂黑表示［图10-38（c）］，亦可采用示意画法［图10-38（d）］。

（6）在装配图中，被弹簧遮挡的结构按不可见处理，可见轮廓线只画到弹簧的外轮廓

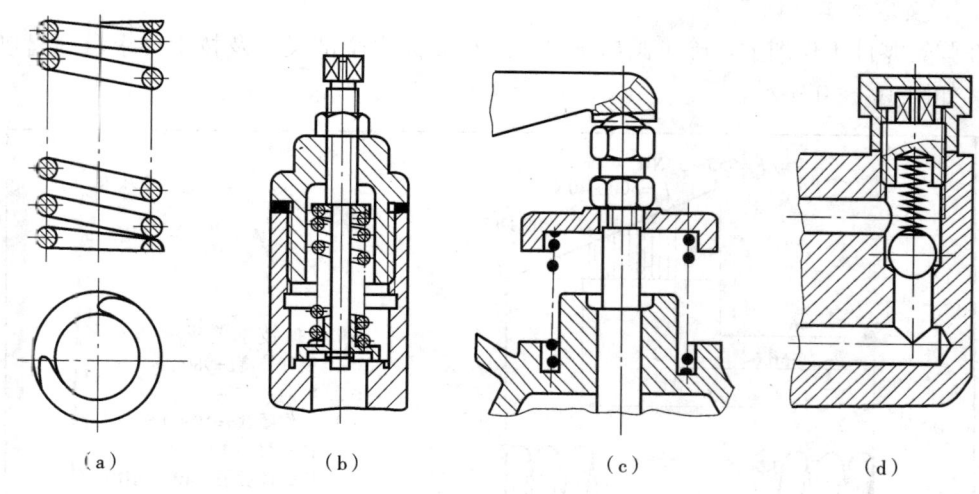

|(a)|(b)|(c)|(d)|

图 10-38　弹簧的规定画法

线或弹簧钢丝剖面的中心线为止〔图 10-38（b）〕。

3. 弹簧的画图步骤

圆柱螺旋压缩弹簧的具体画图步骤，通过下面例题加以说明。

〔例 10-3〕已知圆柱螺旋压缩弹簧的线径 $d=5$ mm，弹簧中径 $D=35$ mm，节距 $t=10$ mm，有效圈数 $n=8$，支承圈 $N_z=2.5$，右旋，试作出此弹簧图。

分析：根据题目给定的已知条件，即可按前面所述的有关公式，计算出画图所需的尺寸，这样就可按有关的规定画法画出弹簧图。

解：

（1）计算出自由高度 H_0：

$H_0=nt+(N_z-0.5)d=8\times10+(2.5-0.5)\times0.5=90$ mm（90 mm 符合国标尺寸系列）

（2）作图：步骤见图 10-39。

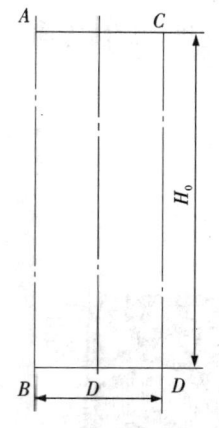
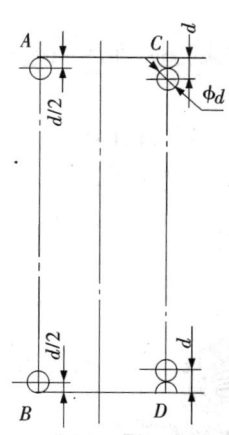
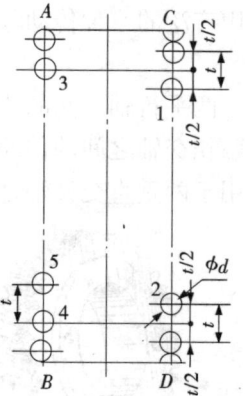
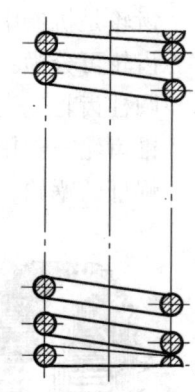

（a）以自由高度 H_0 和弹簧中径 D 作矩形 $ABCD$

（b）画出支承圈部分与簧丝直径相等的圆和半圆

（c）根据节距 t 作1、2，并以 $t/2$ 的位置作水平线交于3、4，由4作出5

（d）按右旋方向作相应的簧丝剖面的切线。检查，擦去多余线条并加深图线，画剖面线

图 10-39　弹簧的画图步骤

4. 弹簧零件工作图示例

在弹簧零件工作图上，除了画出图形外，还要注出全部尺寸及技术要求，画出机械特性线，如图 10 - 40 所示。

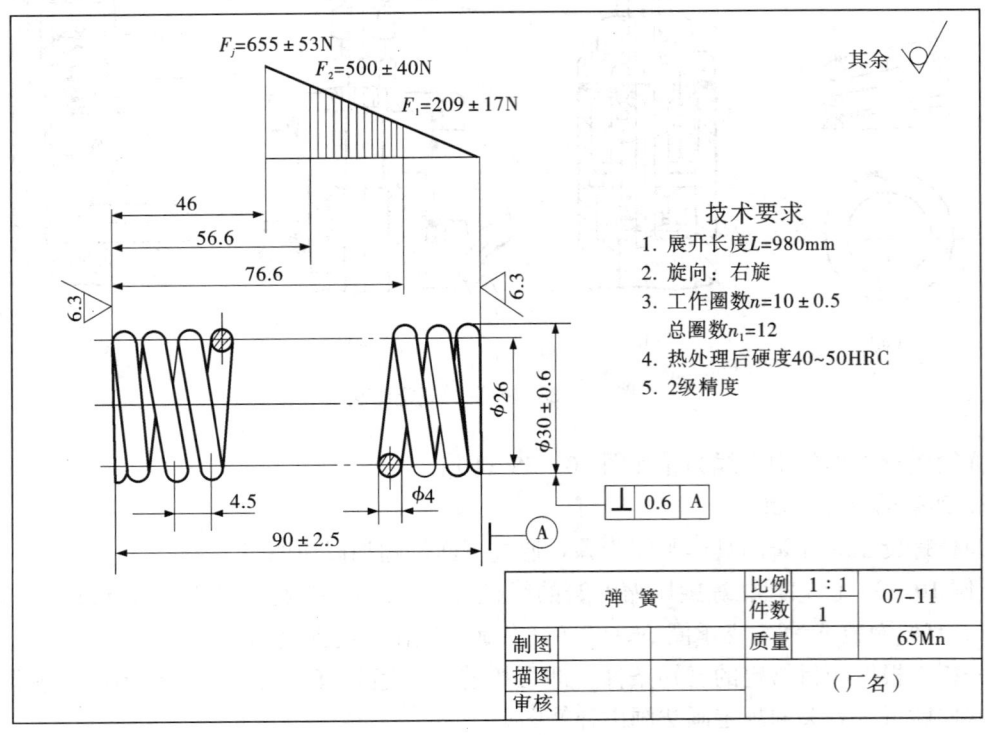

图 10 - 40　圆柱螺旋压缩弹簧零件图示例

§10 - 6　齿轮（GB/T4459.2—2003）

齿轮是机器中应用广泛的一种传动零件，用来传递动力，改变旋转速度和旋转方向。
齿轮可分为：
圆柱齿轮——用于两平行轴之间的传动［图 10 - 41（a）、（b）］。
锥齿轮——用于两相交轴之间的传动［图 10 - 41（c）］。
蜗杆、蜗轮——用于两垂直交叉轴之间的传动［图 10 - 41（d）］。

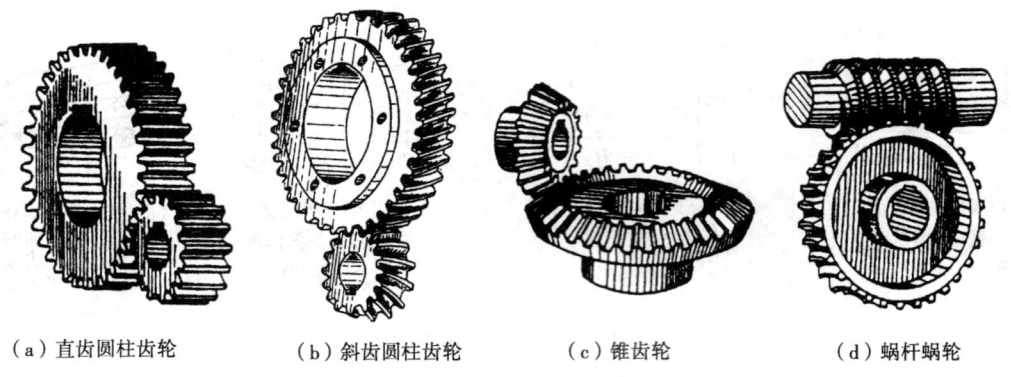

（a）直齿圆柱齿轮　　　（b）斜齿圆柱齿轮　　　（c）锥齿轮　　　（d）蜗杆蜗轮

图 10 - 41　齿轮的种类

一、圆柱齿轮

圆柱齿轮是最常见的齿轮，按其轮齿方向分直齿、斜齿、人字齿三种。相互啮合的两齿轮有主动齿轮与从动齿轮之分。

1. 圆柱齿轮各部分的名称和代号

轮齿是齿轮的主要结构，图 10-42（a）为圆柱齿轮相互啮合的示意图，图 10-42（b）为圆柱齿轮的立体图。有关齿轮结构的名称介绍如下：

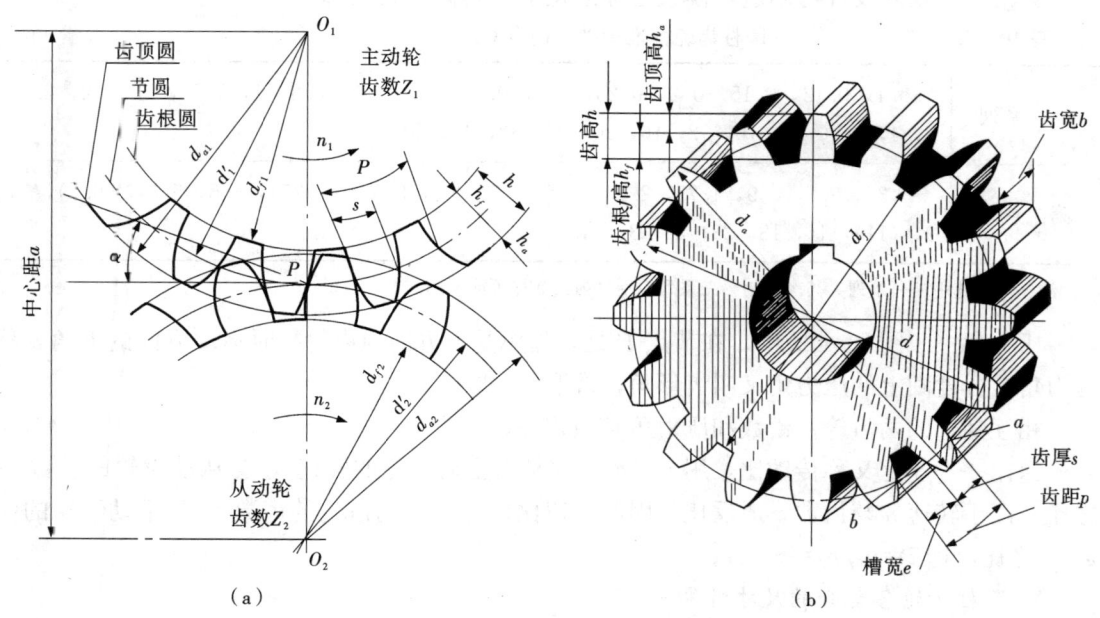

图 10-42　圆柱齿轮各部分的名称

齿顶圆——通过轮齿顶部的圆，其直径用 d_a 表示。

齿根圆——通过轮齿根部的圆，其直径用 d_f 表示。

节圆与分度圆——两齿轮啮合时，轮齿的接触点 P 将两轮的中心连线 O_1O_2 分为 O_1P、O_2P 两段，分别以 O_1P、O_2P 为半径画圆，此两圆分别称为两齿轮节圆，其直径用 d' 表示。设计、加工一个齿轮时，为进行尺寸计算和方便分齿而设定的一个基准圆，称为分度圆，其直径用 d 表示。

一对正确安装的标准齿轮，其分度圆与节圆重合，即 $d=d'$。

齿距——分度圆上，相邻两齿对应点之间的弧长称为齿距，用 p 表示。

齿厚——每个轮齿在分度圆上的弧长称为齿厚，用 s 表示。

槽宽——两轮齿间的槽在分度圆上的弧长称为槽宽，用 e 表示。

在标准齿轮的分度圆周上，齿厚与槽宽是相等的，即 $e=s$。

齿顶高——齿顶圆与分度圆之间的径向距离称为齿顶高，用 h_a 表示，$h_a=(d_a-d)/2$。

齿根高——齿根圆与分度圆之间的径向距离称为齿根高，用 h_f 表示，$h_f=(d-d_f)/2$。

齿高——齿顶圆与齿根圆之间的径向距离称为齿高，用 h 表示，$h=(d_a-d_f)/2=h_a+h_f$。

中心距——两啮合齿轮中心之间的距离称为中心距，用 a 表示，$a=(d_1+d_2)/2$。

齿宽——轮齿的宽度称为齿宽，用 b 表示。

2. 圆柱齿轮的主要参数

齿数——轮齿个数，用 z 表示。

模数——用 m 表示，因分度圆周长与齿距之和相等，即 $\pi d = p \cdot z$，进而得到 $d = \dfrac{p}{\pi} \cdot z$，令 $\dfrac{p}{\pi} = m$（m 即为模数），则 $d = m \cdot z$。

为便于齿轮的设计与制造，模数已标准化了，其标准见表 10 - 7。

表 10 - 7　　　　　　　　圆柱齿轮标准模数（摘自 GB 1357—1987）　　　　　　　　mm

第一系列	0.1, 0.12, 0.15, 0.2, 0.25, 0.3, 0.4, 0.5, 0.6, 0.8, 1, 1.25, 1.5, 2, 2.5, 3, 4, 5, 6, 8, 10, 12, 16, 20, 25, 32, 40, 50
第二系列	0.35, 0.7, 0.9, 1.75, 2.25, 2.75, (3.25), 3.5, (3.75), 4.5, 5.5, (6.5), 7, 9, (11), 14, 18, 22, 28, 36, 45

注：优先选用第一系列，其次选用第二系列，括号内模数尽可能不用。

压力角——图 7 - 42a 中，在节点 P 处，齿廓受力方向与齿轮瞬时运动方向的夹角 α 称压力角，分度圆上的压力角又叫齿形角，常取 $\alpha = 20°$。

相互啮合的两齿轮，模数和压力角必须相等。

速比——速比又称传动比，用 i 表示。它是指主动齿轮的转速 n_1 与从动齿轮的转数 n_2 之比，由于转速 n 与齿数 z 成反比，因此，速比也等于从动齿轮的齿数 z_2 与主动齿轮的齿数 z_1 之比，即 $i = n_1/n_2 = z_2/z_1$。

3. 圆柱齿轮各部分的尺寸计算

当确定了模数 m、齿数 z 这两个参数后，直齿圆柱齿轮就可按下列各式计算出各部分尺寸。

齿顶高　　　　　　$h_a = m$

齿根高　　　　　　$h_f = 1.25m$

齿高　　　　　　　$h = h_a + h_f = 2.25m$

分度圆直径　　　　$d = m \cdot z$

齿顶圆直径　　　　$d_a = d + 2h_a = m \cdot z + 2m = m\,(z + 2)$

齿根圆直径　　　　$d_f = d - 2h_f = m \cdot z - 2.5m = m\,(z - 2.5)$

中心距　　　　　　$a = (d_1 + d_2)/2 = (mz_1 + mz_2)/2 = m(z_1 + z_2)/2$

4. 圆柱齿轮的规定画法

（1）单个圆柱齿轮的画法

国家标准只对齿轮的轮齿部分作了规定画法，其余结构按齿轮轮廓的真实投影绘制。规定画法如下：

齿顶圆与齿顶线用粗实线绘制；分度圆与分度线用点画线绘制；齿根圆与齿根线用细实线绘制［图 10 - 43（b）］，也可省去不画［图 10 - 43（c）］。

在剖视图中，规定轮齿部分按不剖绘制，齿根线用粗实线绘制［图 10 - 43（a）］。

斜齿、人字齿圆柱齿轮，除计算公式不一样外（可参考机械设计资料），画法与直齿圆柱齿轮基本相同，只是在需要表示轮齿方向时，常将其画成半剖视，可在外形图上用三条与齿线方向一致的细实线表示［图 10 - 43（a）］。

204

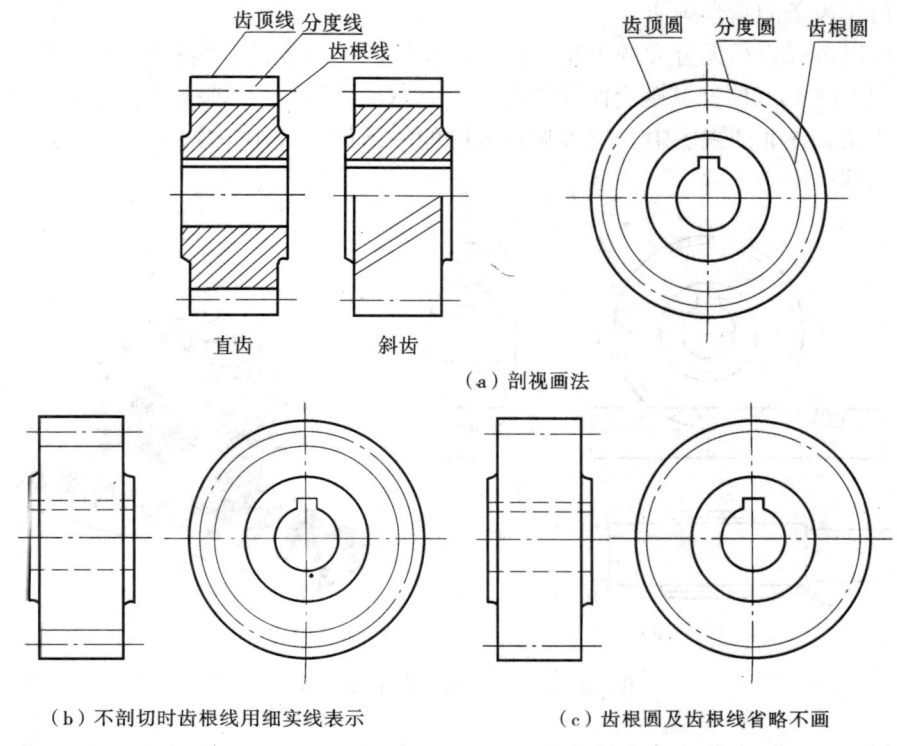

（a）剖视画法

直齿　　　斜齿

（b）不剖切时齿根线用细实线表示　　　　　（c）齿根圆及齿根线省略不画

图 10-43　圆柱齿轮的规定画法

（2）啮合画法

在投影为圆的视图上，两节圆画成相切，其余部分按单个齿轮的规定画法绘制［图 10-44（a）］，齿根圆及啮合区内的齿顶圆也可省略不画［图 10-44（b）］。

在非圆的视图上，齿顶线与齿根线在啮合区内不必画出，而节线用粗实线绘制［图 10-44（c）、（d）］。

在非圆的剖视图上，啮合区内两节线重合，用点画线画出，将主动齿轮的齿顶线、齿根线及从动齿轮的齿根线画粗实线，从动齿轮的轮齿被遮挡的部分（齿顶线）画虚线或省略不画，如图 10-44（a）所示。当剖切平面不通过轴线时，齿轮一律按不剖画出。

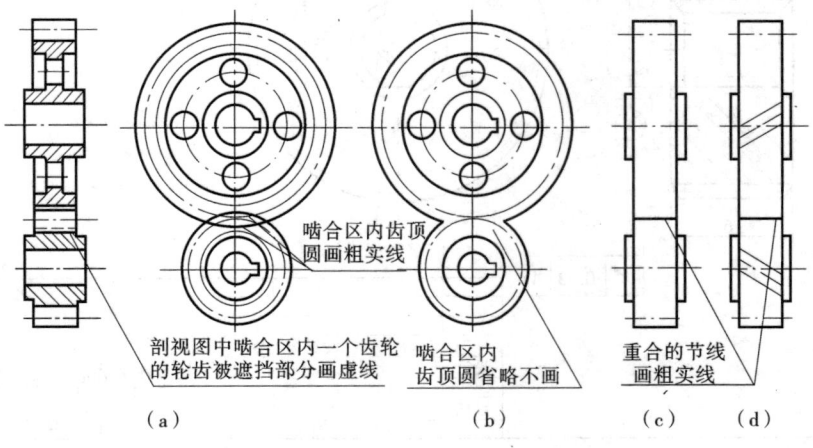

啮合区内齿顶圆画粗实线

剖视图中啮合区内一个齿轮的轮齿被遮挡部分画虚线

啮合区内齿顶圆省略不画

重合的节线画粗实线

（a）　　　　　（b）　　　　　（c）　　（d）

图 10-44　圆柱齿轮副的啮合画法

（3）齿轮齿条的啮合画法

齿条可以看成直径无穷大的齿轮，这时，齿顶圆、分度圆、齿根圆和齿廓曲线都变成直线，如图 10-45（b）。其啮合画法如图 10-45（a）所示，在端视图上，齿条的节线与齿轮的节圆相切，在非圆视图中，应将啮合区内的一条齿顶线画粗实线，另一齿顶线画成虚线或省略不画。

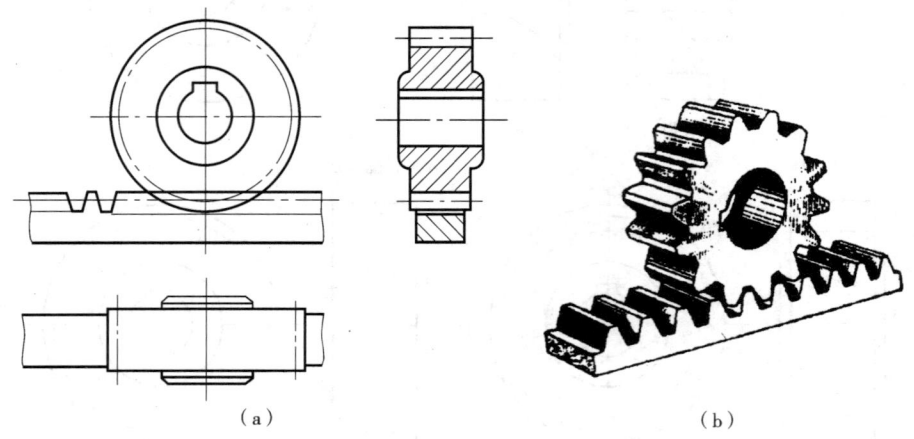

（a）　　　　　　　　　　　　　（b）

图 10-45　齿轮齿条副的啮合画法

对于斜齿轮与斜齿条，可在俯视图中用三条平行细实线表示其齿向，齿条上的齿形终止线在俯视图中用粗实线表示。

5. 齿轮零件图示例

在圆柱齿轮零件工作图中，除了需表示零件的结构形状、尺寸和技术要求外，还要列出制造齿轮所需的参数，如图 10-46 所示。

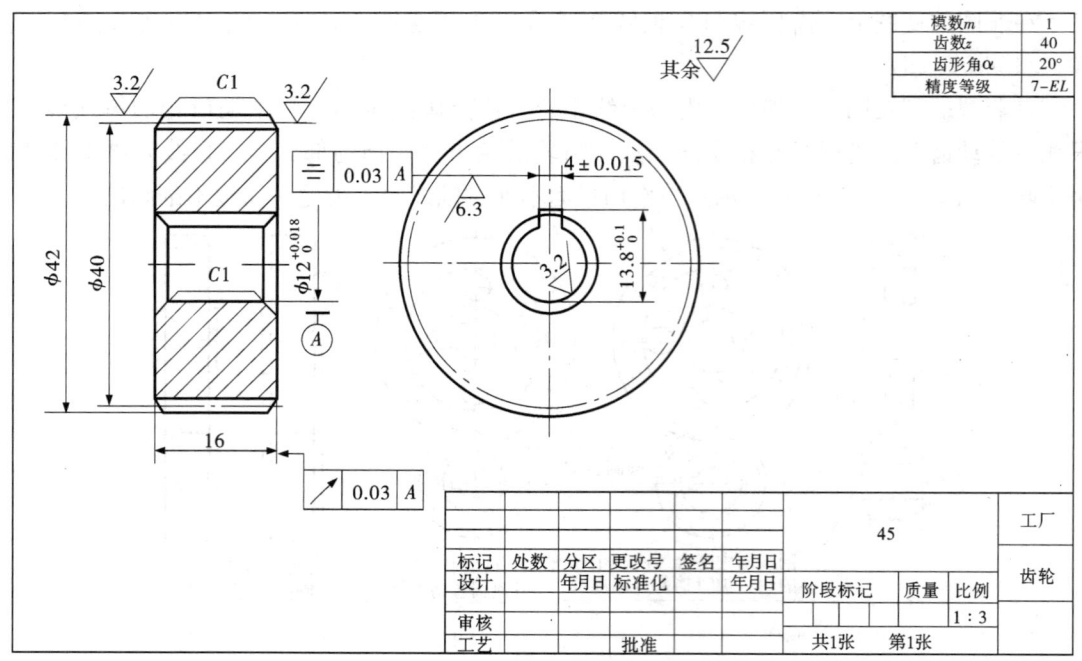

图 10-46　齿轮零件工作图

二、锥齿轮

锥齿轮的轮齿位于圆锥面上，所以轮齿的宽度、高度都是沿着齿宽方向逐渐变化，模数、直径也逐渐变化。为了设计与制造方便，国家标准规定，根据大端模数来决定各部分的尺寸，大端端面模数按锥齿轮的标准模数（表 10-8）选取。

表 10-8 　　　　　　锥齿轮模数（GB/T12368—1990）　　　　　　　　mm

0.1，0.12，0.15，0.2，0.25，0.3，0.35，0.4，0.5，0.6，0.7，0.8，0.9，1，1.125，1.25，1.375，1.5，1.75，2，2.25，2.5，2.75，3，3.25，3.5，3.75，4，4.5，5，5.5，6，6.5，7，8，9，10，11，12，14，16，18，20，22，25，28，30，32，36，40，45，50

1. 直齿锥齿轮各部分名称和尺寸关系见图 10-47 及表 10-9

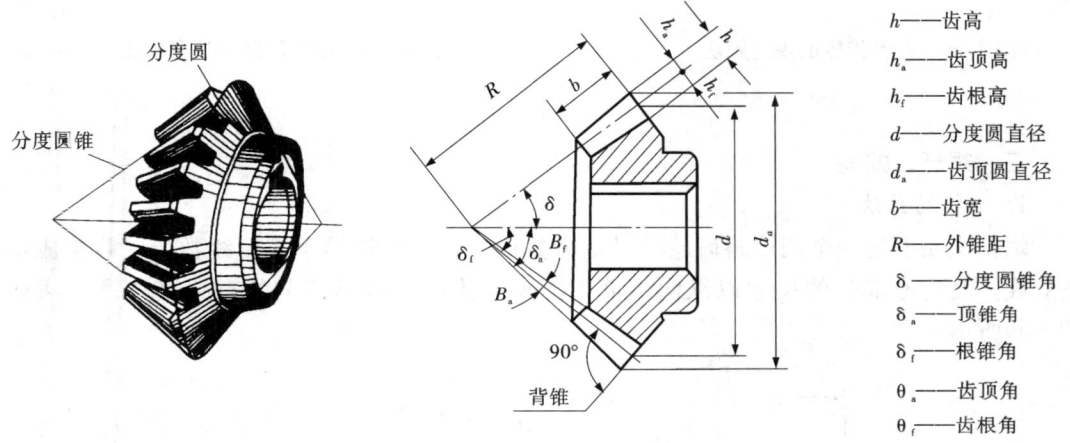

h——齿高
h_a——齿顶高
h_f——齿根高
d——分度圆直径
d_a——齿顶圆直径
b——齿宽
R——外锥距
δ——分度圆锥角
δ_a——顶锥角
δ_f——根锥角
θ_a——齿顶角
θ_f——齿根角

图 10-47　直齿锥齿轮各部分名称

表 10-9　　　　　　　　　标准直齿锥齿轮的尺寸计算公式

名　称	代号	计　算　公　式	名　称	代号	计　算　公　式
分锥角	δ	$\tan\delta_1=Z_1/Z_2$ $\tan\delta_2=Z_2/Z_1$	分度圆直径	d	$d=mZ$
齿顶高	h_a	$h_a=m$	齿根高	h_f	$h_f=1.2m$
全齿高	h	$h=h_a+h_f=2.2m$	齿顶圆直径	d_a	$d_a=m(Z+2\cos\delta)$
齿顶角	θ_a	$\tan\theta_a=2\sin\delta/Z$	齿根角	θ_f	$\tan\theta_f=2.4\sin\delta/Z$
顶锥角	δ_a	$\delta_a=\delta+\theta_a$	根锥角	δ_f	$\delta_f=\delta-\theta_f$
外锥距	R	$R=mZ/2\sin\delta$	齿宽	b	$b\leqslant R/3$

2. 锥齿轮的画法

单个锥齿轮的画法如图 10-48 所示，投影为非圆的主视图常画成全剖视，轮齿部分仍按不剖绘制；投影为圆的左视图中用粗实线画出齿轮大端和小端的齿顶圆，用点画线画出大端的分度圆，齿根圆不必画出。

锥齿轮的啮合画法如图 10-49 所示，主视图画成全剖视，啮合部分的画法与圆柱齿轮画法相同，左视图画外形视图。

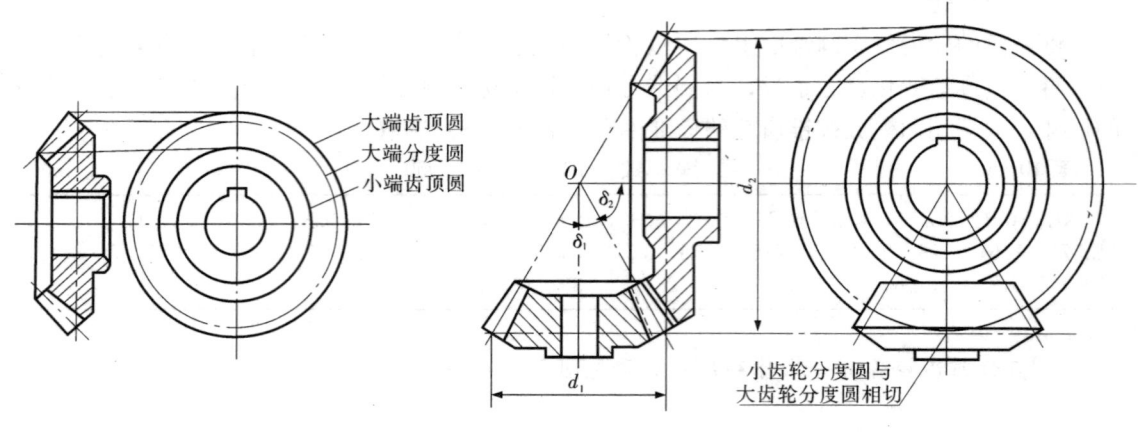

图 10-48 锥齿轮的规定画法　　　　　图 10-49 锥齿轮副的啮合画法

三、蜗杆、蜗轮

1. 蜗杆的画法

蜗杆实质上是一个圆柱斜齿轮，只是齿数很少，其齿轮等于螺纹线数。一般制成单线或双线，其齿形部分的尺寸以纵向剖面上的尺寸为准，齿形部分的有关名称及画法如图 10-50 所示。

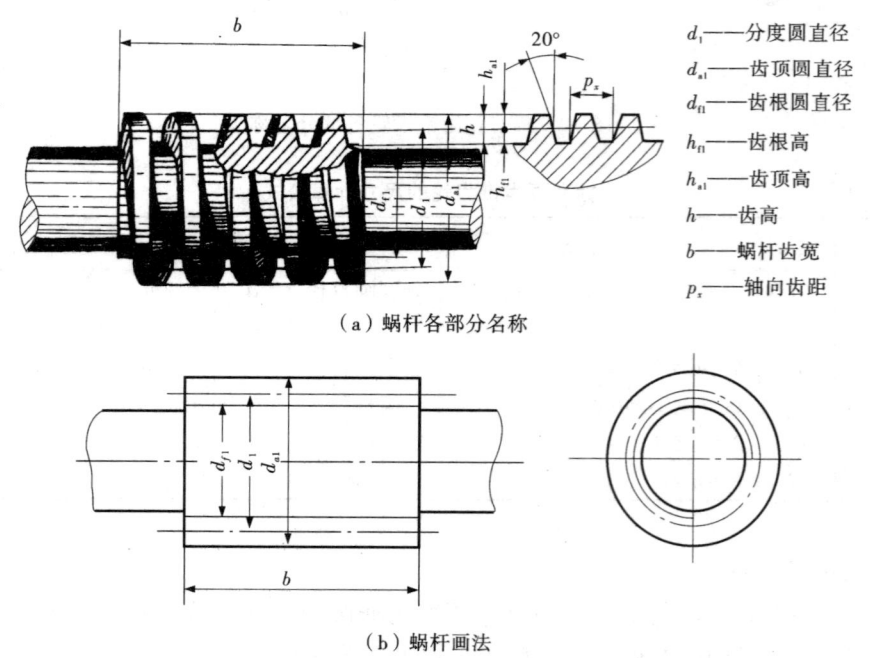

d_1——分度圆直径
d_{a1}——齿顶圆直径
d_{f1}——齿根圆直径
h_{f1}——齿根高
h_{a1}——齿顶高
h——齿高
b——蜗杆齿宽
p_x——轴向齿距

（a）蜗杆各部分名称

（b）蜗杆画法

图 10-50 蜗杆各部分名称及画法

2. 蜗轮的画法

蜗轮实质上也是一个圆柱齿轮，所不同的是为了增加它与蜗杆的接触面积，将蜗轮外表面做成环面形状。蜗轮的齿形部分尺寸是垂直于蜗轮轴线的对称平面为准，它的有关名称及画法如图 10-51 所示。

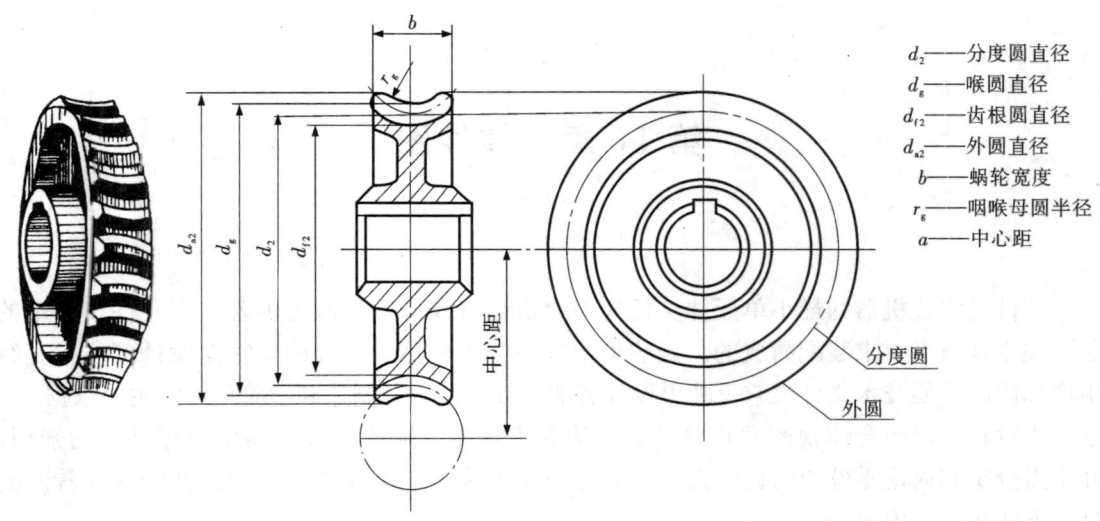

图 10-51　蜗轮各部分名称及画法

右侧标注：

d_2——分度圆直径
d_g——喉圆直径
d_{f2}——齿根圆直径
d_{a2}——外圆直径
b——蜗轮宽度
r_g——咽喉母圆半径
a——中心距

分度圆
外圆

3. 蜗杆、蜗轮的啮合画法

蜗杆蜗轮的啮合画法如图 10-52 所示。剖视画法中［图 10-52（a）］，往往在蜗杆为圆的视图上取全剖视，啮合区内的蜗轮外圆、齿顶圆均不画出，蜗轮的齿根圆和蜗杆的齿顶圆、齿根圆均用粗实线绘制。在蜗轮为圆的视图上，常在啮合区内取局部剖视，蜗杆齿顶画至蜗轮齿顶相交处，蜗杆的节线与蜗轮的节圆相切，用点画线画出。齿根圆、齿根线用粗实线绘制。

外形画法中，在蜗杆为圆的视图上，蜗轮被蜗杆遮住的部分不必画出，在蜗轮为圆的视图上，蜗杆节线与蜗轮节圆相切，其余按各自的规定画法绘制，如图 10-52（b）所示。

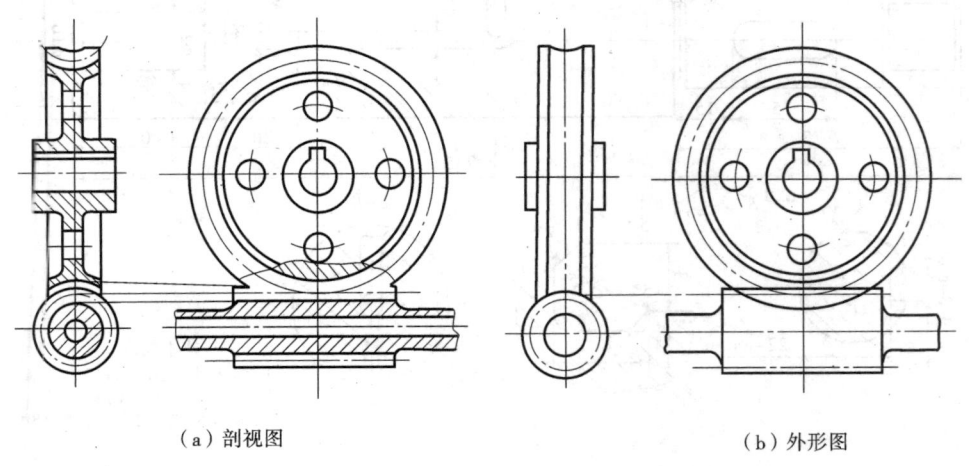

（a）剖视图　　　　　　　　　　　（b）外形图

图 10-52　圆柱蜗杆副的啮合画法

第 11 章　零件图

零件是组成机器的最小单元体。任何一台机器（或部件）都是由若干个零件按一定的装配关系及技术要求装配而成的。表达单个零件的图样称为零件图。它是设计部门提交给生产部门的重要技术文件。它反映出设计者的设计意图，是制造和检验零件的主要依据。

本章在学习组合体视图及机件的各种表达方法的基础上，进一步学习零件图的知识。并重点分析和讨论零件图的视图选择、表达方案的确定、尺寸的合理标注及画图和看图的具体方法步骤等内容。

§11-1　零件图的内容

零件图表达零件的结构形状、尺寸大小及制造和检验该零件的各项技术要求。图 11-1为一张实际生产中所使用的零件图。一张完整的零件图应包括如下基本内容：

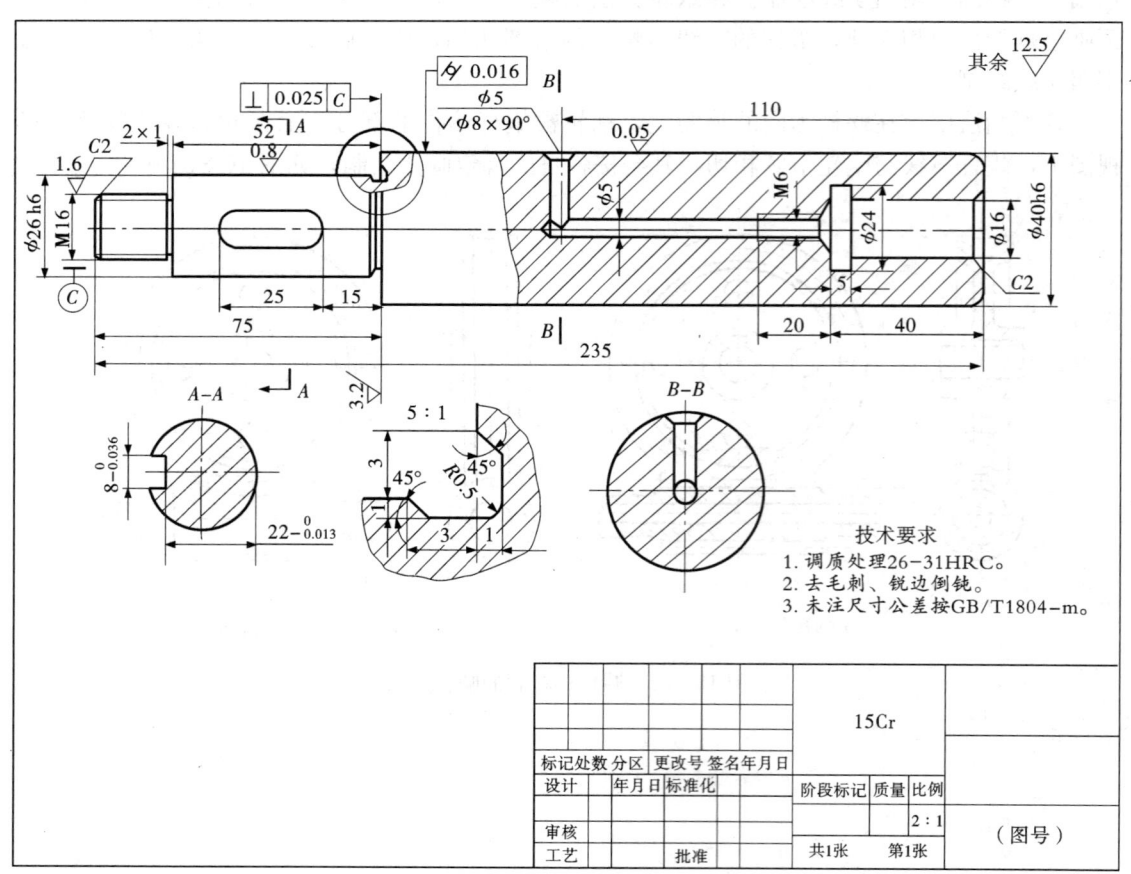

图 11-1　零件图的内容

210

（1）一组图形　用视图、剖视图、断面图等方法来正确、完整、清晰和简便地表达出零件的结构形状。

（2）尺寸　正确、完整、清晰、合理地标注零件的全部尺寸。

（3）技术要求　标注或说明零件在制造和检验中应达到的一些技术要求，如表面粗糙度、尺寸公差和热处理等。

（4）标题栏　注写零件的名称、材料、质量、图样的代号、比例、设计、制图及审核人的签名和日期等。

§11-2　零件图的视图选择及其表达方法

零件的结构形状多种多样，各不相同。在选择零件图的视图时，应力求用较少的视图正确、完整、清晰地表达出零件的结构形状。要达到这个要求，就必须根据零件的结构特点，首先选择好主视图，再选用一组合适的其他视图，并用恰当的方法予以表达。

一、主视图的选择

主视图是零件图中最主要的视图。主视图选择的好坏直接影响到其他视图的选择及其表达方案的优劣。也直接关系到画图和看图是否方便等问题。一般把表示物体信息量最多的那个视图作为主视图。

为此，在选择主视图时，应该考虑下述两方面的问题。

1. 确定零件在图中的安放位置

零件在图中的安放位置很重要，如果安放不当会给生产及读图带来不便。零件在图中的安放位置应尽量符合零件的主要加工位置或零件在机器中的工作位置。这就是通常所说的"加工位置原则"或"工作位置原则"。

（1）加工位置原则　主视图按零件的主要加工位置画出。如图11-2（a）所示的轴主要是在车床上进行加工的。加工时，轴水平放置在车床上，如图11-2（b）所示。遵照"加工位置原则"，主视图应将其轴线放成水平，如图11-2（c）所示。这样画出的主视图看图方便，便于工人对照图样进行加工和测量。

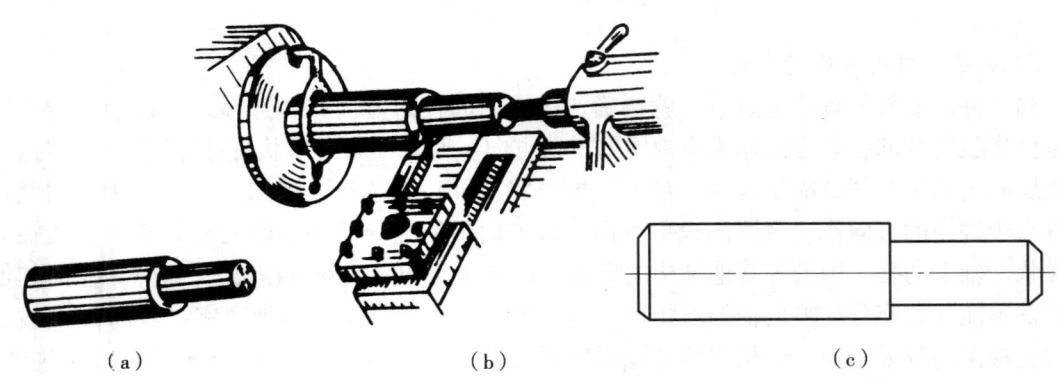

（a）　　　　　　　　　（b）　　　　　　　　　（c）

图11-2　轴的加工位置

因此，凡在车床上进行主要加工的轴、套、轮盘等零件，其安放位置均应符合其加工位置，即轴线放成水平的位置。

（2）工作位置原则　零件在机器中都有一定的工作位置。画图时，主视图应按零件在机器（或部件）中的工作位置画出。这样便于根据零件间的装配关系分析零件的结构形状，了解零件的工作情况，如图 11-3 所示的轴承底座，其工作位置是以底平面固定在水平安装面上，以支承其他零件进行工作的。遵照"工作位置原则"，它的安放位置应如图 11-4 所示的位置放置。

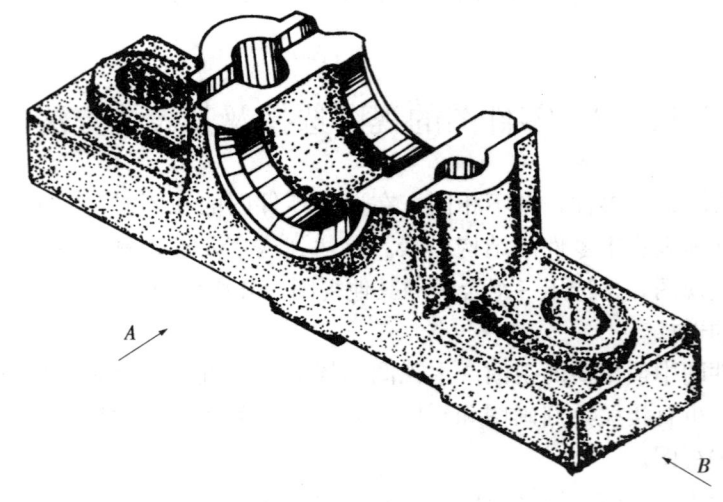

图 11-3　轴承底座的工作位置

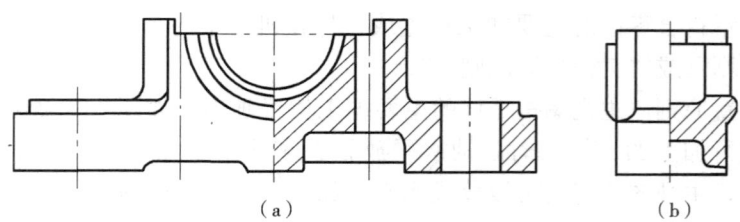

（a）　　　　　　　　　　　　　（b）

图 11-4　轴承底座主视图投射方向的选择

2. 确定主视图的投射方向

当零件的安放位置确定以后，就要确定主视图的投射方向。即选择一个最能充分反映出零件形状特征的投射方向作为主视图的投射方向，通常称为"形状特征原则"。按照这一原则所确定的主视图就能使人对零件的主要形状特征一目了然。如图 11-2 所示的轴就是选垂直于轴线的方向作主视图的投射方向，该方向最能充分反映出轴的形状特征。如轴的阶梯状，轴上的孔、键槽等其他结构的形状（图中未给出请见图 11-1）。显然，任何其他方向都不能如此充分反映出轴的形状特征。又如图 11-3 所示的轴承底座，若选 A 向或 B 向为主视图的投射方向，则相应的主视图分别为图 11-4（a）或（b）。比较这两个主视图，显然，选图 11-4（a）（即 A 向）作为主视图最能充分反映出该轴承座的主要形状特征。

总之，主视图的选择必须充分考虑上述两方面的问题。但是应当指出：当零件在机器中是运动的而没有固定的工作位置或本身就是处于倾斜的位置时，就不能以"工作位置原则"为主要依据来考虑其安放位置。又如有些零件加工工序复杂，加工位置多变，显然也就不能以"加工位置原则"为主要依据来考虑其安放位置。因此，要根据具体情况区别对待。但无论属于上述情况中的哪一种，"形状特征原则"应当首先满足，其次才是考虑尽可能满足"加工位置原则"或"工作位置原则"。

二、其他视图的选择

要完整地表达一个零件，光有一个主视图是不够的，还应选定一些其他视图来补充。其选择的原则是：在正确、完整、清晰地表达零件的结构形状的前提下，尽可能使视图（包括剖视图和断面图）的数量为最少；尽量避免使用虚线表达物体的轮廓线；避免不必要的细节重复。

总之，要使所选的每个视图都有自己的表达重点，目的要非常明确。例如图 11－5（a）、（b）表达的是同一个简单的六棱柱，但由于图 11－5（a）选择了反映六棱柱特征形状的俯视图，所以用两个视图就将六棱柱表达得一清二楚。既抓住了重点，又目的明确。而图 11－5（b）却选择了不反映其特征形状的左视图，同样用了两个视图，但并未把六棱柱表达清楚。

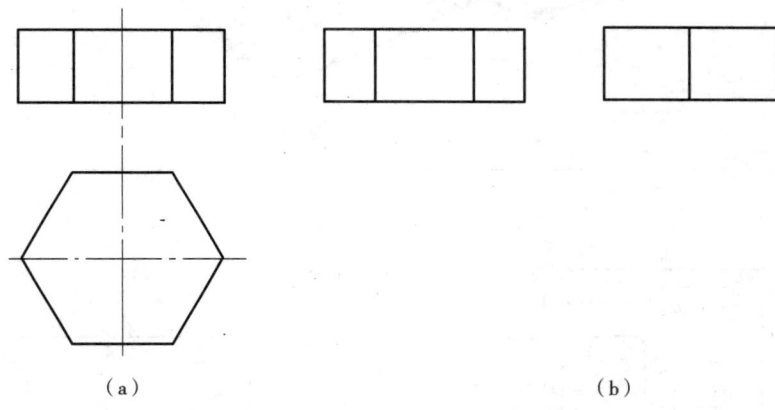

（a）　　　　　　　　　　　　　　　　　　　　（b）

图 11－5　视图选择要目的明确

三、表达方法的选择

当主视图的安放位置和投射方向选定之后，就要根据零件的内、外结构形状的复杂程度及其特点，来确定视图的数量和恰当的表达方法。

一个零件的结构有主要的、次要的和细部的，它们的繁简程度、组合方式、层次的多少都各不相同。因此，在选择表达方案时，必须从零件的整体出发、全面考虑。先抓住零件的主要结构的表达，然后才是次要结构和细部结构的表达。在表达时究竟是以视图为主，还是以剖视图为主或其他表达方式等，均要根据零件的具体结构特点来决定。

〔例 11－1〕试表达图 11－6（a）所示的阀盖零件。

（1）结构分析　如图 11－6（a）所示，阀盖左端有外螺纹，用以连接管道；右端有方形凸缘与阀体相连接，凸缘上有 4 个圆柱孔，以便让连接螺柱通过；凸缘右端有圆柱凸台，在连接时起定位作用；阀盖内部有液体通道圆孔，通道圆孔的两端分别加工有容纳密封圈的浅圆孔 $\phi 28.5$ 和 $\phi 35 H_{11}({}^{+0.160}_{0})$。

（2）选主视图　因阀体的主要形体是回转体，加工主要在车床上进行，故主视图的安放位置按"加工位置原则"选取，即轴线放在水平位置；按"形状特征原则"选择如图 11－6（a）箭头 A 所指的投射方向，使阀盖的结构形状在主视图上基本表达清楚。

（3）选择表达方法和确定视图数量　由于阀盖的内、外部结构形状基本上属于回转体，

213

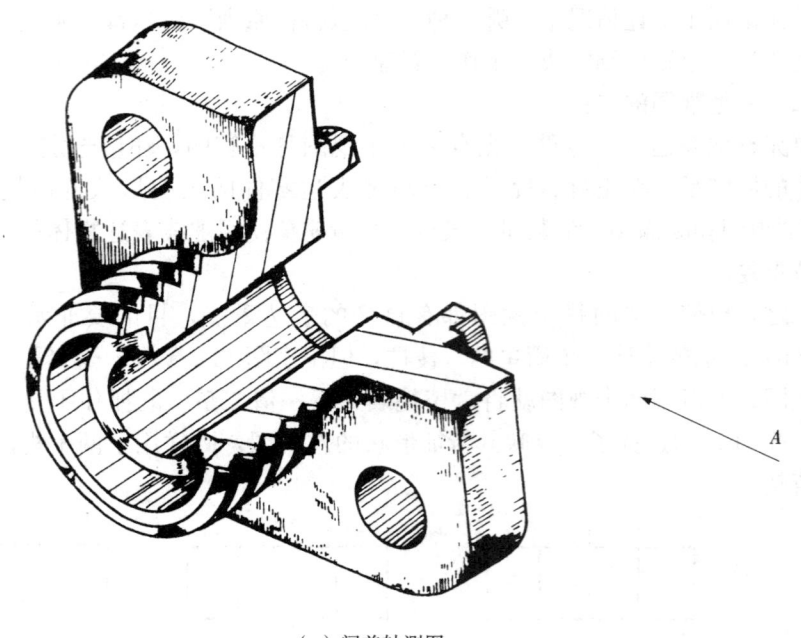

（a）阀盖轴测图

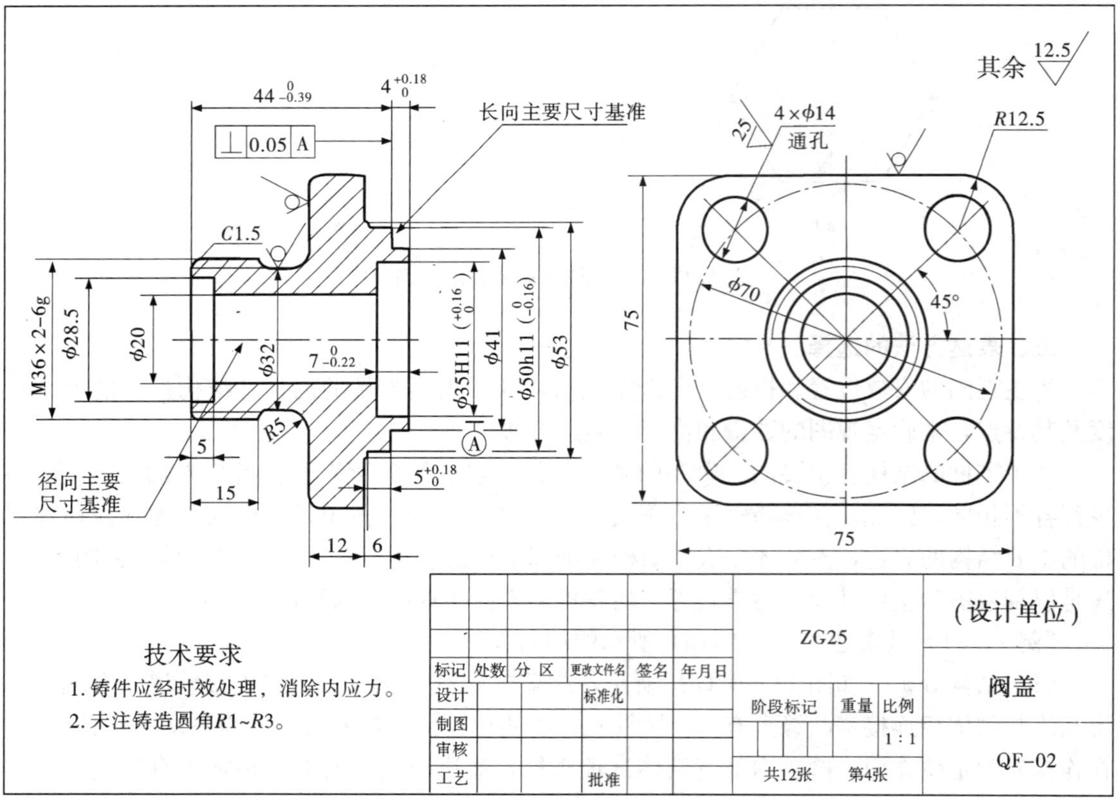

A

其余 $\sqrt{\dfrac{12.5}{}}$

长向主要尺寸基准

$\perp\ |\ 0.05\ |\ A$

$44^{\ 0}_{-0.39}$

$4^{+0.18}_{\ 0}$

$C1.5$

$M36\times2\text{-}6g$

$\phi28.5$

$\phi20$

$\phi32$

$7^{\ 0}_{-0.22}$

$\phi35H11\,(^{+0.16}_{\ 0})$

$\phi41$

$\phi50h11\,(^{\ 0}_{-0.16})$

$\phi53$

$R5$

5

15

12　6

$5^{+0.18}_{\ 0}$

径向主要
尺寸基准

$4\times\phi14$
通孔

25

$R12.5$

$\phi70$

75

75

$45°$

技术要求

1. 铸件应经时效处理，消除内应力。
2. 未注铸造圆角 $R1\sim R3$。

标记	处数	分区	更改文件名	签名	年月日			ZG25		（设计单位）
设计			标准化							阀盖
制图						阶段标记	重量	比例		
审核									1 : 1	
工艺			批准			共12张	第4张			QF-02

（b）阀盖表达方案

图 11-6

外部结构形状简单，故主视图可选用全剖视表达，这样使阀体内、外部结构均一目了然，主视图未表达清楚的结构仅余下方形凸缘的形状和四个孔的位置与大小，因此，还需要画一个左视图。这样，用两个图形就完整、清晰地表达了阀盖这一较简单的零件［图 11-6(b)］。

〔**例 11-2**〕试表达图 11-7 所示的蜗轮减速箱零件。

(1) 结构分析　如图 11-7 所示，该箱体主要用来支承和容纳蜗轮蜗杆，于是其主体部分设计成内部为空腔的形体 I。从 B 向观察空腔内部左右两侧各设计出一个凸台并开有通孔以支承蜗杆轴，其外侧设计有圆柱形凸台用以装配轴承端盖；其后部伸出一开孔的圆柱形体 II，以支承蜗轮轴；底板 III 用于安装和联接之用。显然，形体 I、II、III 为主要结构，而其余结构，如几处大小不同的圆柱形凸台、加强筋及螺纹孔等均为次要结构或细部结构。

(2) 选主视图　由于该箱体加工工序较复杂，加工位置多变。因此，应按照"工作位置原则"来确定主视图的安放位置，便于了解它的工作情况。如图 11-7 所示。

主视图的投射方向取图 11-7 中的 A 向或 B 向，均能较好地反映出箱体的形状特征。但选 A 向并采用过前后对称面的全剖视，如图 11-8 所示，就比 B 向更能充分反映出主要结构 I、II、III 的内外结构形状及其相对位置关系。同时，还能兼顾表达出加强筋等次要结构和细部结构的形状，以及它们与相邻形体间的相对位置关系。因此，选定 A 向作为主视图的投射方向。

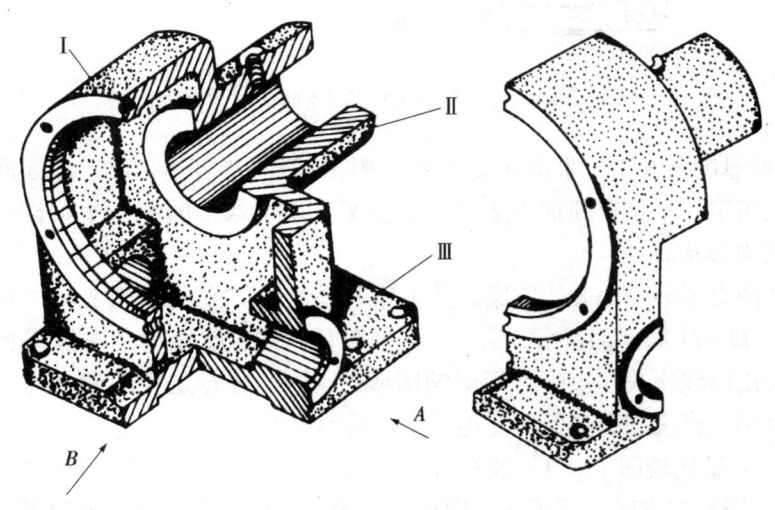

图 11-7　蜗轮蜗杆减速箱体直观图

(3) 选择表达方法和确定视图数量　在主视图确定后，其他视图数量的确定有赖于表达方法的选择，但该箱体形状复杂，至少还应增加俯视图、左视图等视图来进一步表达。

如图 11-8 所示，除主视图采用了过前后对称面的全剖视以表示主要结构 I、II、III 等的内形之外，俯视图采用半剖视进一步表达其内形（如空腔内凸台的形状等）及外形（如形体 II 上的凸台及螺孔，底板上的六孔及槽等；左视图采用 D-D 局部剖以表达形体 I 内的左右凸台及其孔的结构形状，还有形体 I 左端面的外形及其螺孔的分布情况。用上述三个基本视图加剖视，虽把箱体的主要结构形状基本表达清楚，但还有部分次要结构及细部结构仍未表达清楚。图中相应的采用了 A 向（表达放油孔及油槽的位置和结构）、B 向（表达圆柱形凸台的端面形状及其螺孔的分布情况）、E 向（表达底板底面的形状）和 F 向

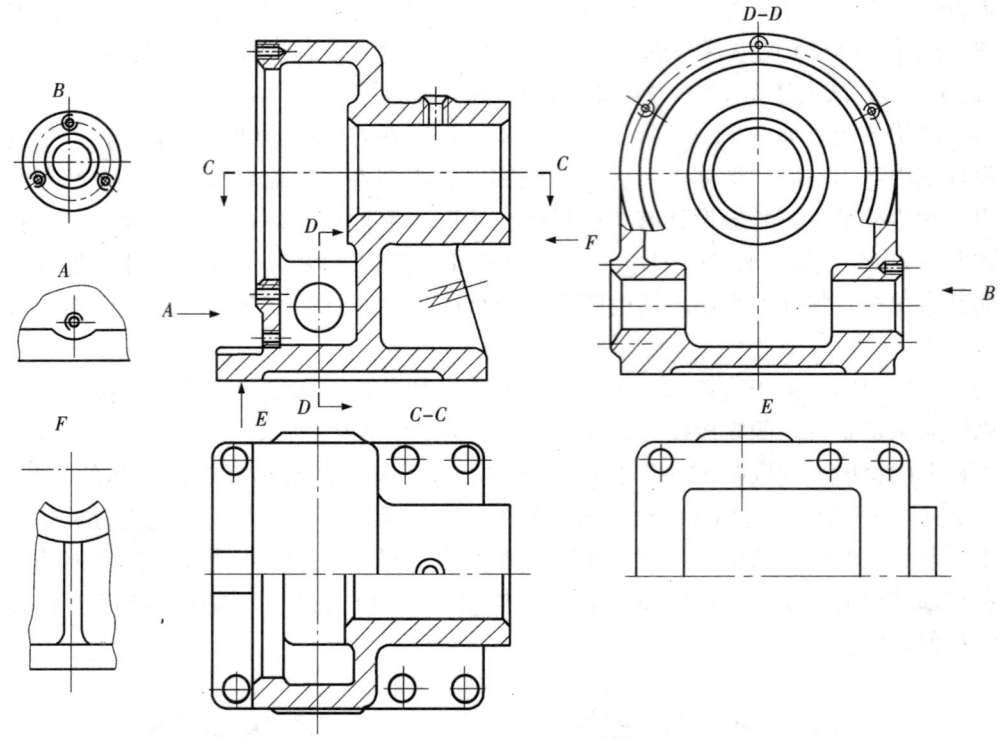

图 11-8　蜗轮蜗杆减速箱表达方案一

（表达加强筋的厚度及与Ⅰ、Ⅲ的连接情况）视图来进一步表达。对于加强筋的断面形状则在主视图中采用了一个重合断面来表达。该方案采用了八个图形，才完整、清晰地表达了箱体的全部结构形状。

图 11-9 画出了另一个表达方案。该方案是在上述方案的基础上，将处在同一方向上的 A 向视图与 D-D 局部剖视合二为一。还将仅反映底板上矩形凹面的 E 向视图省去，而在俯视图上采用虚线来表达，这并不影响图形的清晰。经过这样的调整与合并，使得表达更加紧凑、合理，且视图数量又明显地减少，恰到好处。

〔例 11-3〕试比较图 11-11 和图 11-12 所示的摇臂座（图 11-10）的两种表达方案。

图 11-11 所示的方案采用了八个图形，其中主、俯、左、仰视图用来表达其外形，而其余四个剖视图（A-A、B-B、C-C、D-D）分别用来表达相应的内部结构形状。该方案虽表达完整、清晰，但表达过于分散，且多处重复。显得既不精炼，又使制图不便。

针对上述方案所存在的问题，图 11-12 给出了改进后的另一种方案。此方案仅采用了四个图形表达。由于在主视图、俯视图上采取了适当的局部剖视及恰当的运用虚线表达，省去了方案一中的四个图形，同样把它的内外结构形状表达得既完整，又清晰。显然，它是一个较佳的方案。

在具体选择表达方法时应着重解决如下几个问题：

（1）零件内、外结构形状的表达

①若零件的外形复杂，内形简单，则以表达外形为主，采用视图表达，如图 11-11 的主视图等所示。

②若其内形复杂，外形简单，则以表达内形为主，采用剖视图表达，如图 11-8 的主

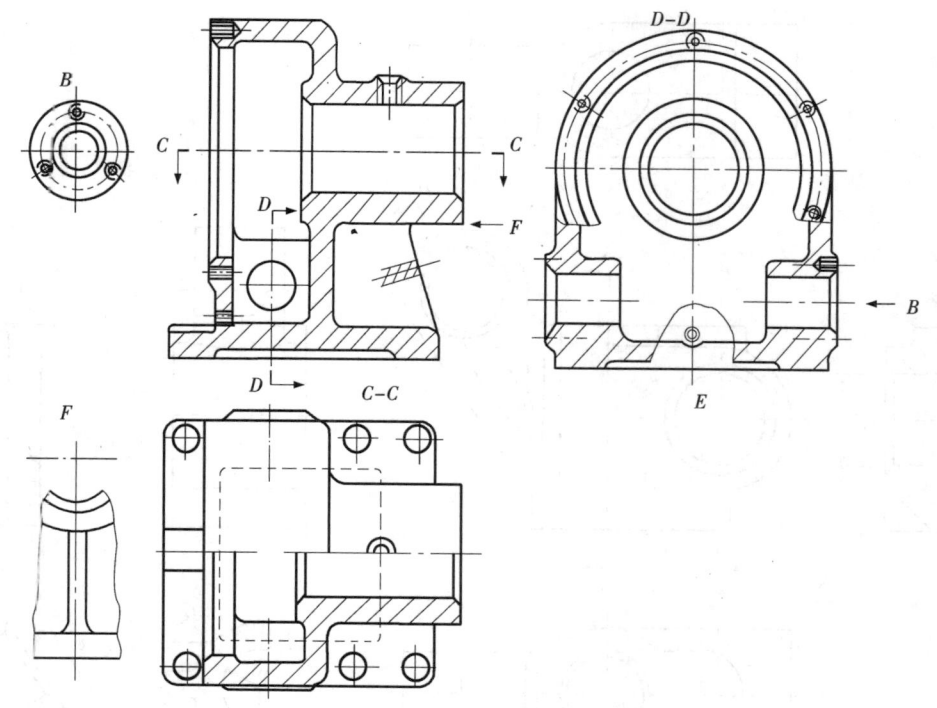

图 11-9　蜗轮蜗杆减速箱表达方案二

视图等所示。

③若其内外结构形状都复杂，又沿某一方向有对称平面，则内外形状采用半剖视一起表达，如图 11-8 的俯视图所示。

④若内外结构形状都复杂，又无对称面，且在同一视图上的投影不产生重叠，则采用局部剖视表达，如图 11-12 的主、俯视图所示。

（2）集中与分散表达

如图 11-8 所示的 A 向局部剖视图与 D-D 局部视图都处在同一投射方向上，可将其结合起来，集中用一个视图表达，如图 11-9 所示的 D-D 局部剖视图。此时，A 向表达的外部结构的投影不会与该向的内部结构的投影产生重叠，表达既清楚又紧凑，恰到好处。图 11-12 的俯视图也是采用同样的方法，将图 11-11 中处在同一投射方向上的 D-D 局部剖视与俯视图结合起来

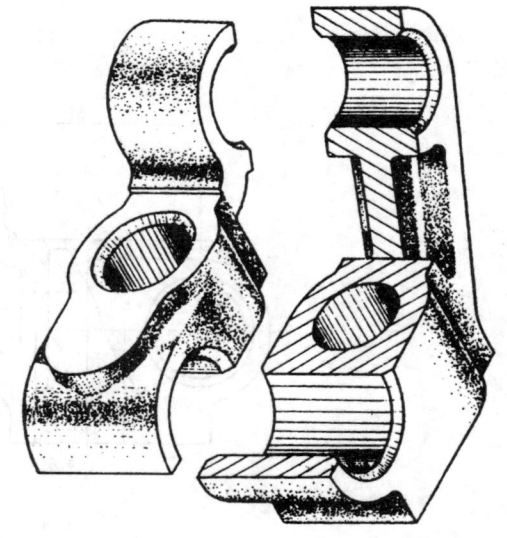

图 11-10　摇臂座的轴测剖视图

集中进行表达。由此可见，对于局部视图、斜视图和某些局部剖视图等分散表达的图形，若处在同一投射方向上，可视其具体情况适当集中起来表达。但如果在同一投射方向上仅有某部分结构尚未表达清楚，又不宜集中表达时，则采用分散表达，这样会更加清晰和简便。如图 11-8 中与全剖视的主视图处在同一方向上的"B 向"视图，就采用一个局部视图分散表达。

217

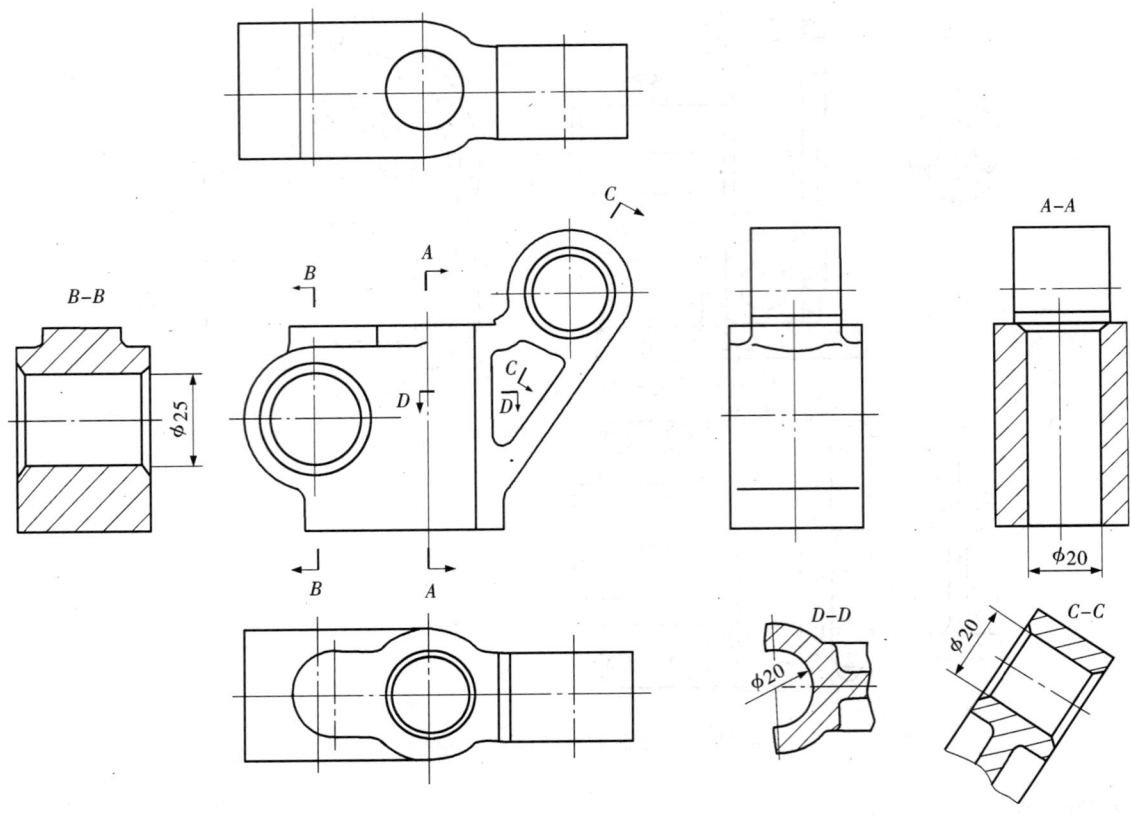

图 11-11 摇臂座的表达方案（一）

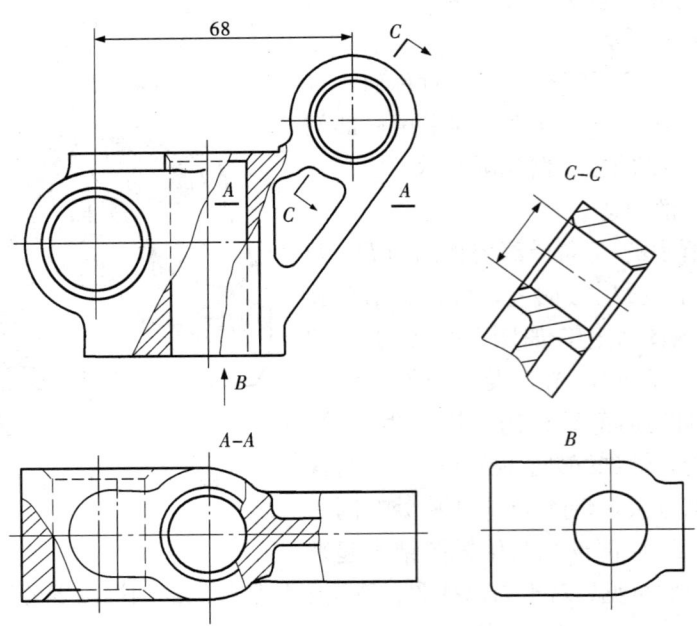

图 11-12 摇臂座的表达方案（二）

（3）虚线表达的问题

218

在一般情况下，不采用虚线表达，因为它不便于看图和标注尺寸。但若零件上某部分结构的大小已定，仅形状没有表达完全，且不会造成看图的困难，此时可考虑采用虚线表达，如图 11-9 俯视图中所示。

§11-3 零件图的尺寸标注

零件图的尺寸标注直接关系到零件的质量和加工制造方法的确定。因此，在零件图上标注尺寸，除了要符合前面几章讲过的正确、完整、清晰的要求之外，还要尽可能做到标注合理。

所谓合理，就是要使标注的尺寸同时保证设计要求和工艺要求。也就是说，使零件在机器（或部件）中既要有很好的工作性能，又要便于零件的加工、测量和检验。为此，在标注尺寸时，应对零件的结构进行分析，根据零件在设计上和工艺上的要求，正确选择尺寸基准。

由于要做到合理标注尺寸，涉及机械设计和加工工艺等多方面知识，这不仅仅是学习本课程所能完全解决的。它有待于后续课程的学习，并通过生产实践方可逐步得到解决。

一、尺寸基准的选择

1. 尺寸基准及其种类

标注尺寸时，用以确定尺寸起始位置的那些点、线、面等几何元素叫尺寸基准。尺寸基准可分为设计基准和工艺基准两类。

（1）设计基准　根据机器的结构特点及其对零件设计的要求所选定的一些基准。设计基准是用来确定零件在机器中的位置的点、线、面。

图 11-13 表示出轴承挂架安装在机架上的情况。通常轴需要两个轴承支撑，要使轴正常运转，则两个轴承的轴孔轴线必须处在同一轴线上。显然图 11-14 中安装面 B 一经确定，轴孔轴线的位置也就随之而定。因此，安装面 B 就是高度方向的设计基准。同样，为了确定该挂架在机器中的左右和前后位置，其相应的安装面 C 和前后对称面 D 就分别是长度方向和宽度方向的设计基准。

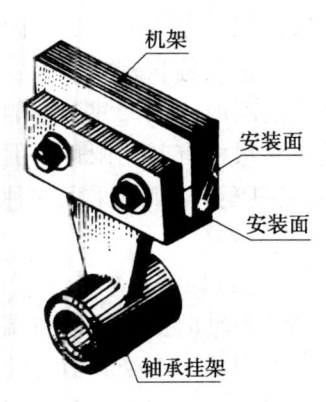

图 11-13　轴承挂架的安装情况

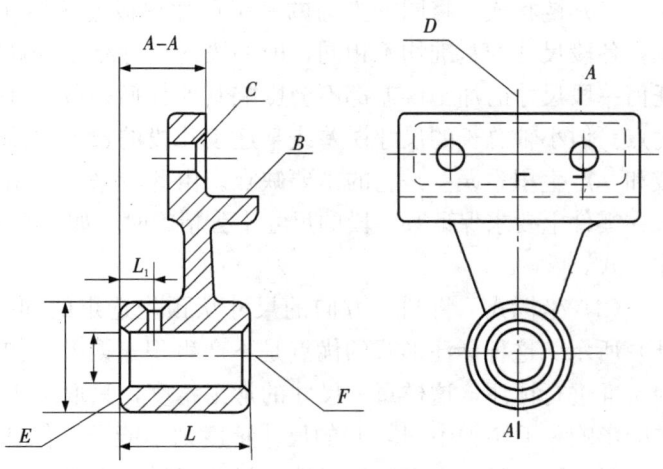

图 11-14　轴承挂架的尺寸基准

（2）工艺基准　是在加工或测量检验时所采用的一些基准。即工艺基准是用来确定被加工表面位置的点、线、面。

在图 11 - 14 主视图中，轴承孔的长度 L，油孔的定位尺寸 L_1 是以端面 E 为基准进行加工和测量的，轴承的外径和内径是以轴线 F 为基准进行测量的，故端面 E 和轴线 F 即为工艺基准。

2. 基准的选择

既然尺寸基准有两种，那么在图样上标注尺寸时就必须进行选择，即究竟是从设计基准出发，还是从工艺基准出发来标注尺寸。从设计基准出发标注尺寸，显然能满足设计要求和体现零件在机器中的工作性能。从工艺基准出发标注尺寸，则能很好地反映工艺要求，便于加工和测量。在具体选择基准时，应尽可能将设计基准和工艺基准统一起来，这是最为理想的。如图 11 - 22 所示的轴承座的安装底面 E 既是设计基准，又是工艺基准。

但在实际中它们往往统一不起来。如图 11 - 14 中的 E 和 C，B 和 F 基准等。此时，应以保证设计要求为主，同时又考虑加工和测量的方便。即凡是与零件功能有关的重要的设计尺寸应直接从设计基准出发进行标注，以保证设计要求。其他不重要的尺寸则按其加工工序从工艺基准出发进行标注，以满足工艺要求。

二、尺寸标注的形式

零件图的尺寸标注形式，通常有链状式、坐标式和综合式三种。如图 11 - 15 所示。

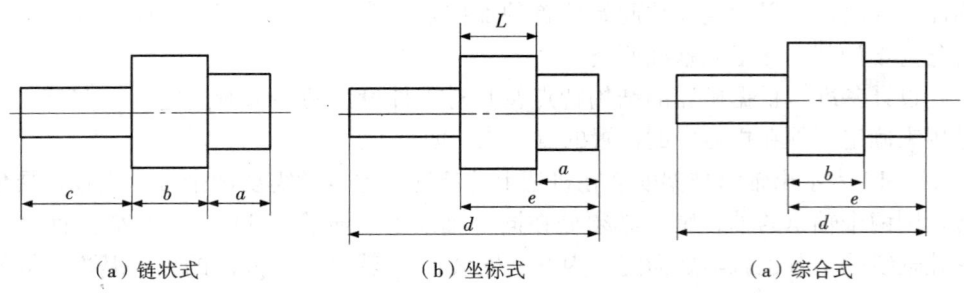

（a）链状式　　　　　　（b）坐标式　　　　　　（a）综合式

图 11 - 15　尺寸标注的三种形式

（1）链状式　将同一方向的一组尺寸逐段连续标注，如图 11 - 15（a）所示。由图可见，各段尺寸的基准均不相同，前一段的尺寸终止处就是后一段的尺寸基准。显然，图中任何一段尺寸的加工误差都不会影响其他任何一段尺寸的精度，这正是链状式标注尺寸的优点。但小轴总长的尺寸误差或某连续几段的长度误差，则是该范围内各段尺寸误差的代数和，产生积累误差是它的主要缺点。由此看来，采用链状式标注尺寸有其局限性。但如果在零件上要求保证某一段的尺寸十分精确时（如一系列孔的中心距等），则常采用这种标注形式。

（2）坐标式　将同一方向的尺寸从预先选定的同一基准出发进行标注，如图 11 - 15（b）所示。这种标注形式的优点是不产生积累误差。如图中小轴的各轴向尺寸均以右端面为基准进行标注，这样每一尺寸的加工精度，只取决于这道工序的误差，不受其他尺寸误差的影响。但小轴中间段 L 的尺寸精度则不能予以保证，其误差是这两段误差之和。因此用坐标式标注尺寸也有其局限性，只有当零件需要从一个基准定出一组精确尺寸时才采用这种标注方法。

（3）综合式　综合式就是链状式和坐标式的综合，如图 11 - 15（c）所示。

220

即根据各尺寸的精度要求，将同一方向上的某部分尺寸按链状式标注，而另一部分尺寸则按坐标式标注。显然这种标注形式兼有上述两种形式的优点，是最常用的一种尺寸标注方式。

三、标注尺寸基本原则

（1）零件上重要的设计尺寸必须直接标注，以保证设计要求。重要的设计尺寸是指影响机器（或部件）的工作性能、精度以及确定零件位置和有配合关系的尺寸等。如图 11-22 中的尺寸 40 ± 0.02、$\phi16^{+0.027}_{0}$ 以及 $2\times\phi6$ 孔的中心距 65 等都要直接注出。

（2）不要注成封闭的尺寸链。封闭尺寸链是由首尾相接，形成一个封闭回路的一组尺寸。每一尺寸都是尺寸链中的一环，如图 11-16 所示。

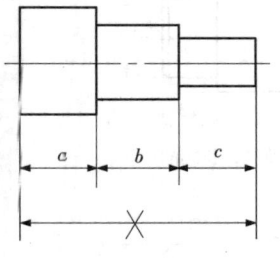 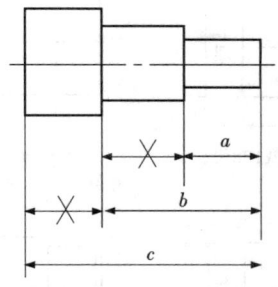 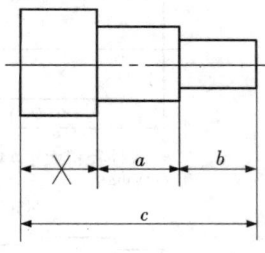

图中打"×"者系封闭环尺寸，不应注出

图 11-16 不要注成封闭尺寸链

根据以上链状式和坐标式标注尺寸分析可知，按封闭尺寸链标注尺寸，在加工时根本无法保证设计要求。因此，图中打"×"环（封闭环）的尺寸不应注出，而应使它成为开口环。但有时为了供设计和加工时参考，将开口环也注上尺寸，有意注成封闭尺寸链。这时必须把开口环的尺寸加一圆括号，以示它为参考尺寸，如图 11-7 所示。

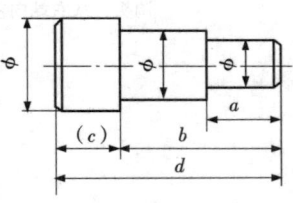

图 11-17 参考尺寸的标法

（3）尺寸标注要尽可能符合零件加工制造和测量检验的要求。

①按加工工序标注尺寸。图 11-18 为一轴的加工工序，除长度方向的重要设计尺寸 51 应从设计基准直接注出外，其余尺寸应按加工工序从工艺基准注出，以便于加工和测量。图中示出了该轴在车床上的加工工序及其相应尺寸的注法。

②按不同的加工方法分别集中标注尺寸。如图 11-19 所示，在轴的主视图中，将铣床上加工的键槽尺寸注在轴线的上方，将车床上车削的尺寸标注在轴线的下方。这样不同工种在加工时，容易找齐尺寸。

③零件的内外形尺寸分开集中标注。如图 11-20 所示，外形尺寸注在轴线的上方，内形尺寸注在轴线的下方，这样便于看图加工。

④尺寸的标注要便于测量、检验，如图 11-21 所示。

四、尺寸标注的方法和步骤

1. 方法和步骤

零件的尺寸标注是在通过结构分析、表达方案的确定、对零件的工作性能和加工方法以及测量手段等的充分理解的基础上进行的。所标注的尺寸应尽可能做到正确、完整、清晰、合

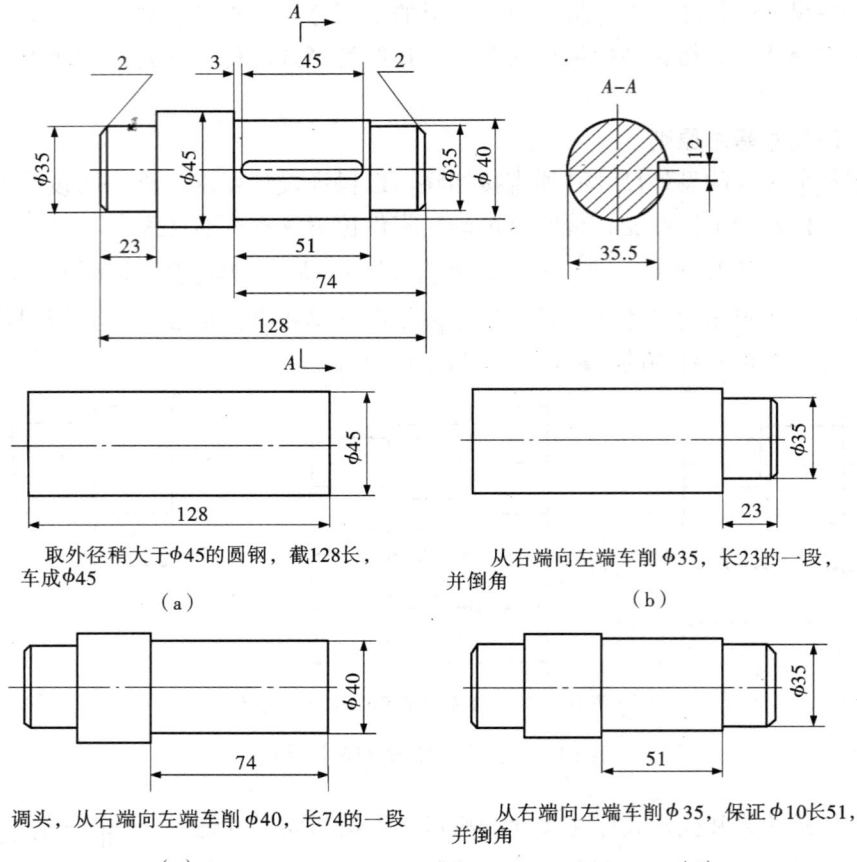

取外径稍大于φ45的圆钢，截128长，车成φ45

（a）

从右端向左端车削φ35，长23的一段，并倒角

（b）

调头，从右端向左端车削φ40，长74的一段

（c）

从右端向左端车削φ35，保证φ10长51，并倒角

（d）

图 11-18 按加工工序标注尺寸

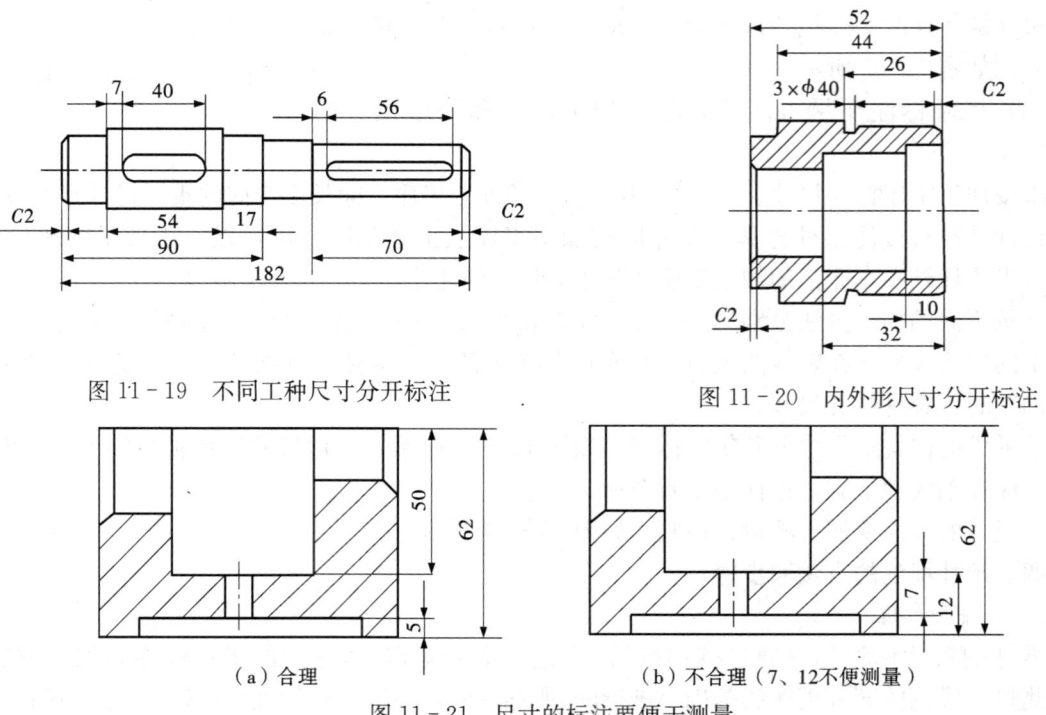

图 11-19 不同工种尺寸分开标注

图 11-20 内外形尺寸分开标注

（a）合理

（b）不合理（7、12不便测量）

图 11-21 尺寸的标注要便于测量

理。其具体步骤如下：①选择基准；②标注重要的设计尺寸；③标注其他一般尺寸；④检查、校核尺寸。

2. 尺寸标注分析举例

〔例 11-4〕 以图 11-22 所示的轴承座为例，分析其尺寸标注。

(1) 基准选择　由图 11-22 可以看出轴承座高度方向的主要基准是安装底板的底面（E 面），$\phi10$ 圆柱体的上端面（D 面）为高度方向的辅助基准。它们之间的联系尺寸为 58。长度方向的主要基准为左、右对称面（B 面）。宽度方向的主要基准为 $\phi30$ 圆柱体的后端面（C 面），底板的后立面和 $\phi30$ 圆柱体的前端面为宽度方向的辅助基准，其联系尺寸分别为 5 和 30。

(2) 标注重要的设计尺寸　从这些基准出发直接标注出的重要的设计尺寸在主视图上有：40 ± 0.02，65，$2\times\phi6$；在俯视图上有 17；在左视图上有 $\phi16\,^{+0.027}_{\;\;0}$，30，15 等。其余尺寸请读者自行分析。

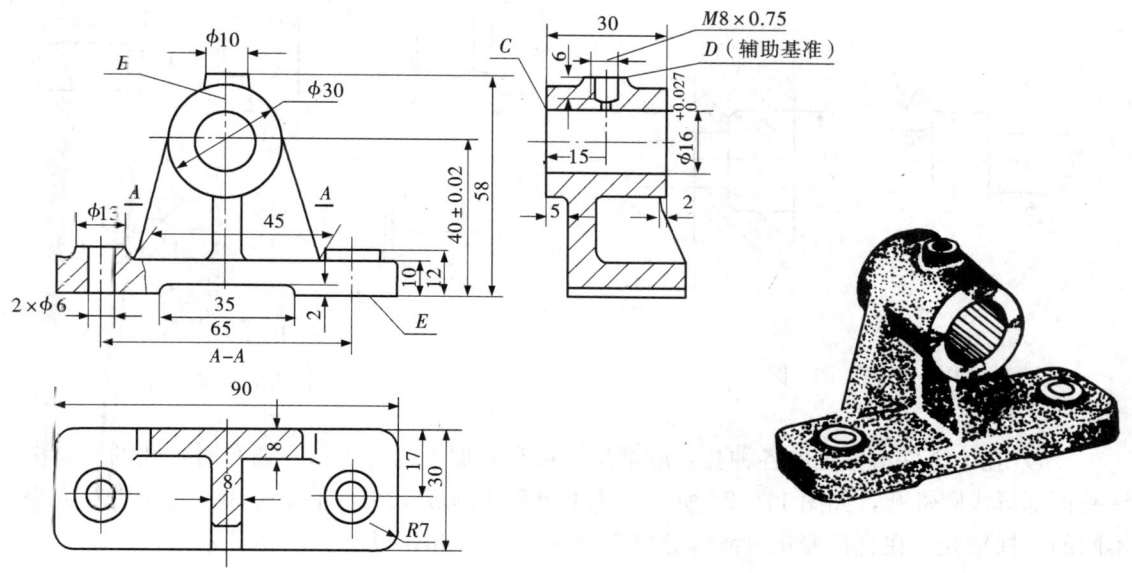

图 11-22　轴承座（尺寸标注分析）

§11-4　零件的工艺结构及尺寸标注

零件的结构除了满足设计要求外，还要考虑到加工制造的方便及可能性。否则会使制造工艺复杂化，甚至造成废品。本节将介绍一些零件上常见工艺结构的画法和尺寸注法。

一、机械加工工艺结构

(1) 倒角　为了便于装配和操作安全，必须去除零件上的锐边和毛刺。常在轴或孔的端部加工出倒角，常见的倒角是 45°，也有 30°和 60°等，图 11-23 所示分别给出了 45°和 30°倒角的画法和尺寸注法。

倒角的尺寸系列查附录表 8。

(2) 倒圆　为了避免在轴肩或孔肩处产生应力集中，而应以圆角过渡，其画法和尺寸注法如图 11-24 所示。圆角的尺寸系列查附录表 8。

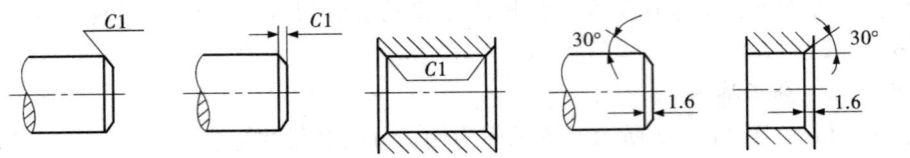

图 11-23　倒角的注法

（3）退刀槽和砂轮越程槽　在切削加工中，特别是在车螺纹和磨削时，为了便于退出刀具或使砂轮可以稍稍越过加工面，常在零件的待加工面的末端台肩处，先车出螺纹退刀槽或砂轮越程槽，如图 11-25 所示。

退刀槽一般可按"槽宽×直径"或"槽宽×槽深"的形式标注，如图 11-25（a）所示。这样标注便于选择刀具。砂轮越程槽常用局部放大图表示，并在其中标注尺寸，如图 11-25（b）所示。砂轮越程槽的尺寸可查附录表 7，螺纹退刀槽等的尺寸可查附表 9。

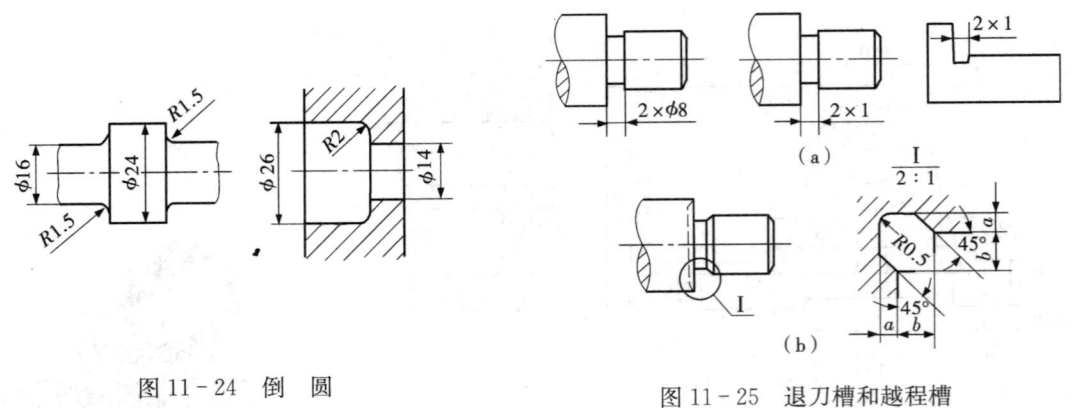

图 11-24　倒　圆

图 11-25　退刀槽和越程槽

（4）孔　零件上常见的各种孔一般都是用钻头来加工的。当钻不通孔时，孔的末端由钻头顶部形成圆锥孔，如图 11-26 所示。该锥角简化画成 120°，不需标注。对于直径大小不同的阶梯钻孔，在直径变化过渡部分也应画成 120°，如图 11-27 所示。

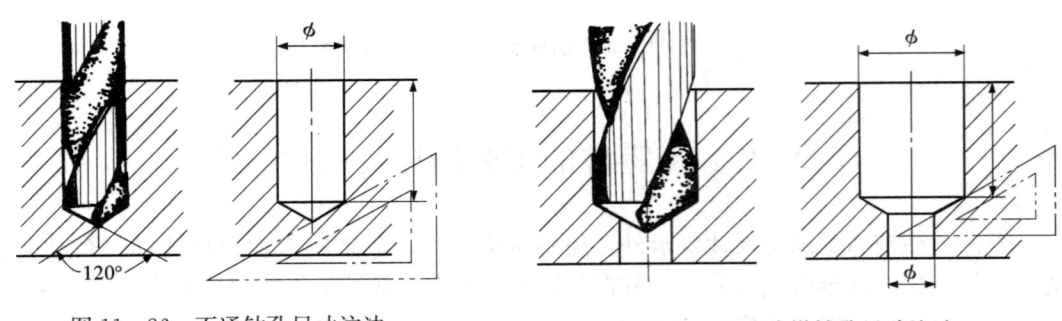

图 11-26　不通钻孔尺寸注法

图 11-27　阶梯钻孔尺寸注法

用钻头钻孔时，应使钻头轴线垂直被钻孔的表面，以保证钻孔准确和不使钻头折断，如图 11-28 所示。

各种孔的尺寸标注见表 11-1。

中心孔的标注形式见表 11-2（GB/T 145-2001）。

224

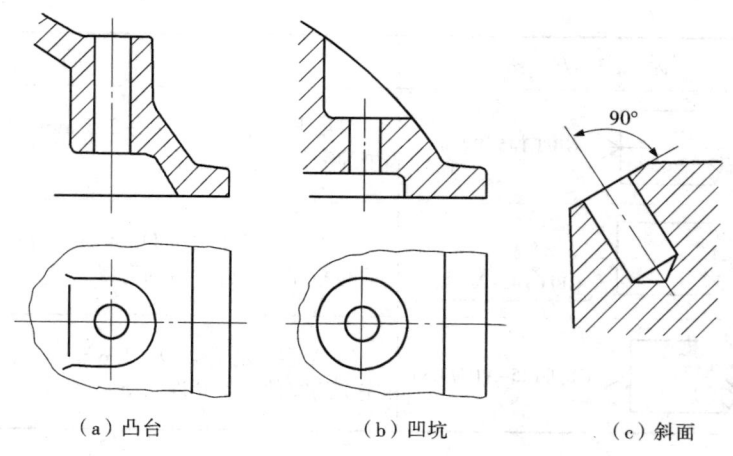

（a）凸台　　　　　　（b）凹坑　　　　　　（c）斜面

图 11-28　钻孔的端面

表 11-1 各种孔的尺寸注法

类型	旁 注 法		普通注法	说　明
光孔	4×φ5▽10	4×φ5▽10	4×φ5▽	4×φ5 表示直径为 5，均匀分布的 4 个光孔
螺孔	4×M6-7H ▽10	4×M6-7H ▽10	4×M6-7H	4×M6 表示大径为 6，均匀分布的 4 个螺孔，7H 为中径和小径的公差带。螺孔深度为 10
锥形沉孔	4×φ7 ∨φ13×90°	4×φ7 ∨φ13×90°	90° φ13 4×φ7	锥形沉孔的直径 φ13 及锥角 90° 均需注出
柱形沉孔	4×φ6.4 ⊔φ12▽3.5	4×φ6.4 ⊔φ12▽3.5	φ12 3.5 4×φ6.4	柱形沉孔的直径 φ12 及深度 3.5 均需注出
锪形沉孔	4×φ7 ⊔φ15	4×φ7 ⊔φ15	φ15⊔ 4×φ7	锪平 φ15 的深度不需注出，一般锪平到不出现毛坯面为止

225

表 11-2

结构类型	标 注 方 法	说　　明
中心孔	GB/T 145-B2.5/8	采用 B 型中心孔，$D=2.5$ mm，$D_1=8$ mm，在完工的零件上要求保留
	GB/T 145-A4/8.5	采用 A 型中心孔，$D=4$ mm，$D_1=8.5$ mm，在完工的零件上是否保留都可以
	GB/T 145-A1.6/3.35	用 A 型中心孔，$D=1.6$ mm，$D_1=3.35$ mm，在完工的零件上不允许保留

（5）滚花　在操作机器时，为了防止打滑，常在某些手柄等零件的头部进行滚花，如图 11-29 所示。滚花分直纹和网纹两种，其标注形式如图 11-29 中所示。滚花前的直径尺寸为 D，滚花后为 $D+\Delta$，Δ 为齿深，旁注中 0.8 为齿的节距 m。简化画法及标注见 GB/T16675.2—1996。

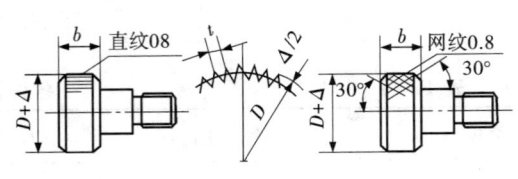

图 11-29　滚花

（6）凸台和凹坑　零件之间的接触表面，一般都需要加工，以保证良好的接触。为了减少加工面或减轻重量，常在铸件上设计凸台和凹坑，如图 11-30 所示。

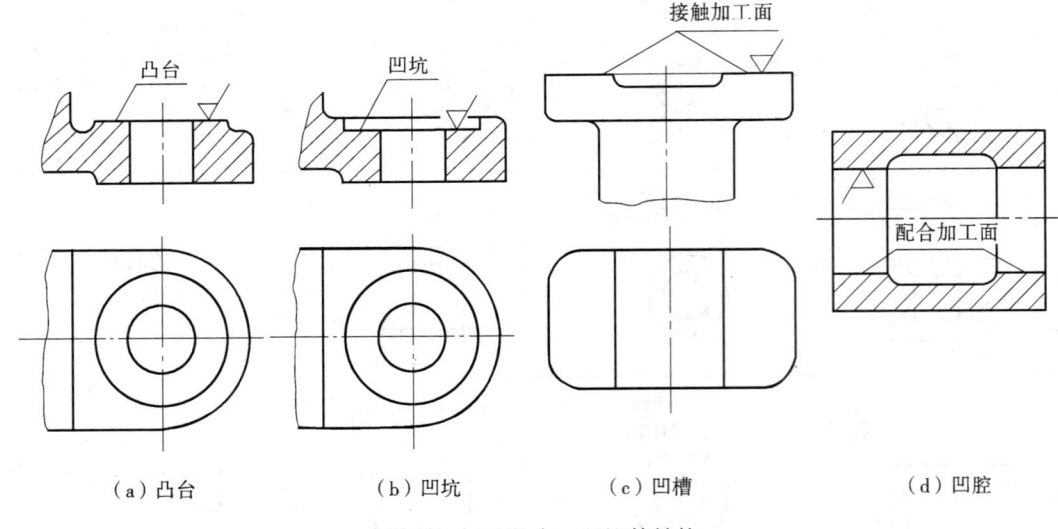

（a）凸台　　　　（b）凹坑　　　　（c）凹槽　　　　（d）凹腔

图 11-30　凸台、凹坑等结构

二、铸造工艺结构

（1）铸造圆角　在铸件表面各转角处要做成圆角，如图 11-31 所示。以防铸造砂型落砂或在尖角处产生裂纹和缩孔而影响铸件质量。

（2）拔模斜度　在铸造时，为了便于起模，在沿起模方向的不加工表面上均设计出拔模斜度，一般为 1°～3°。如图 11-32 所示，且在零件图上一般不画出。

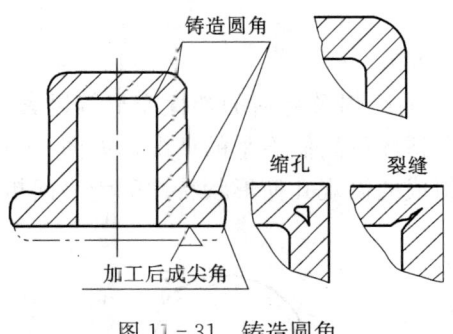

图 11-31　铸造圆角

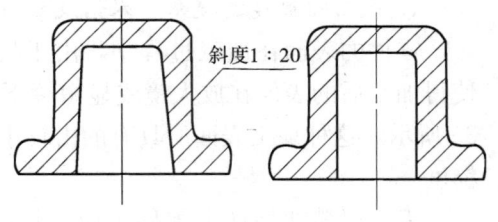

图 11-32　拔模斜度

（3）铸件壁厚　铸件的各种壁厚要均匀或逐渐变化，防止产生突变或局部肥大。以免产生缩孔或裂缝，影响铸件质量，如图 11-33 所示。

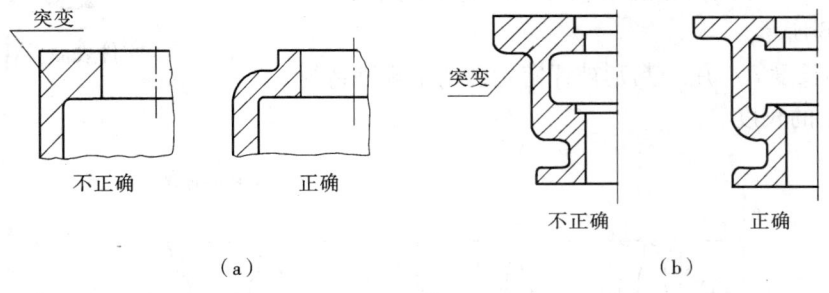

图 11-33　铸件的壁厚

（4）筋　当需要增加铸件强度时，常采用加强筋的办法，而不是单纯增加壁厚。如图 11-34 所示。筋的厚度通常为 0.7～0.9 壁厚，高度不大于壁厚的 5 倍。

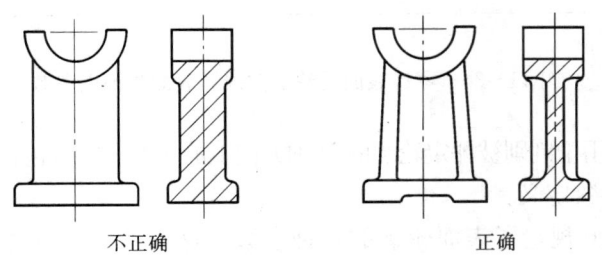

图 11-34　筋板的使用

§11-5　零件图的技术要求

由于零件图是加工制造与检验零件的主要技术文件，所以在零件图中除了视图及尺寸之外，还必须标注和说明制造该零件应达到的各项技术指标。

一、技术要求的内容

技术要求包括表面粗糙度、尺寸公差、形状和位置公差（见§11-6）、材料、材料的热处理和表面处理要求等。

二、表面粗糙度

1. 表面粗糙度的概念、术语及参数（GB/T3505—2000）

零件的表面在加工过程中，由于机床的振动、刀具的磨损及材料的塑性变形等因素，使得加工后的表面在放大镜或显微镜下观察时，可以看到峰谷高低不平的情况，如图 11-35 所示。这种加工表面所具有的由较小间距和峰谷所组成的微观几何形状特性称为表面粗糙度。

表面粗糙度是评定零件表面质量的重要技术指标之一。它对零件的配合性质、耐磨性、抗腐蚀性、密封性、接触刚度及抗疲劳的能力以及零件的外观等都有影响。

（1）表面粗糙度的有关术语：

①中线　具有几何轮廓形状并划分轮廓的基准线，如图 11-36 所示。

②取样长度 l_r　用于判别被评定轮廓的不规则特征的 X 轴向上的长度。

图 11-35　零件表面微观不平的情况

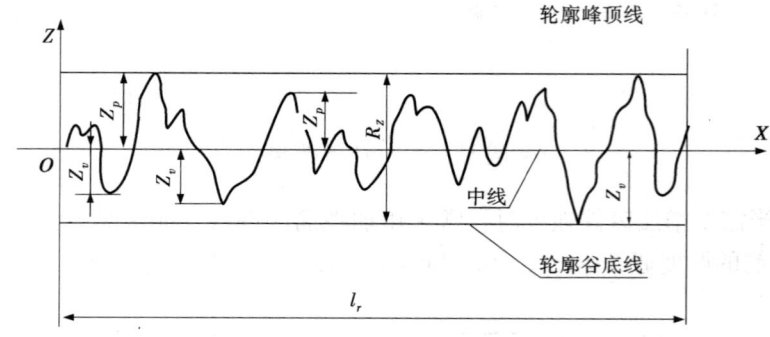

图 11-36　零件表面的轮廓曲线和表面粗糙度参数

③评定长度 l_n　用于判别被评定轮廓的 X 轴方向上的长度。它可包含一个或几个取样长度。

（2）表面轮廓参数定义：

GB/T3505—2000 规定了表面轮廓的各种参数，这里仅列出轮廓的最大高度（R_z）和评定轮廓的算术平均偏差（R_a）两个常用参数。

①轮廓的最大高度 R_z　如图 11-36 所示，在一个取样的长度内，最大轮廓峰高 Z_P 和最大轮廓谷深 Z_V 之和的高度。

②评定轮廓的算术平均偏差 R_a

在一个取样长度内纵坐标值 Z(x)（被评定轮廓在任一位置距 X 轴的高度）绝对值的算术平均值为 R_a。用公式表示为

$$R_a = \frac{l}{l_r} \int_0^{l_r} | Z(x) | \, \mathrm{d}x$$

R_a 数值及其取样长度 l_r 与评定长度 l_n 的选用见表 11-3，相应表面特征见表 11-4。

表 11-3 　　　　　　　　　　　　　R_a 及 l、l_n 选用值

$R_a/\mu m$	≥0.008~0.02	>0.02~0.1	>0.1~2.0	>2.0~10.0	≥10.0~80
取样长度 l/mm	0.08	0.25	0.8	2.5	8.0
评定长度 l_n/mm	0.4	1.25	4.0	12.5	40
R_a（系列）/μm	0.008，0.010，**0.012**，0.016，0.020，**0.025**，0.032，0.040，**0.050**，0.063，0.080，**0.100**，0.125，0.160，**0.20**，0.25，0.32，**0.40**，0.50，0.63，**0.80**，1.00，1.25，**1.60**，2.0，2.5，3.2，4.0，5.0，6.3，8.0，10.0，**12.5**，16，20，**25**，32，40，**50**，63，80，**100**				

注：R_a 数值中黑体字为第一系列，应优先采用。

表 11-4 　　　　　　　　　　　　R_a 的数值、与之对应的表面特征

$R_a(\mu m)$	表面特征	主要加工方法	应用举例
50	明显可见刀痕	铸造、锻压、粗车、粗铣、粗刨、钻、粗纹锉刀和粗砂轮加工	为表面粗糙度最低的加工面，一般用于非工作、非接触表面
25	可见刀痕		
12.5	微见刀痕	粗车、刨、立铣、平铣、钻	不接触表面、不重要的接触面，如螺钉孔、倒角、机座底面等
6.3	可见加工痕迹	精车、精铣、精刨、铰、镗、粗磨等	没有相对运动的零件接触面，如箱、盖、套筒等要求紧贴的表面、键和键槽的工作表面；相对运动速度不高的接触面，如支架孔、衬套、带轮轴孔的工作表面
3.2	微见加工痕迹		
1.6	看不见加工痕迹		
0.80	可辨加工痕迹方向	精车、精铰、精拉、精镗、精磨等	要求很好密合的接触面，如与滚动轴承配合的表面、锥销孔等；相对运动速度较高的接触面，如滑动轴承的配合表面、齿轮轮齿的工作表面等
0.40	微辨加工痕迹方向		
0.20	不可辨加工痕迹方向		
0.10	暗光泽面	研磨、抛光、超级精细研磨等	精密量具的表面、极重要零件的摩擦面，如汽缸的内表面、精密机床的主轴颈、坐标镗床的主轴颈等
0.05	亮光泽面		
0.025	镜状光泽面		
0.012	雾状镜面		
0.006	镜面		

2. 表面粗糙度代（符）号及其标注方法（GB/T131—1993）

表面粗糙度符号见表 11-5。

表 11-5 　　　　　　　　　　　　　表面粗糙度的符号

符 号	意 义
	基本符号，单独使用时表示表面粗糙度可以用任何方法获得
	表示表面粗糙度是用去除材料的方法获得，如：车、铣、钻、磨、剪切、抛光、腐蚀、电火花加工等
	表示表面粗糙度是用不去除材料的方法获得，如：铸、锻、冲压、热轧、冷轧、粉末冶金等；或者是保持上道工序的状况或原供应状况

表面粗糙度符号的画法见图 11-37 所示。

表面粗糙度数值及有关规定在符号中注写的位置见图 11-38 所示。

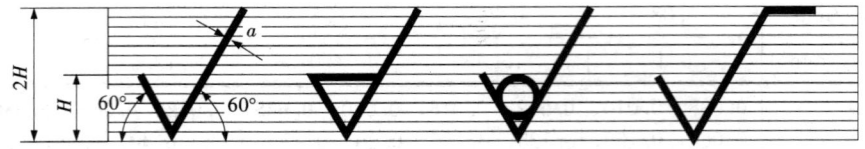

$a=1/10h$　　　$H=1.4h$　　　h 为字体高度

图 11-37　表面粗糙度符号的画法

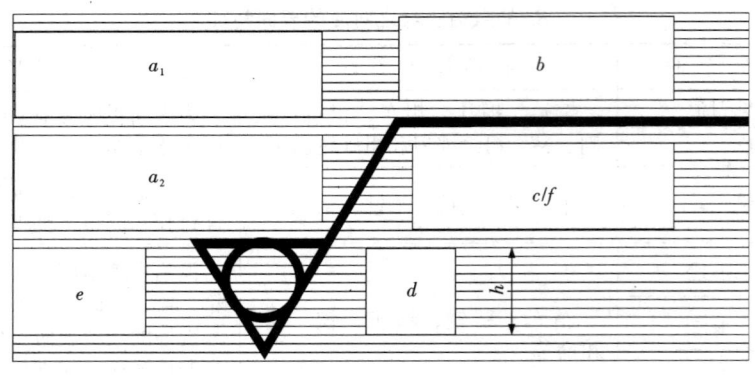

a_1、a_2——粗糙度高度参数的允许值（μm）；

b——加工方法、镀涂或其他表面处理；

c——取样长度（mm）；

d——加工纹理方向符号；

e——加工余量（mm）；

f——粗糙度间距参数值（mm）或轮廓支承长度率。

图 11-38　表面粗糙度数值及有关规定在符号中注写的位置

表面加工纹理方向符号见表 11-6。

表 11-6　　　　　　　　　　　　　表面加工纹理方向符号

符　号	说　明	示　意　图	符　号	说　明	示　意　图
=	纹理平行于标注代号的视图的投影面		X	纹理呈两相交的方向	
⊥	纹理垂直于标注代号的视图的投影面		M	纹理呈多方向	

续表

符号	说　明	示　意　图	符号	说　明	示　意　图
C	纹理呈近似同心圆		P	纹理无方向或呈凸起的细粒状	
R	纹理呈近似放射形				纹理方向

表面粗糙度代号注写示例见表 11-7。

表 11-7　　　　　　　　　　　　　　表面粗糙度代号举例

代　号	意　义	代　号	意　义
3.2	用任何方法获得的表面，R_a 的上限值为 3.2 μm	3.2 / 1.6	用去材料方法获得的表面，R_a 的上限值为 3.2 μm，下限值为 1.6 μm
6.3	用去除材料方法获得的表面，R_a 上限值为 6.3 μm	6.3 铣	用铣削方法获得的表面，R_a 的上限值为 6.3 μm、纹理成两相交的方向
12.5	用不去除材料方法获得的表面，R_a 的上限值为 12.5 μm	R_y 3.2 / 2.5	用去材料方法获得的表面，R_y 的上限值为 3.2 μm，取样长度为 2.5 mm

应该指出，表面粗糙度高度参数 R_a 在代号中标注时可以省略，而 R_y，R_z 则一律在参数值之前注出。

标注方法示例见表 11-8。

三、材料

根据零件的设计要求不同，所用的材料也就不同。制造零件所用的材料种类很多，常用的材料见附表 30、31。

四、材料的热处理及表面处理

金属材料通过热处理和表面处理，能使其机械性能得到改善，同时对提高零件的耐磨性、耐热性、耐腐蚀性、抗疲劳性能及美观都有显著作用。

根据零件的不同要求，可采用不同的方法处理，常见的热处理和表面处理方法见附表 32。

表 11 - 8　　　　　　　　　　表面粗糙度的标注方法

总则：在同一图样上，每一表面一般只标注一次代（符）号，并尽可能标注在具有确定该表面大小或位置尺寸的视图上。表面特征代（符）号应注在可见轮廓线、尺寸界线或延长线上。具体方法如下：

图　例	说　明	图　例	说　明
	代号中数字的方向必须与尺寸数字方向一致 对其中使用最多的一种代（符）号可以统一标注在图样右上角，并加注"其余"两字，且应比图形上其他代（符）号大1.4倍		带有横线的表面特征符号的注法
	可以标注简化代号，但要在标题栏附近说明这些简化代号的意义		齿槽的注法
			齿轮的注法
	用细线相连的表面也标注一次		螺纹的注法

图　例	说　明	图　例	说　明
	各倾斜表面代号的注法。符号的尖端必须从材料外指向表面	抛光 1.6	零件上连续表面及重复要素（孔、槽、齿……）的表面，只标注一次
30° 30°	带有横线的表面特征符号的注法	$Ry12.5$	花键的注法
		0.8 6.3	同一表面上有不同的表面特征要求，须用细实线画出其分界线，并注出相应的表面特征代号
6.3	当零件所有表面具有相同的特征时，其代（符）号，可在图样的右上角统一标注。其符号应较一般的代号大 1.4 倍	镀铬 镀铬前 a a_1	表示零件表面镀铬后的粗糙度值和镀铬前的粗糙度值的注法
		测量方向	表示表面粗糙测量截面的方向
其余 25 B B $B-A$ A B B $A = \frac{a_1}{a_2}\,b$ $B = \frac{a_1}{a_2}\,b$	可以标注简化代号，但要在标题栏附近说明这些简化代号的意义	$D-Cr$ a a_1	同时表示镀铬前及镀铬后的表面粗糙度值的方法
		HRC35-40 渗碳深度0.7-0.9HRC56-62	零件需要局部热处理或局部镀（涂）时，应用粗点画线画出其范围，并标注相应的尺寸，也可将其要求注写在表面粗糙度符号内

233

§11-6 极限与配合和形位公差

极限与配合和形位公差是评定产品质量的重要技术指标，是零件图和装配图中的一项重要的技术要求。本节重点介绍极限与配合的基本概念及其在图样上的标注方法，并对形位公差的代号及其标注方法作简要说明。

一、极限与配合的基本概念（GB/T1800.1—1997，GB/T1800.2—1998）

1. 零件的互换性

从一批相同的零件中不经任何挑选和修配，任取一件就能装到机器上，并且能保证使用要求，零件的这种性质称为互换性。互换性对成批或大量的专业化生产、装配、维修和降低生产成本都具有重要意义。

2. 尺寸公差及有关术语

为了使零件具有互换性，并不要求也不可能要求零件的尺寸做得绝对准确，而只是要求把零件的制造误差控制在一个允许的范围之内，由此就规定了极限尺寸。凡零件的尺寸在规定的最大极限尺寸和最小极限尺寸范围之内的，则该零件即为合格品，否则为废品。这个允许的尺寸变动量称为尺寸公差（简称公差）。

下面以图 11-39 说明公差的有关术语。

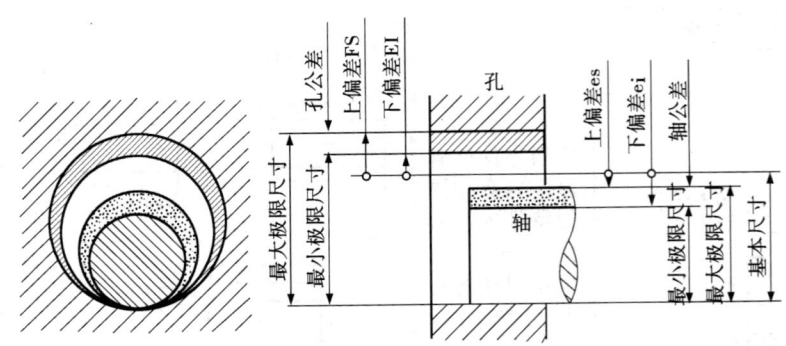

图 11-39　孔、轴尺寸公差示意图

（1）基本尺寸　由设计确定的尺寸，通过它应用上、下偏差可算出极限尺寸的尺寸。

（2）实际尺寸　通过测量获得的某一孔、轴的尺寸。

（3）极限尺寸　一个孔或轴允许的尺寸的两个极端。允许的最大尺寸称为最大极限尺寸，允许的最小尺寸称为最小极限尺寸。

（4）偏差　某一尺寸减其基本尺寸所得的代数差。

上偏差＝最大极限尺寸－基本尺寸

下偏差＝最小极限尺寸－基本尺寸

上、下偏差统称为极限偏差。

国家标准规定：孔的上、下偏差分别用代号 ES 和 EI 表示，轴的上、下偏差分别用代号 es 和 ei 表示。

（5）尺寸公差（简称公差）　允许尺寸的变动量。

公差＝最大极限尺寸－最小极限尺寸＝上偏差－下偏差

234

（6）零线　在极限与配合图解中，表示基本尺寸的一条水平直线称为零线，以此线为基准确定偏差和公差。正偏差位于零线之上，负偏差位于零线之下。

（7）公差带　在公差带图解中，由代表上偏差和下偏差或最大极限尺寸和最小极限尺寸的两条直线所限定的一个区域称公差带。如图 11－40 所示。

由图 11－40 可见，公差带图确定了公差带的大小和公差带相对于零线的位置。因此，公差带是由"公差带大小"和"公差带位置"两个要素所组成的。公差带的大小由标准公差确定，公差带的位置由基本偏差确定。

（8）标准公差　国家标准规定的用以确定公差带大小的任一公差。标准公差是基本尺寸的函数。

标准公差分为 20 个等级，表示为 IT01，IT0，IT1，IT2，…，IT18。其中 IT 表示标准公差，阿拉伯数字表示公差等极，IT01 公差最小，精度等级（即公差等级）最高；IT18 公差最大，精度等级最低。国家标准把≤3150 mm 的基本尺寸范围分成尺寸段，按不同的公差等级列出了各段基本尺寸的公差值，参见附表 23。

（9）基本偏差　国家标准规定的用以确定公差带相对于零线位置的那个极限偏差。一般指靠近零线的那个偏差，如图 11－41 所示。当公差带在零线上方时，基本偏差为下偏差；当公差带在零线下方时，基本偏差为上偏差。

图 11－40　公差带示意图

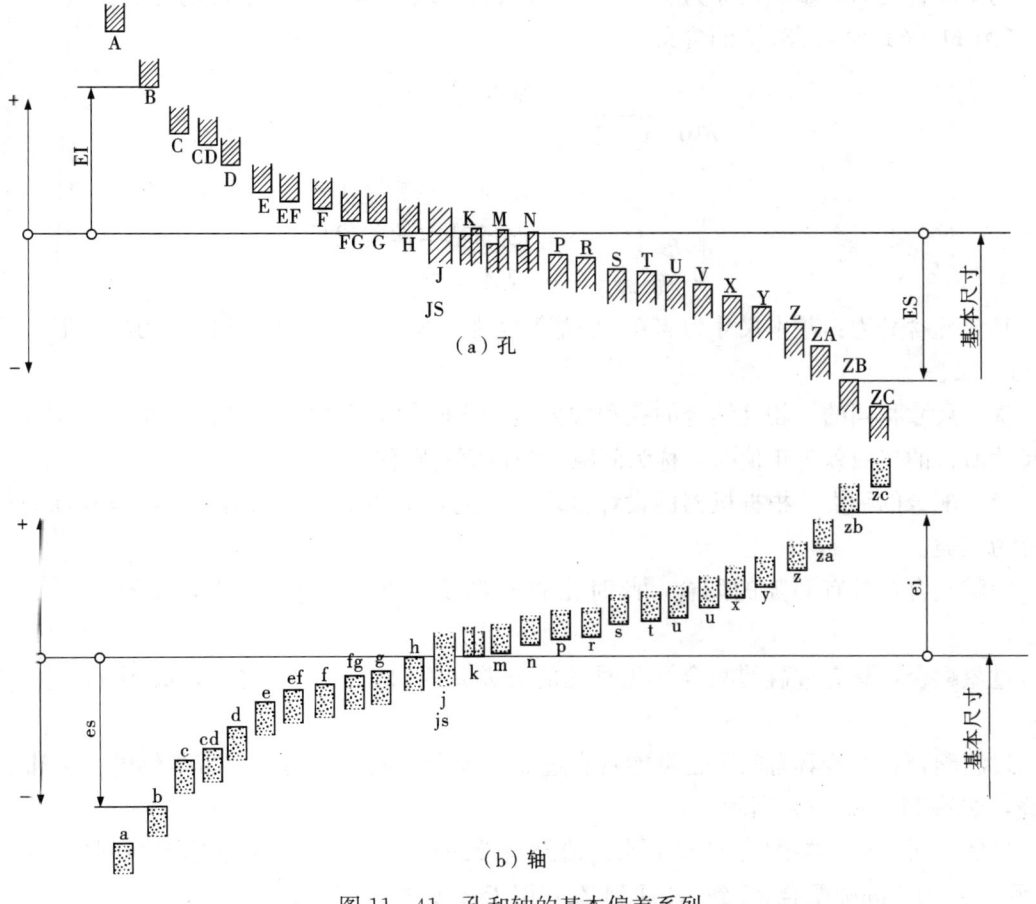

（a）孔

（b）轴

图 11－41　孔和轴的基本偏差系列

为了满足不同配合的要求，国家标准规定了 28 个不同的基本偏差构成基本偏差系列，如图 11-41 所示。在该系列中只表示了公差带的各种位置，没有表示公差的大小，故公差带的一端是开口的。基本偏差的代号用拉丁字母表示，其中大写字母表示孔的基本偏差，小写字母表示轴的基本偏差。轴和孔的基本偏差数值表，请见附表 24 和附表 25。

根据孔、轴的基本偏差和标准公差，即可按以下代数式分别计算孔、轴的另一个偏差。孔的上或下偏差为：

$$ES = EI + IT \quad 或 \quad EI = ES - IT,$$

轴的上或下偏差为：

$$es = ei + IT \quad 或 \quad ei = es - IT$$

（10）公差带的表示　公差带用基本偏差的字母与公差等级数字表示，且按同一号字书写，如 H8、F8、K7 等为孔的公差带，而 h7、f7、k6 等为轴的公差带。

〔**例 11-5**〕说明 $\phi50H8$ 的含义。

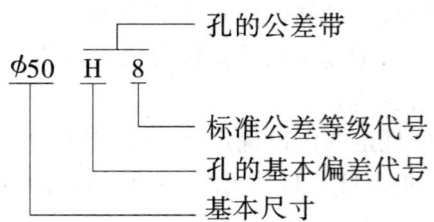

其全部含义为：基本尺寸为 $\phi50$、公差等级为 8 级、基本偏差为 H 的孔的公差带。

〔**例 11-6**〕说明 $\phi30f7$ 的含义。

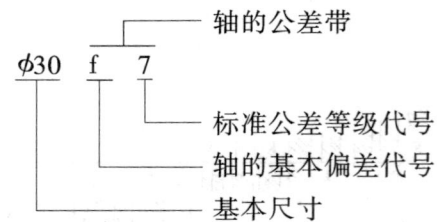

其全部含义为：基本尺寸为 $\phi30$、公差等级为 7 级、基本偏差为 f 的轴的公差带。

3. 配合

基本尺寸相同的，相互结合的孔和轴公差带之间的关系称为配合。当孔的尺寸减去轴的尺寸所得的代数差为正值时，称为间隙，为负值时则称为过盈。

（1）配合的种类　根据机器的设计要求、工艺要求和生产实际的需要，国家标准将配合分为三类：

间隙配合：具有间隙的配合。此时孔的公差带在轴的公差带之上，如图 11-42（a）所示。

过盈配合：具有过盈的配合。此时孔的公差带在轴的公差带之下，如图 11-42（b）所示。

过渡配合：可能具有间隙也可能具有过盈的配合。此时孔的公差带与轴的公差带相互重叠，如图 11-42（c）所示。

显然，属于哪一类配合取决于孔、轴公差带的相互关系。在基本偏差系列中，a 到 h（A 到 H）用于间隙配合，j 到 z_c（J 到 Z_C）用于过渡和过盈配合。

236

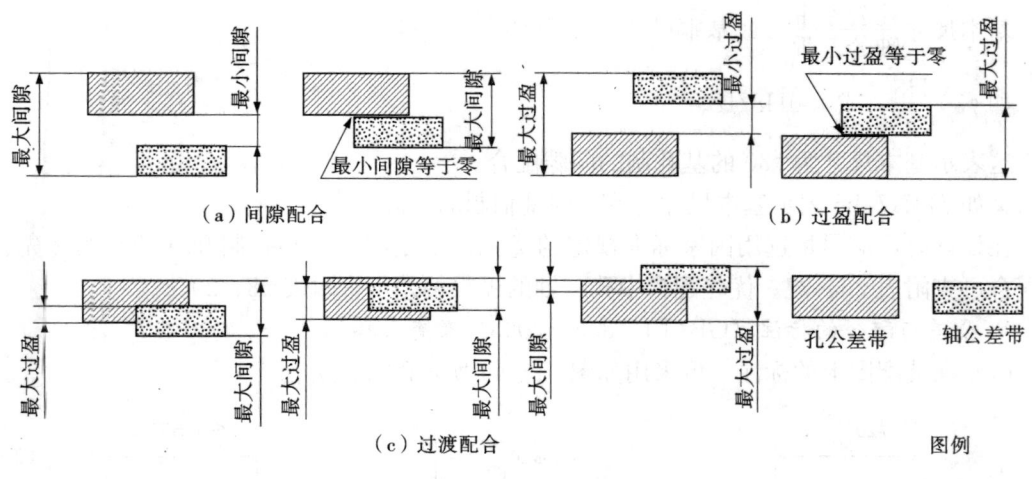

图 11-42 配合的情况

（2）配合制度 国家标准对配合规定了基孔制和基轴制两种基准制度。采用基准制是为了统一基准件的极限偏差，从而达到减少定值刀具、量具的规格和数量。

基孔制：基本偏差为一定的孔的公差带，与不同基本偏差的轴的公差带形成各种配合的一种制度。基孔制的孔为基准孔，用代号 H 表示。国家标准规定基准孔采用 H 基本偏差，即下偏差为零，如图 11-43（a）所示。

基轴制：基本偏差为一定的轴的公差带，与不同基本偏差的孔的公差带形成各种配合的一种制度。基轴制的轴为基准轴，用代号 h 表示。国家标准规定基准轴采用 h 基本偏差，即上偏差为零，如图 11-43（b）所示。

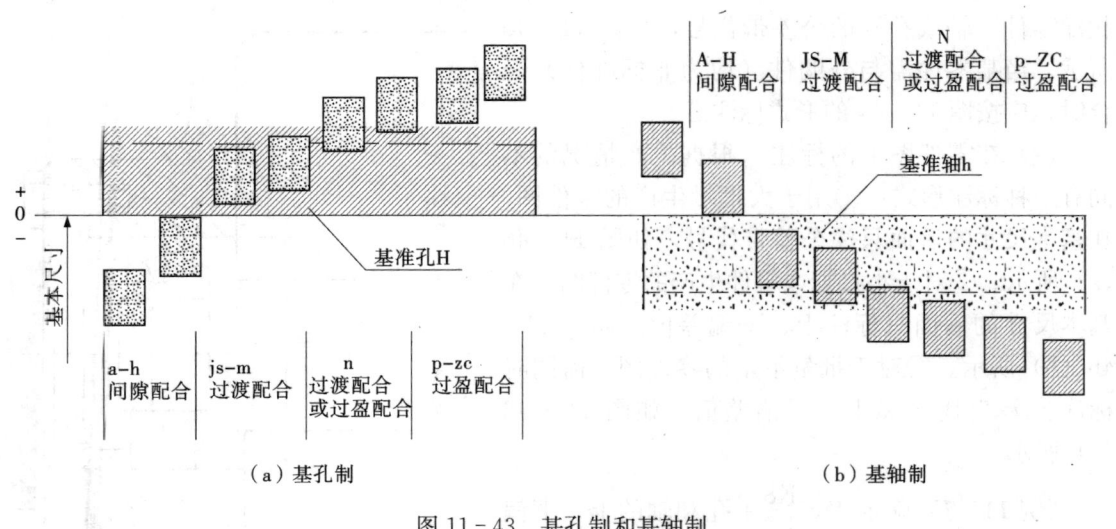

图 11-43 基孔制和基轴制

在一般情况下，优先选用基孔制配合。如有特殊需要，允许将任一孔、轴公差带组成配合。

（3）配合的表示 配合用相同的基本尺寸后跟孔、轴公差带表示。孔、轴公差带写成分数形式，分子为孔公差带，分母为轴公差带。即：

基本尺寸$\frac{孔公差带}{轴公差带}$　或基本尺寸　孔公差带/轴公差带

如$\phi30\dfrac{H8}{f7}$　或$\phi30H8/f7$。

这表示基本尺寸为$\phi30$的基孔制的间隙配合。

又如$\phi14N7/h6$表示基本尺寸为$\phi14$的基轴制的过渡配合。

在设计时，应尽量选用国家标准规定的优先、常用配合。基孔制和基轴制的优先、常用配合可查附表26、27。优先配合中孔、轴的极限偏差可查附表28、29。

4. 公差与配合的标注（GB/T4458.5－2003）及查表举例

（1）在装配图上的标注　可采用如图11－44所示的标注方法。

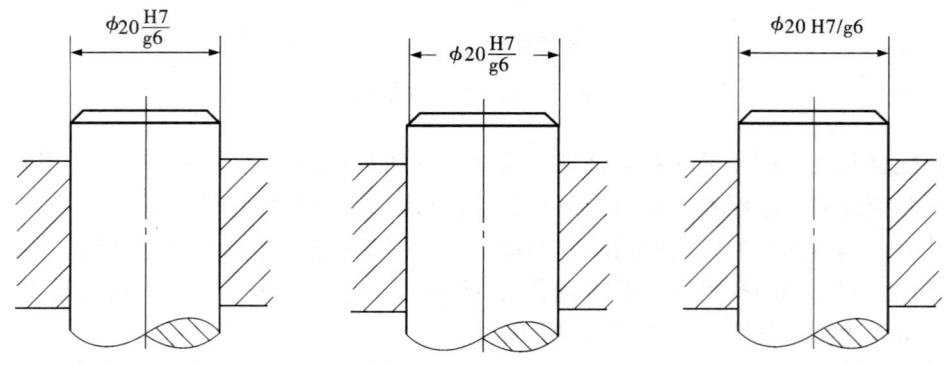

图11－44　装配图公差与配合的标注

当标注与标准件相配合的代号时，可仅标注相配零件（轴或孔）的公差带代号，如图11－45所示。当某零件需与外购件（均为非标准件）配合时，应按图11－44的形式标注。

（2）在零件图上的标注　根据生产情况的不同有三种标注形式：①用于大批量生产的零件图，在基本尺寸的后面只注公差带代号，如图11－46（a）所示。②对于小批量或单件生产的零件图，在基本尺寸的后面只标注上、下偏差值。如图11－46（b）所示。③对于批量不定的零件图，需同时标注公差带代号和上、下偏差值。如图11－46（c）所示。

〔例11－7〕确定$\phi25\dfrac{K8}{h7}$中孔和轴的上、下偏差值。

从$\phi25\dfrac{K8}{h7}$中可知，它是基本尺寸为$\phi25$的基轴制的过渡配合。基准轴的公差等级为7级。配合孔的基本偏差代号为K，公差等级为8级。

由基轴制可知，轴的基本偏差h的值为0，也就是es＝0。查附表24，从基本尺寸$\phi25$

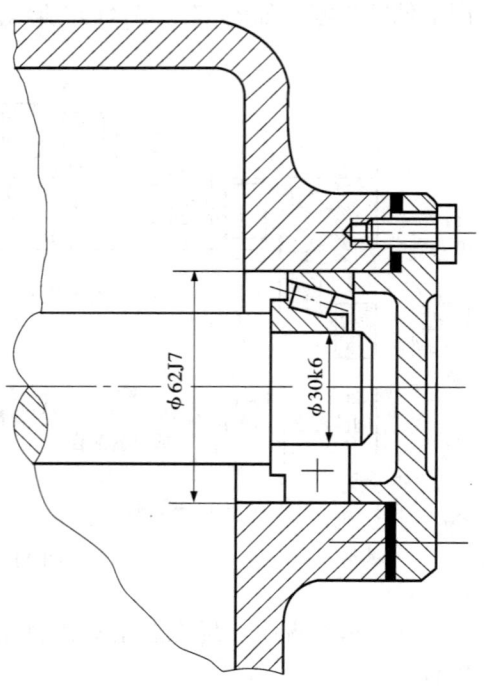

图11－45　与标准件配合的标注

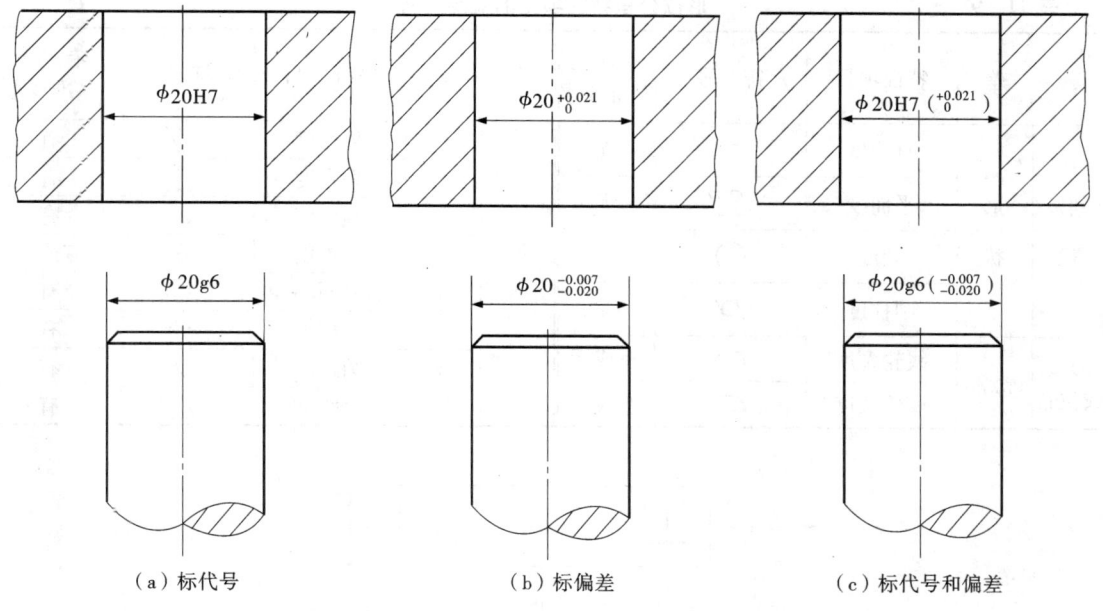

（a）标代号　　　　　　　　（b）标偏差　　　　　　（c）标代号和偏差

图 11-46　零件图上公差的标注

所在尺寸段 18～30 这一行与 IT7 所在列的交汇处，查得值为 21，即 ϕ25 的标准公差 IT7 的值是 0.021，这样就可以计算出轴的下偏差：

$$ei = es - IT = 0 - 0.021 = -0.021$$

用同法查附表 25，孔基本偏差 K 的值为（$-2 + \Delta$）μm，其中 Δ 从表中查得为 $+12$ μm，得 K 值为 0.010，也就是 ES=0.010。再查附表 29，标准公差 IT8 的值是 0.033，这样就可以计算出孔的下偏差：

$$EI = ES - IT = 0.010 - 0.033 = -0.023$$

最后写出：孔 $\phi 25 ^{+0.010}_{-0.023}$ 轴 $\phi 25 ^{0}_{-0.021}$

一般线性尺寸的未注公差按 GB/T1804—2000 选取。

二、几何形状公差与位置公差

（1）形位公差的基本概念　加工后的零件，不仅存在着尺寸误差，而且还存在着几何形状和相对位置误差，这些误差的存在直接影响机器零件的使用性能。因此，对机器上某些精确程度要求较高的零件，不仅需要保证其尺寸公差，而且还要保证其几何形状和位置公差。

零件的实际形状对理想形状的允许变动量称为形状公差。实际位置对理想位置的允许变动量称为位置公差。

国家标准 GB/T1182—1996、GB/T1184—1996、GB/T4249—1996 和 GB/T16671—1996 等对形位公差的术语、定义、代号和标注等作出了规定，本节只作简要介绍。

（2）形位公差的代号　形位公差的代号包括形位公差有关项目的符号；形位公差框格和指引线；形位公差数值和其他有关符号，基准符号。

形位公差各项目的符号见表 11-9。

形位公差框格分成两格或多格，框格内从左到右填写以下内容，如图 11-47 所示。

表 11-9　　　　　　　　　　　　　　　　形位公差特征项目的规定符号

公　差		特征项目	符　号	有或无基准要求	公　差		特征项目	符　号	有或无基准要求
形状	形状	直线度	—	无	位置	定向	平行度	//	有
		平面度	▱	无			垂直度	⊥	有
		圆度	○	无			倾斜度	∠	有
		圆柱度	⌀	无		定位	位置度	⊕	有或无
形状或位置	轮廓	线轮廓度	⌒	有或无			同轴(同心)度	◎	有
		面轮廓度	◠	有或无			对称度	=	有
						跳动	圆跳动	↗	有
							全跳动	↗↗	有

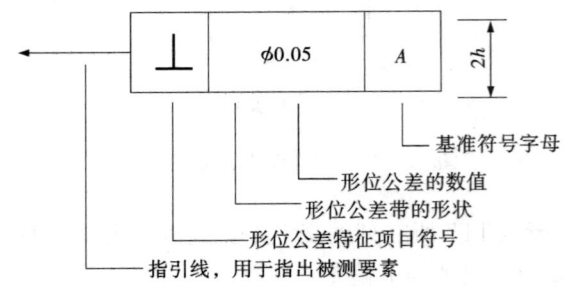

图 11-47　形位公差框格

框格和指引线均用细实线画出。公差框格应水平地或垂直绘制，其高度是图样中尺寸数字高度的 2 倍。长度视需要而定，框格中的符号、数字、字母与图样中的尺寸数字同高。

基准符号用加粗的短画表示。基准代号由基准符号、圆圈、连线和字母组成，如图 11-48 所示。圆圈和连线均用细实线绘制，圆圈的直径与框格高度相同。无论基准代号在图样中的方向如何，圆圈内的字母要求水平书写。如图 11-48（b）所示。

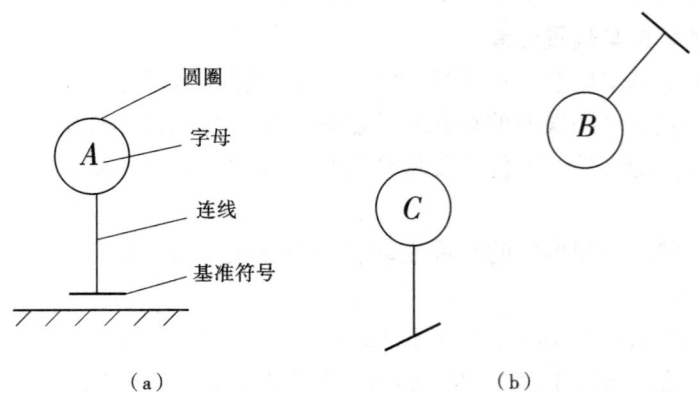

图 11-48　基准符号

（3）形位公差标注示例　请见图 11-49 和图 11-50（图例中仅标注出与形位公差有关的尺寸）。

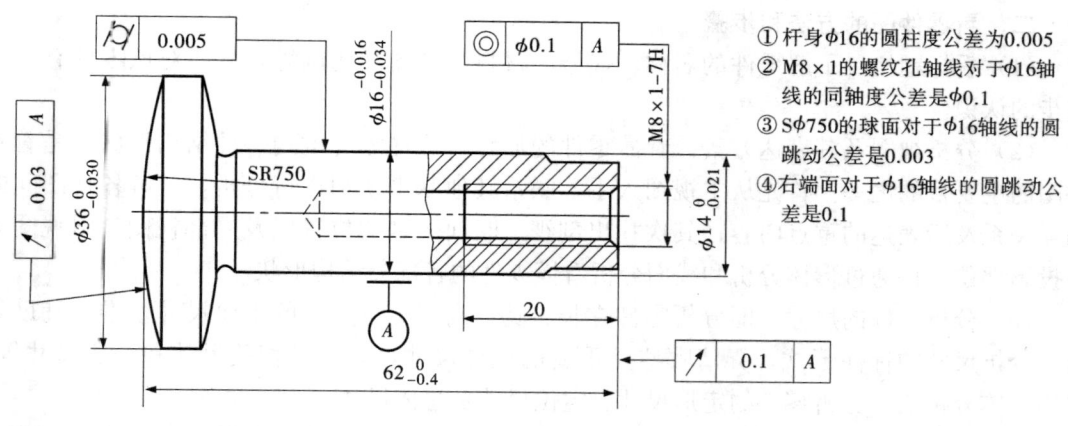

① 杆身φ16的圆柱度公差为0.005

② M8×1的螺纹孔轴线对于φ16轴线的同轴度公差是φ0.1

③ Sφ750的球面对于φ16轴线的圆跳动公差是0.003

④ 右端面对于φ16轴线的圆跳动公差是0.1

图 11-49　形位公差标注示例（一）

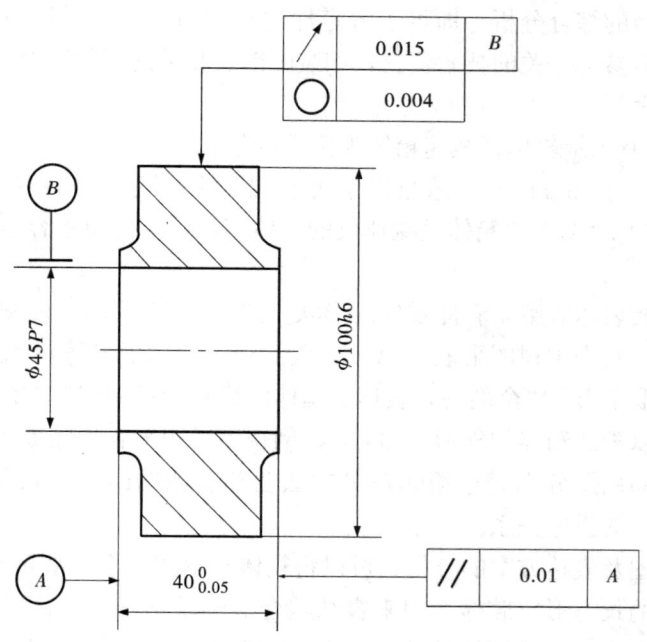

图 11-50　形位公差标注示例（二）

§11-7　看零件图的方法和步骤

从事各种专业工作的工程技术人员，必须具备看零件图的能力。本节在第 8 章用形体分析法和线面分析法看懂组合体视图的基础上，进一步讨论看零件图的方法和步骤。

一、看零件图的目的

看零件图的目的主要是根据零件图看懂零件的内、外结构形状以及零件在装配体中的作用，了解零件的尺寸和技术要求等。以便在制造零件时采用合理的加工方法，以达到图样中所提出的要求。同时在此基础上进一步研究零件的结构合理性，使设计更趋完善，并有所创新。

241

二、看零件图的方法和步骤

（1）看标题栏　了解零件的名称、代号、材料、画图的比例等，从而对该零件有一个初步的认识。

（2）分析视图及其表达方案，看懂零件的形状　看懂零件的内、外结构形状，是看零件图的主要目的之一。首先从主视图入手，联系其他基本视图进行分析，了解各视图间的相互关系及所表达的重点内容；其次找出剖视、断面的剖切位置以及局部视图、斜视图等的投影部位；再通过形体分析和线面分析看懂零件的各部分结构形状。

（3）分析零件的尺寸　即分析零件在长、宽、高三个方向上的主要尺寸基准和辅助基准，分析尺寸的标注形式，弄清哪些是重要的设计尺寸，哪些是相关尺寸和一般尺寸等。并用形体分析法，分析零件的定形尺寸、定位尺寸及总体尺寸。

（4）分析技术要求　分析尺寸公差、形位公差、表面粗糙度和其他技术要求，弄清各表面对加工的要求，以便进一步了解零件结构的功能性和工艺性，采用相应的加工方法。

通过以上几方面的综合分析，即可了解零件的全部内容，将零件图看懂。但遇到复杂的零件图，往往还需参考有关的技术资料，如装配图、相关的零件图及说明书等才能看懂。

三、看零件图举例

现以图11-51所示蜗轮蜗杆减速箱体为例进行分析。

（1）看标题栏　由图11-51标题栏中可看出：零件为箱体，材料为铸铁，牌号为HT150，图样比例为1∶2等。箱体是减速机的主体零件，主要用来容纳和支承蜗杆、蜗轮轴和蜗轮的。

（2）分析视图及表达方案，看懂零件的形状　图11-51箱体零件图采用了四个基本视图和两个局部视图，其中主视图采取了A-A全剖视，表达了箱体沿水平轴线剖切后的内部结构。左视图采取了B-B全剖视，表达了箱体沿铅垂轴线剖切后的内部结构形状。俯视图采用基本视图，以表达箱体的外形。而C-C剖视图是用来表达底板和筋板的结构形状。

D向、E向局部视图分别表达箱体左侧的法兰和右侧的凸台形状及其孔的分布情况。按其标注可找出它们的投影关系。

通过上述对视图及表达方案的分析，可以将箱体分解成四个主要部分。如图11-51中所示①是箱体上部的长方形空腔体，用来容纳啮合的蜗轮蜗杆；②是铅垂方向带阶梯孔的空心圆柱体，是用来容纳支承蜗杆轴的；③是长方形底板，作安装箱体之用；④为丁字形筋板，用来加强上述三部分的整体性连接的。其他次要结构和细部结构读者自行分析。在看懂各部分结构形状的基础上，根据各部分的相对位置，就能综合想象出零件的整体结构形状，如图11-52所示。

图11-53画出了蜗轮蜗杆减速器各零件间装配关系的轴测图，供读箱体零件图时参考。

（3）分析零件的尺寸　由图11-51可知，长度方向的主要尺寸基准是过铅垂轴线的长方空腔体的对称平面；宽度方向的主要基准是过铅垂轴线的正平面。高度方向的主要基准是过水平轴线的水平面，而安装底面是其辅助基准。在各个方向上还有一些辅助基准请读者自行分析。

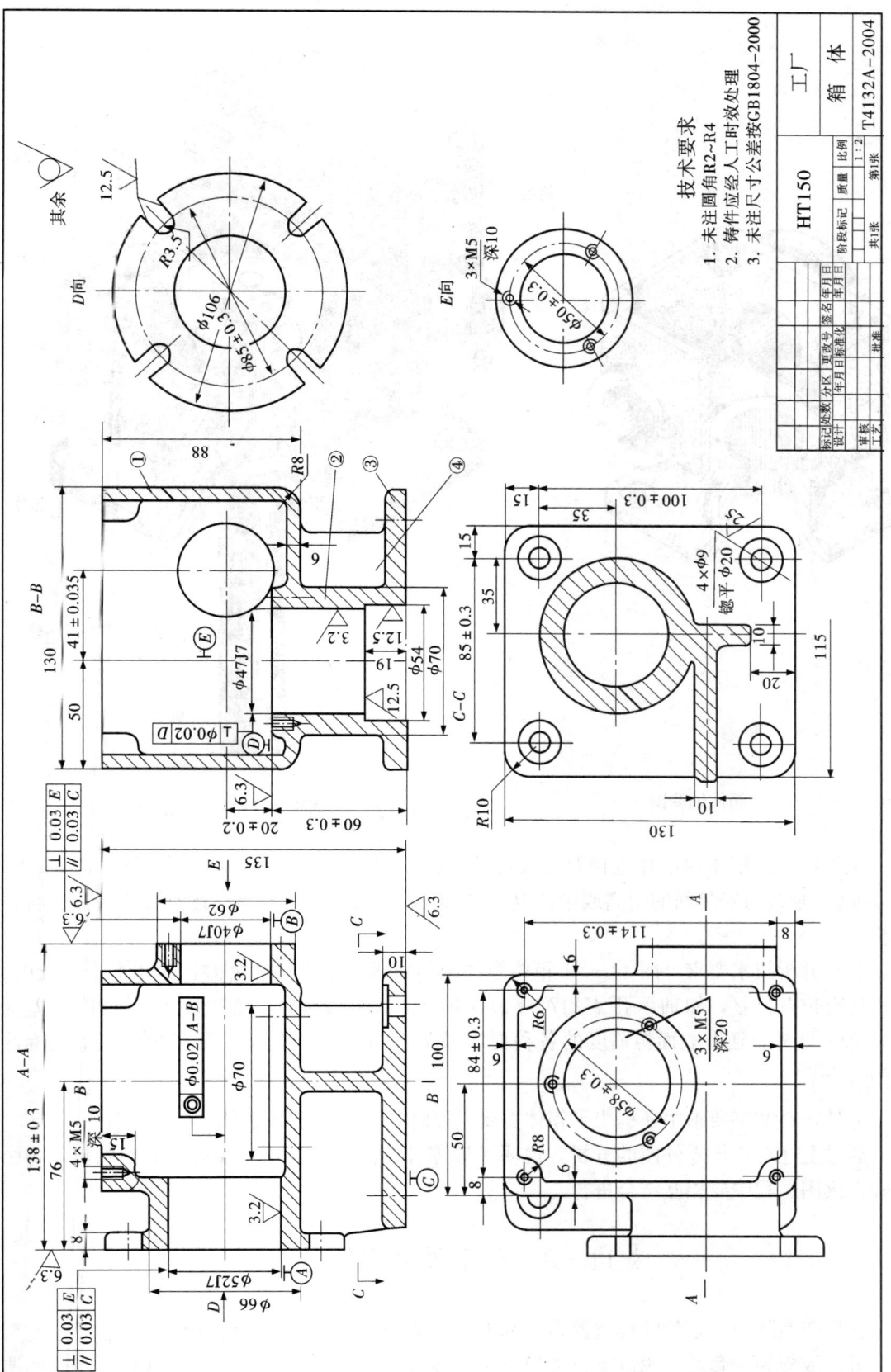

图11-51 蜗轮蜗杆减速箱体

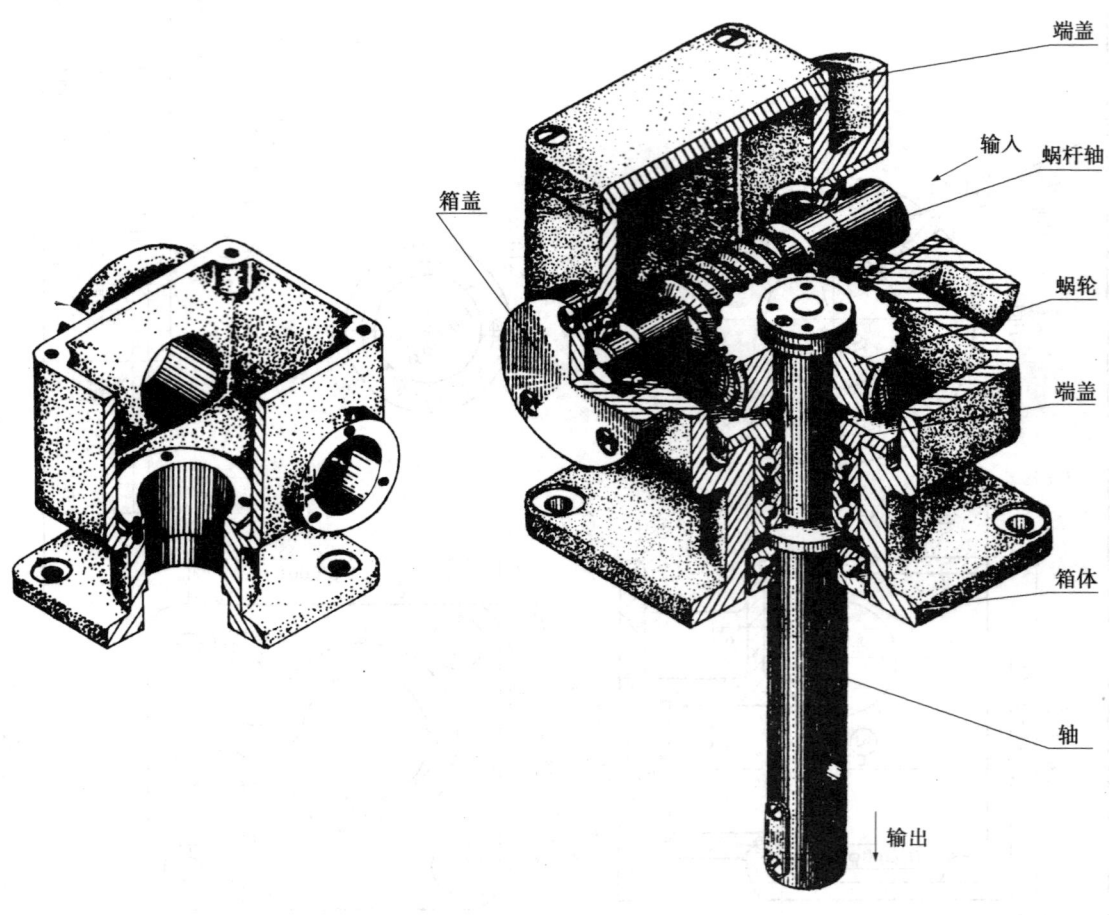

图 11-52　箱体轴测图　　　　　　　　　图 11-53　蜗轮蜗杆减速器轴测图

　　主要尺寸：箱体轴承孔直径及有关尺寸，如 $\phi 47J7$，138 ± 0.3 等。轴承孔中心距：41 ± 0.035。轴线与安装面的距离或中心高，如 20 ± 0.2，60 ± 0.3 等。其他尺寸请读者自行分析。

　　(4) 分析技术要求　图 11-51 箱体零件图的技术要求有尺寸公差，如 $47J7$，60 ± 0.3 等；还有位置公差，如轴承孔 $\phi52J7$，$\phi40J7$ 轴线与基准平面 C（底面）的平行度公差为 0.03 等。此外，还有表面粗糙度的各种要求及大多数非加工表面，而在图样右上角标注"其余✓"。

　　另外，在文字要求中还提出了箱体需要经过时效处理等几条要求。

　　通过上述对箱体零件图的分析，说明了读零件图的一般方法和步骤。必须指出，各个步骤在读图过程中要相互结合进行。

§11-8　典型零件图例分析

　　在生产实际中，零件的种类繁多，其形状千差万别。但根据零件的结构特点及主要用途，可大致分为轴套类、轮盘类、叉架类和箱体等类型零件。今选择几类具有代表性的典

244

型零件的图例进行分析和研究，掌握各类零件的特点，找出它们的视图表达及尺寸注法的一般规律，从而达到进一步熟悉看零件图方法的目的。

一、轴套类零件（图 11-54）

在机器上会经常遇到如主轴、曲轴、套筒等轴套类零件，轴的主要作用是支承传动件，并传递运动和扭矩。而装配在轴上的套则起轴向定位及联接作用。

1. 视图的选择

（1）主视图　由于轴套类零件的主体结构大多是回转体，一般是在车床上进行加工，故主视图的安放位置应取加工位置，即将轴线放成水平，用垂直于轴线的方向作主视图的投射方向，一般大头朝左。为了表达轴上的某些局部结构，如键槽、孔等，可将这些结构朝前或朝上。这样就能充分反映出轴套类零件的主体形状特征。

（2）其他视图及表达方法　轴套类零件除了主视图之外，还需要对其他结构，如键槽、孔、退刀槽、越程槽、中心孔等进行表达。一般采用剖视、断面、局部放大等方法加以补充。

2. 尺寸标注

（1）基准的选择　由于此类零件是同轴回转体，所以选回转轴线作为（高、宽）径向基准，这样就使设计基准和工艺基准得到统一。长度方向则以重要的端面为主要基准。如图 11-54 所示的 $194_{-0.03}^{0}$ 轴段的右轴肩。

（2）尺寸标注　重要的设计尺寸应直接注出，如图 11-54 中的 $194_{-0.03}^{0}$。其余尺寸按加工顺序注出。

零件上的标准结构，如倒角、退刀槽、键槽等应按该结构的规定标注进行标注。

3. 技术要求

（1）表面粗糙度的选择　有配合要求的表面其表面粗糙度参数值要小，无配合要求的表面粗糙度数值要大。

（2）尺寸公差的选择　有配合要求的轴颈尺寸公差等级较高，无配合要求的轴颈尺寸公差等级较低。而轴向尺寸只有重要的设计尺寸才给出相应的公差值，不重要的尺寸不需给出。

（3）形位公差的选择　有配合的轴颈和重要的端面应有形位公差要求。

二、轮盘类零件（图 11-55）

轮盘类零件主要包括手轮、皮带轮、法兰盘和端盖等。它们的主要作用是用来传递力和扭矩，或起联接、轴向定位、密封等作用。

1. 视图的选择

（1）主视图　轮盘类零件的主体结构形状大多是同轴回转体。主要是在车床上加工，故主视图的安放位置应取加工位置，即将轴线放成水平，用垂直于轴线的方向作为主视图的投射方向。这样既符合"加工位置原则"又能反映形状特征。对一些不以车床加工为主的盘类零件在选择主视图时主要根据"形状特征原则"和"工作位置原则"来确定。

（2）其他视图及表达方法　轮盘类零件除了主视图之外，还应有一个或两个侧视图，这要根据轮盘的结构而定。侧（左或右）视图主要用来表达轮盘上的孔、槽、轮辐等结构的分布情况，如图 11-55 所示。同时，还应根据具体情况采用其他相应的表达方法补充表达轮盘上的某些尚未表达清楚的细部结构。通常主视图采用相应的剖视来表达它的内部结构，而侧视图采用基本视图表达外形，只有在结构比较复杂的情况下，采用相应的局部剖视。

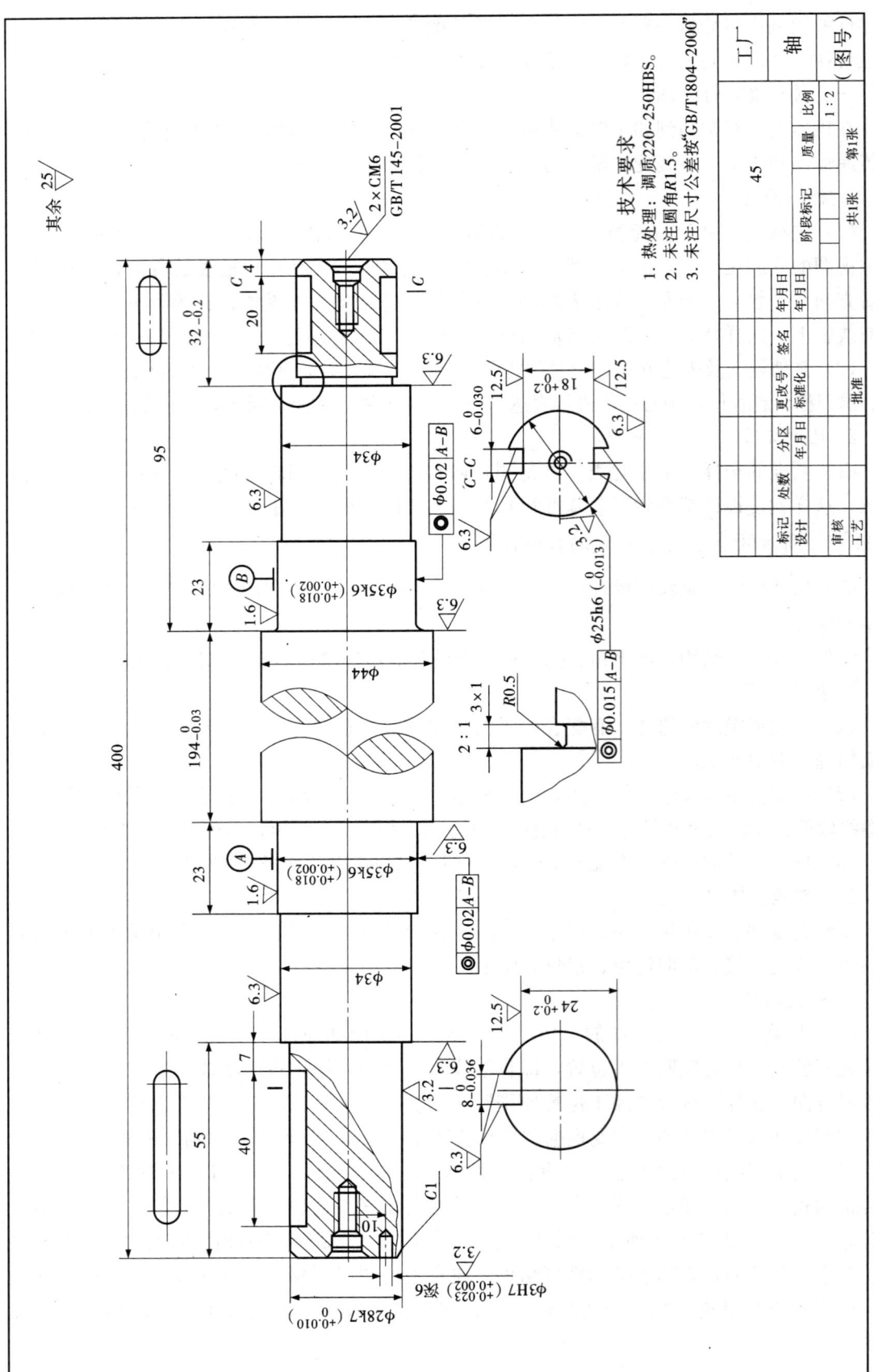

其余 25/

技术要求
1. 热处理: 调质220~250HBS。
2. 未注圆角R1.5。
3. 未注尺寸公差按"GB/T1804–2000"

图11–54 轴零件图

工厂 轴
（图号）
45
阶段标记 质量 比例
1:2
共1张 第1张

246

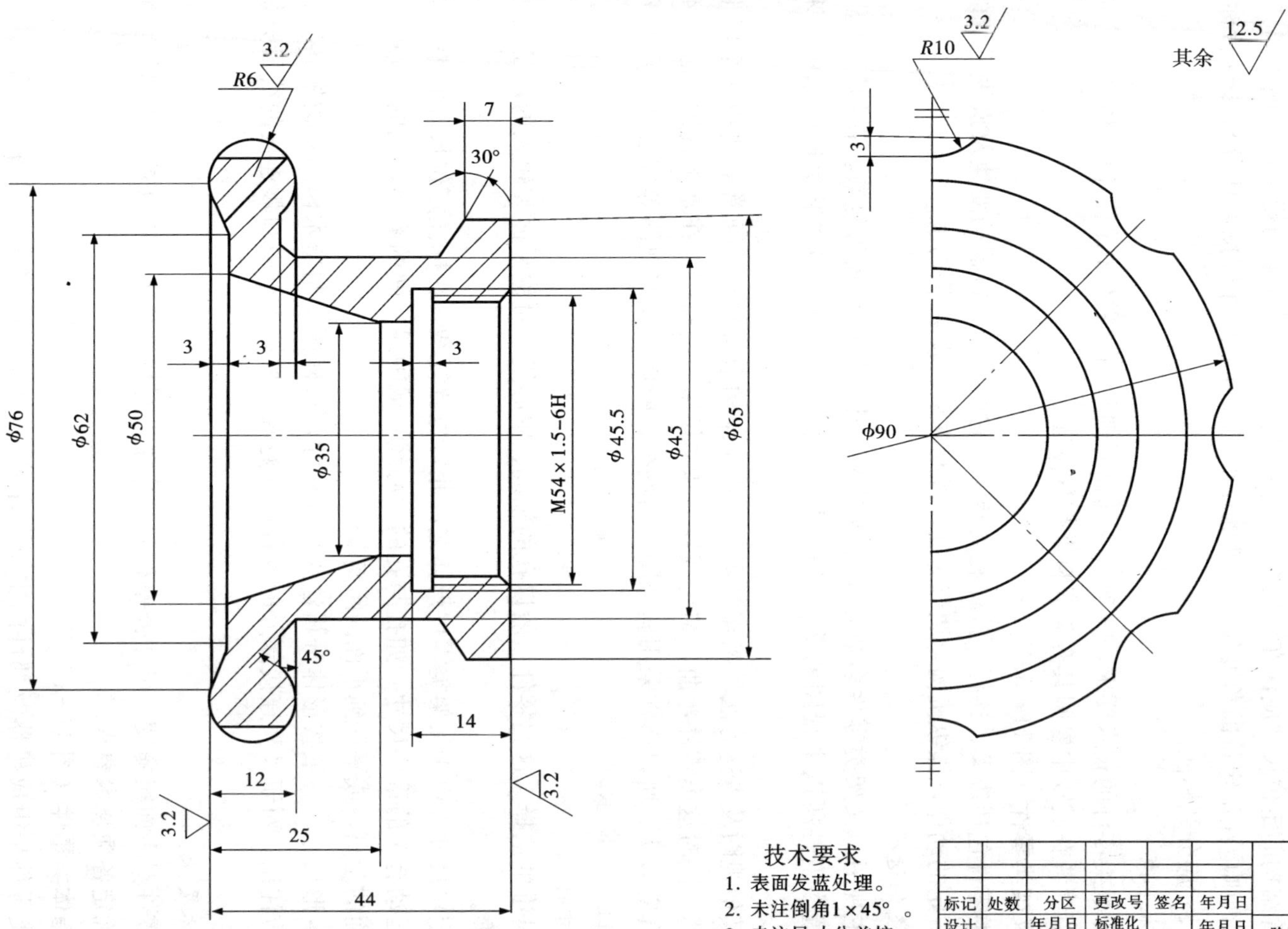

技术要求

1. 表面发蓝处理。
2. 未注倒角1×45°。
3. 未注尺寸公差按
"GB/T 1804—2000"。

图11－55 手轮零件图

					工厂	手轮	
					45	（图号）	
						1：2	
标记	处数	分区	更改号	签名	年月日	阶段标记	质量	比例
设计			年月日					
审核			标准化			共1张	第张	
工艺			批准					

M54×1.5-6H

Φ45.5
Φ45
Φ65

Φ35

Φ50
Φ62
Φ76

30°
45°
7
3
3
3
14
44
25
12

R10
R6
Φ90

3.2
3.2
3.2
3.2

12.5 其余

247

2. 尺寸标注

（1）基准的选择 轮盘类零件以轴线作为径向（高、宽）基准。长度方向的主要基准取重要的加工面。

（2）尺寸标注 轴线方向的重要尺寸应直接注出，如图 11-55 中尺寸 14，其余尺寸按加工工序注出。径向的定形尺寸，如圆柱直径尺寸等应注在非圆的视图上，而圆周上分布的孔、槽等结构的定位尺寸应注在侧视图上。多个均布的相同孔采用规定形式注写如"4×10EQS"，否则应注出定位的角度尺寸。其他非加工部分的尺寸应按形体分析法进行标注。内外结构尺寸应分开标注。

3. 技术要求

关于轮盘类零件的技术要求，其项目及选择原则与轴类零件相似。但具体内容应从实际出发，请读者在实践中参阅其有关资料进行具体选用。

三、叉架类零件（图 11-56）

叉架类零件包括拨叉、连杆、拉杆和支架等。它们或是在机器的变速及操纵系统的机构中完成规定的动作，操纵机构，调节速度，或起支承、联接等作用。

1. 视图的选择

（1）主视图 叉架类零件多数是铸件或锻件，其结构形状较为复杂。在加工过程中，其加工位置多变。所以主视图的选择是根据"工作位置原则"和"形状特征原则"来确定的。

（2）其他视图及表达方法 叉架类零件，由于结构形状复杂，通常需要用两个以上的视图来表达。同时这类零件弯曲，结构倾斜于基本投影面的较多，在基本视图上往往不能反映它的真实形状。所以通常采用斜视图、斜剖视、断面、局部视图等方法来进行补充表达，如图 11-56 所示。

2. 尺寸标注

（1）基准的选择 这类零件一般以孔的轴线、中心线、对称平面和较大的加工面等作为主要基准。

（2）定位尺寸 由于叉架类零件形体之间相对位置复杂，在标注定位尺寸时要直接注出与控制运动有关的重要尺寸。如孔与孔的中心线（或轴线）间的距离，孔的中心线（轴线）到平面的距离，或平面到平面的距离等。

（3）定形尺寸 一般按形体分析法来标注尺寸，这样便于制造木模。对拔模斜度、铸造圆角也应注出。对于叉架连接部分的各种曲线轮廓应按第 1 章中圆弧连接的线段分析来标注尺寸。

3. 技术要求

这类零件对表面粗糙度、尺寸公差和形位公差没有特殊要求，所以对具体零件要根据实际情况确定各项技术要求。

四、箱体类零件（图 11-51）

箱体类零件是组成机器及部件的主要零件之一。它的主要作用是支承、容纳、定位、密封和连接等作用。这类零件多数是铸件，其结构形状复杂。

1. 视图的选择

（1）主视图 因箱体类零件的加工工序复杂，加工位置多变，所以主视图都以工作位置或自然安放位置作为它的安放位置，投射方向仍按"形状特征原则"来选择。

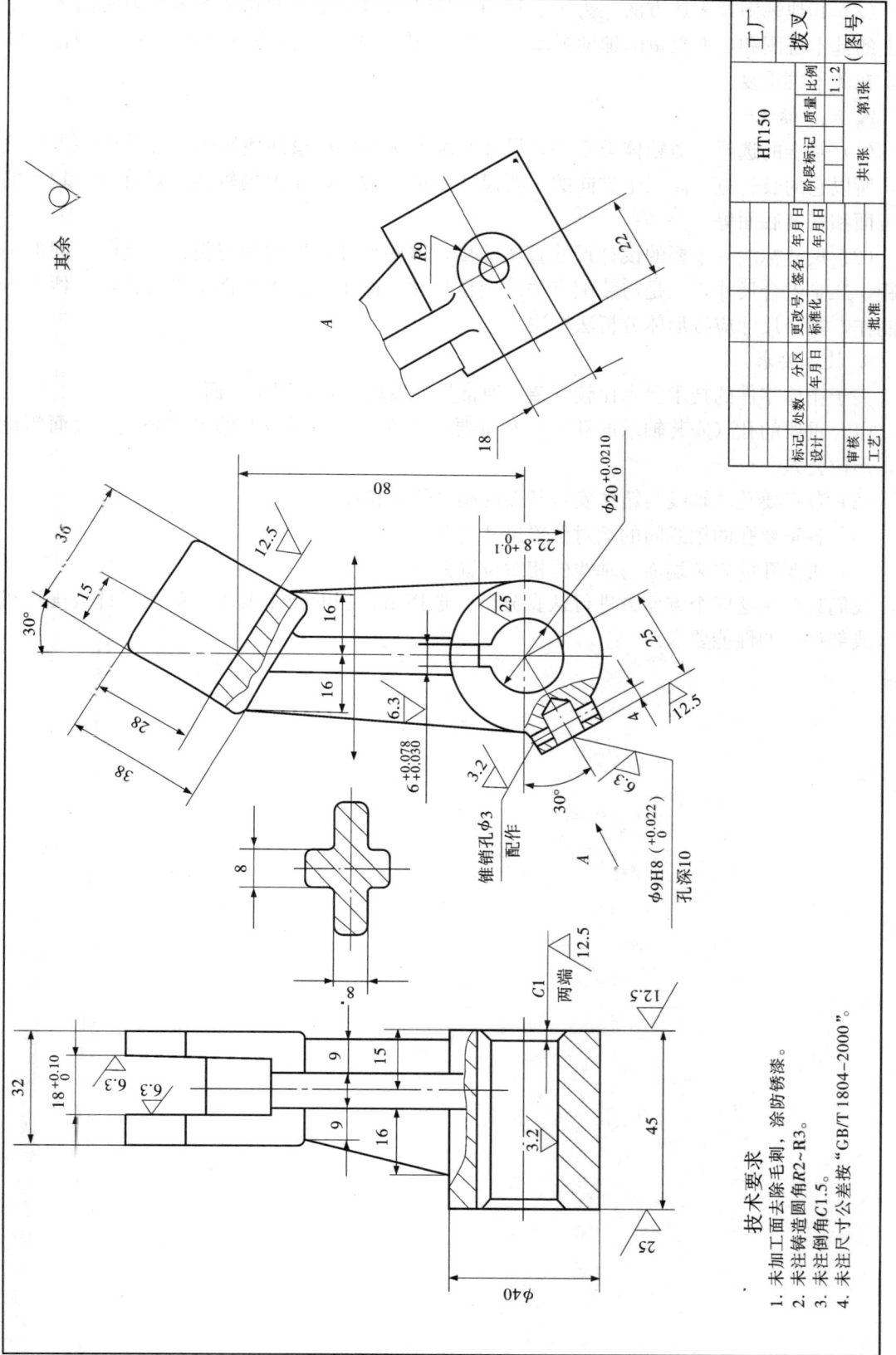

图11-56 拨叉零件图

技术要求
1. 未加工面去除毛刺，涂防锈漆。
2. 未注铸造圆角R2~R3。
3. 未注倒角C1.5。
4. 未注尺寸公差按"GB/T 1804-2000"。

锥销孔φ3
配作

φ9H8 (+0.022 0)
孔深10

其余

φ20 +0.0210 0

22.8 +0.1 0

6 +0.078 +0.030

两端

C1

HT150

工厂   拨叉

（图号）

阶段标记 | 质量 | 比例
1:2
共1张 | 第1张

标记 | 处数 | 分区 | 更改号 | 签名 | 年月日
设计 | | 年月日 | 标准化 | | 年月日
审核
工艺 | | 批准

249

（2）其他视图及表达方法　为了表达内、外结构形状复杂的箱体类零件，常需要三个以上的基本视图和足够数量的辅助视图。关于其视图选择及表达方案已在§11－2中论述清楚，在此不再重复。

2. 尺寸标注

（1）基准的选择　对箱体类零件，尺寸基准的选择应尽量地使箱体在加工时装卡次数少，所以它的长、宽、高三个方向的主要尺寸基准通常选择主要的轴线、对称面、较大的加工面和安装底面等。

（2）尺寸标注　重要的设计尺寸直接注出，这些尺寸一般归为三类：一是各孔间的中心距，二是配合尺寸，三是与装配有关的定位尺寸。由于箱体类零件多是铸件，为便于木模制作，其余尺寸应按形体分析法标注。

3. 技术要求

关于箱体零件的技术要求比较复杂。通常具体表现在以下四个方面：

（1）重要的孔（安装轴承的孔等）和重要的表面，本身所需要的尺寸公差，表面粗糙度，形位公差。

（2）各重要孔的轴线与箱体安装基面的相对位置和尺寸公差。

（3）各重要孔的轴线间的相对位置尺寸公差。

（4）重要孔的安装端面与轴线的相对位置公差。

我们只要从这四个方面去进行认真分析，选择出合理的技术要求，就能保证装配后机器（或部件）的性能要求。

第 12 章　装配图

机器或部件均由零件装配而成，称为装配体。表达装配体的图样，叫装配图。表示部件的图样，称为部件装配图；表示一台完整机器的图样，称为总装配图或总图。

装配图是表达设计思想、进行装配和技术交流的重要图样。本章着重介绍装配图的表达方法及视图选择、装配图的尺寸标注及技术要求、阅读与绘制装配图的方法等内容，使学生阅读与绘制装配图及由装配图拆画零件图的能力得到训练和提高。

§12-1　装配图的作用和内容

一、装配图的作用

装配图是表达机器或部件整体结构的一种图样。在设计过程中一般先根据设计要求画出装配图以表达机器或部件的工作原理、传动路线和零件间的装配关系。并通过装配图表达各组成零件在机器或部件上的作用和结构形状以及零件之间的相对位置和连接方式，以便正确地设计绘制零件图。

在装配过程中要根据装配图把零件装配成部件和机器，因此装配图是制定装配工艺规程和进行装配、检验、安装、调试及维修的技术依据，是生产中不可缺少的基本技术文件，同时，装配图也是反映设计思想，进行技术交流的重要技术资料。

二、装配图的内容

图 12-1 是正滑动轴承装配图，从图中可以看出一张完整的装配图应包含下述内容：

（1）一组视图　用以表达机器或部件的工作原理、零件间的装配连接关系、传动路线以及零件的主要结构形状等。

（2）必要的尺寸　图上应注出有关机器或部件的性能、规格、安装、外形、配合和连接关系等尺寸。

（3）技术要求　用文字或符号提出有关成品质量性能、装配、检验、安装、调试和使用等方面的要求。

（4）零件的序号和明细栏　为了便于进行生产准备工作及技术管理，在装配图上必须对每个不同的零件标注序号并编写明细栏。明细栏说明各个不同零件的名称、序号、代号、材料、数量以及备注等。序号的另一个作用是将明细栏与图样联系起来，以便看图时容易找到零件的位置。

（5）标题栏　说明机器或部件的名称、重量、图号、比例及设计单位等设计、制图、审核等人员的姓名和日期，以明确各自的相关责任。

§12-2 装配图的表达方法

部件和零件表达的共同点是都要表达出它们的内外结构。因此关于零件的各种表达方法和选用原则，在表达部件时也同样适用。但它们又有各自不同的特点，装配图需要表达的是部件的总体情况，而零件图仅表达单个零件的结构形状，因此为了清晰、简便地表达出部件的结构，国家标准《机械制图》对画装配图作出了一些规定画法和特殊的表达方法。

一、装配图的规定画法

（1）两相邻零件的接触表面和配合表面只画一条轮廓线，但当两相邻零件的基本尺寸不相同时，即使间隙很小，也必须画出两条线。如图12-1中的主视图上，轴承座1和轴承盖3的接触面，俯视图上、下轴衬2和轴承座的配合面等都只画一条粗实线。而螺栓与轴承盖、轴承座的孔是非接触面，因此画两条线。

（2）两个（或两个以上）金属零件相互邻接时，剖面线的倾斜方向应相反，或者方向一致、间隔不等。在各视图上，同一零件的剖面线倾斜方向和间隔应保持一致，如图12-1轴承座和轴承盖的剖面线画法。剖面厚度在2 mm以下的零件，允许以涂黑来代替剖面符号。

（3）在装配图中，对于螺钉等紧固件及实心零件如轴、手柄、连杆、拉杆、球、键、销等当剖切平面通过其基本轴线时，这些零件均按不剖绘制。如图12-1的螺栓和螺母。如需要特别表明零件的结构如键槽、销孔等，则可采用局部剖视。当剖切平面垂直这些零件的轴线时，则应照常画剖面线。

二、装配图的特殊表达方式

（1）沿结合面剖切画法

为了清楚地表达部件的内部结构，可假想沿某些零件的结合面剖切，这时，零件的结合面不画剖面线，但被剖到的其他零件一般都应画剖面线。如图12-1中，俯视图的右半部就是沿轴承盖与轴承座的结合面和上、下两片轴衬的接触面剖切的，被剖切的螺栓则按规定画出剖面线。

（2）拆卸画法

当需要表达部件中被遮盖部分的结构，或者为了减少不必要的画图工作时，以假想将某一个或某几个零件拆卸后，绘制所需表达部分的视图。如图12-1的俯视图和左视图就是假想把轴承盖和油杯等拆去后画出的，这种方法称为拆卸画法。

为了便于看图，一般应在视图上方标注"拆去××等"，如图12-1所示。

（3）假想画法

用双点画线画出的机件投影叫假想投影。在装配图中，为了表达运动零件的运动范围的极限位置或表达与本部件有关，但又不属于本部件的相邻零部件时，可用双点画线画出其轮廓。如图12-2、图12-4主视图和图12-5所示。

（4）夸大画法

在装配图中，对于绘制厚度或直径小于2mm的薄片零件，簧丝以及微小间隙、斜度和锥度等时，允许其不按原比例而夸大画出，如图12-3中的垫片和图12-3中盖子上的螺钉孔与螺钉的间隙均采用了夸大画法。

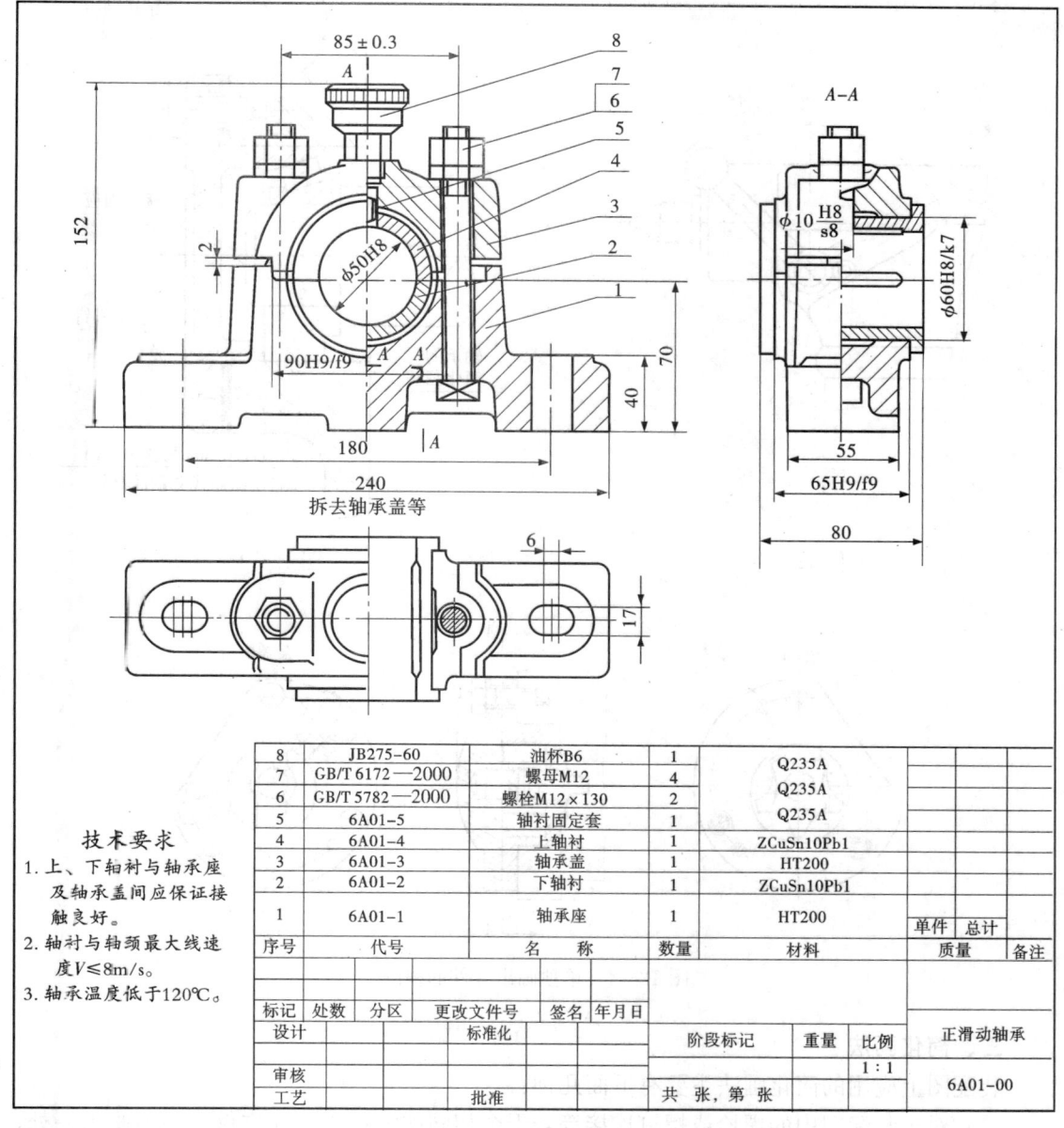

8	JB275-60	油杯B6	1	Q235A		
7	GB/T 6172—2000	螺母M12	4	Q235A		
6	GB/T 5782—2000	螺栓M12×130	2	Q235A		
5	6A01-5	轴衬固定套	1	Q235A		
4	6A01-4	上轴衬	1	ZCuSn10Pb1		
3	6A01-3	轴承盖	1	HT200		
2	6A01-2	下轴衬	1	ZCuSn10Pb1		
1	6A01-1	轴承座	1	HT200	单件	总计
序号	代号	名称	数量	材料	质量	备注

技术要求

1. 上、下轴衬与轴承座及轴承盖间应保证接触良好。
2. 轴衬与轴颈最大线速度 $V \leqslant 8 \mathrm{m/s}$。
3. 轴承温度低于120℃。

图 12-1 正滑动轴承装配图

（5）单独表达某个零件的画法

在装配图中可以单独画出某一个形状未表达清楚而影响看懂装配图的零件的视图，但必须在所画视图的上方注出该零件的视图名称，在相应视图的附近用箭头指明投射方向，并注上司样的字母，如图 12-4 所示。

（6）展开画法

为了表达不在同一平面内多个轴的轴上零件间的装配关系以及轴与轴的传动关系，可按传动顺序沿轴线剖切，然后依次展开画在同一平面上，并标注 "X-X 展开"（图12-5）。

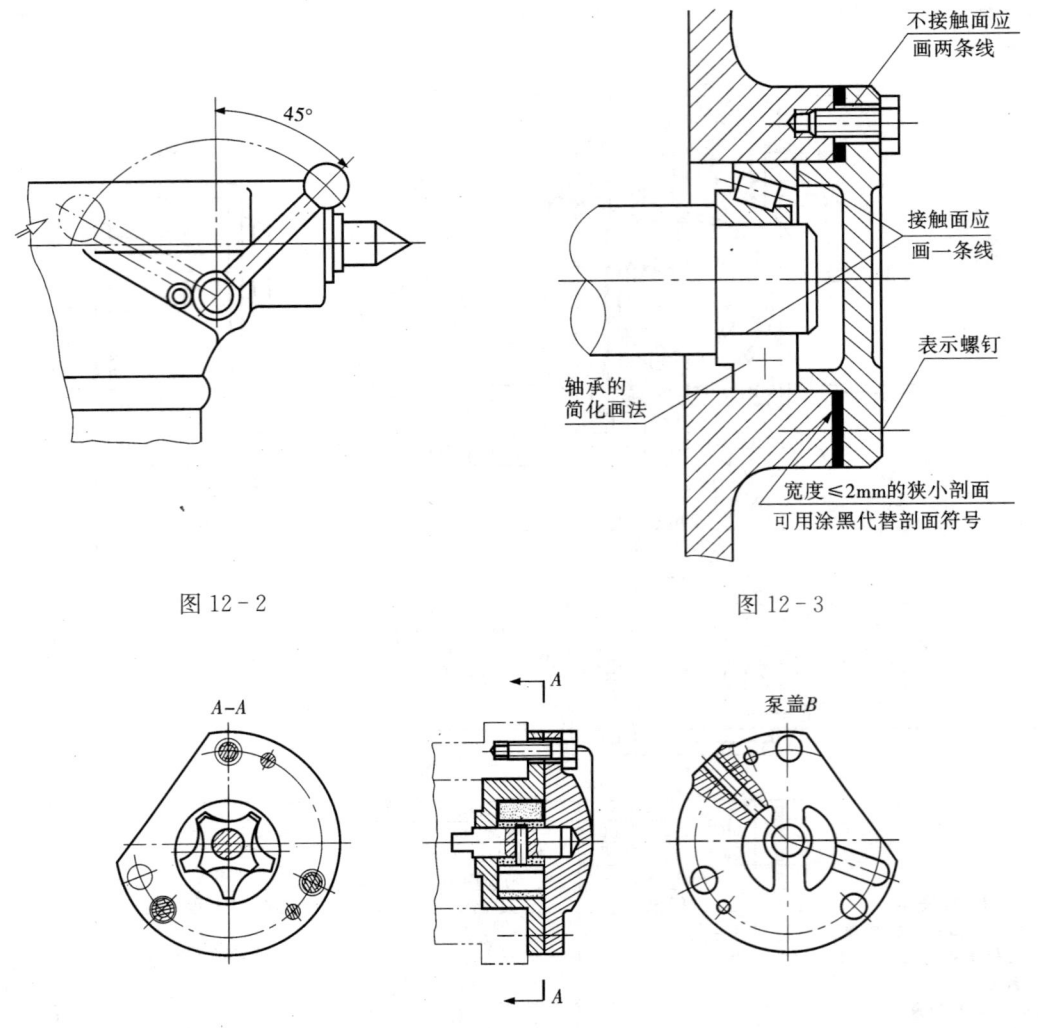

图 12-2

图 12-3

图 12-4　单独画出零件的视图

三、简化画法

装配图上应用的简化画法主要有下面几种：

（1）对于装配图中的螺栓或螺钉连接等若干个相同的零件组，允许仅详细地画出一处，其余则以点画线表示其中心位置，如图 12-3 所示。

（2）在装配图中，当剖切平面通过某些标准产品的组合件（如油杯、油标、管接头等），或该组合件已在其他视图上表示清楚时，可以只画出其外形图，如图 12-1 中的油杯。

（3）装配图中的滚动轴承、油封（密封圈）等，允许画出一半详细图形，而另一半则只画出轮廓。如图 12-3 所示的滚动轴承，一半可用规定画法表示，另一半用通用画法表示。

（4）装配图中，零件的工艺结构如圆角、倒角、退刀槽等允许不画。如螺栓头部、螺母的倒角及因倒角产生的曲线允许省略按简化画法画出，如图 12-3 所示。

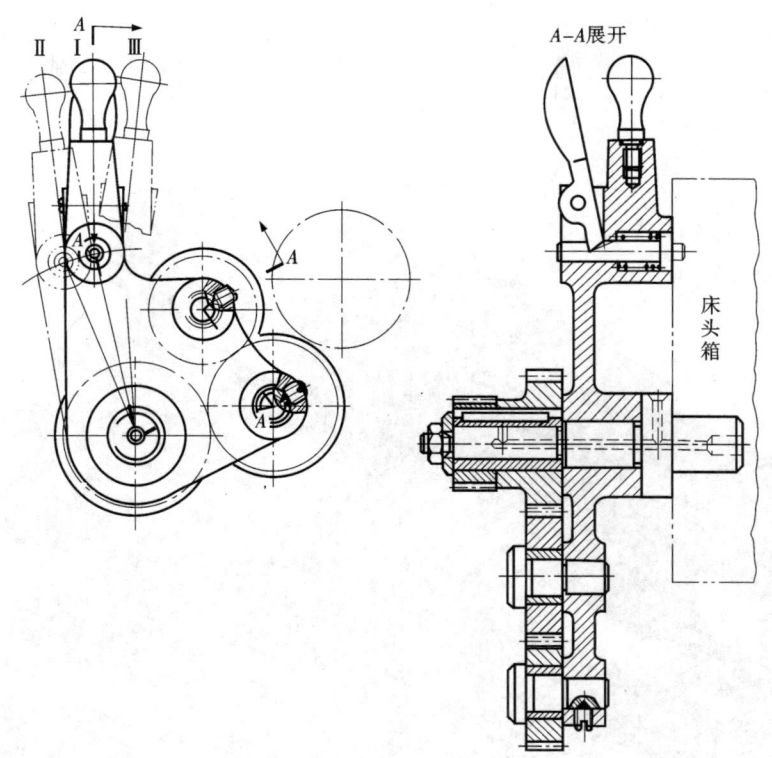

图 12-5 展开画法

§12-3 装配图的画法

一、拟定表达方案

画装配图的目的是要满足生产需要，为生产服务，因此既要保证所画部件结构的正确，更要考虑工人在加工、装拆、调整、检验时的工作方便和读图的方便。

生产上对装配图在视图表达上的要求是：完整、正确、清楚。即：①部件的功用、工作原理、结构和零件之间的装配关系等要表达完整。②视图、剖视、规定画法、特殊画法的表示方法要正确。③读图时，清楚易懂。

在拟定装配图表达方案时，大致分以下四个步骤，我们结合图 12-6 所示的减速箱装配图来加以说明。

1. 分析所要表达的机器或部件

从功用和工作原理出发，对部件进行解剖，分析它的工作情况，各个零件在部件中的作用及零件间的连接关系与配合关系。

图 12-6（a）、（b）所示的减速箱是刀具磨床上自动送料机构上的一个部件。它的动力由电机通过三角皮带轮 28 传入减速箱，通过蜗杆轴 18 传递到蜗轮 15，并带动蜗轮轴 36 旋转，同时带动装在该轴上的圆锥齿轮 42，将运动传至与之啮合的圆锥齿轮轴 2，通过装在零件 2 上的键 5 将运动传至圆柱齿轮 6，然后传递出去。

减速箱箱体用以支承和容纳蜗杆、蜗轮及圆锥齿轮，箱内盛放一定量的润滑油。为了防止污物侵入箱体和润滑油飞溅，以及装拆零件方便，箱体上装有箱盖 21。为便于加注润

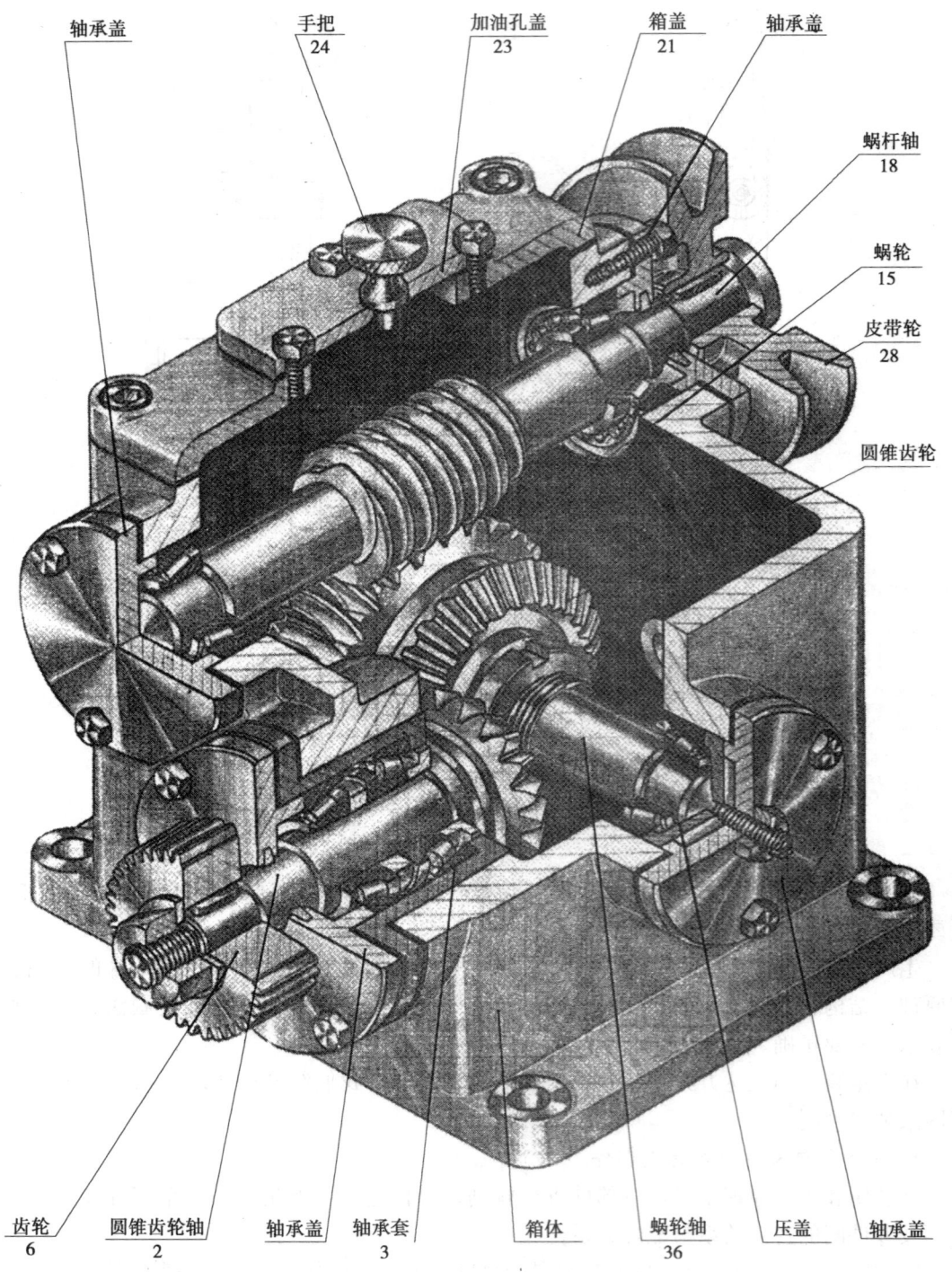

图 12-6（a）减速箱结构图

滑油，箱盖上还设置了加油孔盖 23，加油孔盖上装有透气手把 24，以排除摩擦生热后箱内膨胀的空气和油雾。在箱体下部装有油标以指示油量，螺塞 35 在更换润滑油时，可排出污油。

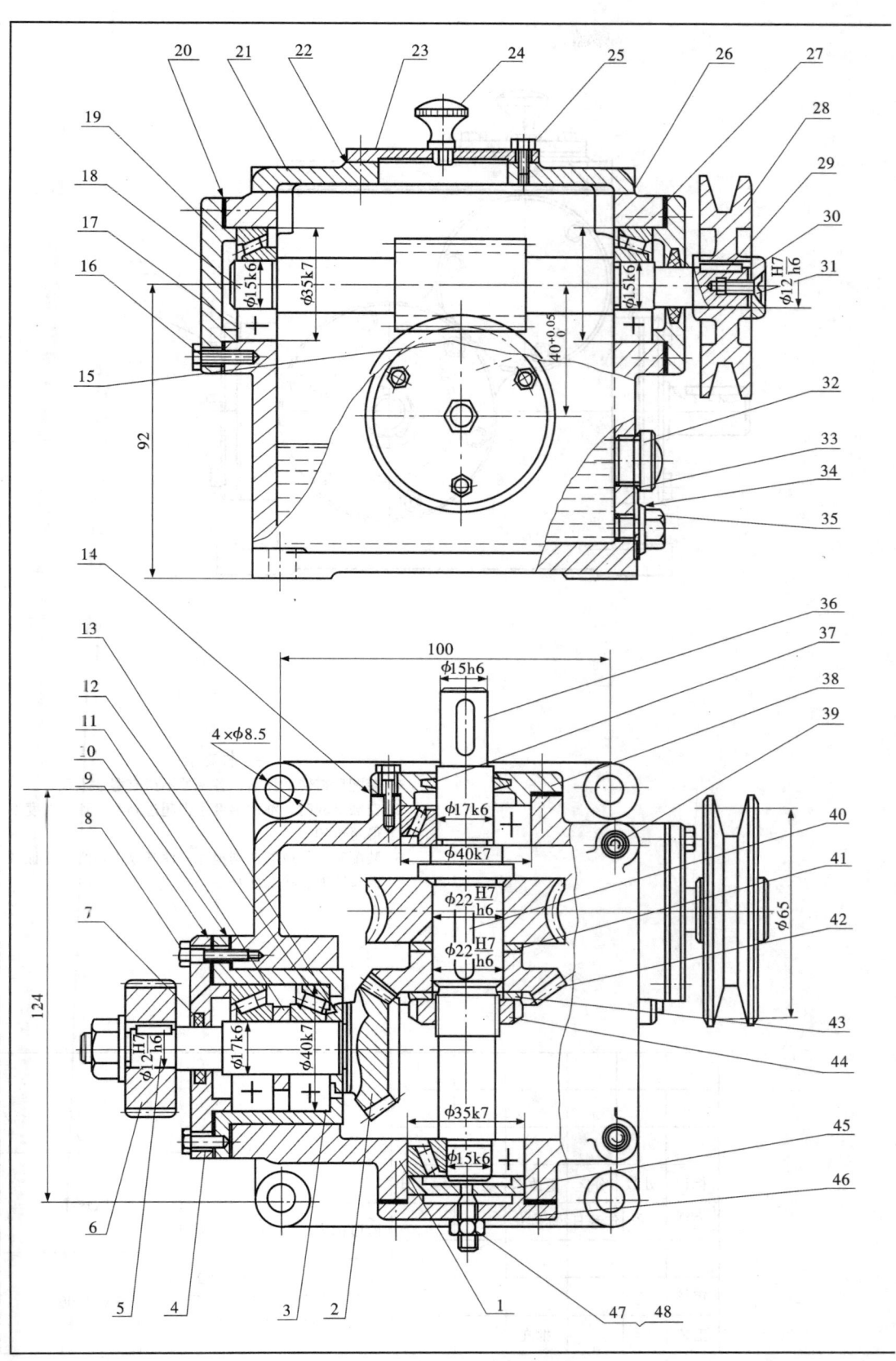

图 12-6（b）　减速箱装配图

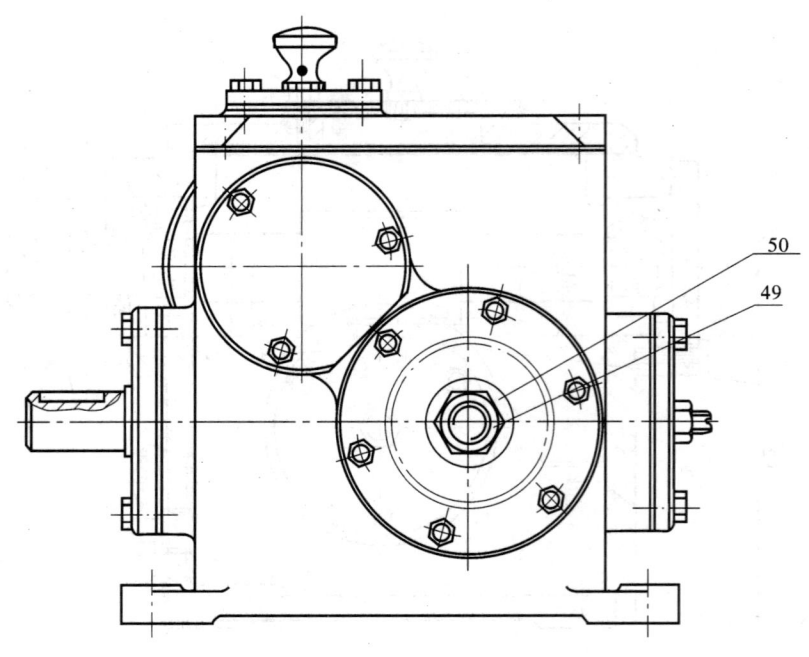

技术要求

1. 装配后需转动灵活。各密处不得有漏油现象。
2. 空载试验时，油池温度不得超过35℃。轴承温度不得超过40℃。
3. 装配时选择或磨削调整片，使其厚度适当。保证圆锥齿轮啮合状态良好。

标记	处数	分区	更改名	签名	年月日				减速箱
设计		年月日	标准化						
						阶段标记	重量	比例	
审核								1：2	5A02-00
工艺			批准			共 张 第 张			

减速箱装配图

蜗杆轴 18 和蜗轮轴 36 其两端支承处均装有圆锥滚子轴承，其型号分别为 30202 和 30203；圆锥齿轮轴 2 上也装有两个型号为 30203 的轴承，以保证箱体内各运动部件的运动精度高，摩擦阻力小。为了便于装拆，此处还设有轴承套 3。轴端均有轴承盖，在轴穿过轴承盖的地方均有密封用的毡圈以防漏油和进灰。箱盖和轴承盖与箱体均用螺栓或螺钉连接。为了防止漏油及调整装配时零件间的间隙，箱体与箱盖之间均装有纸垫。

从上述图例分析可以看出，在部件中一般有多个零件围绕一条或几条轴线装配起来，这些轴线称为装配干线。为了表达这些零件间的装配关系，应该采用剖视，而剖切平面必须通过装配干线。在本例中，蜗杆轴 18，蜗轮轴 36 和圆锥齿轮轴 2 为主要装配干线，因此装配图的视图选择也一定要把这三条主要装配干线上各零件的结构、装配关系和相对位置关系等表达清楚。然后再考虑采用局部剖等表达方法，把次要装配干线上各零件的结构、装配关系等表达清楚。

2. 确定主视图

装配图上要表达的内容确定之后，应首先选择主视图，然后确定其他视图。

主视图的选择应满足以下要求：

（1）一般将机器或部件按工作位置放置或将其放正，即使装配体的主要轴线、主要安装面等呈水平或铅垂位置。

（2）选择最能反映机器或部件的工作原理、传动路线、零件间装配关系及主要零件的主要结构形状的那个方向作为主视图的投射方向，并确定主视图。主视图应尽量选择沿部件主要装配干线剖切的全剖视图、半剖视图或局部剖视图来表达。

对于减速箱来说，它通过四个螺栓安装在机座上，为了便于看图，一般按工作位置画图。

表 12-1   减速箱明细栏

序号	代　号	名　称	数量	材　料	重　量		备　注
					单件	总计	
1	5A02—01	箱体	1	HT200			
2	5A02—02	圆锥齿轮轴	1	45			$m=2\ z=21$
3	5A02—03	轴承套	1	Q235A			
4	5A02—04	轴承盖	1	HT200			
5	GB/T1096—2000	键 4×12	1				
6	5A02—05	齿轮	1	45			$m=1\ z=40$
7		毡圈	2	毛毡			无　图
8	GB/T5782—2000	螺栓 M4×16	3				
9		垫片	1	工业用纸			无　图
10		垫片	1	工业用纸			无　图
11	5A02—06	套圈	1	Q235A			
12	GB/T297—1994	轴承 30203	4				
13	5A—02—07	挡圈	1	45			
14		垫片	1	工业用纸			无　图
15	5A02—08	蜗轮	1	ZCuSn6Zn6Pb3			$m=2\ z=27$
16	GB/T5782—2000	螺栓 M4×12	12				
17	GB/T297—1994	轴承 30202	2				
18	5A02—09	蜗杆轴	1	45			$m=2\ z=1\ q=13$

序号	代 号	名 称	数量	材 料	重 量		备 注
					单件	总计	
19	5A02—10	轴承盖	1	HT200			
20		垫片	3	工业用纸			无图
21	5A02—11	箱盖	1	HT200			
22		垫片	1	工业用纸			无图
23	5A02—12	加油孔盖	1	HT200			
24	5A02—13	手把	1	Q235A			
25	GB/T5782—2000	螺栓 M4×10	7				
26		垫片	1	工业用纸			
27	5A02—14	轴承盖	1	HT200			
28	5A02—15	皮带轮	1	HT200			
29	GB/T1096—2003	键 4×14	1				
30	5A02—16	挡圈	1	Q235A			
31	GB/T68—2000	螺钉 M5×12	1				
32	5A02—17	油标	1				
33		衬垫	1	聚氯乙烯			无图
34		衬垫	1	聚氯乙烯			无图
35	5A02—18	螺塞	1	Q235A			
36	5A02—19	蜗轮轴	1	45			
37		毡圈	1	毛毡			无图
38	5A02—20	轴承盖	1	HT200			
39	GB/T70—2000	螺钉 M6×10	4				
40	GB/T1096—2003	键 6×25	1				
41	5A02—21	调整片	1	45			
42	5A02—22	圆锥齿轮	1	45			$m=2\ z=30$
43	GB/T97—2002	垫圈 B20	1				
44	GB/T812—1998	圆螺母 M20×1.5	1				
45	5A02—23	压盖	1	45			
46	5A02—24	轴承盖	1	HT200			
47	GB/T75—1985	螺钉 M6×18	1				
48	GB/T6170—2000	螺母 M6	1				
49	GB/T6170—2000	螺母 M10	1				
50	GB/T97—2002	垫圈 10	1				

为了表达减速箱的工作原理、传动路线,并能较多地反映零件间的装配关系,主视图将蜗杆轴(输入轴)水平放置,以垂直于该轴线的方向为其投射方向。用通过蜗杆轴线的正平面作局部剖视以表达蜗杆轴上各零件间的装配关系和蜗杆、蜗轮的啮合情况,同时又表达了箱体、箱盖、加油孔盖与手把的连接情况。另外为了表示油标、油塞与箱体的连接情况,也采用局部剖视。

3. 确定其他视图

根据表达要完整的要求,对部件上的几条装配干线逐一进行检查,针对还没有表示清楚的部分，选择合适的其他视图，进一步表达清楚。如前所述，减速箱主要有三条装配干线，主视图表达了蜗杆轴这条装配干线，其余两条装配干线上零件的装配关系还需要进行表达。因此主视图选定以后，对其他视图的选择应满足下列要求：

（1）考虑还有哪些装配关系、工作原理及主要零件的主要结构还没有表达清楚，再确定选择相应的表达方法。

（2）尽可能地考虑用基本视图及基本视图上的剖视图来表达有关内容。

（3）要考虑合理地布置视图，使图样清晰并有利于图幅的充分利用。

减速箱装配图的俯视图采用经过圆锥齿轮轴和蜗轮轴两条装配干线的所在的水平面作局部剖视图，重点表达了这两条装配干线上所有零件的装配关系以及两个锥齿轮的啮合传动关系，并且兼顾表达了箱体、箱盖的外形结构和连接情况。

减速箱的左视图主要表达轴承盖 4、轴承盖 19、箱体和箱盖的外形。

4. 对表达方案进行调整

由于装配图需表达的内容较多，因此可选择的方案也较多。最后，应对不同的表达方案进行分析、比较、调整，使确定的方案既满足前述的基本要求，又能达到在便于看图的前提下，绘图简便。

例如，减速箱的主视图也可以采用通过蜗杆轴的全剖视图，此时可以把蜗轮、蜗杆啮合的情况表达得很清楚，也可以表达出蜗轮的下部浸在润滑油里的情况。但对表达轴承盖 46 的形状及用三个沿圆周均布的螺钉把轴承盖与箱体连接的情况表达不清，另外此轴承盖中间还有一个 M6 的紧定螺钉和一个 M6 的螺母，通过调节螺钉与轴承盖的相对位置，可以使压盖 45 顶紧圆锥滚子轴承的外环，以利于消除蜗轮轴的轴向窜动。如果主视图采用全剖视图，那么那些结构就表达不清，就需要另加一个局部视图。因此经过比较、调整，选择了图 12-6（b）所示的主视图。

俯视图采用局部剖视图，同样能有利于表达箱盖的形状及通过 4 个螺钉与箱体连接的情况，因此比采用全剖视的俯视图要优越。

综上所述，为了使装配图的表达方案更为合理、清晰、简明、完整，应该对初步确定的方案进行调整。在调整时，要注意下面两点：

（1）分清主次、合理安排。一个部件有多条装配干线，在表达时一定要分清主次，把主要装配干线表示在基本视图上。对于次要的装配干线如果不能兼顾，可以表示在单独的剖视图或向视图上。每个视图或剖视图所表达的内容应该有明确的目的。

（2）注意联系，便于读图。所谓联系是指在工作原理或装配关系方面的联系。为了读图方便，在视图表达上要防止不适当的过于分散零碎的表达方案，尽量把一个完整的装配关系表示在一个或几个相邻的视图上。

二、装配图画法要点

以图 12-6（b）所示的减速箱装配图为例，说明装配图画法要点。

（1）估算图幅，布好视图。应根据部件的真实大小及其结构的复杂程度，确定合适的比例和图幅。要注意将标注尺寸、零件序号、技术要求、标题栏、明细栏等所需的面积都计算在内。最好在画出图框和标题栏以后，再进行整体布图。

（2）画出各主要视图的作图基线。本例分别在主视图、俯视图中画出作图基线——蜗杆轴、蜗轮轴和小锥齿轮轴的轴线，见图 12-7（a）（图中省略了左视图）。

（3）按主要装配干线依次画齐各零件。如减速箱的蜗杆轴装配干线，可按蜗杆轴→滚

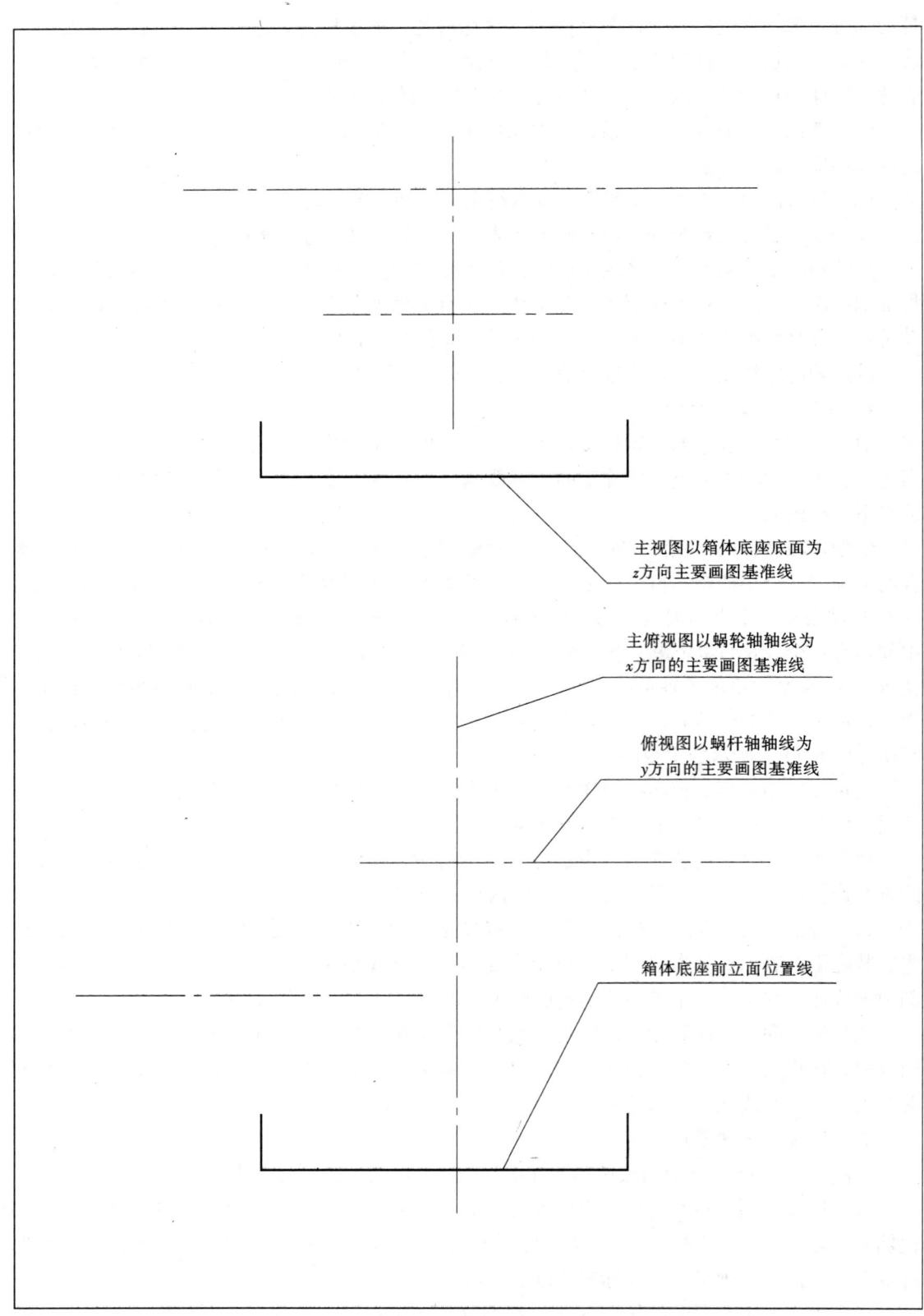

图 12-7（a） 定视图、比例、图幅、画图基准线

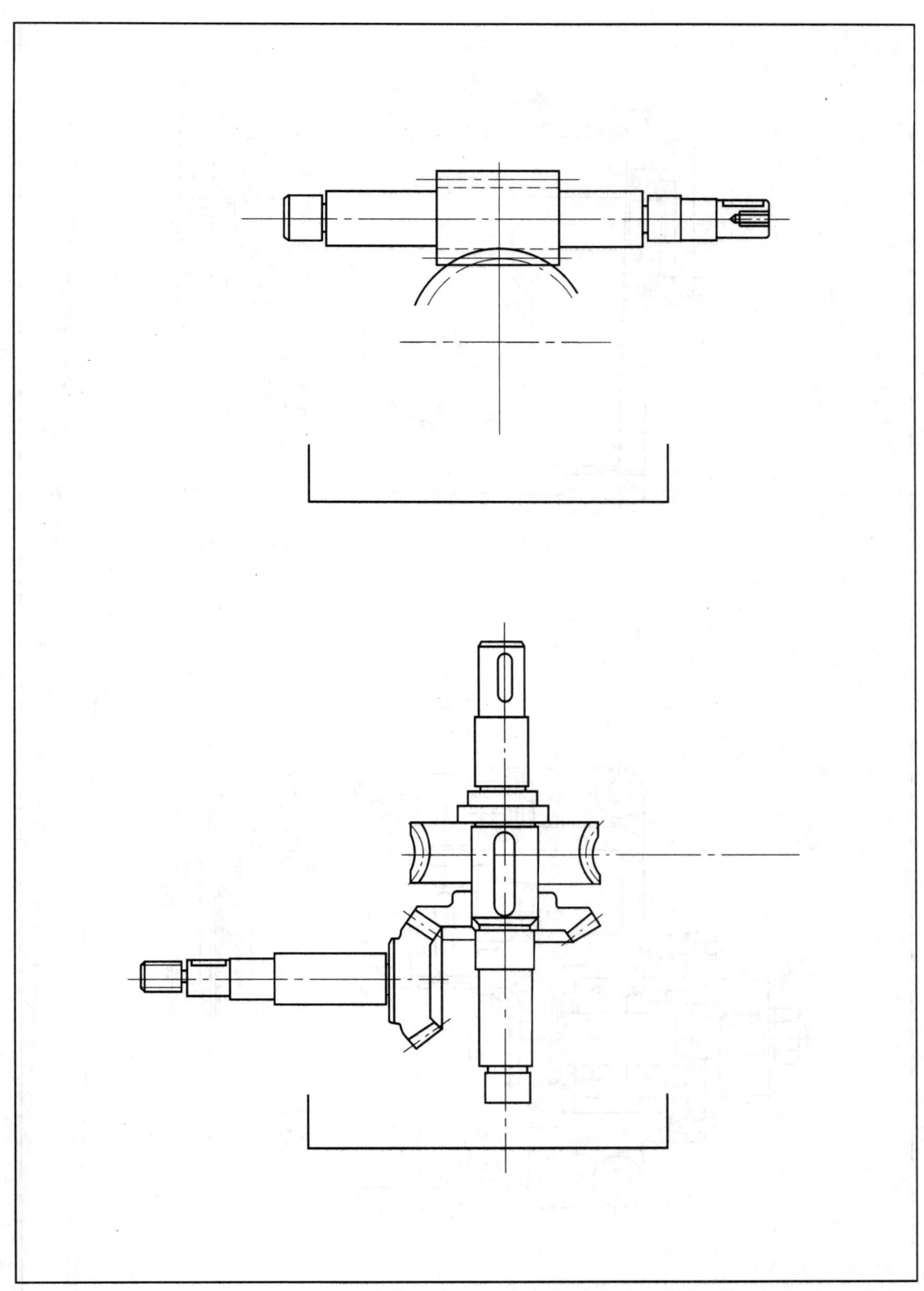

图 12 - 7（b）　画各主要装配干线的主要零件的轮廓线

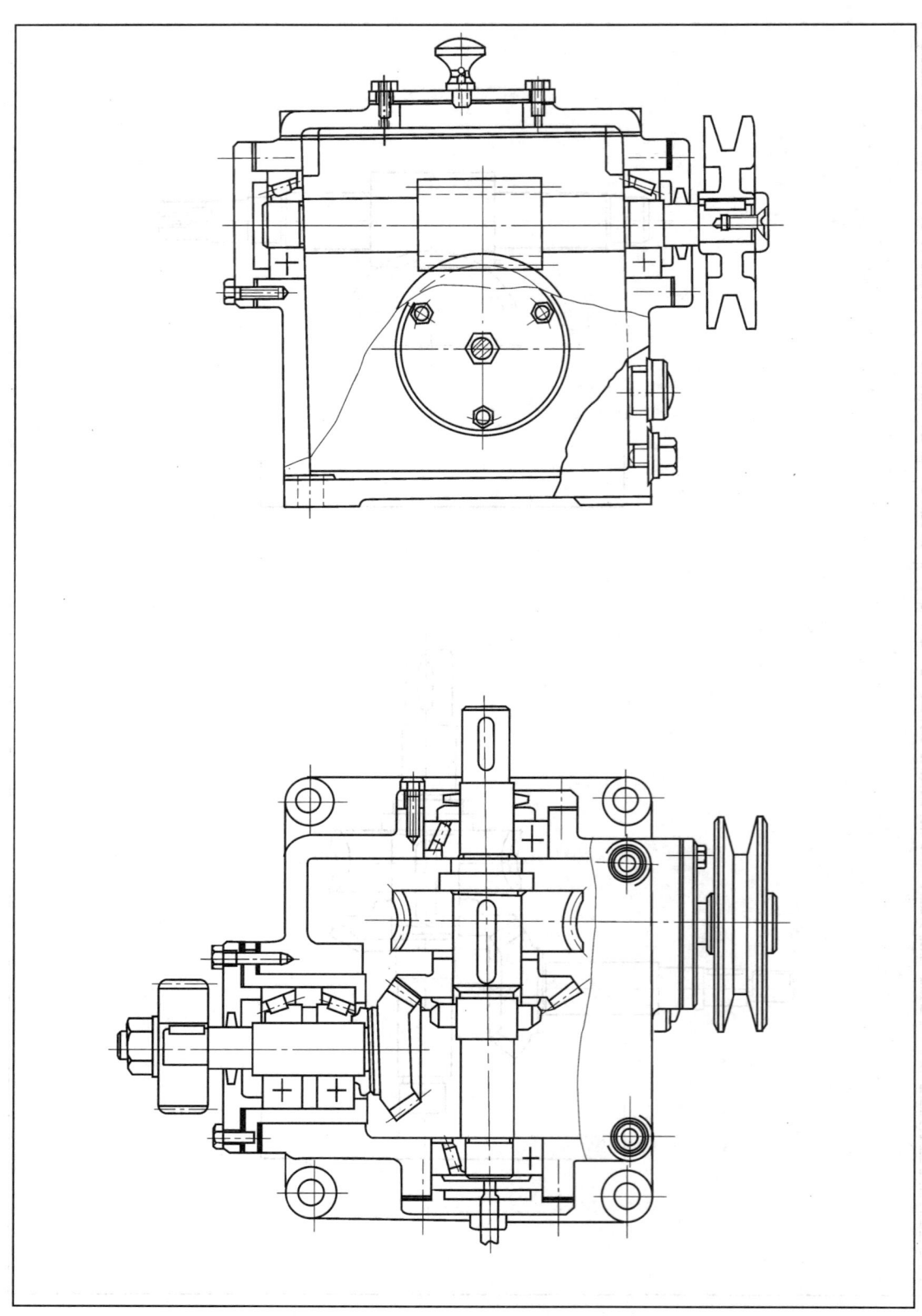

图 12 - 7（c）　画齐其他零件

264

动轴承→箱体（轴承孔部分）→轴承盖、垫片→皮带轮→平键→挡圈→右轴端螺钉→两端轴承盖连接螺钉的顺序逐步画出各自的投影（其余主要装配干线读者自己分析），如图12-7（b）、（c）所示。同时应注意解决好零件间的轴向定位关系，相邻零件表面的接触或配合关系及零件间的相互遮挡等问题，以使作图正确。

（4）画次要的装配干线，分别画齐各部分结构。如箱盖及其连接螺钉、加油孔盖及其连接螺钉、手把、油堵、油窗等，并完成箱体形成，补齐各部分细节，完成各视图，如图12-7（c）。

（5）检查校核。由于装配图图形复杂、线条较多，很容易遗漏或出错，必须认真检查。除了检查零件的主要结构外，特别要注意视图上的细节部分的投影是否表达完整、正确。

（6）加深图线并画剖面符号，标注尺寸、技术要求，编写序号，填写标题栏及明细栏。最后完成减速箱的装配图如图12-6（b）所示。

§12-4　装配图的尺寸标注、明细栏和零件编号

一、装配图的尺寸标注

装配图与零件图的作用不一样，因此对尺寸标注的要求也不一样。零件图是加工制造零件的主要依据，要求零件图上的尺寸必须完整；而装配图主要是设计和装配机器或部件时用的图样，因此不必注出零件的全部尺寸。装配图上一般标注以下几种尺寸：

1. 规格尺寸

表明机器或部件的规格或性能的尺寸，它是设计和用户选用产品的主要根据。如图12-1滑动轴承中袖衬的孔径 $\phi 50H8$，它限定了该滑动轴承支承轴的大小。

2. 装配尺寸

为了保证机器或部件的性能，在装配图上需要注出表示各零件间装配关系的尺寸。主要包括：

（1）配合尺寸　零件间有公差配合要求的一些重要尺寸。如图12-1，轴承盖与轴承座的配合尺寸 $90\dfrac{H9}{f9}$；图12-6（b）中蜗轮与蜗轮轴的配合尺寸 $\phi 22\dfrac{H7}{h6}$ 等。

（2）重要的相对位置尺寸　表示装配时需要保证的零件间较重要的距离、间隙等。如图12-6（b），蜗杆轴到安装面的距离92；蜗杆、蜗轮间的中心距 $40^{-0.06}_{\ 0}$；图12-1中，轴衬的内孔轴线离底面的高度70等。

（3）装配时加工尺寸　如有些零件要装配在一起后才能进行加工，此时装配图上要标注装配时加工的尺寸，如定位销孔等。

3. 安装尺寸

将机器安装在基础上或部件装配在机器上所使用的尺寸。如图12-1滑动轴承的安装孔尺寸17、6和定位尺寸180；又如图12-6（b）减速箱的安装孔尺寸 $4\times\phi 8.5$ 和定位尺寸124和100。

4. 外形尺寸

表示机器或部件所占有的空间大小，即机器或部件的总长、总宽和总高尺寸。这类尺寸对机器或部件在包装、运输、安装、厂房设计时有用。如图12-1滑动轴承的总体尺寸

152、240 和 80。

5. 其他重要尺寸

如在设计过程中，经过计算而确定的、但又不能包括在上述几类中的重要尺寸，如图 12-6（b）三角皮带轮的中径 $\phi 65$。这种尺寸在拆画零件图时不许变更。

必须指出，不是每一张装配图都具有上述各种尺寸，有时装配图上同一尺寸往往有几种含义。因此在装配图上标注尺寸时，需要认真细致地分析考虑。

二、零件编号（GB/T4458.2—2003）

为了便于看图、装配、图样管理以及做好生产准备工作，必须对装配图中每个零件、部件或组件进行编号，这种编号称为零件的序号，同时要编制和填写相应的明细栏。

1. 编写零、部件序号的基本要求

（1）装配图中所有的零、部件都必须编写序号。

（2）装配图中一个部件（或组件）可只编写一个序号，如图 12-1 中的油杯 8。

（3）装配图中零、部件的序号应与明细栏中相应零、部件的序号一致。

2. 序号的编排方法

（1）装配图中编写零、部件序号的表示方法有三种，如图 12-8 所示。

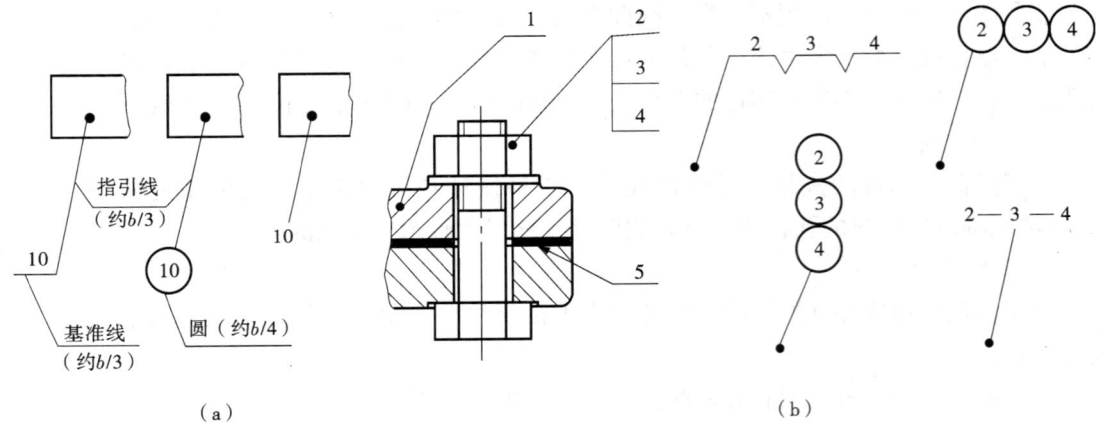

图 12-8　序号的编注形式

在水平的基准线（细实线）上或圆的非零件端的（细实线）内注写序号，序号字号比该装配图中所注的尺寸数字号字大一号或两号；在指引线附近注写序号时，应比尺寸数字大一号或两号。

指引线应自所指部分的可见轮廓线内引出，并在末端画一圆点。若所指部分（很薄的零件或涂黑的剖面）内不便画圆点时，可在指引线的末端画出箭头，并指向该部分的轮廓，如图 12-8 中零件 5 所示。

指引线彼此不能相交，当通过有剖面线的区域时，指引线不应与剖面线平行。必要时，指引线可以画成折线，但只可曲折一次，如图 12-8 中的零件 1。

一组紧固件以及装配关系清楚的零件组，可采用公共指引线，如图 12-7（b）中零件 2、零件 3、零件 4。

（2）同一装配图中编排序号的形式应一致。

（3）相同的零、部件用一个序号，一般只标注一次。多次出现的相同零、部件，必要时也可重复标注。

（4）装配图中的序号应按水平或垂直方向排列整齐，并按顺时针或逆时针方向顺次排列。在整个图上无法连续时，可只在每个水平或竖直方向顺次排列。

三、标题栏和明细栏

标题栏和明细栏的格式在第 1 章已经介绍，装配图的标题栏主要填写机器或部件的名称、绘图比例、设计及审核人员签名等内容，如图 12-1 及图 12-6 所示。

填写明细栏有以下规定：

（1）明细栏画在标题栏上方，如图 12-1 所示。若位置有限时，可紧靠标题栏左边延续画出。序号应从下而上顺次排列，以便遗漏时可以增补。

（2）"代号"是机件及其图样的编号。代号一般由三部分组成。如图 12-1 所示，部件"正滑动轴承"的代号为"6A01—00"，其中 6A 为机器或产品号，01 为该部件号，最后 00 区段就是该部件的不同零件编写不同的零件号。因此该部件的轴承座的代号"6A01—1"就是按上述原则编定。

标准件的"代号"栏填写标准号或标准件代号。

（3）"名称"栏，如所指零件是标准件，则应填写其名称及规格。如图 12-1 中的螺栓，应填写"螺栓 M12×130"。

（4）"材料"栏应填写材料牌号，如上述螺栓可填"Q235A"。

（5）"备注"栏可填写有关参数，如齿轮的模数 m，齿数 z 等。

（6）对于复杂的机器或部件也常常将明细栏按 A4 幅面单独制表，序号由上而下填写，作为装配图的续页或单独装订成册，作为其附件。

四、技术要求

不同性能的机器或部件，其技术要求也不同，一般可以从以下几方面来考虑：

1. 装配要求

（1）需要在装配时进行的加工说明。如图 12-6（b）中的技术要求 3，装配时选择或磨削调整片，使其厚度适当，保证圆锥齿轮啮合状态良好。

（2）装配后应满足的要求。如图 12-1 中的技术要求 1：上、下轴衬与轴承座及轴承盖间应保证接触良好。如图 12-6（b）中的技术要求 1：装配后须转动灵活，各密封处不得有漏油现象。

（3）指定的装配方法。

2. 检验要求

（1）基本性能的检验方法和要求。如泵、阀等进行油压试验的要求；或运转部件运动精度要求等。

（2）其他检验要求。如图 12-6（b）中的技术要求 2：空载试验时，油池温度不得超过 35℃，轴承温度不得超过 40℃。

3. 使用要求

对产品的基本性能、维护、保养的要求以及使用操作时的注意事项。如图 12-1 中技术要求 2：轴衬与轴颈最大线速度 $V{\leqslant}8m/s$ 等。

上述各项内容，并不要求每张装配图全部注写，要根据具体情况而定。技术要求一般写在明细栏上方或图纸下方的空白处，也可另编技术文件，附于图纸。

§12-5 常见装配结构的画法与合理性

在把零件装配成机器（或部件）时，零件之间的装配关系称为装配结构。为使零件装配成机器（或部件）后能达到性能要求，并考虑到装拆方便，对装配结构要求有一定的合理性。本节将介绍常见装配结构的画法，并讨论其中某些装配结构的合理性。

一、常见装配结构的画法

1. 滚动轴承装配结构的画法

滚动轴承的装配结构根据结构的功用可分为滚动轴承的固定、滚动轴承的密封及滚动轴承的间隙调整等装配结构。

（1）滚动轴承的固定结构画法　为了防止滚动轴承产生轴向窜动，必须采用一定的结构来固定其内、外圈。常用的固定滚动轴承内外圈的结构如图12-9、图12-10、图12-11及图12-12所示。

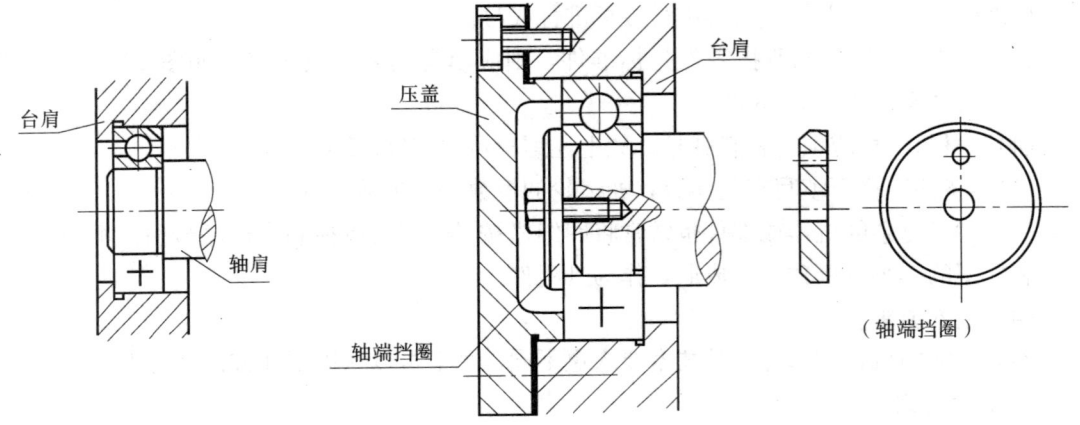

图12-9　轴肩、台肩固定

图12-10　轴端挡圈、台肩和压盖固定

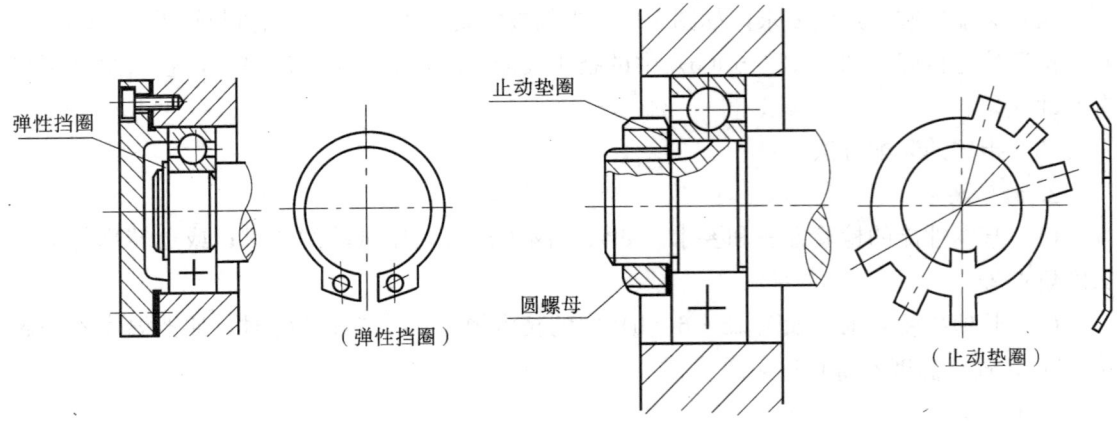

图12-11　弹性挡圈、压盖固定

图12-12　圆螺母及止动垫圈固定

（2）滚动轴承的密封结构画法　滚动轴承需要进行密封，一方面是防止外部的灰尘和水分进入轴承，另一方面也要防止轴承的润滑剂渗漏。常见的密封方法如图12-13所示。

各种密封方法所用的零件，有的已经标准化，如皮碗和毡圈；有的某些局部结构标准化，如轴承盖的毡圈槽、油沟等，其尺寸要从有关手册中查取。

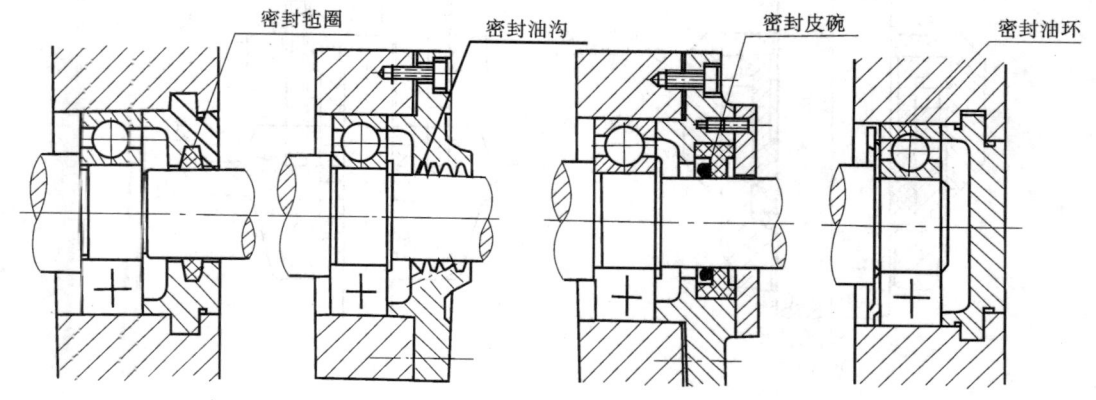

图 12-13

（3）滚动轴承间隙的调整结构画法　由于轴在高速旋转时会引起发热、膨胀，因此在轴承和轴承盖的端面之间要留有少量的间隙（一般为 0.2～0.3 mm），以防止轴承转动不灵活或卡住。滚动轴承工作时所需要的间隙可随时调整。常用的调整方法有：更换不同厚度的金属垫片，如图 12-14（a）；用螺钉调整止推盘，如图 12-14（b）。

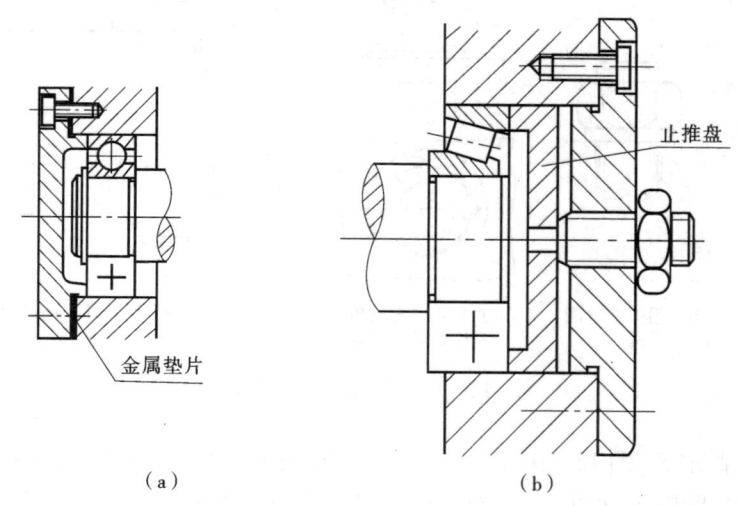

（a）　　　　　　　　　　　（b）

图 12-14　滚动轴承间隙的调整结构

2. 密封结构的画法

在机器或部件中，为了防止内部液体外漏同时防止外部灰尘、杂质侵入，要采用防漏措施，图 12-15 画出了两种防漏的典型例子。用压盖或螺母将填料压紧起到防漏作用，压盖要画在开始压填料的位置，表示填料刚刚加满。

3. 防松结构的画法

机器运转时，由于受到振动或冲击，螺纹连接件可能发生松动，有时甚至造成严重事故。因此，在某些机构中需要防松，图 12-16 画出了几种常用的防松结构。

（一）用双螺母锁紧［图 12-16（a）］　它依靠两螺母在拧紧后螺母之间产生的轴向力，

269

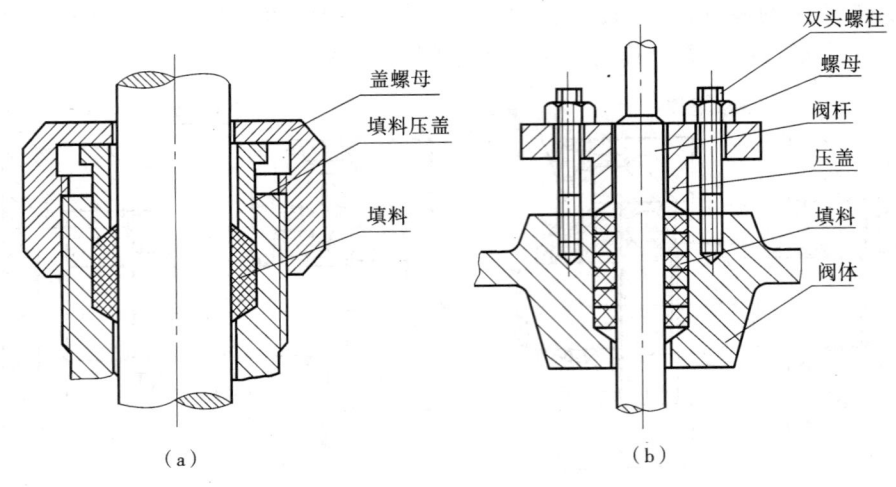

图 12-15 密封的结构画法

使螺母牙与螺栓牙之间的摩擦力增大而防止螺母自动松脱。

（2）用弹簧垫圈锁紧 [图 12-16（b）] 当螺母拧紧后，垫圈受压变平，依靠这个变形力，使螺母牙与螺栓牙之间的摩擦力增大和垫圈开口的刀刃阻止螺母转动而防止螺母松脱。

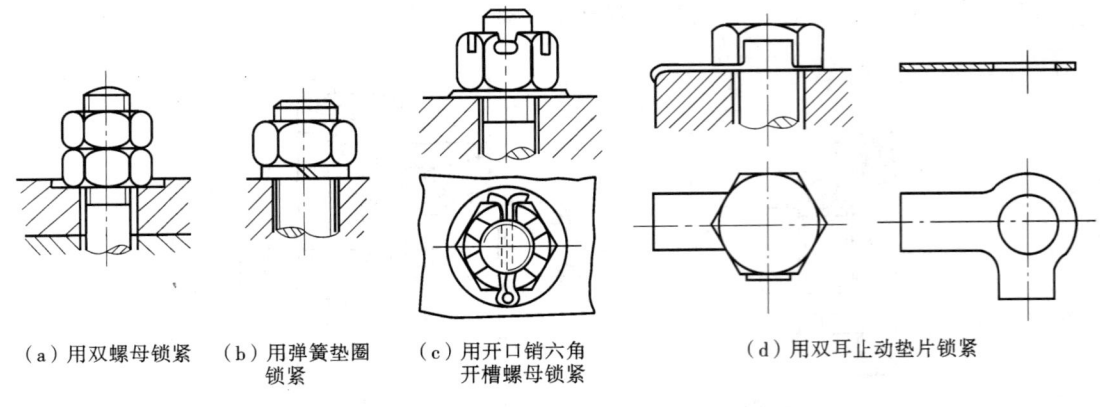

（a）用双螺母锁紧　　（b）用弹簧垫圈　　（c）用开口销六角　　　　（d）用双耳止动垫片锁紧
　　　　　　　　　　　　　 锁紧　　　　 开槽螺母锁紧

图 12-16 常用的防松结构

（3）用开口销防松 [图 12-16（c）] 开口销直接锁住了六角开槽螺母，使之不能松脱。

（4）用止动垫圈防松（图 12-12） 这种装置常用来固定安装在轴端部的零件。轴端开槽，止动垫圈与圆螺母联合使用，可直接锁住螺母。

（5）用止动垫片锁紧 [图 12-16（d）] 螺母拧紧后，弯倒止动垫片的止动边即可锁紧螺母。

二、装配结构的合理性

凡装配结构都有合理性要求，下面仅举几例。

1. 两零件的接触表面应保证接触良好

（1）在两零件的接触面交角处不应都做成大小相等的直角或圆角，如图 12-17 所示的轴肩与孔端面的接触。

（2）为了保证连接件（螺栓、螺母、垫圈）和被连接件间的良好接触，在被连接件上作出沉孔、凸台等结构，如图 12-18 所示。

270

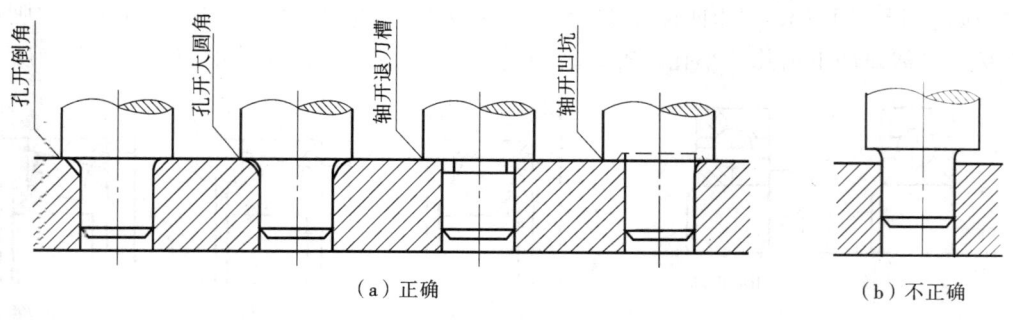

（a）正确　　　　　　　　　　　　　　　　　　（b）不正确

图 12-17　轴肩与孔端面的接触

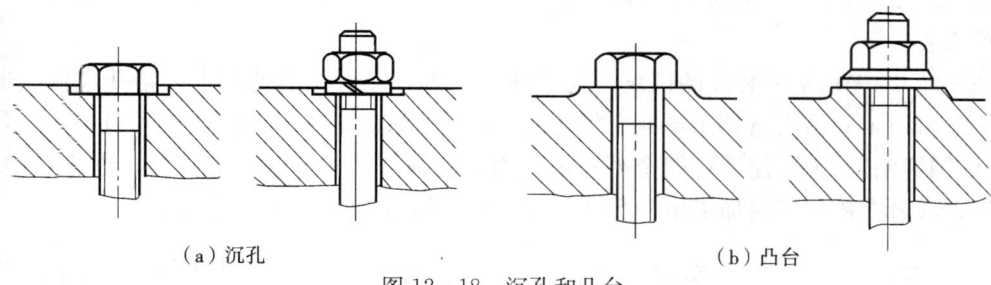

（a）沉孔　　　　　　　　　　　　　　　　　　（b）凸台

图 12-18　沉孔和凸台

2. 两零件在同一方向接触或配合的要求

当两个零件接触时，在同一方向上接触面或配合面只能有一组，若多于一组接触面时，则必须提高加工精度，增加制造成本，而且也办不到。如图 12-19(a)、(b)、(c)和(d)所示。

圆锥面配合，其轴向位置即被确定，因此不应要求圆锥面和端面同时接触，否则将造成加工上极大困难，如图 12-19（e）所示。

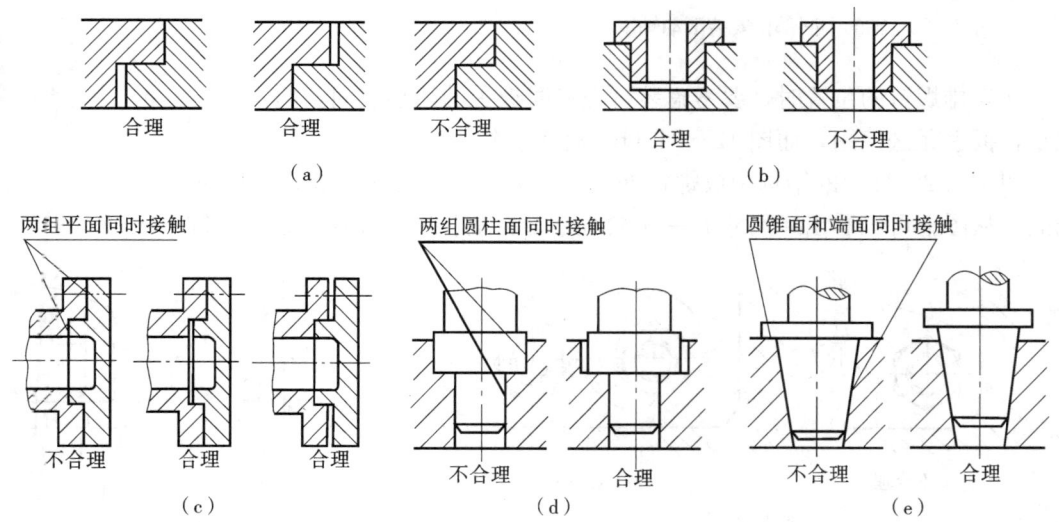

图 12-19　两零件在同一方向接触面或配合面的结构

3. 装拆的方便和可能

图 12-20 和图 12-21 分别表示滚动轴承装在轴上和箱体孔内的情况。如果轴肩高度大于或等于轴承内圈厚度，如图 12-20（a）；或箱体中左边的孔径小于或等于轴承外圈的内

径时，如图 12－21（a），则轴承无法拆卸。若箱体中左边的孔径不允许做得太大，则可在箱体左边对称地加工出几个小孔，拆卸时用适当的工具顶出轴承，如图 12－21（c）所示。

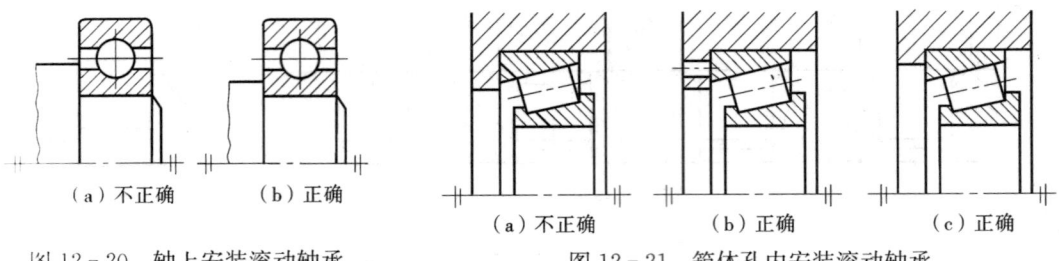

（a）不正确　　（b）正确
图 12－20　轴上安装滚动轴承

（a）不正确　　（b）正确　　（c）正确
图 12－21　箱体孔内安装滚动轴承

图 12－22 示出了在轴的中间部位安装轴承时，应使轴的右端直径略小于轴承的内径，否则难于装拆。

图 12－23 表示销钉装配的情况。为了便于装拆，在可能的情况下，销孔应做成通孔，如图 12－23（a）；或者选用上端制有螺孔的"内螺纹圆柱销"，如图 12－23（b）；或者采用"内螺纹圆锥销"。为了使销钉能全部打入孔内，必须将孔加工到足够深度，以容纳被压缩的空气；或者在销孔下面加工出一个排气的通孔，如图 12－23（c）所示。

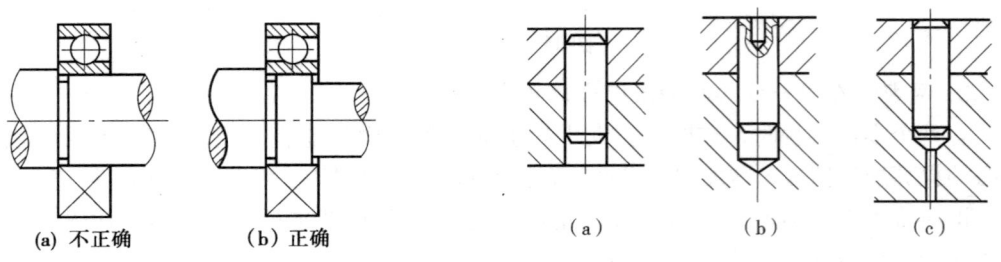

（a）不正确　　（b）正确
图12－22　轴的中间部位安装滚动轴承

（a）　　（b）　　（c）
图 12－23　销钉的装配

在安排螺钉的位置时，要考虑装拆螺钉时扳手的活动空间。图 12－24（a）上所留空间太小，扳手无法使用，而图 12－24（b）是正确的。

图 12－25（a）的结构中放螺钉处的空间太小，螺钉无法放入，而图 12－25（b）是正确的。从图上可以看出，尺寸 L 一定要大于螺钉的长度，才便于螺钉装卸。

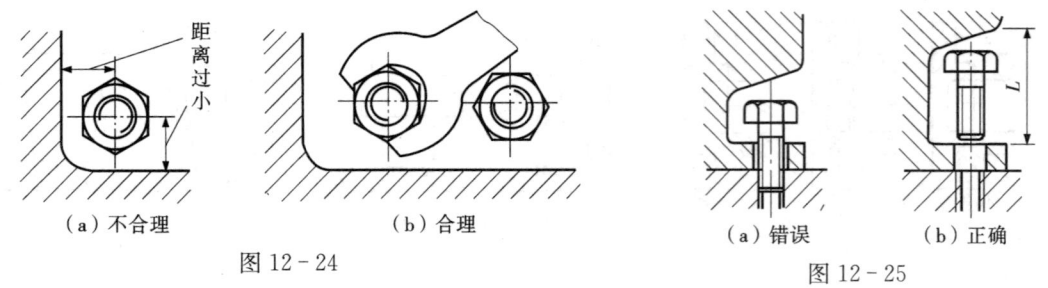

距离过小

（a）不合理　　（b）合理
图 12－24

（a）错误　　（b）正确
图 12－25

图 12－26（a）所示，螺钉头部全封在箱体内，使安装困难，解决的方法是在箱体上开一手孔，如图 12－26（b）所示。如果不允许开手孔，则应改为双头螺柱的结构，如图 12－26（c）。

在箱体内安装轴承架时，若设计成图 12－27（a）的形式，则不便装拆，箱体中用来安装轴承架的平面也难以加工；不难看出设计成如图 12－27（b）所示的形式较合理。

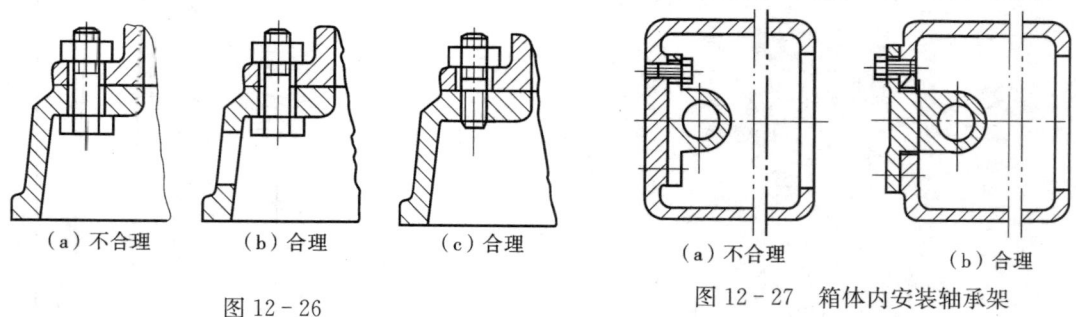

（a）不合理　　　（b）合理　　　（c）合理　　　　　　　　　（a）不合理　　　　　　（b）合理

图 12-26　　　　　　　　　　　　　　图 12-27　　箱体内安装轴承架

§12-6　看装配图和由装配图拆画零件图

看装配图是工程技术人员必备的基本技能之一。不仅在设计、装配过程中要看装配图，就是在技术交流或使用机器时，也常常要参阅装配图来了解设计者的意图和部件或机器的结构特点以及正确的操作方法等。看装配图应达到下列基本要求：①了解部件或机器的名称、功用、结构和工作原理。②看懂零件的作用、相互位置、装配连接关系以及装拆顺序等。③看懂零件的形状、结构。

要熟练地看懂一张装配图，还需具备一定的专业知识和生产实践经验，因此看装配图的能力将通过今后专业课程的学习和实际工作的锻炼不断提高。下面介绍看装配图的一般方法和步骤。

一、看装配图的方法和步骤

（1）概括了解　由标题栏了解部件的名称、大致用途及图样比例；由明细栏了解零件数目，估计部件的复杂程度。如图 12-28，标题栏说明是蝴蝶阀，在管道上用来截断气流或液流，图纸的比例是 1:1，即实物大小与图形大小是一样的。该阀共有 13 种零件，是较简单的部件（表 12-2）。

表 12-2　　　　　　　　　　　　　　　　蝴蝶阀明细栏

序号	代　号	名　称	数量	材　料	重　量		备　注
					单件	总计	
1	6A13-01	阀体	1	HT200			
2	6A13-02	阀门	1	Q235A			
3	GB/T868-1986	铆钉 3×12	2				
4	6A13-03	阀杆	1	45			
5	6A13-04	阀盖	1	HT200			
6	GB/T65-2000	螺钉 M5×45	3				
7	6A13-05	齿轮	1	45			$m=1\ z=20$
8	GB/T1099-2003	半圆键 3×13	1	45			
9	GB/T6170-2000	螺母 M8	1	35			
10	6A13-06	盖板	1	Q235A			
11	GB/T75-1985	紧定螺钉 M5×8	1	35			
12	6A13-07	齿杆	1	45			$m=1$
13	6A13-08	垫片	1	工业用纸			

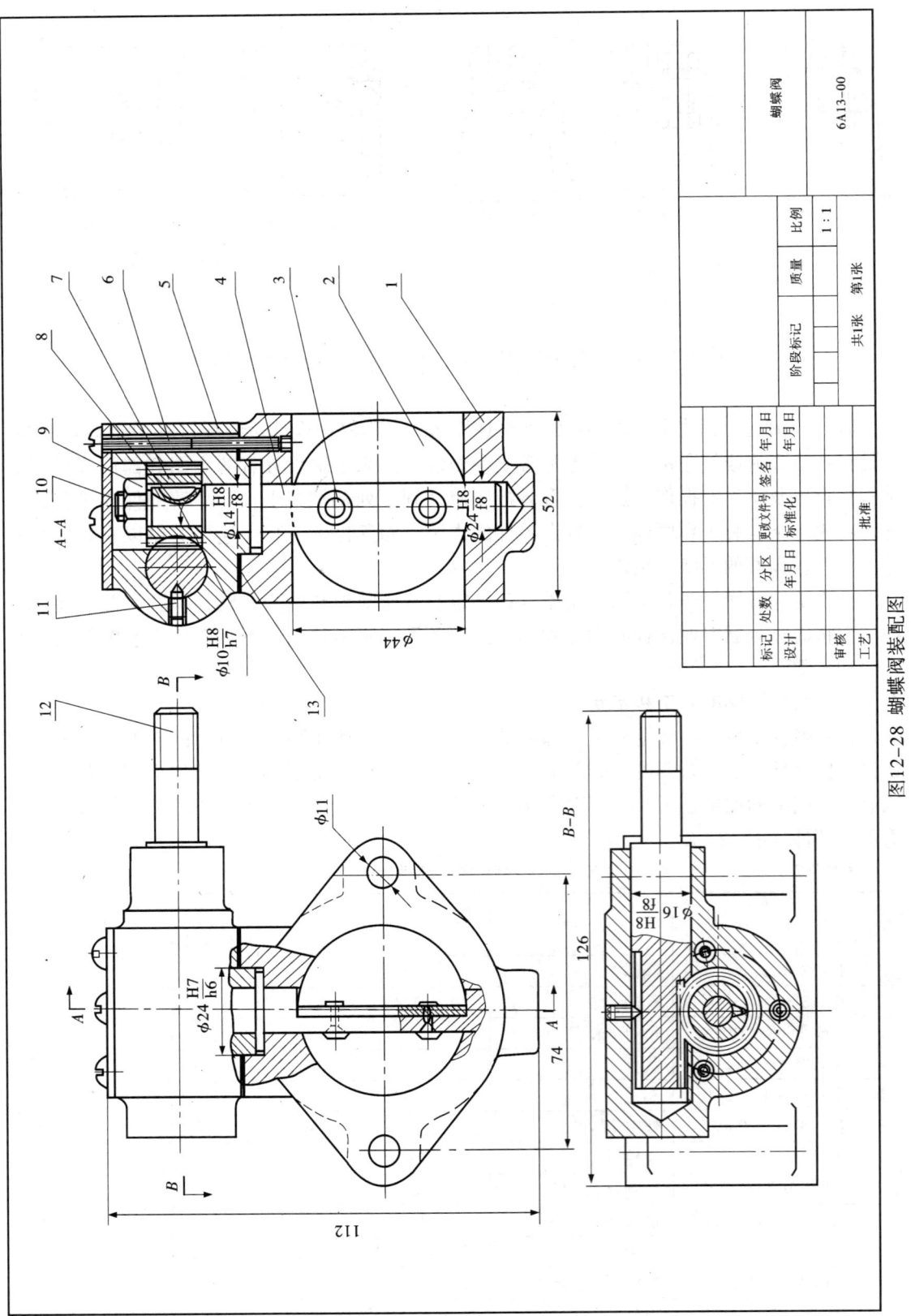

图12-28 蝴蝶阀装配图

274

（2）分析视图　了解各视图、剖视、断面的相互关系及表达意图。图 12-28 的主视图主要表达部件的外形结构，并在其上采用了局部剖视，用以表达阀杆和阀门的装配情况。左视图是表示装配结构最主要的视图，采用 A-A 全剖视，表达了阀体、阀盖的内部结构和阀杆系统的装配情况。俯视图采用 B-B 剖视，以表示齿轮和齿杆的传动关系和装配情况，同时补充表达了阀体和阀盖的结构形状。

（3）分析工作原理及传动关系　这是看装配图的重要环节，一般从图纸上直接分析，当对象比较复杂时，需要参考说明书。分析时从机器或部件的传动入手，如图 12-28 所示蝴蝶阀的运动是由齿杆开始的。当外力推动齿杆 12 左右移动时，与齿杆啮合的齿轮 7 通过键 8 带动阀杆 4 旋转，从而使固定在阀杆上的阀门 2 也一起旋转，以达到使阀门开启或关闭（图中阀门处于开启位置）。整个部件有阀杆和齿杆两条装配干线。

（4）分析零件间的装配定位关系和连接关系　由图 12-28 的左视图可见，阀盖 5 与阀体 1 的定位，主要靠阀盖下端凸起的圆台与阀体座孔配合（配合尺寸 $\phi24\dfrac{\text{H7}}{\text{h6}}$），并用 3 个螺钉将它们连同盖板 10 一起固定在阀体上。齿轮 7 用键 8 与阀杆相连，通过轴肩及拧紧螺母 9 定位，以防止轴向移动。齿轮与阀杆之间采用 $\phi10\dfrac{\text{H8}}{\text{h7}}$ 的间隙配合，以便于齿轮的装拆和保证定心精度。阀杆 4 的上、下轴颈分别以 $\phi4\dfrac{\text{H8}}{\text{f8}}$ 的间隙配合与阀盖和阀体的内孔相配。同时阀杆的轴向定位是靠台肩上、下表面分别与阀盖及阀体的端面接触，为使这两个面不致将阀杆台肩压得太紧而无法转动，在阀盖与阀体之间装有垫片 13 来调节。由于受阀杆台肩面的限制，故阀杆只能转动，不能沿轴向上、下移动。阀门 2 用铆钉固定在阀杆上。

由图 12-28 的俯视图可以看出，齿杆 12 的外径与阀盖内孔以 $\phi16\dfrac{\text{H8}}{\text{f8}}$ 相配合（间隙配合）。为了防止齿杆发生转动，在齿杆上开有一条导向槽，紧定螺钉 11 末端的圆柱嵌入导向槽中，因此齿杆只能左右移动而不能转动。

（5）装拆顺序由图上可以分析得出，整个阀拆卸顺序是：先松开螺钉 11，将齿杆由右端抽出。然后拆去螺钉 6，打开盖板 10，再取下螺母 9，将阀盖与齿轮 7 同时由阀杆上脱出。最后敲掉铆钉 3，取下阀门 2，则阀杆即可从阀体上部抽出。

（6）主要零件的结构形状　经过上面的分析以后，大部分零件的形状可以判别清楚，少数较复杂的零件还需进一步分析。在分析时，除了运用前面分析所得的结构知识之外，还要运用投影分析。如阀体零件，从主视图和左视图可知，它的主体形状是圆柱形。但为了安装，在其左右两侧都设有一个外凸的柱面体（阀体主视图上虚线部分）上面开有安装螺钉孔的通孔 $\phi11$，为了加强这一部分的强度，在其前后位置均设有肋板。为了安装阀盖和阀杆，在主体圆柱的上、下位置均有凸台，下面的凸台为圆柱形，上面的凸台形状，因被阀盖所遮挡，不能直接从图中看出它的形状。但我们从设计和结构方面的常识知道，两个零件的结合面形状一般是相同的。根据这点，再参照阀盖视图一起分析，如从俯视图可看出，阀盖前部形状是半圆柱面，便可定出此凸台形状如图 12-29 所示。其他零件的结构形状请读者自行分析。

（7）总结归纳，想象整体形状，如图 12-30 所示。

图 12-32 所示是齿轮油泵的装配图。由于主、从动齿轮在啮合

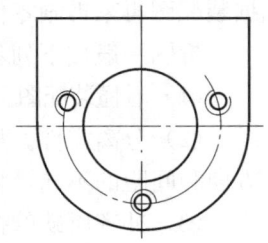

图 12-29　凸台形状

区的齿面连续啮合，使得在啮合区的两边产生压力差，其工作原理如图 12-31 所示。在图 12-31 所示的情况下，当齿轮按箭头所指方向转动时，齿轮啮合区右边的齿轮从啮合开始到脱开，先将连接吸油口到油池的管道内的空气抽走，使之形成局部真空；在油池外部大气压力的作用下，将油吸入右侧泵腔，通过转动齿轮的齿槽将吸入油按箭头所指方向源源不断地输送到左侧泵腔，使之形成高压油区，经出油口输送到各供油部位，完成油液的输送任务。

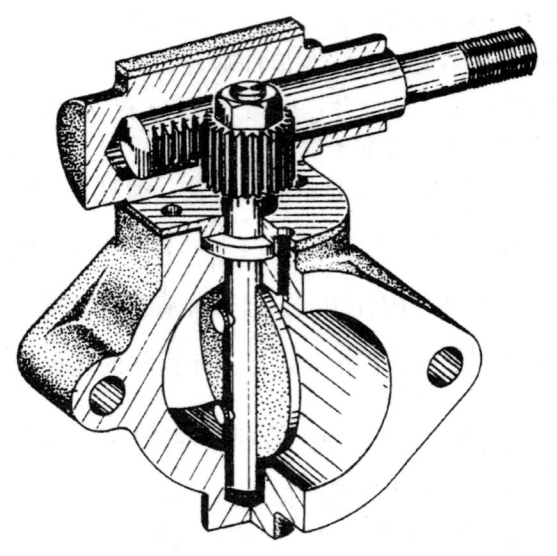

图 12-30　蝴蝶阀立体图

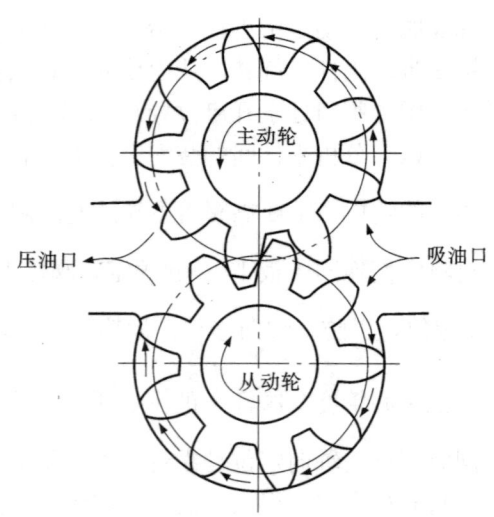

图 12-31　齿轮油泵工作原理

图 12-32 选用主视图和左视图两个基本视图，主视图采用旋转剖视图，表达出油泵两条主装配干线和各次装配干线上全部零件的装配情况，同时也表达出齿轮油泵的全部零件的装配关系。为了表达两齿轮轮齿的啮合情况，主视图在啮合区还采用了局部剖视方法。左视图采用半剖视图，主要表达其工作原理，辅助表达出主要零件（泵体）1 的内外部结构形状和零件 3（泵盖）的形状。

动力和运动由齿轮 11 输入，经键 12 传递给主动齿轮 5，迫使从动齿轮 4 转动从而完成吸压油液的啮合运动。

齿轮油泵装配图的其他情况请读者自己分析完成。齿轮油泵的整体形状见图 12-33。

二、由装配图拆画零件图

在设计或测绘机器或部件时，经常是根据使用要求及零件草图先画出装配图，然后根据装配图再来拆画零件图，简称为拆图。

拆图一般按下列步骤进行：

（1）看懂装配图。根据装配图所给的视图，尽可能将要拆画的零件的结构形状分析清楚。

（2）分离零件。从标注序号的视图着手，用对线条、找投影的方法，再根据剖面符号方向和间距的不同，将该零件的投影轮廓从装配图的各个视图中分离出来。

（3）补齐所缺的投影并根据零件的结构形状及零件图视图选择原则，重新选取视图及表达方案。

（4）按零件图的作图步骤画出零件图。

拆画零件图时，需要注意以下几个问题：

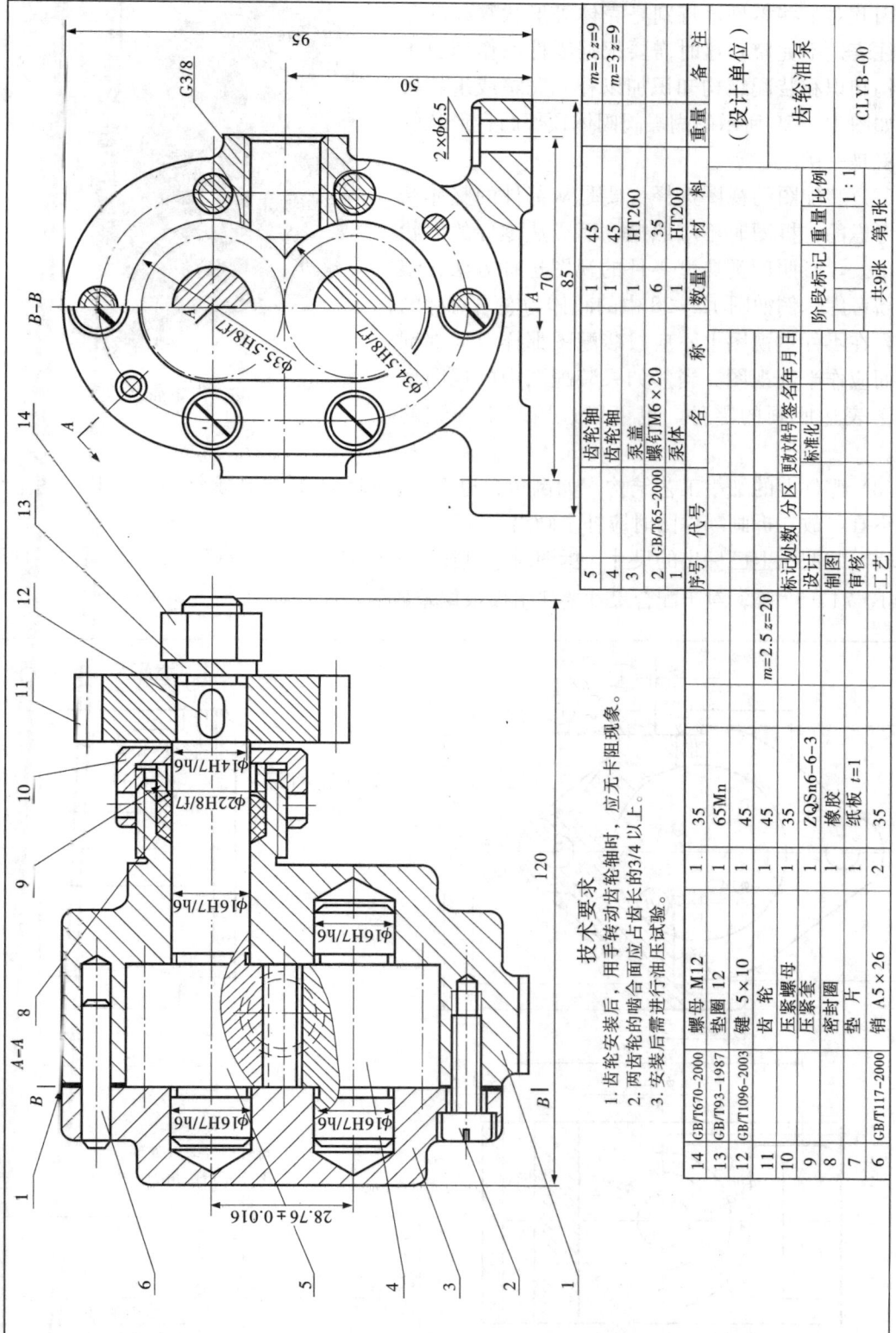

图12-32 齿轮油泵装配图

技术要求

1. 齿轮安装后，用手转动齿轮轴时，应无卡阻现象。
2. 两齿轮的啮合面应占齿长的3/4以上。
3. 安装后需进行油压试验。

序号	代号	名称	数量	材料	重量	备注
5		齿轮轴	1	45		m=3 z=9
4		齿轮轴	1	45		m=3 z=9
3		泵盖	1	HT200		
2	GB/T65-2000	螺钉M6×20	6	35		
1		泵体	1	HT200		

序号	代号	名称	数量	材料		
标记	处数	分区	更改文件号	签名	年月日	
设计			标准化			（设计单位）
制图						齿轮油泵
审核						
工艺		阶段标记	重量标记	重量	比例	CLYB-00
					1:1	
					共9张 第1张	

14	GB/T670-2000	螺母 M12	1	35
13	GB/T93-1987	垫圈 12	1	65Mn
12	GB/T1096-2003	键 5×10	1	45
11		齿轮	1	45	m=2.5 z=20
10		压紧螺母	1	35
9		压紧套	1	ZQSn6-6-3
8		密封圈	1	橡胶
7		垫片	1	纸板 t=1
6	GB/T117-2000	销 A5×26	2	35

（1）由于装配图主要是表达装配关系和工作原则，因此对某些零件，特别是壳体等形状复杂的零件往往表达不完整，这时需要根据零件的作用及工艺结构知识和装配结构知识加以补充完整或重新设计。如图 12-29 所示的蝴蝶阀阀体顶部凸台形状的确定就是一例。

（2）装配图的视图选择主要是从部件的整体结构来考虑的，拆图时不应照搬，而应从零件的形状特征出发，参照四类典型零件的视图选择方法，予以重新考虑。例如图 12-28 中的阀体为左右对称的零件，在零件主视图上不应按装配图那样取局部剖视，而应作半剖视图。当然如果装配图中的视图也适用于表达所画的零件，也可以选用基本一致的方案。

图 12-33　齿轮油泵轴测图

（3）零件上的细小工艺结构，如倒角、退刀槽、圆角、顶尖孔等结构，在装配图上可省去不画，故在拆画零件图时应补全画出。

（4）装配图上已标出的尺寸，拆图时应直接抄注到零件图上，如图 12-34 阀体零件图中 $\phi44$、74、52 等。对于配合尺寸要注出极限偏差数值，如 $\phi14^{-0.027}_{0}$，$\phi24^{+0.021}_{0}$ 等。

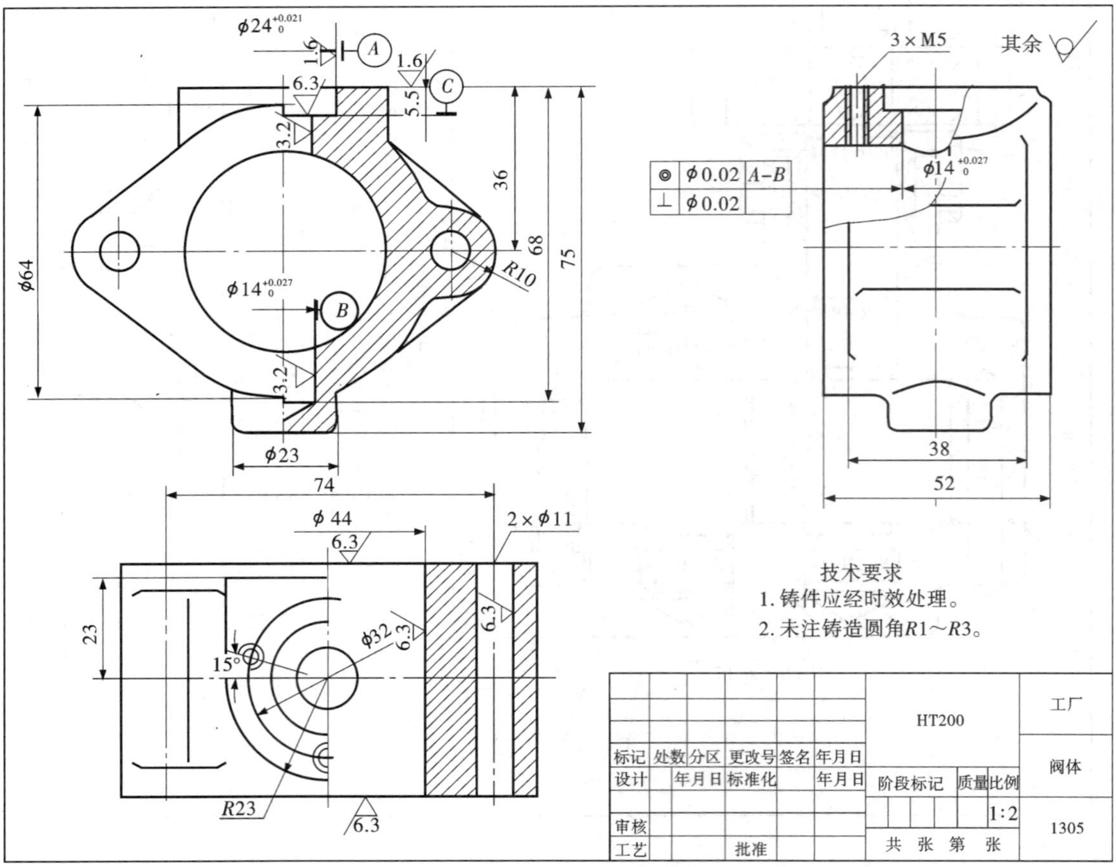

技术要求
1. 铸件应经时效处理。
2. 未注铸造圆角 R1～R3。

标记	处数	分区	更改号	签名	年月日		HT200		工厂
设计			年月日	标准化		年月日			阀体
						阶段标记	质量	比例	
审核								1:2	1305
工艺			批准			共　张　第　张			

图 12-34　蝴蝶阀阀体零件图

278

对于标准要素，如倒角、退刀槽、键槽等，则应查阅有关手册，取标准数值。

若需拆画齿轮零件图，则齿轮的分度圆、齿顶圆直径应根据装配图中给出的齿轮模数和齿数来计算确定。

零件图中大部分不重要的或非配合的自由尺寸，一般应从装配图上按比例直接量取，圆整后注出。

（5）填写技术要求。如零件上各表面的粗糙度、形位公差、热处理、表面处理以及加工、检验等方面的说明和要求。这些要求应参考有关技术资料或相近产品图纸比较后制定。

图 12-34 是从图 12-28 所示的蝴蝶阀装配图中拆画出的阀体 1 的零件图。

§12-7　轴测装配图及轴测分解图简介

轴测装配图是一种立体图，它比较直观、容易看懂。主要用于新产品的定型、商业广告、产品使用说明书以及产品的外包装等场合，以起到介绍产品，促进销售的作用。

轴测装配图的作图方法，主要是将装配体沿着装配干线剖去 1/2 或 1/4，让各零件在装配体内的安装位置及主要零件间的装配连接关系裸露出来，使人一目了然。例如图 12-35 正滑动轴承的轴测图就是沿装配干线剖去 1/4 而作的。

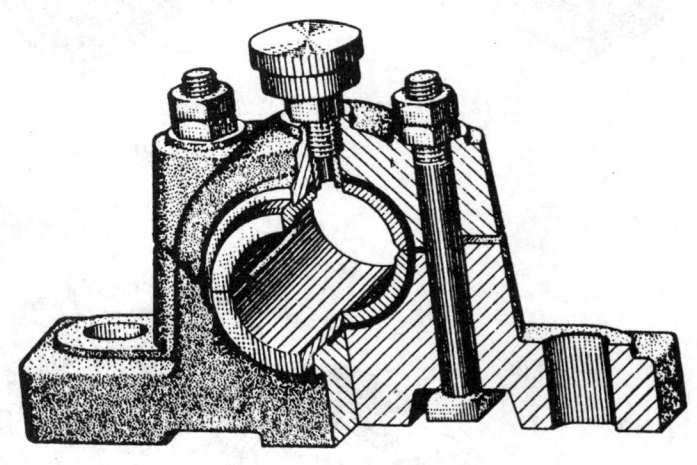

图 12-35　正滑动轴承的轴测图

有时一个装配体具有几条装配干线，且它们不在同一平面内，此时轴测装配图可选择沿几条装配干线进行剖切，例如图 12-30 蝴蝶阀的轴测图就是选择了齿条轴线和阀杆轴线这两条装配干线进行剖切的，且它们不处于同一平面上。

轴测装配图侧重于表达部件和机器的整体形象和零件间的装配关系，但是对单个零件的形状还是表达不清。为了着重表达单个零件的形状，于是又有了轴测分解图。

轴测分解图主要是将各个零件顺次从装配体上拆卸、分离出来，然后沿着轴测轴的方向依次排列，这样可以把每个零件的结构形状和装配关系表达得更直观、更清楚。例如图 12-36 和图 12-37 分别为滑动轴承和齿轮油泵的轴测分解图。

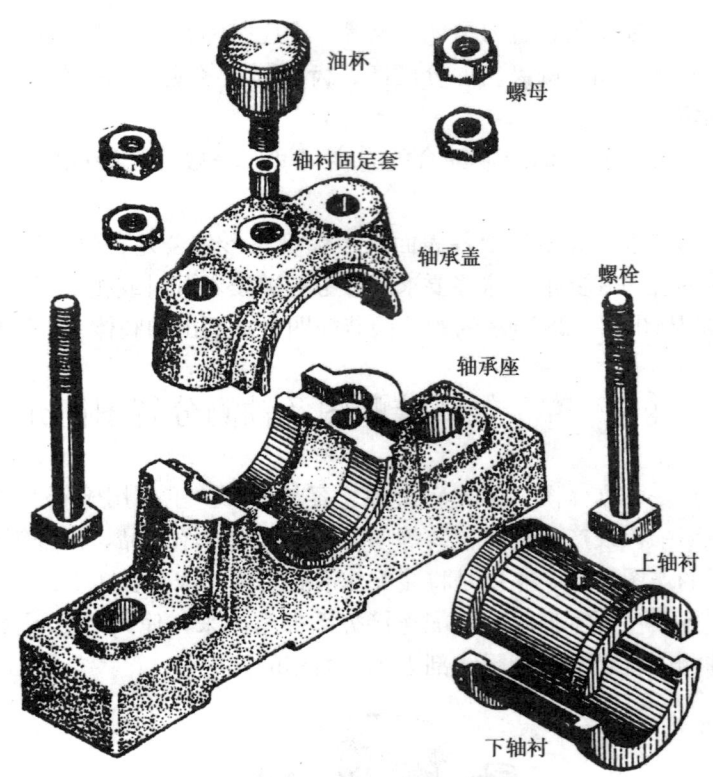

油杯
螺母
轴衬固定套
轴承盖
螺栓
轴承座
上轴衬
下轴衬

图 12-36 滑动轴承轴测分解图

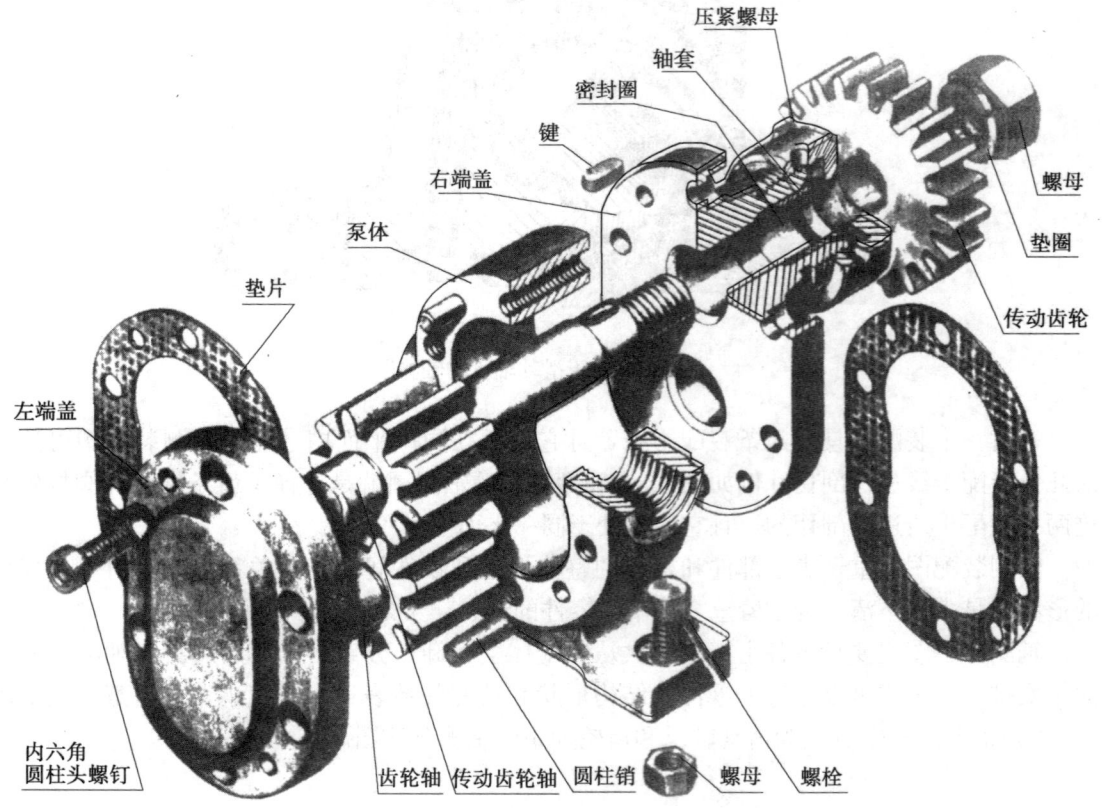

压紧螺母
轴套
密封圈
键
右端盖
泵体
螺母
垫圈
传动齿轮
垫片
左端盖
内六角
圆柱头螺钉
齿轮轴 传动齿轮轴 圆柱销 螺母 螺栓

图 12-37 齿轮油泵轴测分解图

第 13 章　零部件的测绘

§13-1　测绘的意义、方法和程序

一、零部件测绘意义

对现有的零部件实物进行测量、画出草图，然后整理绘制成装配图和零件图的过程为测绘。

在仿造和修配机器或部件以及进行技术改造时，常常要进行零部件测绘。如仿造新产品必须通过测绘来获得生产图纸，如维修旧设备，当破损零件缺少配件和图纸时，也必须测绘。

二、测绘方法和程序

测绘分为零件测绘和部件测绘。

1. 零件测绘方法和步骤

(1) 了解和分析测绘对象

(2) 确定视图表达方案

(3) 绘制零件草图

(4) 对画好的零件草图进行复核后，再画零件图

实际上部件测绘包含着零件测绘部分，下面以部件测绘为例来说明整个测绘过程。

2. 部件测绘

部件测绘可按以下几个步骤：了解测绘对象，拆卸零部件和画装配示意图；测绘零件草图；画部件装配图；画零件图。其中装配图的画法在 §12-3 中已讲述，由装配图画零件图的方法和步骤也已在 §12-6 中讲述，所以在这里只说明最前面的三个步骤。

(1) 了解测绘对象　要通过对实物的观察了解有关情况，并参阅有关资料，了解部件的用途、性能、工作原理、装配关系、结构特点和拆装方法等。以如图 13-1 所示的球阀作一简要介绍。

在管道系统中，阀是用于启闭和调节流体流量的部件。球阀是阀的一种，它的阀芯是球形的。其装配关系是：阀体 1 和阀盖 2 均带有方形的凸缘，它们用四个双头螺柱 6 和螺母 7 连接（注意轴测图已剖去球阀左前方的一部分），并用合适的调整垫 5 调节阀芯 4 与密封圈 3 之间的松紧程度。在阀体上部有阀杆 12，阀杆下部有凸块，榫接阀芯 4 上的凹槽（轴测图中阀杆 12 剖去，可以看出它与阀芯 4 的关系）。为了密封，在阀体与阀杆之间加进填料垫 8、填料 9 和 10，并且旋入填料压紧套 11。球阀的工作原理是：扳手 13 的方孔套进阀杆 12 上部的四棱柱，当扳手处于与阀体外带螺纹的管的轴线平行位置时，则阀门全部开启，管道畅通（对照轴测装配图）；当扳手按顺时针方向旋转 90°时，则阀门全部关闭，管道断流。这个球阀中的各个零件的主要形状大多也可以从图 13-1 看出。

(2) 拆卸零部件和画装配示意图　在初步了解部件的基础上，确定拆卸顺序并依次拆卸各零件，要特别注意球阀部件中各零件的配合关系，弄清其配合性质。拆卸时，为了避

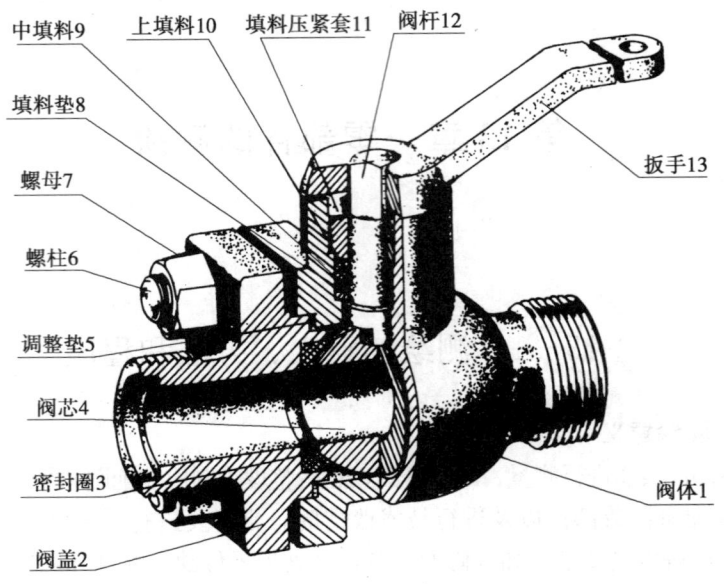

图 13-1 球阀的轴测装配图

免零件的丢失和产生混乱，在妥善保管零件的同时，还要对各零件进行编号，并分清标准件和非标准件，并在零件上系上标签，在标签上作出相应的记录。标准件只要测量尺寸查阅标准，核对并写出规定标记，不必画零件草图和零件图。

对于结构复杂的部件，为了便于拆散后装配复原，最好在拆卸时绘制部件的装配示意图。装配示意图是通过目测、徒手用简单的线条示意性地画出部件或机器的图样，它用来表达部件或机器的结构、装配关系，工作原理和传动路线等。如图 13-2 所示为球阀的装配示意图。画装配示意图时，应采用机械制图国家标准"机构运动简图符号"（GB/T 4460—1984）中所规定符号。

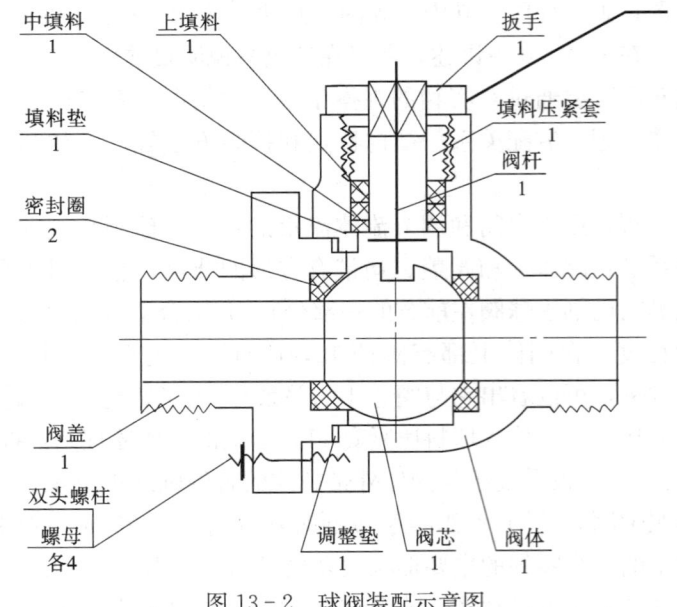

图 13-2 球阀装配示意图

拆卸时应采用正确的方法和使用相应的工具，对不可拆卸的连接（焊接、铆接）和过盈配合的零件尽量不拆，以免损伤零件。对零件表面精度要求较高的应防止碰伤。测绘完毕重新组装部件后，应保证其原有的完整性、精确性和密封性。

（3）画零件草图　零件草图是绘制零件图的重要依据，必要时还可直接用来制造零件。因此，零件草图必须具备零件图应有的全部内容。要求做到：图形正确，表达清晰，尺寸完整，线型分明，图面整洁，字体工整，并注写出包括技术要求等有关内容。

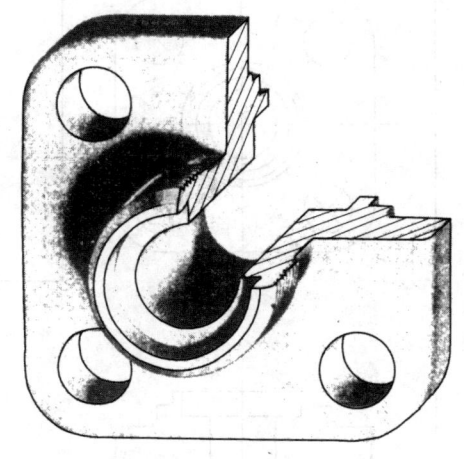

图 13-3　阀盖零件的轴测剖视图

今以绘制球阀上阀盖的零件（图 13-3）草图为例，说明绘制零件草图的步骤，参阅图 13-4。

1）阀盖属于盘盖类零件，根据其结构特征，选择表达方案和确定视图数量。在图纸上定出各视图的位置，画出主、左视图的对称中心线和作图基准线，如图 13-4（a）所示。布置视图时，要考虑到各视图间应留有标注尺寸的位置。

2）以目测比例详细地画出零件的结构形状，如图 13-4（b）所示。

3）选定尺寸基准，按正确、完整、清晰以及尽可能合理地标注尺寸的要求，确定需要标注的所有尺寸，画出全部尺寸界线、尺寸线和箭头。经仔细校核后，按规定线型将图线加深，如图 13-4（c）所示。

4）按所画各尺寸线逐个量注尺寸，标注各表面的表面粗糙度代号，并注写技术要求和标题栏，如图 13-4（d）所示。此外，画零件草图时要注意以下几点：

①对于非标准件的草图，应将所有的工艺结构，如倒角、圆角、凸台、退刀槽等详细画出，但对于零件的制造误差或缺陷，如不对称、砂眼、缩孔、裂纹等不应画出。

②测量尺寸的处理：对于非配合表面尺寸和非主要尺寸，一般应圆整到整数，并尽可能采用标准系列数值（见附表 6）；重要尺寸要进行复核或计算；对于标准结构要素（螺纹、键槽、销孔等）的尺寸，要将测量的结果，查阅相应标准，核准确定。

③零件的配合尺寸和装配、安装时涉及相关零件或部件的尺寸，一定要协调一致。为防止遗漏和出现相互矛盾尺寸等错误，可在测得此类尺寸后，将其标注在相关零件的草图上。

④在测绘旧设备时，必须考虑磨损、碰伤等原因给结构和尺寸带来的影响，正确予以处理。

⑤对于零件的表面粗糙度、公差配合、形位公差、热处理等技术要求的确定可以参考类似图样或资料，用类比方法确定。

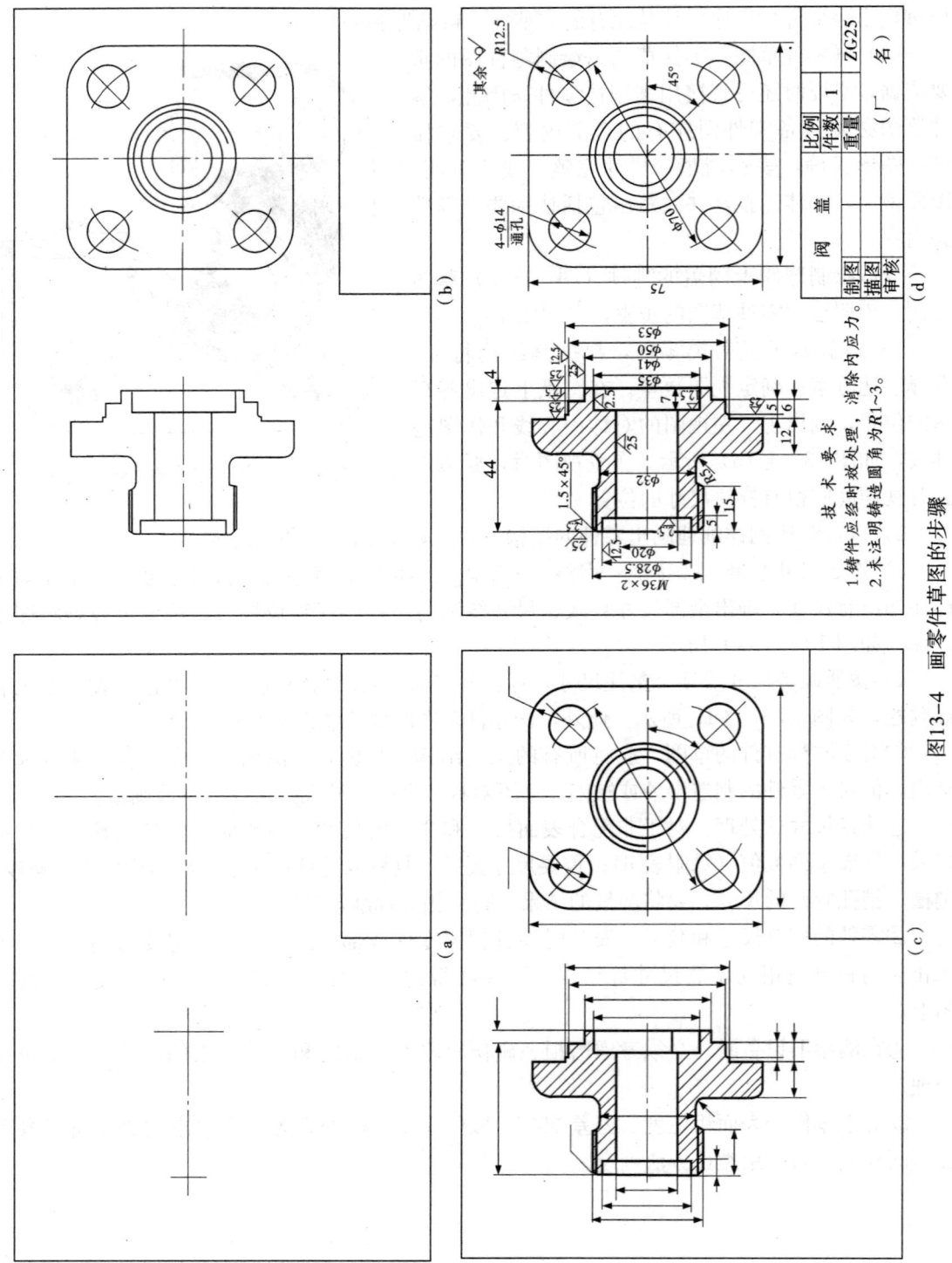

图13-4 画零件草图的步骤

284

§13-2 现场测绘方法和测量工具的使用

零部件的测绘工作常在机器的现场进行，由于受条件限制，一般先目测比例，徒手绘制草图，然后利用测量工具进行测量尺寸，并在草图上标注实测尺寸。

测量尺寸是该部件拆卸后，绘制零件草图必要的步骤。零件上全部尺寸的测量应集中进行，以提高工作效率，还可避免错误的遗漏。常用的测量工具有直尺（钢板尺），内、外卡钳，游标卡尺，千分尺，螺纹规及圆角规等。其中用内、外卡钳测量时，必须借助直尺方能读出零件尺寸的数值。常用的测量方法见表13-1所示。应根据尺寸的精度要求选择合适的量具，并正确使用。

表13-1　　　　　　　　　　　　　零件尺寸的测量方法

一、直径及长度的测量
直径尺寸用游标卡尺测量

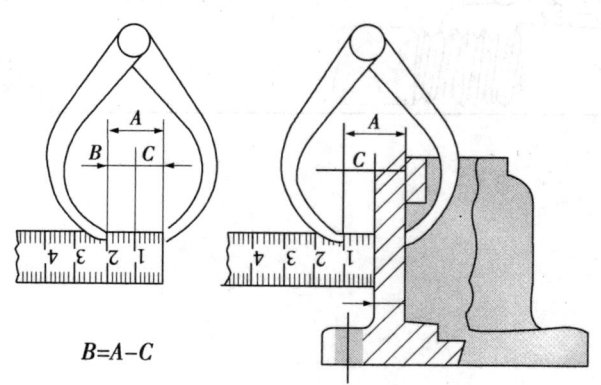

游标读数方法

$D=34.25$

精度较高的直径可用分厘卡尺

长度尺寸可用直尺直接测量如 $L_1=94$

二、零件壁厚的测量

$B=A-C$

三、孔中心距的测量

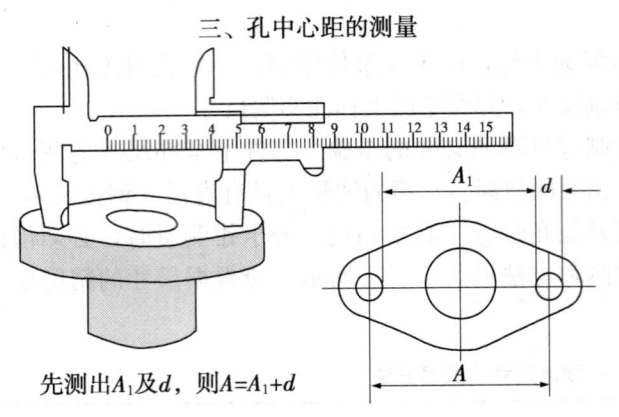

先测出A_1及d，则$A=A_1+d$

四、角度的测量

五、中心高度的测量

用高度游标尺先测出高度h，

则$H=H_1-\dfrac{d}{2}$

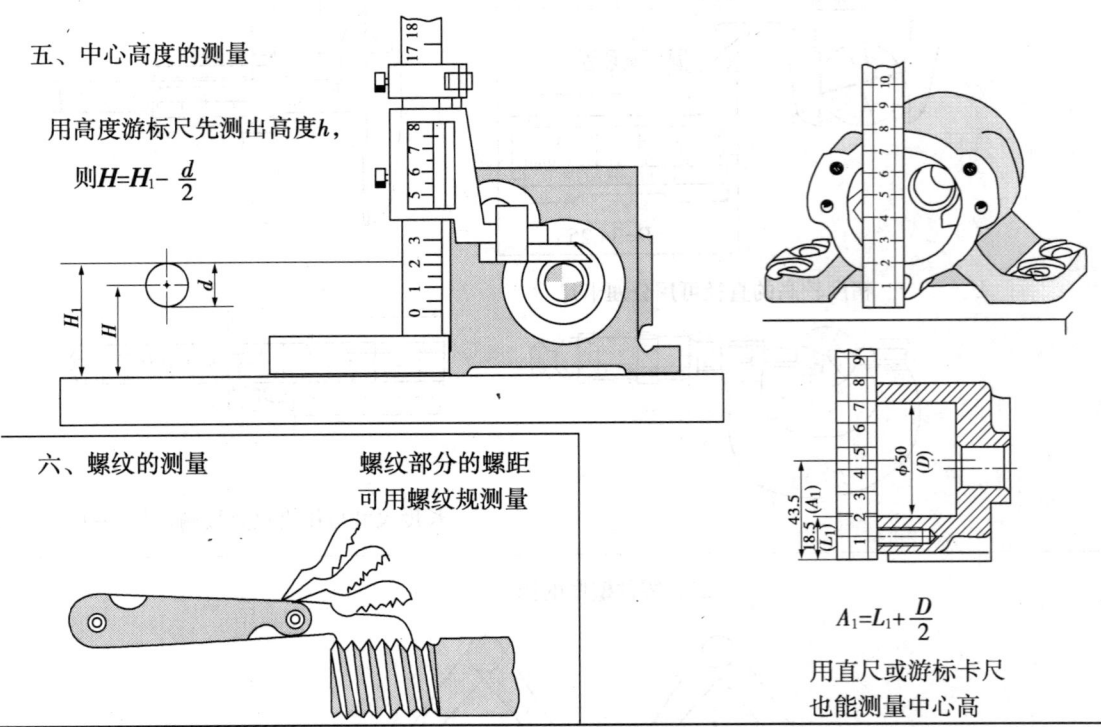

$A_1=L_1+\dfrac{D}{2}$

用直尺或游标卡尺
也能测量中心高

六、螺纹的测量

螺纹部分的螺距
可用螺纹规测量

七、测定曲面轮廓	八、测量齿轮模数
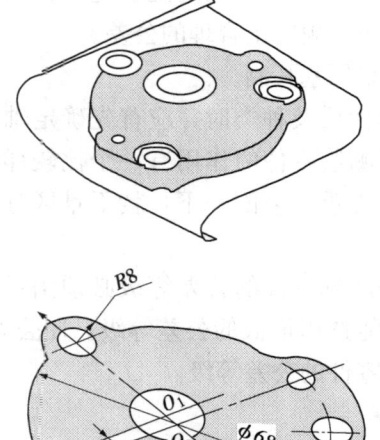	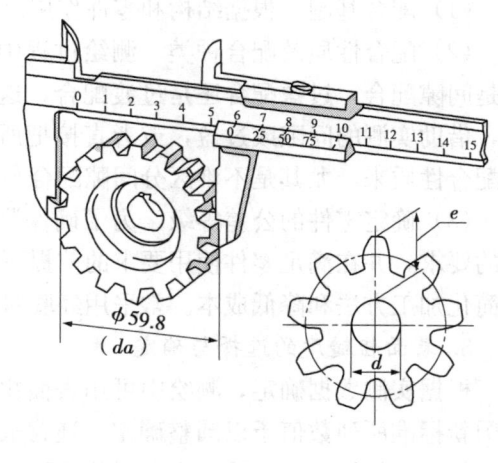
对精度要求不高的曲面轮廓，可以用拓印法在纸上拓出它的轮廓形状，然后用几何作图的方法求出各连接圆弧的尺寸和中心位置，如图中 $\phi68$、$R8$、$R4$	对标准齿轮，其轮齿的模数可以先用游标卡尺测得 da，再计算得到模数 $m=\dfrac{da}{Z+2}$。奇数齿的顶圆直径 $da=2e+d$，请参阅右下角的附图

§13-3 尺寸协调、公差与配合、表面粗糙度的选择与处理

1. 尺寸协调

在测绘中，不仅要考虑部件中零件与零件之间的关系，而且要考虑部件与组件或零件之间的关系，所以在零件工作图上标注尺寸的时候，必须把装配在一起的有关零件的测绘结果加以比较，最好是一并确定其基本尺寸和公差。这里包括零件与零件间的有关装配及安装尺寸都需要进行协调，即不仅这些相关尺寸的数值要相互协调，而且在尺寸的标注形式上也必须协调（即采用同样的尺寸注法）。这就是测绘中所说的互相配合和连接的零件，其形状和尺寸都必须完全对应。

2. 尺寸圆整及公差与配合的选择与处理

按实样测量出来的尺寸，往往不成整数，所以，必须对测量得出的数据进行"圆整"，合理确定其基本尺寸及尺寸公差。由于零件存在着制造误差和测量误差，所以各尺寸的实测值，往往并不等于该零件的原设计值（即基本尺寸），这样，在绘制零件工件图时，就需要从每个尺寸的实测值推断其原设计尺寸，测绘中将这个过程称为圆整尺寸。尺寸圆整的关键是合理地确定基本尺寸及尺寸公差。

对没有配合关系的尺寸或不重要的尺寸，可采用四舍五入法直接圆整尾数。对于配合尺寸可采用测绘圆整法，它是通过对测绘中所特有的实测数据，以及公差配合标准的科学

分析，找出实测值与尺寸公差的内在联系，并根据此关系进而确定基本尺寸的圆整精度、公差与配合等。除合理地确定相互配合的轴与孔的基本尺寸外，还需确定配合性质及类别，即确定其采用的配合是过盈配合，间隙配合，还是过渡配合，并确定配合基制：基孔制或基轴制还是不同基制的配合，进而确定尺寸的公差等级，规定出合理的公差。

（1）配合基制　根据结构和零件作用决定，通常采用基孔制。

（2）配合性质及配合种类　测绘过程中确定配合性质及种类时，应首先确定轴孔的配合是间隙配合，过盈配合还是过渡配合，这只要对所测绘零件的作用有一个比较详细的了解，借助实测的间隙或过盈，或者直接把所测绘的零件重新装配一下，就不难区分出它们的配合性质来，尤其是不难区分间隙配合与过盈配合。

（3）确定零件的公差等级　为了确保测绘质量，所选零件的公差等级必须满足生产实际的要求，并在满足零件使用要求的前提下，应尽可能选用最低的公差等级，使公差最大，以简化加工方法和降低成本。常采用经验对照法确定零件的公差等级。

3. 表面粗糙度的选择与确定

根据实测数据确定，测绘中可用表面粗糙度检查仪进行测量，测出的实际数据必须按我国新标准所列数值予以圆整确定。通常表面的尺寸精度要求高时，表面粗糙的数值则应小，但表面粗糙度和尺寸、表面形状的要求之间并不存在确定的函数关系。

§13-4　材料处理方法及鉴别

在确定零件技术要求之前，必须对其原用材料进行鉴定，常用的方法有化验分析、光谱分析、硬度试验、金相测量、重量测量、化学反应等。在实际测绘过程中，往往是这些方法的综合。

材料鉴定只是对原用材料的了解，只能是选择和确定零件材料的依据。但因选择材料恰当与否，并不完全取决于材料的机械性能和金相组织，而对材料还会有某些特性要求，故还必须充分考虑工作条件来选择材料。

附　　录

一、螺纹

附表1　　　　　　　　　　　　　普通螺纹的直径与螺距（GB/T 193—2003）　　　　　mm

公称直径 d、D			螺距 P		公称直径 d、D			螺距 P	
第一系列	第二系列	第三系列	粗牙	细牙	第一系列	第二系列	第三系列	粗牙	细牙
3			0.5	0.35			55		4，3，2，1.5
	3.5		0.6		56			5.5	4，3，2，1.5
4			0.7				58		4，3，2，1.5
	4.5		0.75	0.5			60	5.5	4，3，2，1.5
5			0.8				62		4，3，2，1.5
		5.5			64			6	4，3，2，1.5
6		7	1	0.75			65		4，3，2，1.5
8			1.25	1，0.75		68		6	4，3，2，1.5
		9	1.25				70		6，4，3，2，1.5
10			1.5	1.25，1，0.75	72				6，4，3，2，1.5
		11	1.5	1.5，1.0，0.75			75		4，3，2，1.5
12			1.75	1.25，1		76			6，4，3，2，1.5
	14		2	1.5，1.25，1			78		2
		15		1.5，1	80				6，4，3，2，1.5
16			2	1.5，1			82		2
		17		1.5，1	90	85			
20	18				100	95			
	22		2.5	2，1.5，1	110	105			6，4，3，2
24			3	2，1.5，1			115	135	
		25		2，1.5，1			120	145	
		26		1.5	125	130			8，6，4，3，2
	27		3	2，1.5，1	140	150			
		28		2，1.5，1	160	170			
30			3.5	(3)，2，1.5，1	180	190			
	32			2，1.5	200	210			8，6，4，3
	33		3.5	(3)，2，1.5	220		230		
		35		1.5			240		
36			4	3，2，1.5	250	260	270		
		38		1.5	280		290		8，6，4
	39		4	3，2，1.5			300		
		40		3，2，1.5	**第三系列**				
42	45		4.5	4，3，2，1.5	155，　　165，　　175， 185，　　195，　　205， 215，225，235，245				6，4，3
48			5						
		50		3，2，1.5	255，275，285，295				6，4
	52		5	4，3，2，1.5					

注：1. 优先选用第一系列，其次是第二系列，第三系列尽可能不用。2. M14×1.25 仅用于火花塞；M35×15 仅用于滚动轴承锁紧螺母。3. 括号内的螺距应尽可能不用。

附表 2 　　　　　普通螺纹的基本尺寸（GB/T 196－2003）

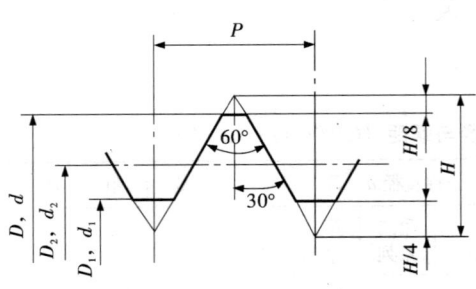

$$D_2 = D - 2 \times \frac{3}{8}H;$$

$$d_2 = d - 2 \times \frac{3}{8}H;$$

$$D_1 = D - 2 \times \frac{5}{8}H;$$

$$d_1 = d - 2 \times \frac{5}{8}H;$$

$$H = \frac{\sqrt{3}}{2}P = 0.866025404P_{\circ}$$

mm

公称直径 D、d	螺距 P	中径 D_2 或 d_2	小径 D_1 或 d_1	公称直径 D、d	螺距 P	中径 D_2 或 d_2	小径 D_1 或 d_1
1	0.25	0.838	0.729	8	1.25	7.188	6.647
	0.2	0.870	0.783		1	7.350	6.917
1.1	0.25	0.938	0.829		0.75	7.513	7.188
	0.2	0.970	0.883	9	1.25	8.188	7.647
1.2	0.25	1.038	0.929		1	8.350	7.917
	0.2	1.070	0.983		0.75	8.513	8.188
1.4	0.3	1.205	1.075	10	1.5	9.026	8.376
	0.2	1.270	1.183		1.25	9.188	8.647
1.6	0.35	1.373	1.221		1	9.350	8.917
	0.2	1.470	1.383		0.75	9.513	9.188
1.8	0.35	1.573	1.421	11	1.5	10.026	9.376
	0.2	1.670	1.583		1	10.350	9.917
2	0.4	1.740	1.567		0.75	10.513	10.188
	0.25	1.838	1.729	12	1.75	10.863	10.106
2.2	0.45	1.908	1.713		1.25	11.188	10.647
	0.25	2.038	1.929		1	11.350	10.917
2.5	0.45	2.208	2.013	14	2	12.701	11.835
	0.35	2.273	2.121		1.5	13.026	12.376
3	0.5	2.875	2.459		1.25	13.188	12.647
	0.35	2.773	2.621		1	13.350	12.917
3.5	0.6	3.110	2.850	15	1.5	14.026	13.376
	0.35	3.273	3.121		1	14.350	13.917
4	0.7	3.545	3.242	16	2	14.701	13.835
	0.5	3.675	3.459		1.5	15.026	14.376
4.5	0.75	4.013	3.688		1	15.350	14.917
	0.5	4.175	3.959	17	1.5	16.026	15.376
5	0.8	4.480	4.134		1	16.360	15.917
	0.5	4.675	4.459	18	2.5	16.376	15.294
5.5	0.5	5.175	4.959		2	16.701	15.835
6	1	5.350	4.917		1.5	17.026	16.376
	0.75	5.513	5.188		1	17.350	16.917
7	1	6.350	5.917				
	0.75	6.613	6.188				

附表 3 梯形螺纹直径与螺距系列、基本尺寸（GB/T 5796.2—2005，GB/T 5796.3—2005）

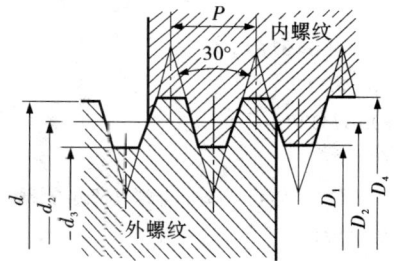

标记示例：

Tr40×7

Tr40×14(P7)LH

mm

| 公称直径 d | | 螺距 P | 中径 $d_2 = D_2$ | 大径 D_4 | 小 径 | | 公称直径 d | | 螺距 P | 中径 $d_2 = D_2$ | 大径 D_4 | 小 径 | |
第一系列	第二系列				d_3	D_1	第一系列	第二系列				d_3	D_1
8		1.5	7.25	8.30	6.30	6.50			3	24.50	26.50	22.50	23.00
	9	1.5	8.25	9.30	7.20	7.50		26	5	23.50	26.50	20.50	21.00
		2	8.00	9.50	6.50	7.00			8	22.00	27.00	17.00	18.00
10		1.5	9.25	10.30	8.20	8.50			3	26.50	28.50	24.50	25.00
		2	9.00	10.50	7.50	8.00	28		5	25.50	28.50	22.50	23.00
	11	2	10.00	11.50	8.50	9.00			8	24.00	29.00	19.00	20.00
		3	9.50	11.50	7.50	8.00			3	28.50	30.50	26.50	27.00
12		2	11.00	12.50	9.50	10.00		30	6	27.00	31.00	23.00	24.00
		3	10.50	12.50	8.50	9.00			10	25.00	31.00	19.00	20.00
	14	2	13.00	14.50	11.50	12.00			3	30.50	32.50	28.50	29.00
		3	12.50	14.50	10.50	11.00	32		6	29.00	33.00	25.00	26.00
16		2	15.00	16.50	13.50	14.00			10	27.00	33.00	21.00	22.00
		4	14.00	16.50	11.50	12.00			3	32.50	34.50	30.50	31.00
	18	2	17.00	18.50	15.50	16.00		34	6	31.00	35.00	27.00	28.00
		4	16.00	18.50	13.50	14.00			10	29.00	35.00	23.00	24.00
20		2	19.00	20.50	17.50	18.00			3	34.50	36.50	32.50	33.00
		4	18.00	20.50	15.50	16.00	36		6	33.00	37.00	29.00	30.00
	22	3	20.50	22.50	18.50	19.00			10	31.00	37.00	25.00	26.00
		5	19.50	22.50	16.50	17.00			3	36.50	38.50	34.50	35.00
		8	18.00	23.00	13.00	14.00		38	7	34.50	39.00	30.00	31.00
24		3	22.50	24.50	20.50	21.00			10	33.00	39.00	27.00	28.00
		5	21.50	24.50	18.50	19.00			3	38.50	40.50	36.50	37.00
		8	20.00	25.00	15.00	16.00	40		7	36.50	41.00	32.00	33.00
注：D 为内螺纹，d 为外螺纹									10	35.00	41.00	29.00	30.00

注：第三系列未收入。

291

附表 4　　　　　　**55°非螺纹密封的管螺纹**（GB/T 7307—2001）

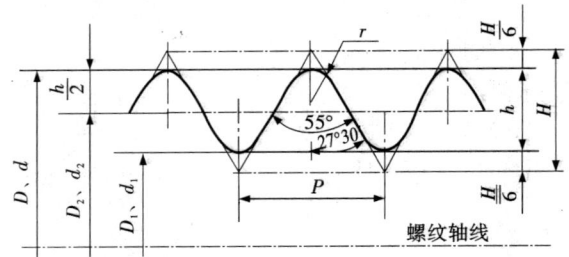

$H = 0.960491P$

$h = 0.640327P$

$r = 0.137329P$

标记示例：

尺寸代号为3/4、右旋、非螺纹密封的管螺纹，

标记为：G3/4

mm

尺寸代号	每25.4 mm内的牙数 n	螺距 P	基 本 尺 寸			尺寸代号	每25.4 mm内的牙数 n	螺距 P	基 本 尺 寸		
			大径 D、d	中径 D_2、d_2	小径 D_1、d_1				大径 D、d	中径 D_2、d_2	小径 D_1、d_1
1/8	28	0.907	9.728	9.147	8.566	$1\frac{1}{4}$		2.309	41.910	40.431	38.952
1/4	19	1.337	13.157	12.301	11.445	$1\frac{1}{2}$		2.309	47.303	46.324	44.845
3/8		1.337	16.662	15.806	14.950	$1\frac{3}{4}$		2.309	53.746	52.267	50.788
1/2	14	1.814	20.955	19.793	18.631	2	11	2.309	59.614	58.135	56.656
5/8		1.814	22.911	21.749	20.587	$2\frac{1}{4}$		2.309	65.710	64.231	62.752
3/4		1.814	26.441	25.279	24.117	$2\frac{1}{2}$		2.309	75.148	73.705	72.226
7/8		1.814	30.201	29.039	27.877	$2\frac{3}{4}$		2.309	81.534	80.055	78.576
1	11	2.309	33.249	31.770	30.291	3		2.309	87.884	86.405	84.926
$1\frac{1}{8}$		2.309	37.897	36.418	34.939	$3\frac{1}{2}$		2.309	100.330	98.851	97.372

附表5 用螺纹密封的管螺纹 { 1. 圆柱内螺纹与圆锥外螺纹（GB/T 7306.1—2000） 2. 圆锥内螺纹与圆锥外螺纹（GB/T 7306.2—2000）

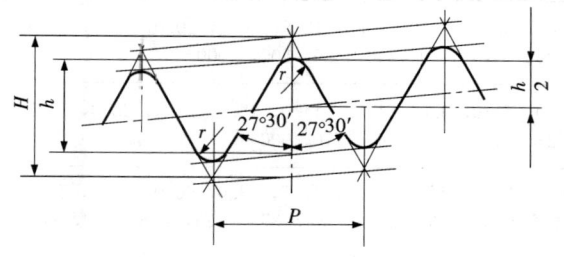
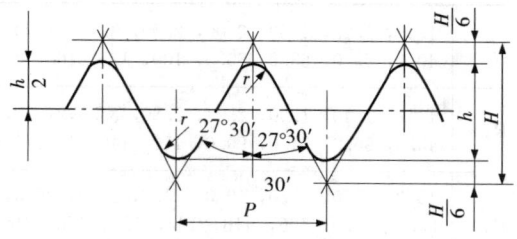

标记示例：

GB/T 7306.1

圆锥螺纹基本牙型

型

$$P=\frac{25.4}{n}$$

$H=0.960237P$

$h=0.640327P$

$r=0.137278P$

尺寸代号 3/4，右旋，圆柱内螺纹：$R_p 3/4$

尺寸代号 3，右旋，圆锥外螺纹：$R_1 3$

GB/T 7306.2

尺寸代号 3/4，左旋，圆锥内螺纹：$R_c 3/4LH$

尺寸代号 3，右旋，圆锥外螺纹：$R_2 3$

圆柱内螺纹基本牙型

$$P=\frac{25.4}{n}$$

$H=0.960491P$

$h=0.640327P$

$r=0.137329P$

$$\frac{H}{6}=0.160082P$$

mm

尺寸代号	每25.4mm内的牙数 n	螺距 P	牙高 h	圆弧半径 r	基面上的基本直径			基准距离（基本）	有效螺纹长度
					大径（基准直径）$d=D$	中径 $d_2=D_2$	小径 $d_1=D_1$		
1/16	28	0.907	0.581	0.125	7.723	7.142	6.561	4.0	6.5
1/8	28	0.907	0.581	0.125	9.728	9.147	8.566	4.0	6.5
1/4	19	1.337	0.856	0.184	13.157	12.301	11.445	6.0	9.7
3/8	19	1.337	0.856	0.184	16.662	15.806	14.950	6.4	10.1
1/2	14	1.814	1.162	0.249	20.955	19.793	18.631	8.2	13.2
3/4	14	1.814	1.162	0.249	26.441	25.279	24.117	9.5	14.5
1	11	2.309	1.479	0.317	33.249	31.770	30.291	10.4	16.8
$1\frac{1}{4}$	11	2.309	1.479	0.317	41.910	40.431	38.952	12.7	19.1
$1\frac{1}{2}$	11	2.309	1.479	0.317	47.803	46.324	44.845	12.7	19.1
2	11	2.309	1.479	0.317	59.614	58.135	56.656	15.9	23.4
$2\frac{1}{2}$	11	2.309	1.479	0.317	75.184	73.705	72.226	17.5	26.7
3	11	2.309	1.479	0.317	87.884	86.405	84.926	20.6	29.8
4	11	2.309	1.479	0.317	113.030	111.551	110.072	25.4	35.8
5	11	2.309	1.479	0.317	138.430	136.951	135.472	28.6	40.1
6	11	2.309	1.479	0.317	163.830	162.351	160.872	28.6	40.1

二、零件常见工艺结构和标准要素

附表 6　　　　　　　　　　标准尺寸（摘自 GB/T 2822－1981）　　　　　　　　　　mm

R10	1.00, 1.25, 1.60, 2.00, 2.50, 3.15, 4.00, 5.00, 6.30, 8.00, 10.0, 12.5, 16.0, 20.0, 25.0, 31.5, 40.0, 50.0, 63.0, 80.0, 100, 125, 160, 200, 250, 315, 400, 500, 630, 800, 1000
R20	1.12, 1.40, 1.80, 2.24, 2.80, 3.55, 4.50, 5.60, 7.10, 9.00, 11.2, 14.0, 18.0, 22.4, 28.0, 35.5, 45.0, 56.0, 71.0, 90.0, 112, 140, 180, 224, 280, 355, 450, 560, 710, 900
R40	13.2, 15.0, 17.0, 19.0, 21.2, 23.6, 26.5, 30.0, 33.5, 37.5, 42.5, 47.5, 53.0, 60.0, 67.0, 75.0, 85.0, 95.0, 106, 118, 132, 150, 170, 190, 212, 236, 265, 300, 335, 375, 425, 475, 530, 600, 670, 750, 850, 950

注：1. 本表仅摘录 1～100 mm 范围内优先数系 R 系列中的标准尺寸。

　　2. 使用时按优先顺序（$R10$、$R20$、$R40$）选取标准尺寸。

附表 7　　　　　　　　　　砂轮越程槽（摘自 GB/T 6403.5—1986）　　　　　　　　　　mm

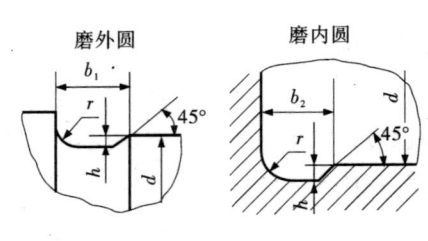

b_1	0.6	1.0	1.6	2.0	3.0	4.0	5.0	8.0	10
b_2	2.0	3.0		4.0		5.0		8.0	10
h	0.1	0.2		0.3		0.4	0.6	0.8	1.2
r	0.2	0.5		0.8		1.0	1.6	2.0	3.0
d	～10			>10～50		>50～100		>100	

注：1. 越程槽内二直线相交处，不允许产生尖角。

　　2. 越程槽深度 h 与圆弧半径 r，要满足 $r \leqslant 3h$。

　　3. 磨削具有整个直径的工作时，可使用同一规格的越程槽。

　　4. 直径 d 值大的零件，允许选择小规格的砂轮越程槽。

　　5. 砂轮越程槽的尺寸公差和表面粗糙度根据该零件的结构、性能确定。

附表 8　　　　　　　　　　零件倒圆与倒角（摘自 GB/T 6403.4－1986）　　　　　　　　　　mm

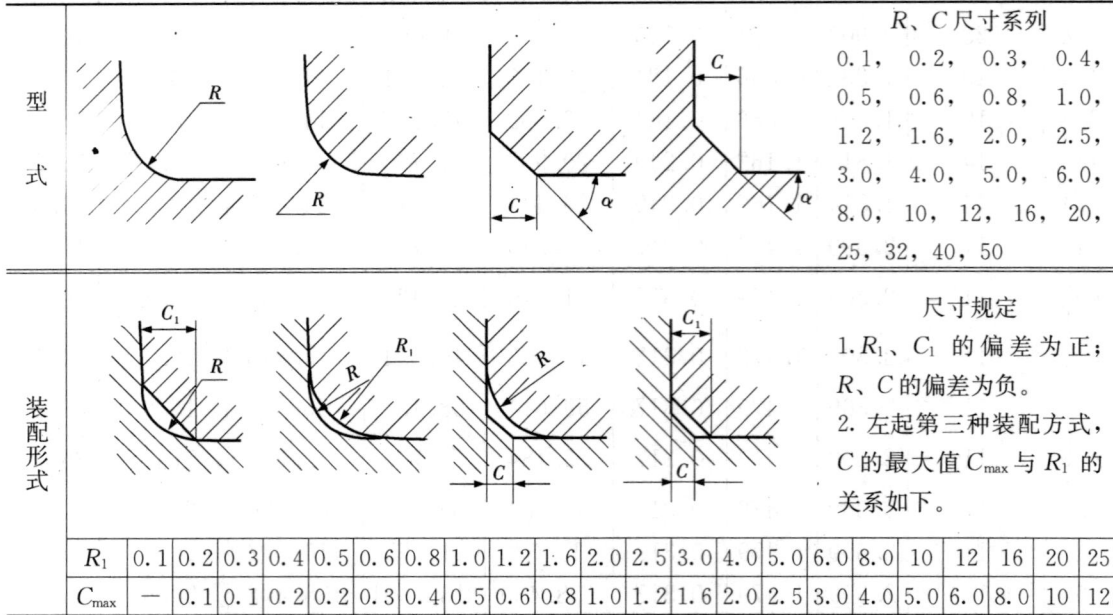

型式	R、C 尺寸系列
	0.1, 0.2, 0.3, 0.4, 0.5, 0.6, 0.8, 1.0, 1.2, 1.6, 2.0, 2.5, 3.0, 4.0, 5.0, 6.0, 8.0, 10, 12, 16, 20, 25, 32, 40, 50
装配形式	尺寸规定 1. R_1、C_1 的偏差为正；R、C 的偏差为负。 2. 左起第三种装配方式，C 的最大值 C_{max} 与 R_1 的关系如下。

R_1	0.1	0.2	0.3	0.4	0.5	0.6	0.8	1.0	1.2	1.6	2.0	2.5	3.0	4.0	5.0	6.0	8.0	10	12	16	20	25
C_{max}	—	0.1	0.1	0.2	0.2	0.3	0.4	0.5	0.6	0.8	1.0	1.2	1.6	2.0	2.5	3.0	4.0	5.0	6.0	8.0	10	12

附表9　　　　普通螺纹收尾、肩距、退刀槽、倒角（GB/T 3—1997）

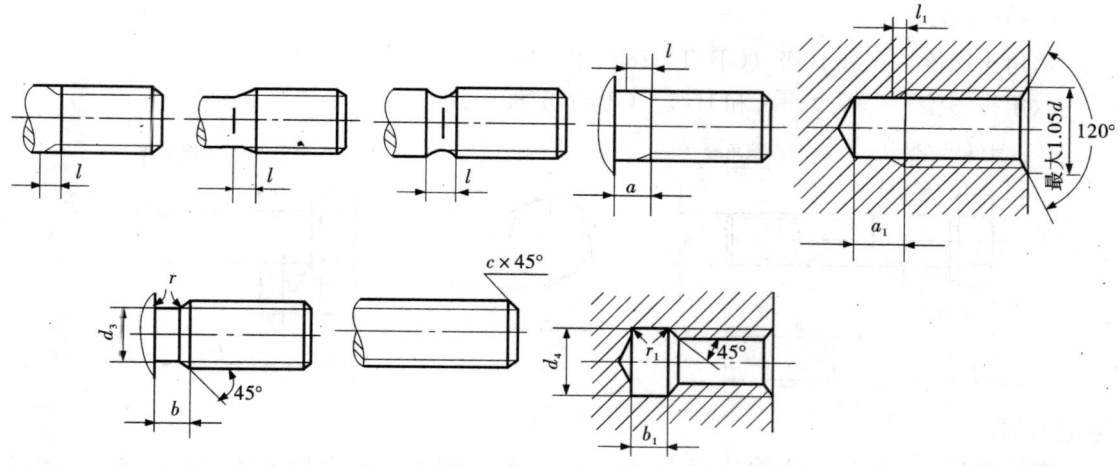

mm

螺距 P	粗牙螺纹大径 d	外　螺　纹						内　螺　纹				
		螺纹收尾 $l$max	肩距 a max	退刀槽			倒角 C	螺纹收尾 $l_1$max	肩距 a_1≮	退刀槽		
				b	r	d_3				b_1	r_1	d_4
0.2	—	0.5	0.6	—			0.2	0.4	1.2			
0.25	1, 1.2	0.6	0.75	0.75				0.5	1.5			—
0.3	1.4	0.75	0.9	0.9			0.3	0.6	1.8			
0.35	1.6, 1.8	0.9	1.05	1.05		$d-0.6$		0.7	2.2			
0.4	2	1	1.2	1.2		$d-0.7$	0.4	0.8	2.5			
0.45	2.2, 2.5	1.1	1.35	1.35		$d-0.7$		0.9	2.8			
0.5	3	1.25	1.5	1.5		$d-0.8$	0.5	1	3	2		
0.6	3.5	1.5	1.8	1.8		$d-1$		1.2	3.2			
0.7	4	1.75	2.1	2.1		$d-1.1$	0.6	1.4	3.5			$d+0.3$
0.75	4.5	1.9	2.25	2.25		$d-1.2$		1.5	3.8	3		
0.8	5	2	2.4	2.4		$d-1.3$	0.8	1.6	4			
1	6,7	2.5	3	3		$d-1.6$	1	2	5	4		
1.25	8	3.2	4	3.75	0.5P	$d-2$	1.2	2.5	6	5	0.5P	
1.5	10	3.8	4.5	4.5		$d-2.3$	1.5	3	7	6		
1.75	12	4.3	5.3	5.25		$d-2.6$		3.5	9	7		
2	14,16	5	6	6		$d-3$	2	4	10	8		
2.5	18, 20, 22	6.3	7.5	7.5		$d-3.6$		5	12	10		
3	24, 27	7.5	9	9		$d-4.4$	2.5	6	14	12		$d+0.5$
3.5	30, 33	9	10.5	10.5		$d-5$		7	16	14		
4	36, 39	10	12	12		$d-5.7$	3	8	18	16		
4.5	42, 45	11	13.5	13.5		$d-6.4$		9	21	18		
5	48, 52	12.5	15	15		$d-7$	4	10	23	20		
5.5	56, 60	14	16.5	17.5		$d-7.7$		11	25	22		
6	64, 68	15	18	18		$d-8.3$	5	12	28	24		

说明：1. 本表只列入 l、a、b、l_1、a_1、b_1 的一般值；长的、短的和窄的数值未列入。

　　　2. 肩距 a（a_1）是螺纹收尾 l（l_1）加螺纹空白的总长。

　　　3. 外螺纹倒角和退刀槽过渡角一般按 45°，也可按 60° 或 30°，当螺纹按 60° 或 30° 倒角时，倒角深度约等于螺纹深度，内螺纹倒角一般是 120° 锥角，也可以是 90° 锥角。

　　　4. 细牙螺纹按本表螺距 P 选用。

三、常用的标准件

（一）螺栓

六角头螺栓—A 和 B 级（GB/T 5782－2000）

六角头螺栓—全螺纹—A 和 B 级（GB/T 5783－2000）

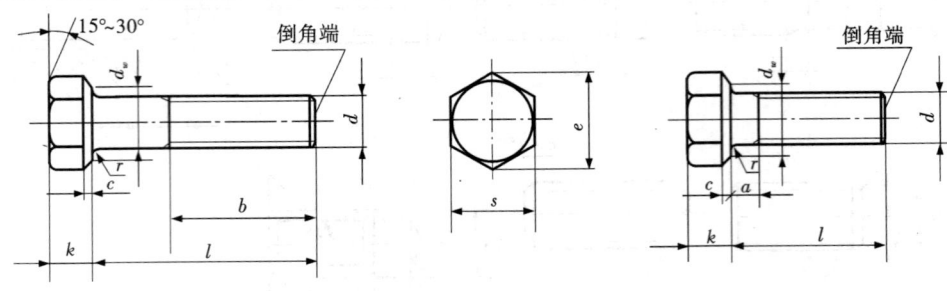

标记示例：

螺纹规格 d＝M12、公称长度 l＝80 mm、A 级的六角头螺栓，标记为：螺栓 GB/T 5782　M12×80

附表 10   mm

螺纹规格 d			M3	M4	M5	M6	M8	M10	M12	M16	M20	M24
b 参考	$l\leqslant125$		12	14	16	18	22	26	30	38	46	54
	$125<l\leqslant200$		18	20	22	24	28	32	36	44	52	60
	$l>200$		31	33	35	37	41	45	49	57	65	73
c max	GB/T 5782 GB/T 5783		0.4	0.4	0.5	0.5	0.6	0.6	0.6	0.8	0.8	0.8
$d_w$min	GB/T 5782	A	4.57	5.88	6.88	8.88	11.63	14.63	16.63	22.49	28.19	33.61
	GB/T 5783	B	4.45	5.74	6.74	8.74	11.47	14.47	16.47	22	27.7	33.25
e min	GB/T 5782	A	6.01	7.66	8.79	11.05	14.38	17.77	20.03	26.75	33.53	39.98
	GB/T 5783	B	5.88	7.50	8.63	10.89	14.20	17.59	19.85	26.17	32.95	39.55
k 公称	GB/T 5782 GB/T 5783		2	2.8	3.5	4	5.3	6.4	7.5	10	12.5	15
r min	GB/T 5782 GB/T 5783		0.1	0.2	0.2	0.25	0.4	0.4	0.6	0.6	0.8	0.8
s 公称	GB/T 5782 GB/T 5783		5.5	7	8	10	13	16	18	24	30	36
a max	GB/T 5783		1.5	2.1	2.4	3	4	4.5	5.3	6	7.5	9
l 公称	商品规格范围	GB/T 5782	20～30	25～40	25～50	30～60	40～80	45～100	50～120	65～160	80～200	90～240
		GB/T 5783	6～30	8～40	10～50	12～60	16～80	20～100	25～120	30～200	40～200	50～200
	系列值		6，8，10，12，16，20，25，30，35，40，45，50，55，60，65，70，80，90，100，110，120，130，140，150，160，180，200，220，240，260，280，300，320，340，360									

（二）双头螺柱

$b_m=1d$（GB/T 897—1988）、$b_m=1.25d$（GB/T 898—1988）、$b_m=1.5d$（GB/T 899—1988）、$b_m=2d$（GB/T 900—1988）

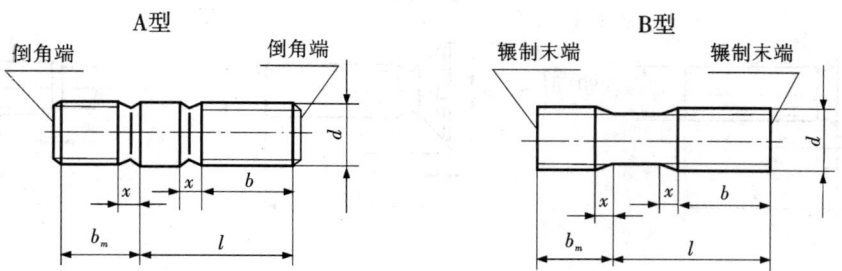

标记示例：1. 两端均为粗牙普通螺纹，$d=10$ mm、$l=50$ mm、B 型、$b_m=1d$，标记为：螺柱 GB/T 897 M10×50

2. 旋入端为粗牙普通螺纹，旋螺母端为细牙普通螺纹（$P=1$），$d=10$ mm、$l=50$ mm、A 型、$b_m=1d$，标记为：螺柱 GB/T 897 AM10—M10×1×50

附表 11   mm

螺纹规格 d		M5	M6	M8	M10	M12	M16	M20	M24	M30	M36	M42	M48
b_m	GB/T 897—1988	5	6	8	10	12	16	20	24	30	36	42	48
	GB/T 898—1988	6	8	10	12	15	20	25	30	38	45	52	60
	GB/T 899—1988	8	10	12	15	18	24	30	36	45	54	65	72
	GB/T 900—1988	10	12	16	20	24	32	40	48	60	72	84	96
x max		1.5P											
l（长度系列）		b											
16													
(18)		10											
20			10	12									
(22)													
25					14	16							
(28)			14	16									
30													
(32)					16		20						
35		16				20							
(38)								25					
40													
45													
50			18				30		30				
(55)				22				35					
60										40			
(65)									45		45		
70					26							50	
(75)						30							
80										50			
(85)							38						60
90								46			60	70	
(95)									54				80
100										60			
110													
120											78	90	102
130			32										
180				36	44	52	60	72	84	96	108		

297

（三）螺钉

开槽圆头螺钉（GB/T 65-2000）　　开槽沉头螺钉（GB/T 68-2000）

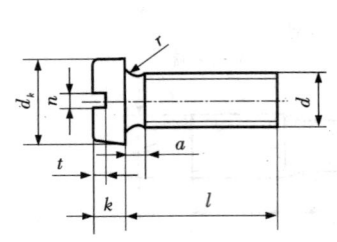
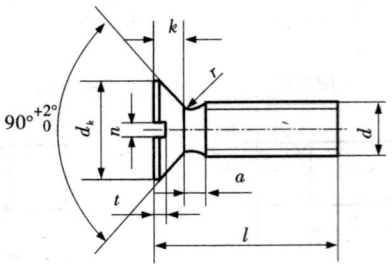
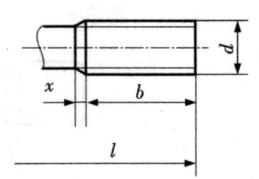

标记示例：

螺纹规格 d＝M5、公称长度 l＝20 mm 的开槽圆头螺钉，标记为：螺钉　GB/T 65M5×20

附表 12　　　　　　　　　　　　　　　　　　　　　　　　　　　　　　mm

螺 纹 规 格 d		M1.6	M2	M2.5	M3	M4	M5	M6	M8	M10
P	GB/T 65—2000	0.35	0.4	0.45	0.5	0.7	0.8	1	1.25	1.5
	GB/T 68—2000									
b min	GB/T 65—2000				25				38	
	GB/T 68—2000									
d_k max	GB/T 65—2000	3	3.8	4.5	5.5	7	8.5	10	13	16
	GB/T 68—2000	3.6	4.4	5.5	6.3	9.4	10.4	12.6	17.3	20
k max	GB/T 65—2000	1.1	1.4	1.8	2	2.6	3.3	3.9	5	6
	GB/T 68—2000	1	1.2	1.5	1.65	2.7	2.7	3.3	4.65	5
n 公称	GB/T 65—2000	0.4	0.5	0.6	0.8	1.2	1.2	1.6	2	2.5
	GB/T 68—2000									
r　min	GB/T 65—2000	0.1	0.1	0.1	0.1	0.2	0.2	0.25	0.4	0.4
r　max	GB/T 68—2000	0.4	0.5	0.6	0.8	1	1.3	1.5	2	2.5
t min	GB/T 65—2000	0.45	0.6	0.7	0.85	1.1	1.3	1.6	2	2.4
	GB/T 68—2000	0.32	0.4	0.5	0.6	1	1.1	1.2	1.8	2

l 公称			M1.6	M2	M2.5	M3	M4	M5	M6	M8	M10
	商品规格范围	GB/T 65—2000	2～16	3～20	3～25	4～30	5～40	6～50	8～60	10～80	12～80
		GB/T 68—2000	2.5～16	3～20	4～25	5～30	6～40	8～50			
	全螺纹范围	GB/T 65—2000	l≤30					l≤40			
		GB/T 68—2000	l≤30					l≤45			
	系列值		2, 2.5, 3, 4, 5, 6, 8, 10, 12, (14), 16, 20, 25, 30, 35, 40, 45, 50, (55), 60, (65), 70, (75), 80								

（四）紧定螺钉

开槽锥端紧定螺钉
（GB/T 71-1985）

开槽平端紧定螺钉
（GB/T 73-1985）

开槽长圆柱端紧定螺钉
（GB/T 75-1985）

标记示例：

螺纹规格 d＝M5、公称长度 l＝12 mm 的开槽锥端紧定螺钉，标记为：螺钉　GB/T71 M5×12

附表 13

mm

螺　纹　规　格　d		M1.2	M1.6	M2	M2.5	M3	M4	M5	M6	M8	M10	M12
P	GB/T 71、GB/T 73	0.25	0.35	0.4	0.5	0.5	0.7	0.8	1	1.25	1.5	1.75
	GB/T 75	—										
d_t	GB/T 71	0.12	0.16	0.2	0.25	0.3	0.4	0.5	1.5	2	2.5	3
$d_p$max	GB/T 71、GB/T 73	0.6	0.8	1	1.5	2	2.5	3.5	4	5.5	7	8.5
	GB/T 75											
n公称	GB/T 71、GB/T 73	0.2	0.25	0.25	0.4	0.4	0.6	0.8	1	1.2	1.6	2
	GB/T 75	—										
t min	GB/T 71、GB/T 73	0.4	0.56	0.64	0.72	0.8	1.12	1.28	1.6	2	2.4	2.8
	GB/T 75	—										
$z$min	GB/T 75		0.8	1	1.2	1.5	2	2.5	3	4	5	6
倒角和锥顶角	GB/T 71 120°	l＝2	l≤2.5		l≤3		l≤4	l≤5	l≤6	l≤8	l≤10	l≤12
	GB/T 71 90°	l≥2.5	l≥3		l≥4		l≥5	l≥6	l≥8	l≥10	l≥12	l≥14
	GB/T 73 120°	—	l≤2	l≤2.5		l≤3		l≤5	l≤6		l≤8	l≤10
	GB/T 73 90°	l≥2	l≥2.5	l≥3		l≥4		l≥5	l≥6		l≥8	l≥10	l≥12
	GB/T 75 120°		l≤2.5	l≤3	l≤4	l≤5	l≤6	l≤8	l≤10	l≤14	l≤16	l≤20
	GB/T 75 90°		l≥3	l≥4	l≥5	l≥6	l≥8	l≥10	l≥12	l≥20	l≥25	
l公称	商品规格范围 GB/T 71	2～6	2～8	3～10	3～12	4～16	6～20	8～25	8～30	10～40	12～50	14～60
	商品规格范围 GB/T 73			2～10	2.5～12	13～16	4～20	5～25	6～30	8～40	10～50	12～60
	商品规格范围 GB/T 75	—	2.5～8	3～10	4～12	5～16	6～20	8～25	8～30	10～40	12～50	14～60
	系列值	2，2.5，3，4，5，6，8，10，12，(14)，16，20，25，30，35，40，45，50，(55)，60											

（五）螺母

1 型六角螺母—C 级（GB/T 41—2000）

1 型六角螺母—A 和 B 级（GB/T 6170—2000）

六角薄螺母—A 和 B 级—倒角（GB/T 6172.1—2000）

2 型六角螺母—A 和 B 级（GB/T 6175—2000）

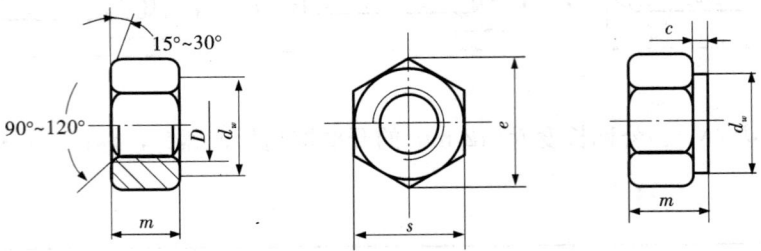

标记示例：

螺纹规格 D＝12 mm 的 1 型、C 级六角螺母，标记为：螺母 GB/T 41　M12

附表 14　　　　　　　　　　　　　　　　　　　　　　　　　　　　　　mm

螺纹规格 D		M1.6	M2	M2.5	M3	M4	M5	M6	M8	M10	M12	M16	M20	M24	M30	M36
c max	GB/T 6170	0.2	0.2	0.3	0.4	0.4	0.5	0.5	0.6	0.6	0.6	0.8	0.8	0.8	0.8	0.8
	GB/T 6175	—	—	—	—	—										
d_w min	GB/T 41	—	—	—	—	—	6.7	8.7	11.5	14.5	16.5	22	27.7	33.3	42.8	51.1
	GB/T 6170	2.4	3.1	4.1	4.6	5.9	6.9	8.9	11.6	14.6	16.6	22.5	27.7	33.2	42.7	51.1
	GB/T 6172.1															
	GB/T 6175	—	—	—	—	—										
e min	GB/T 41	—	—	—	—	—	8.63	10.98	14.20	17.59	19.85	26.17				
	GB/T 6170	3.41	4.32	5.45	6.01	7.66	8.79	11.05	14.38	17.77	20.03	26.75	32.95	39.55	50.85	60.79
	GB/T 6172.1															
	GB/T 6175	—	—	—	—	—										
m max	GB/T 41	—	—	—	—	—	5.6	6.4	7.9	9.5	12.2	15.9	19	22.3	26.4	31.9
	GB/T 6170	1.3	1.6	2	2.4	3.2	4.7	5.2	6.8	8.4	10.8	14.8	18	21.5	25.6	31
	GB/T 6172.1	1	1.2	1.6	1.8	2.2	2.7	3.1	4	5	6	8	10	12	15	18
	GB/T 6175						5.1	5.7	7.5	9.3	12	16.4	20.3	23.9	28.6	34.7
s max	GB/T 41						8	10	13	16	18	24	30	36	46	55
	GB/T 6170	3.2	4	5	5.5	7										
	GB/T 6172.1															
	GB/T 6175	—	—	—	—	—										

（六）垫圈

小垫圈—A 级（GB/T 848—2002）、平垫圈—A 级（GB/T 97.1—2002）、平垫圈-倒角型—A 级（GB/T 97.2—2002）、平垫圈—C 级（GB/T 95—2002）

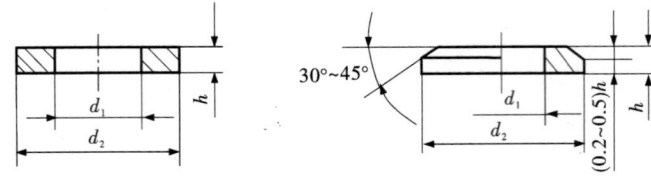

标记示例：标准系列，公称尺寸 $d=8$ mm、性能等级为140HV 的 A 级平垫圈，标记为：

垫圈 GB/T 97.1┌8－140HV

附表15

mm

公称尺寸（螺纹规格 d）		4	5	6	8	10	12	14	16	20	24	30	36
d_1 公称 (min)	GB/T 848－2002	4.3											
	GB/T 97.1－2002		5.3	6.4	8.4	10.5	13	15	17	21	25	31	37
	GB/T 97.2－2002	—											
	GB/T 95－2002												
d_2 公称 (max)	GB/T 848－2002	8	9	11	15	18	20	24	28	34	39	50	60
	GB/T 97.1－2002	9											
	GB/T 97.2－2002		10	12	16	20	24	28	30	37	44	56	66
	GB/T 95－2002	—											
h 公称 (max)	GB/T 848－2002	0.5		1.6			2		2.5		3		
	GB/T 97.1－2002	0.8	1								4		5
	GB/T 97.2－2002	—		1.6		2		2.5		3			
	GB/T 95－2002												

标准弹簧垫圈（GB/T 93－1987）

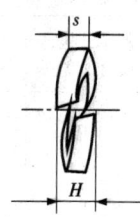 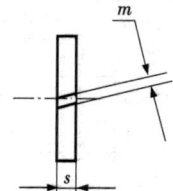 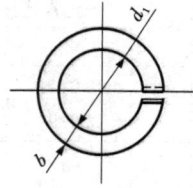

标记示例：标准系列，公称尺寸 $d=16$ mm 的弹簧垫圈，标记为：垫圈 GB/T 93 16

附表16

mm

公称尺寸（螺纹规格 d）	2	2.5	3	4	5	6	8	10	12	16	20	24	30	36	42	48
d_1 min	2.1	2.6	3.1	4.1	5.1	6.1	8.1	10.2	12.2	16.2	20.2	24.5	30.5	36.5	42.5	48.5
$s(b)$ 公称	0.5	0.65	0.8	1.1	1.3	1.6	2.1	2.6	3.1	4.1	5	6	7.5	9	10.5	12
H max	1	1.3	1.6	2.2	2.6	3.2	4.2	5.2	6.2	8.2	10	12	15	18	21	24
$m\leqslant$	0.25	0.33	0.4	0.55	0.65	0.8	1.05	1.3	1.55	2.05	2.5	3	3.75	4.5	5.25	6

（七）键

平键 键槽的剖面尺寸（GB/T 1095—2003）

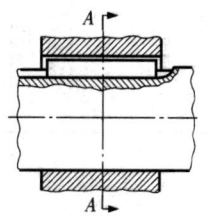 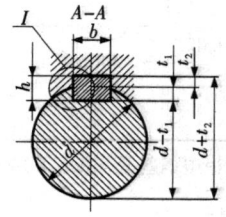 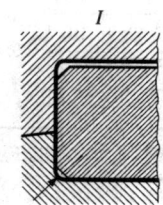

普通平键的型式尺寸（GB/T 1096—2003）

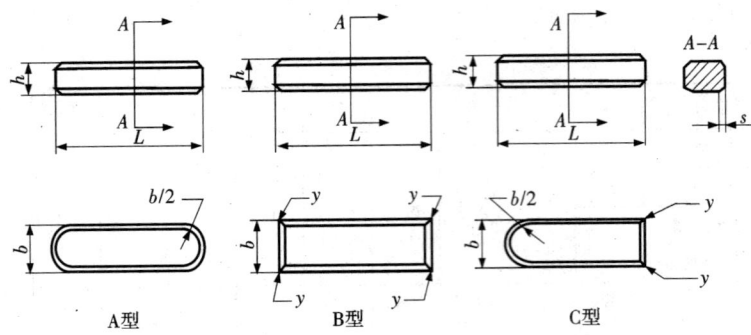

A型　　　　　B型　　　　　C型

标记示例：

　　$b=18$ mm，$h=11$ mm，$l=100$ mm 的标记：

　　普通 A 型平键，GB/T 1096 键　18×11×100

　　普通 B 型平键，GB/T 1096 键　B18×11×100

　　普通 C 型平键，GB/T 1096 键　C18×11×100

附表 17　　　　　　　　　　　　普通平键槽的尺寸和公差　　　　　　　　　　　mm

轴		键 槽										
		宽 度 b					深 度				半径 r	
			极限偏差				轴 t_1		毂 t_2			
公称直径 d	键尺寸 $b×h$	基本尺寸	正常连接		紧密连接	松连接		基本尺寸	极限偏差	基本尺寸	极限偏差	
			轴 N9	毂 JS9	轴和毂 P9	轴 H9	毂 D10					min	max
自 6～8	2×2	2	−0.004 −0.029	±0.0125	−0.006 −0.031	+0.025 0	+0.060 +0.020	1.2	+0.1 0	1.0	+0.1 0	0.08	0.16
<8～10	3×3	3						1.8		1.4		
<10～12	4×4	4	0 −0.030	±0.015	−0.012 −0.042	+0.030 0	+0.078 +0.030	2.5		1.8		0.16	0.25
<12～17	5×5	5						3.0		2.3		
<17～22	6×6	6						3.5		2.8		
<22～30	8×7	8	0 −0.036	±0.018	−0.015 −0.051	+0.036 0	+0.098 +0.040	4.0		3.3		
<30～38	10×8	10						5.0		3.3		
<38～44	12×8	12						5.0		3.3		0.25	0.40
<44～50	14×9	14	0 −0.043	±0.0215	−0.018 −0.061	+0.043 0	+0.120 +0.050	5.5	+0.2 0	3.8	+0.2 0	
<50～58	16×10	16						6.0		4.3		
<58～65	18×11	18						7.0		4.4		
<65～75	20×12	20	0 −0.052	±0.026	−0.022 −0.074	+0.052 0	+0.149 +0.065	7.5		4.9		
<75～85	22×14	22						9.0		5.4		0.40	0.60
<85～95	25×14	25						9.0		5.4		
<95～110	28×16	28						10.0		6.4		
<110～130	32×18	32						11.0		7.4		
<130～150	36×20	36	0 −0.062	±0.031	−0.026 −0.088	+0.062 0	+0.180 +0.080	12.0		8.4		
<150～170	40×22	40						13.0		9.4		0.70	1.00
<170～200	45×25	45						15.0		10.4		
<200～230	50×28	50						17.0		11.4		

注：长度 L 的基本尺寸、标准长度范围和极限偏差请查 GB/T 1096—2003。

（八）销

圆锥销（GB/T 117—2000）

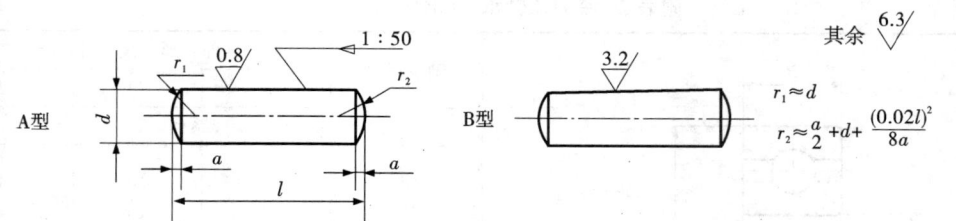

A型 B型 其余 $\sqrt{\dfrac{6.3}{}}$

$r_1 \approx d$

$r_2 \approx \dfrac{a}{2} + d + \dfrac{(0.02l)^2}{8a}$

标记示例：公称直径 $d=10$ mm、公称长度 $l=60$ mm、材料为 35 钢、热处理硬度为（28～38）HRC、表面氧化的 A 型圆锥销，标记为：销 GB/T 117　10×60；如为 B型，则标记为：销 GB/T 117　B10×60

附表 18　　　　　　　　　　　　　　　　　　　　　　　　　　　　　　　　mm

d（公称）	0.6	0.8	1	1.2	1.5	2	2.5	3	4	5
$a\approx$	0.08	0.1	0.12	0.16	0.2	0.25	0.3	0.4	0.5	0.63
l（商品规格范围公称长度）	4～8	5～12	6～16	6～20	8～24	10～35	10～35	12～45	14～55	18～60
d（公称）	6	8	10	12	16	20	25	30	40	50
$a\approx$	0.8	1	1.2	1.6	2	2.5	3	4	5	6.3
l（商品规格范围公称长度）	22～90	22～120	26～160	32～180	40～200	45～200	50～200	55～200	60～200	65～200
l 系列	2，3，4，5，6，8，10，12，14，16，18，20，22，24，26，28，30，32，35，40，45，50，55，60，65，70，75，80，85，90，95，100，120，140，160，180，200									

圆柱销　不淬硬钢和奥氏体不锈钢（GB/T 119.1—2000）　淬硬钢和马氏体不锈钢（GB/T 119.2—2000）

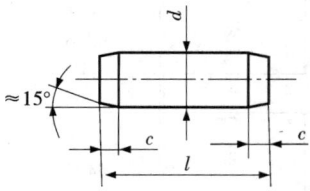

标记示例：公称直径 $d=10$ mm、公差为 m6、公称长度 $l=60$ mm、材料为钢、不经淬硬、不经表面处理的圆柱销，标记为：销 GB/T 119.1　10 m6×60

附表 19　　　　　　　　　　　　　　　　　　　　　　　　　　　　　　　　mm

d（公称）	0.6	0.8	1	1.2	1.5	2	2.5	3	4	5
$c\approx$	0.12	0.16	0.20	0.25	0.30	0.35	0.40	0.50	0.63	0.80
l（商品规格范围公称长度）	2～6	2～8	4～10	4～12	4～16	6～20	6～24	8～30	8～40	10～50
d（公称）	6	8	10	12	16	20	25	30	40	50
$c\approx$	1.2	1.6	2	2.5	3	3.5	4	5	6.3	8
l（商品规格范围公称长度）	12～60	14～80	18～95	22～140	26～180	35～200	50～200	60～200	80～200	95～200
l 系列	2，3，4，5，6，8，10，12，14，16，18，20，22，24，26，28，30，32，35，40，45，50，55，60，65，70，75，80，85，90，95，100，120，140，160，180，200									

（九）轴承

附表 20 深沟球轴承（GB/T 276－1994）

60000 型

轴承代号	外 形 尺 寸/mm		
	d	D	B
03 系列			
633	3	13	5
634	4	16	5
635	5	19	6
6300	10	35	11
6301	12	37	12
6302	15	42	13
6303	17	47	14
6304	20	52	15
63/22	22	56	16
6305	25	62	17
63/28	28	68	18
6306	30	72	19
63/32	32	75	20
6307	35	80	21
6308	40	90	23
6309	45	100	25
6310	50	110	27
6311	55	120	29
6312	60	130	31
6313	65	140	33
6314	70	150	35
6315	75	160	37
6316	80	170	39
6317	85	180	41
6318	90	190	43

轴承代号	外 形 尺 寸/mm		
	d	D	B
10 系列			
608	8	22	7
609	9	24	7
6000	10	26	8
6001	12	28	8
6002	15	32	9
6003	17	35	10
6004	20	42	12
60/22	22	44	12
6005	25	47	12
60/28	28	52	12
6006	30	55	13
60/32	32	58	13
6007	35	62	14
6008	40	68	15
6009	45	75	16
6010	50	80	16
6011	55	90	18
6012	60	95	18

02 系列			
625	5	16	5
626	6	19	6
627	7	22	7
628	8	24	8
629	9	26	8
6200	10	30	9
6201	12	32	10
6202	15	35	11
6203	17	40	12
6204	20	47	14
6205	25	52	15
62/28	28	58	16
6206	30	62	16
62/32	32	65	17
6207	35	72	17
6208	40	80	18
6209	45	85	19
6210	50	90	20
6211	55	100	21
6212	60	110	22

04 系列			
6404	20	72	19
6405	25	80	21
6406	30	90	23
6407	35	100	25
6408	40	110	27
6409	45	120	29
6410	50	130	31
6411	55	140	33
6412	60	150	35
6413	65	160	37
6414	70	180	42
6415	75	190	45
6416	80	200	48
6417	85	210	52
6418	90	225	54
6419	95	240	55
6420	100	250	58

304

圆锥滚子轴承（GB/T 297—1994）

30000型

轴承代号	尺 寸/mm				
	d	D	T	B	C
13 系列					
31305	25	62	18.25	17	13
31306	30	72	20.75	19	14
31307	35	80	22.75	21	15
31308	40	90	25.25	21	17
31309	45	100	27.25	25	18
31310	50	110	29.25	27	19
31311	55	120	31.5	29	21
31312	60	130	33.5	31	22
31313	65	140	36	33	23
31314	70	150	38	35	25
31315	75	160	40	37	26

轴承代号	尺 寸/mm				
	d	D	T	B	C
02 系列					
30202	15	35	11.75	11	10
30203	17	40	13.25	12	11
30204	20	47	15.25	14	12
30205	25	52	16.25	15	13
30206	30	62	17.25	16	14
302/32	32	65	18.25	17	15
30207	35	72	18.25	17	15
30208	40	80	19.75	18	16
30209	45	85	20.75	19	16
30210	50	90	21.75	20	17
30211	55	100	22.75	21	18
30212	60	110	23.75	22	19
30213	65	120	24.75	23	20
30214	70	125	26.25	24	21
30215	75	130	27.25	25	22

轴承代号	尺 寸/mm				
	d	D	T	B	C
20 系列					
32004	20	42	15	15	12
320/22	22	44	15	15	11.5
32005	25	47	15	15	11.5
320/28	28	52	16	16	12
32006	30	55	17	17	13
320/32	32	58	17	17	13
32007	35	62	18	18	14
32008	40	68	19	19	14.5
32009	45	75	20	20	15.5
32010	50	80	20	20	15.5
32011	55	90	23	23	17.5
32012	60	95	23	23	17.5
32013	65	100	23	23	17.5
32014	70	110	25	25	19
32015	75	115	25	25	19

轴承代号	尺 寸/mm				
03 系列					
30302	15	42	14.25	13	11
30303	17	47	15.25	14	12
30304	20	52	16.25	15	13
30305	25	62	18.25	17	15
30306	30	72	20.75	19	16
30307	35	80	22.75	21	18
30308	40	90	25.75	23	20
30309	45	100	27.25	25	22
30310	50	110	29.25	27	23
30311	55	120	31.5	29	25
30312	60	130	33.5	31	26
30313	65	140	36	33	28
30314	70	150	38	35	30
30315	75	160	40	37	31

轴承代号	尺 寸/mm				
22 系列					
32203	17	40	17.25	16	14
32204	20	47	19.25	16	15
32205	25	52	19.25	18	16
32206	30	62	21.25	20	17
32207	35	72	24.25	23	19
32208	40	80	24.75	23	19
32209	45	85	24.75	23	19
32210	50	90	24.75	23	19
32211	55	100	26.75	25	21
32212	60	110	26.75	28	24
32213	65	120	29.75	31	27
32214	70	125	33.25	31	27
32215	75	130	33.25	31	27

推力球轴承 (GB/T 301—1995)

51000型

轴承代号	尺 寸/mm			
	d	d_1	D	T
12 系列				
51213	65	67	100	27
51214	70	72	105	27
51215	75	77	110	27
51216	80	82	115	28
51217	85	88	125	31
51218	90	93	135	35
51220	100	103	150	38
13 系列				
51304	20	22	47	18
51305	25	27	52	18
51306	30	32	60	21
51307	35	37	68	24
51308	40	42	78	26
51309	45	47	85	28
51310	50	52	95	31
51311	55	57	105	35
51312	60	62	110	35
51313	65	67	115	36
51314	70	72	125	40
51315	75	77	135	44
51316	80	82	140	44
51317	85	88	150	49
51318	90	93	155	50
51320	100	103	170	55
14 系列				
51405	25	27	60	24
51406	30	32	70	28
51407	35	37	80	32
51408	40	42	90	36
51409	45	47	100	39
51410	50	52	110	43
51411	55	57	120	48
51412	60	62	130	51
51413	65	67	140	56
51414	70	72	150	60
51415	75	77	160	65
51416	80	82	170	68
51417	85	88	180	72
51418	90	93	190	77
51420	100	103	210	85

轴承代号	尺 寸/mm			
	d	d_1	D	T
11 系列				
51100	10	11	24	9
51101	12	13	26	9
51102	15	16	28	9
51103	17	18	30	9
51104	20	21	35	10
51105	25	26	42	11
51106	30	32	47	11
51107	35	37	52	12
51108	40	42	60	13
51109	45	47	65	14
51110	50	52	70	14
51111	55	57	78	16
51112	60	62	85	17
51113	65	67	90	18
51114	70	72	95	18
51115	75	77	100	19
51116	80	82	105	19
51117	85	87	110	19
51118	90	92	120	22
51120	100	102	135	25
12 系列				
51200	10	12	26	11
51201	12	14	28	11
51202	15	17	32	12
51203	17	19	35	12
51204	20	22	40	14
51205	25	27	47	15
51206	30	32	52	16
51207	35	37	62	18
51208	40	42	68	19
51209	45	47	73	20
51210	50	52	78	22
51211	55	57	90	25
51212	60	62	95	26

四、极限与配合

附表 23　　　　　标准公差数值（GB/T 1800.3—1998）

基本尺寸 mm		标准公差等级																	
大于	至	IT1	IT2	IT3	IT4	IT5	IT6	IT7	IT8	IT9	IT10	IT11	IT12	IT13	IT14	IT15	IT16	IT17	IT18
		μm											mm						
—	3	0.8	1.2	2	3	4	6	10	14	25	40	60	0.1	0.14	0.25	0.4	0.6	1	1.4
3	6	1	1.5	2.5	4	5	8	12	18	30	48	75	0.12	0.18	0.3	0.48	0.75	1.2	1.8
6	10	1	1.5	2.5	4	6	9	15	22	36	58	90	0.15	0.22	0.36	0.58	0.9	1.5	2.2
10	18	1.2	2	3	5	8	11	18	27	43	70	110	0.18	0.27	0.43	0.7	1.1	1.8	2.7
18	30	1.5	2.5	4	6	9	13	21	33	52	84	130	0.21	0.33	0.52	0.84	1.3	2.1	3.3
30	50	1.5	2.5	4	7	11	16	25	39	62	100	160	0.25	0.39	0.62	1	1.6	2.5	3.9
50	80	2	3	5	8	13	19	30	46	74	120	190	0.3	0.46	0.74	1.2	1.9	3	4.6
80	120	2.5	4	6	10	15	22	35	54	87	140	220	0.35	0.54	0.87	1.4	2.2	3.5	5.4
120	180	3.5	5	8	12	18	25	40	63	100	160	250	0.4	0.63	1	1.6	2.5	4	6.3
180	250	4.5	7	10	14	20	29	46	72	115	185	290	0.46	0.72	1.15	1.85	2.9	4.6	7.2
250	315	6	8	12	16	23	32	52	81	130	210	320	0.52	0.81	1.3	2.1	3.2	5.2	8.1
315	400	7	9	13	18	25	36	57	89	140	230	360	0.57	0.89	1.4	2.3	3.6	5.7	8.9
400	500	8	10	15	20	27	40	63	97	155	250	400	0.63	0.97	1.55	2.5	4	6.3	9.7
500	630	9	11	16	22	32	44	70	110	175	280	440	0.7	1.1	1.75	2.8	4.4	7	11
630	800	10	13	18	25	36	50	80	125	200	320	500	0.8	1.25	2	3.2	5	8	12.5
800	1000	11	15	21	28	40	56	90	140	230	360	560	0.9	1.4	2.3	3.6	5.6	9	14
1000	1250	13	18	24	33	47	66	105	165	260	420	660	1.05	1.65	2.6	4.2	6.6	10.5	16.5
1250	1600	15	21	29	39	55	78	125	195	310	500	780	1.25	1.95	3.1	5	7.8	12.5	19.5
1600	2000	18	25	35	46	65	92	150	230	370	600	920	1.5	2.3	3.7	6	9.2	15	23
2000	2500	22	30	41	55	78	110	175	280	440	700	1100	1.75	2.8	4.4	7	11	17.5	28
2500	3150	26	36	50	68	96	135	210	330	540	860	1350	2.1	3.3	5.4	8.6	13.5	21	33

注：1. 基本尺寸大于 500 mm 的 IT1 至 IT5 的标准公差数值为试行的。

　　2. 基本尺寸小于或等于 1 mm 时，无 IT14 至 IT18。

轴的基本偏差数值表（上偏差 es，单位 μm）

基本尺寸 mm 大于	至	a	b	c	cd	d	e	ef	f	fg	g	h	js	j IT5和IT6	j IT7	j IT8	IT4和IT7
—	3	−270	−140	−60	−34	−20	−14	−10	−6	−4	−2	0		−2	−4	−6	0
3	6	−270	−140	−70	−46	−30	−20	−14	−10	−6	−4	0		−2	−4		+1
6	10	−280	−150	−80	−56	−40	−25	−18	−13	−8	−5	0		−2	−5		+1
10	14	−290	−150	−95		−50	−32		−16		−6	0		−3	−6		+1
14	18	−290	−150	−95		−50	−32		−16		−6	0		−3	−6		+1
18	24	−300	−160	−110		−65	−40		−20		−7	0		−4	−8		+2
24	30	−300	−160	−110		−65	−40		−20		−7	0		−4	−8		+2
30	40	−310	−170	−120		−80	−50		−25		−9	0		−5	−10		+2
40	50	−320	−180	−130		−80	−50		−25		−9	0		−5	−10		+2
50	65	−340	−190	−140		−100	−60		−30		−10	0		−7	−12		+2
65	80	−360	−200	−150		−100	−60		−30		−10	0		−7	−12		+2
80	100	−380	−220	−170		−120	−72		−36		−12	0		−9	−15		+3
100	120	−410	−240	−180		−120	−72		−36		−12	0		−9	−15		+3
120	140	−460	−260	−200		−145	−85		−43		−14	0		−11	−18		+3
140	160	−520	−280	−210		−145	−85		−43		−14	0		−11	−18		+3
160	180	−580	−310	−230		−145	−85		−43		−14	0		−11	−18		+3
180	200	−660	−340	−240		−170	−100		−50		−15	0		−13	−21		+4
200	225	−740	−380	−260		−170	−100		−50		−15	0		−13	−21		+4
225	250	−820	−420	−280		−170	−100		−50		−15	0		−13	−21		+4
250	280	−920	−480	−300	−190	−190	−110	−56	−56	−17	−17	0		−16	−26		+4
280	315	−1050	−540	−330	−190	−190	−110	−56	−56	−17	−17	0		−16	−26		+4
315	355	−1200	−600	−360		−210	−125		−62		−18	0		−18	−28		+4
355	400	−1350	−680	−400		−210	−125		−62		−18	0		−18	−28		+4
400	450	−1500	−760	−440		−230	−135		−68		−20	0		−20	−32		+5
450	500	−1650	−840	−480		−230	−135		−68		−20	0		−20	−32		+5
500	560					−260	−145		−76		−22	0					0
560	630					−260	−145		−76		−22	0					0
630	710					−290	−160		−80		−24	0					0
710	800					−290	−160		−80		−24	0					0
800	900					−320	−170		−86		−26	0					0
900	1000					−320	−170		−86		−26	0					0
1000	1120					−350	−195		−98		−28	0					0
1120	1250					−350	−195		−98		−28	0					0
1250	1400					−390	−220		−110		−30	0					0
1400	1600					−390	−220		−110		−30	0					0
1600	1800					−430	−240		−120		−32	0					0
1800	2000					−430	−240		−120		−32	0					0
2000	2240					−480	−260		−130		−34	0					0
2240	2500					−480	−260		−130		−34	0					0
2500	2800					−520	−290		−145		−38	0					0
2800	3150					−520	−290		−145		−38	0					0

js 列：偏差 $=\pm\dfrac{\mathrm{IT}n}{2}$，式中 ITn 是 IT 值数。

注：1. 基本尺寸小于或等于 1 mm 时，基本偏差 a 和 b 均不采用。

　　2. 公差带 js7 至 js11，若 ITn 值数是奇数，则取偏差 $=\pm\dfrac{\mathrm{IT}n-1}{2}$。

μm

偏 差 数 值														
							下 偏 差 ei							
≤IT3 >IT7						所 有 标 准 公 差 等 级								
k	m	n	p	r	s	t	u	v	x	y	z	za	zb	zc
0	+2	+4	+6	+10	+14		+18		+20		+26	+32	+40	+60
0	+4	+8	+12	+15	+19		+23		+28		+35	+42	+50	+80
0	+6	+10	+15	+19	+23		+28		+34		+42	+52	+67	+97
0	+7	+12	+18	+23	+28		+33		+40		+50	+64	+90	+130
								+39	+45		+60	+77	+108	+150
0	+8	+15	+22	+28	+35		+41	+47	+54	+63	+73	+98	+136	+188
						+41	+48	+55	+64	+75	+88	+118	+160	+218
0	+9	+17	+26	+34	+43	+48	+60	+68	+80	+94	+112	+148	+200	+274
						+54	+70	+81	+97	+114	+136	+180	+242	+325
0	+11	+20	+32	+41	+53	+66	+87	+102	+122	+144	+172	+226	+300	+405
				+43	+59	+75	+102	+120	+146	+174	+210	+274	+360	+480
0	+13	+23	+37	+51	+71	+91	+124	+146	+178	+214	+258	+335	+445	+585
				+54	+79	+104	+144	+172	+210	+254	+310	+400	+525	+690
0	+15	+27	+43	+63	+92	+122	+170	+202	+248	+300	+365	+470	+620	+800
				+65	+100	+134	+190	+228	+280	+340	+415	+535	+700	+900
				+68	+108	+146	+210	+252	+310	+380	+465	+600	+780	+1000
0	+17	+31	+50	+77	+122	+166	+236	+284	+350	+425	+520	+670	+880	+1150
				+80	+130	+180	+258	+310	+385	+470	+575	+740	+960	+1250
				+84	+140	+196	+284	+340	+425	+520	+640	+820	+1050	+1350
0	+20	+34	+56	+94	+158	+218	+315	+385	+475	+580	+710	+920	+1200	+1550
				+98	+170	+240	+350	+425	+525	+650	+790	+1000	+1300	+1700
0	+21	−37	+62	+108	+190	+268	+390	+475	+590	+730	+900	+1150	+1500	+1900
				+114	+208	+294	+435	+530	+660	+820	+1000	+1300	+1650	+2100
0	+23	+40	+68	+126	+232	+330	+490	+595	+740	+920	+1100	+1450	+1850	+2400
				+132	+252	+360	+540	+660	+820	+1000	+1250	+1600	+2100	+2600
0	+26	+44	+78	+150	+280	+400	+600							
				+155	+310	+450	+660							
0	+30	+50	+88	+175	+340	+500	+740							
				+185	+380	+560	+840							
0	+34	+56	+100	+210	+430	+620	+940							
				+220	+470	+680	+1050							
0	+40	+66	+120	+250	+520	+780	+1150							
				+260	+580	+840	+1300							
0	+48	+78	+140	+300	+640	+960	+1450							
				+330	+720	+1050	+1600							
0	−58	+92	+170	+370	+820	+1200	+1850							
				+400	+920	+1350	+2000							
0	+68	+110	+195	+440	+1000	+1500	+2300							
				+460	+1100	+1650	+2500							
0	+76	+135	+240	+550	+1250	+1900	+2900							
				+580	+1400	+2100	+3200							

基本尺寸 mm 大于	至	A	B	C	CD	D	E	EF	F	FG	G	H	JS	J IT6	J IT7	J IT8	K ≤IT8	K >IT8	M ≤IT8	M >IT8
—	3	+270	+140	+60	+34	+20	+14	+10	+6	+4	+2	0		+2	+4	+6	0	0	−2	−2
3	6	+270	+140	+70	+46	+30	+20	+14	+10	+6	+4	0		+5	+6	+10	−1+Δ		−4+Δ	−4
6	10	+280	+150	+80	+56	+40	+25	+18	+13	+8	+5	0		+5	+8	+12	−1+Δ		−6+Δ	−6
10	14	+290	+150	+95		+50	+32		+16		+6	0		+6	+10	+15	−1+Δ		−7+Δ	−7
14	18	+290	+150	+95		+50	+32		+16		+6	0		+6	+10	+15	−1+Δ		−7+Δ	−7
18	24	+300	+160	+110		+65	+40		+20		+7	0		+8	+12	+20	−2+Δ		−8+Δ	−8
24	30	+300	+160	+110		+65	+40		+20		+7	0		+8	+12	+20	−2+Δ		−8+Δ	−8
30	40	+310	+170	+120		+80	+50		+25		+9	0		+10	+14	+24	−2+Δ		−9+Δ	−9
40	50	+320	+180	+130		+80	+50		+25		+9	0		+10	+14	+24	−2+Δ		−9+Δ	−9
50	65	+340	+190	+140		+100	+60		+30		+10	0		+13	+18	+28	−2+Δ		−11+Δ	−11
65	80	+360	+200	+150		+100	+60		+30		+10	0		+13	+18	+28	−2+Δ		−11+Δ	−11
80	100	+380	+220	+170		+120	+72		+36		+12	0		+16	+22	+34	−3+Δ		−13+Δ	−13
100	120	+410	+240	+180		+120	+72		+36		+12	0		+16	+22	+34	−3+Δ		−13+Δ	−13
120	140	+460	+260	+200		+145	+85		+43		+14	0		+18	+26	+41	−3+Δ		−15+Δ	−15
140	160	+520	+280	+210		+145	+85		+43		+14	0		+18	+26	+41	−3+Δ		−15+Δ	−15
160	180	+580	+310	+230		+145	+85		+43		+14	0		+18	+26	+41	−3+Δ		−15+Δ	−15
180	200	+660	+340	+240		+170	+100		+50		+15	0		+22	+30	+47	−4+Δ		−17+Δ	−17
200	225	+740	+380	+260		+170	+100		+50		+15	0		+22	+30	+47	−4+Δ		−17+Δ	−17
225	250	+820	+420	+280		+170	+100		+50		+15	0		+22	+30	+47	−4+Δ		−17+Δ	−17
250	280	+920	+480	+300		+190	+110		+56		+17	0		+25	+36	+55	−4+Δ		−20+Δ	−20
280	315	+1050	+540	+330		+190	+110		+56		+17	0		+25	+36	+55	−4+Δ		−20+Δ	−20
315	355	+1200	+600	+360		+210	+125		+62		+18	0		+29	+39	+60	−4+Δ		−20+Δ	−21
355	400	+1350	+680	+400		+210	+125		+62		+18	0		+29	+39	+60	−4+Δ		−20+Δ	−21
400	450	+1500	+760	+440		+230	+135		+68		+20	0		+33	+43	+66	−5+Δ		−23+Δ	−23
450	500	+1650	+840	+480		+230	+135		+68		+20	0		+33	+43	+66	−5+Δ		−23+Δ	−23
500	560					+260	+145		+76		+22	0					0		−26	
560	630					+260	+145		+76		+22	0					0		−26	
630	710					+290	+160		+80		+24	0					0		−30	
710	800					+290	+160		+80		+24	0					0		−30	
800	900					+320	+170		+86		+26	0					0		−34	
900	1000					+320	+170		+86		+26	0					0		−34	
1000	1120					+350	+195		+98		+28	0					0		−40	
1120	1250					+350	+195		+98		+28	0					0		−40	
1250	1400					+390	+220		+110		+30	0					0		−48	
1400	1600					+390	+220		+110		+30	0					0		−48	
1600	1800					+430	+240		+120		+32	0					0		−58	
1800	2000					+430	+240		+120		+32	0					0		−58	
2000	2240					+480	+260		+130		+34	0					0		−68	
2240	2500					+480	+260		+130		+34	0					0		−68	
2500	2800					+520	+290		+145		+38	0					0		−76	
2800	3150					+520	+290		+145		+38	0					0		−76	

JS 列：偏差 $=\pm\dfrac{\mathrm{IT}n}{2}$，式中 ITn 是 IT 值数。

注：1. 基本尺寸小于或等于 1 mm 时，基本偏差 A 和 B 及大于 IT8 的 N 均不采用。

2. 公差带 JS7 至 JS11，若 ITn 值数是奇数，则取偏差 $=\pm\dfrac{\mathrm{IT}n-1}{2}$。

3. 对小于或等于 IT8 的 K、M、N 和小于或等于 IT7 的 P 至 ZC，所需 Δ 值从表内右侧选取。例如：
　　18 至 30 mm 段的 K7：$\Delta=8\ \mu m$，所以 $ES=-2+8=+6\ \mu m$
　　18 至 30 mm 段的 S6：$\Delta=4\ \mu m$，所以 $ES=-35+4=-31\ \mu m$

4. 特殊情况：250 至 315 mm 段的 M6，$ES=-9\ \mu m$（代替 $-11\ \mu m$）。

值（摘自 GB/T 1800.3—1998） μm

			上偏差 ES（标准公差等级大于 IT7）												Δ值（标准公差等级）					
N (≤IT8)	(>IT8)	P至ZC (≤IT7)	P	R	S	T	U	V	X	Y	Z	ZA	ZB	ZC	IT3	IT4	IT5	IT6	IT7	IT8
−4	−4		−6	−10	−14		−18		−20		−26	−32	−40	−60	0	0	0	0	0	0
−8+Δ	0		−12	−15	−19		−23		−28		−35	−42	−50	−80	1	1.5	1	3	4	6
−10+Δ	0		−15	−19	−23		−28		−34		−42	−52	−67	−97	1	1.5	2	3	6	7
−12+Δ	0		−18	−23	−28		−33		−40		−50	−64	−90	−130	1	2	3	3	7	9
								−39	−45		−60	−77	−108	−150						
−15+Δ	0		−22	−28	−35		−41	−47	−54	−63	−73	−98	−136	−188	1.5	2	3	4	8	12
						−41	−48	−55	−64	−75	−88	−118	−160	−218						
−17+Δ	0		−26	−34	−43	−48	−60	−68	−80	−94	−112	−148	−200	−274	1.5	3	4	5	9	14
						−54	−70	−81	−97	−114	−136	−180	−242	−325						
−20+Δ	0		−32	−41	−53	−66	−87	−102	−122	−144	−172	−226	−300	−405	2	3	5	6	11	16
				−43	−59	−75	−102	−120	−146	−174	−210	−274	−360	−480						
−23+Δ	0		−37	−51	−71	−91	−124	−146	−178	−214	−258	−335	−445	−585	2	4	5	7	13	19
				−54	−79	−104	−144	−172	−210	−254	−310	−400	−525	−690						
−27+Δ	0		−43	−63	−92	−122	−170	−202	−248	−300	−365	−470	−620	−800	3	4	6	7	15	23
				−65	−100	−134	−190	−228	−280	−340	−415	−535	−700	−900						
				−68	−108	−146	−210	−252	−310	−380	−465	−600	−780	−1000						
−31+Δ	0		−50	−77	−122	−166	−236	−284	−350	−425	−520	−670	−880	−1150	3	4	6	9	17	26
				−80	−130	−180	−258	−310	−385	−470	−575	−740	−960	−1250						
				−84	−140	−196	−284	−340	−425	−520	−640	−820	−1050	−1350						
−34+Δ	0		−56	−94	−158	−218	−315	−385	−475	−580	−710	−920	−1200	−1550	4	4	7	9	20	29
				−98	−170	−240	−350	−425	−525	−650	−790	−1000	−1300	−1700						
−37+Δ	0		−62	−108	−190	−268	−390	−475	−590	−730	−900	−1150	−1500	−1900	4	5	7	11	21	32
				−114	−208	−294	−435	−530	−660	−820	−1000	−1300	−1650	−2100						
−40+Δ	0		−68	−126	−232	−330	−490	−595	−740	−920	−1100	−1450	−1850	−2400	5	5	7	13	23	34
				−132	−252	−360	−540	−660	−820	−1000	−1250	−1600	−2100	−2600						
−44			−78	−150	−280	−400	−600													
				−155	−310	−450	−660													
−50			−88	−175	−310	−450	−740													
				−185	−380	−560	−840													
−56			−100	−210	−430	−620	−940													
				−220	−470	−680	−1050													
−65			−120	−250	−520	−780	−1150													
				−260	−580	−810	−1300													
−78			−140	−300	−640	−960	−1450													
				−330	−720	−1050	−1600													
−92			−170	−370	−820	−1200	−1850													
				−400	−920	−1350	−2000													
−110			−195	−440	−1000	−1500	−2300													
				−460	−1100	−1650	−2500													
−135			−240	−550	−1250	−1900	−2900													
				−580	−1400	−2100	−3200													

P至ZC（≤IT7）：在大于 IT7 的相应数值上增加一个 Δ值

311

基孔制的优先、常用配合 （GB/T 1801—1999）

基准孔	轴																				
	a	b	c	d	e	f	g	h	js	k	m	n	p	r	s	t	u	v	x	y	z
	间隙配合								过渡配合				过盈配合								
H6						H6/f5	H6/g5	H6/h5	H6/js5	h6/k5	H6/m5	H6/n5	H6/p5	H6/r5	H6/s5	H6/t5					
H7						H7/f6	▼H7/g6	▼H7/h6	H7/js6	▼H7/k6	H7/m6	▼H7/n6	▼H7/p6	H7/r6	▼H7/s6	H7/t6	▼H7/u6	H7/v6	H7/x6	H7/y6	H7/z6
H8					H8/e7	▼H8/f7	H8/g7	▼H8/h7	H8/js7	H8/k7	H8/m7	H8/n7	H8/p7	H8/r7	H8/s7	H8/t7	H8/u7				
H8				H8/d8	H8/e8	H8/f8		H8/h8													
H9			H9/c9	▼H9/d9	H9/e9	H9/f9		▼H9/h9													
H10			H10/c10	H10/d10				H10/h10													
H11	H11/a11	H11/b11	▼H11/c11	H11/d11				▼H11/h11													
H12		H12/b12						▼H12/h12													

注：1. $\dfrac{H6}{n5}$、$\dfrac{H7}{p6}$ 在基本尺寸小于等于 3 mm 和 $\dfrac{H8}{r7}$ 在基本尺寸小于或等于 100 mm 时，为过渡配合。

2. 注有符号▼的配合为优先配合。

基轴制的优先、常用配合 （GB/T —1999）

基准轴	孔																				
	A	B	C	D	E	F	G	H	Js	K	M	N	P	R	S	T	U	V	X	Y	Z
	间隙配合								过渡配合				过盈配合								
h5						F6/h5	G6/h5	H6/h5	Js6/h5	K6/h5	M6/h5	N6/h5	P6/h5	R6/h5	S6/h5	T6/h5					
h6						F7/h6	▼G7/h6	▼H7/h6	Js7/h6	▼K7/h6	M7/h6	▼N7/h6	▼P7/h6	R7/h6	▼S7/h6	T7/h6	▼U7/h6				
h7					E8/h7	▼F8/h7		▼H8/h7	Js8/h7	K8/h7	M8/h7	N8/h7									
h8				D8/h8	E8/h8	F8/h8		H8/h8													
h9				▼D9/h9	E9/h9	F9/h9		▼H9/h9													
h10				D10/h10				H10/h10													
h11	A11/h11	B11/h11	▼C11/h11	D11/h11				▼H11/h11													
h12		B12/h12						▼H12/h12													

注：注有符号▼的配合为优先配合。

基本尺寸 mm 大于	至	c11	d9	f7	f8	g6	g7	h6	h7	h8	h9	h11	k6	k7	n6	p6	s6	u6
—	3	−60 −120	−20 −45	−6 −16	−6 −20	−2 −8	−2 −12	0 −6	0 −10	0 −14	0 −25	0 −60	+6 0	+10 0	+10 +4	+12 +6	+20 +14	+24 +18
3	6	−70 −145	−30 −60	−10 −22	−10 −28	−4 −12	−4 −16	0 −8	0 −12	0 −18	0 −30	0 −75	+9 +1	+13 +1	+16 +8	+20 +12	+27 +19	+31 +23
6	10	−80 −170	−40 −76	−13 −28	−13 −35	−5 −14	−5 −20	0 −9	0 −15	0 −22	0 −36	0 −90	+10 +1	+16 +1	+19 +10	+24 +15	+32 +23	+37 +28
10	14	−95 −205	−50 −93	−16 −34	−16 −43	−6 −17	−6 −24	0 −11	0 −18	0 −27	0 −43	0 −110	+12 +1	+19 +1	+23 +12	+29 +18	+39 +28	+44 +33
14	18	−95 −205	−50 −93	−16 −34	−16 −43	−6 −17	−6 −24	0 −11	0 −18	0 −27	0 −43	0 −110	+12 +1	+19 +1	+23 +12	+29 +18	+39 +28	+44 +33
18	24	−110 −240	−65 −117	−20 −41	−20 −53	−7 −20	−7 −28	0 −13	0 −21	0 −33	0 −52	0 −130	+15 +2	+23 +2	+28 +15	+35 +22	+48 +35	+54 +41
24	30	−110 −240	−65 −117	−20 −41	−20 −53	−7 −20	−7 −28	0 −13	0 −21	0 −33	0 −52	0 −130	+15 +2	+23 +2	+28 +15	+35 +22	+48 +35	+61 +48
30	40	−120 −280	−80 −142	−25 −50	−25 −64	−9 −25	−9 −34	0 −16	0 −25	0 −39	0 −62	0 −162	+18 +2	+27 +2	+33 +17	+42 +26	+59 +43	+76 +60
40	50	−130 −290	−80 −142	−25 −50	−25 −64	−9 −25	−9 −34	0 −16	0 −25	0 −39	0 −62	0 −162	+18 +2	+27 +2	+33 +17	+42 +26	+59 +43	+86 +70
50	65	−140 −330	−100 −174	−30 −60	−30 −76	−10 −29	−10 −40	0 −19	0 −30	0 −46	0 −74	0 −190	+21 +2	+32 +2	+39 +20	+51 +32	+72 +53	+106 +87
65	80	−150 −340	−100 −174	−30 −60	−30 −76	−10 −29	−10 −40	0 −19	0 −30	0 −46	0 −74	0 −190	+21 +2	+32 +2	+39 +20	+51 +32	+78 +59	+121 +102
80	100	−170 −390	−120 −207	−36 −71	−36 −90	−12 −34	−12 −47	0 −22	0 −35	0 −54	0 −87	0 −220	+25 +3	+38 +3	+45 +23	+59 +37	+93 +71	+146 +124
100	120	−180 −400	−120 −207	−36 −71	−36 −90	−12 −34	−12 −47	0 −22	0 −35	0 −54	0 −87	0 −220	+25 +3	+38 +3	+45 +23	+59 +37	+101 +79	+166 +144
120	140	−200 −450	−145 −245	−43 −83	−43 −106	−14 −39	−14 −54	0 −25	0 −40	0 −63	0 −100	0 −250	+28 +3	+43 +3	+52 +27	+68 +43	+117 +92	+195 +170
140	160	−210 −460	−145 −245	−43 −83	−43 −106	−14 −39	−14 −54	0 −25	0 −40	0 −63	0 −100	0 −250	+28 +3	+43 +3	+52 +27	+68 +43	+125 +100	+215 +190
160	180	−230 −480	−145 −245	−43 −83	−43 −106	−14 −39	−14 −54	0 −25	0 −40	0 −63	0 −100	0 −250	+28 +3	+43 +3	+52 +27	+68 +43	+133 +108	+235 +210
180	200	−240 −530	−170 −285	−50 −96	−50 −122	−15 −44	−15 −61	0 −29	0 −46	0 −72	0 −115	0 −290	+33 +4	+50 +4	+60 +31	+79 +50	+151 +122	+265 +236
200	225	−260 −550	−170 −285	−50 −96	−50 −122	−15 −44	−15 −61	0 −29	0 −46	0 −72	0 −115	0 −290	+33 +4	+50 +4	+60 +31	+79 +50	+159 +130	+287 +258
225	250	−280 −570	−170 −285	−50 −96	−50 −122	−15 −44	−15 −61	0 −29	0 −46	0 −72	0 −115	0 −290	+33 +4	+50 +4	+60 +31	+79 +50	+169 +140	+313 +284
250	280	−300 −620	−190 −320	−56 −108	−56 −137	−17 −49	−17 −69	0 −32	0 −52	0 −81	0 −130	0 −320	+36 +4	+56 +4	+66 +34	+88 +56	+190 +158	+347 +315
280	315	−330 −650	−190 −320	−56 −108	−56 −137	−17 −49	−17 −69	0 −32	0 −52	0 −81	0 −130	0 −320	+36 +4	+56 +4	+66 +34	+88 +56	+202 +170	+382 +350
315	355	−360 −720	−210 −350	−62 −119	−62 −151	−18 −54	−18 −75	0 −36	0 −57	0 −89	0 −140	0 −360	+40 +4	+61 +4	+73 +37	+98 +62	+226 +190	+426 +390
355	400	−400 −760	−210 −350	−62 −119	−62 −151	−18 −54	−18 −75	0 −36	0 −57	0 −89	0 −140	0 −360	+40 +4	+61 +4	+73 +37	+98 +62	+244 +208	+471 +435
400	450	−440 −840	−230 −385	−68 −131	−68 −165	−20 −60	−20 −83	0 −40	0 −63	0 −97	0 −155	0 −400	+45 +5	+68 +5	+80 +40	+108 +68	+272 +232	+530 +490
450	500	−480 −880	−230 −385	−68 −131	−68 −165	−20 −60	−20 −83	0 −40	0 −63	0 −97	0 −155	0 −400	+45 +5	+68 +5	+80 +40	+108 +68	+292 +252	+580 +540

基本尺寸 mm 大于	至	C 11	D 9	F 8	G 7	H 7	H 8	H 9	H 11	K 7	N 7	P 7	S 7	U 7
—	3	+120 / +60	+45 / +20	+20 / +6	+12 / +2	+10 / 0	+14 / 0	+25 / 0	+60 / 0	0 / -10	-4 / -14	-6 / -16	-14 / -24	-18 / -28
3	6	+145 / +70	+60 / +30	+28 / +10	+16 / +4	+12 / 0	+18 / 0	+30 / 0	+75 / 0	+3 / -9	-4 / -16	-8 / -20	-15 / -27	-19 / -31
6	10	+170 / +80	+76 / +40	+35 / +13	+20 / +5	+15 / 0	+22 / 0	+36 / 0	+90 / 0	+5 / -10	-4 / -19	-9 / -24	-17 / -32	-22 / -37
10	14	+205 / +95	+93 / +50	+43 / +16	+24 / +6	+18 / 0	+27 / 0	+43 / 0	+110 / 0	+6 / -12	-5 / -23	-11 / -29	-21 / -39	-26 / -44
14	18	+205 / +95	+93 / +50	+43 / +16	+24 / +6	+18 / 0	+27 / 0	+43 / 0	+110 / 0	+6 / -12	-5 / -23	-11 / -29	-21 / -39	-26 / -44
18	24	+240 / +110	+117 / +65	+53 / +20	+28 / +7	+21 / 0	+33 / 0	+52 / 0	+130 / 0	+6 / -15	-7 / -28	-14 / -35	-27 / -48	-33 / -54
24	30	+240 / +110	+117 / +65	+53 / +20	+28 / +7	+21 / 0	+33 / 0	+52 / 0	+130 / 0	+6 / -15	-7 / -28	-14 / -35	-27 / -48	-40 / -61
30	40	+280 / +120	+142 / +80	+64 / +25	+34 / +9	+25 / 0	+39 / 0	+62 / 0	+160 / 0	+7 / -18	-8 / -33	-17 / -42	-34 / -59	-51 / -76
40	50	+280 / +120	+142 / +80	+64 / +25	+34 / +9	+25 / 0	+39 / 0	+62 / 0	+160 / 0	+7 / -18	-8 / -33	-17 / -42	-34 / -59	-61 / -86
50	65	+330 / +140	+174 / +100	+76 / +30	+40 / +10	+30 / 0	+46 / 0	+74 / 0	+190 / 0	+9 / -21	-9 / -39	-21 / -51	-42 / -72	-76 / -106
65	80	+340 / +150	+174 / +100	+76 / +30	+40 / +10	+30 / 0	+46 / 0	+74 / 0	+190 / 0	+9 / -21	-9 / -39	-21 / -51	-48 / -78	-91 / -121
80	100	+390 / +170	+207 / +120	+90 / +36	+47 / +12	+35 / 0	+54 / 0	+87 / 0	+220 / 0	+10 / -25	-10 / -45	-24 / -59	-58 / -98	-111 / -146
100	120	+400 / +180	+207 / +120	+90 / +36	+47 / +12	+35 / 0	+54 / 0	+87 / 0	+220 / 0	+10 / -25	-10 / -45	-24 / -59	-66 / -101	-131 / -166
120	140	+450 / +200	+245 / +145	+106 / +43	+54 / +14	+40 / 0	+63 / 0	+100 / 0	+250 / 0	+12 / -28	-12 / -52	-28 / -68	-77 / -117	-155 / -195
140	160	+460 / +210	+245 / +145	+106 / +43	+54 / +14	+40 / 0	+63 / 0	+100 / 0	+250 / 0	+12 / -28	-12 / -52	-28 / -68	-85 / -125	-175 / -215
160	180	+480 / +230	+245 / +145	+106 / +43	+54 / +14	+40 / 0	+63 / 0	+100 / 0	+250 / 0	+12 / -28	-12 / -52	-28 / -68	-93 / -133	-195 / -235
180	200	+530 / +240	+285 / +170	+122 / +50	+61 / +15	+46 / 0	+72 / 0	+115 / 0	+290 / 0	+13 / -33	-14 / -60	-33 / -79	-105 / -151	-219 / -265
200	225	+550 / +260	+285 / +170	+122 / +50	+61 / +15	+46 / 0	+72 / 0	+115 / 0	+290 / 0	+13 / -33	-14 / -60	-33 / -79	-113 / -159	-241 / -287
225	250	+570 / +280	+285 / +170	+122 / +50	+61 / +15	+46 / 0	+72 / 0	+115 / 0	+290 / 0	+13 / -33	-14 / -60	-33 / -79	-123 / -169	-267 / -313
250	280	+620 / +300	+320 / +190	+137 / +56	+69 / +17	+52 / 0	+81 / 0	+130 / 0	+320 / 0	+16 / -36	-14 / -66	-36 / -88	-138 / -190	-295 / -347
280	315	+650 / +330	+320 / +190	+137 / +56	+69 / +17	+52 / 0	+81 / 0	+130 / 0	+320 / 0	+16 / -36	-14 / -66	-36 / -88	-150 / -202	-330 / -382
315	355	+720 / +360	+350 / +210	+151 / +62	+75 / +18	+57 / 0	+89 / 0	+140 / 0	+360 / 0	+17 / -40	-16 / -73	-41 / -98	-169 / -226	-369 / -426
355	400	+760 / +400	+350 / +210	+151 / +62	+75 / +18	+57 / 0	+89 / 0	+140 / 0	+360 / 0	+17 / -40	-16 / -73	-41 / -98	-187 / -244	-414 / -471
400	450	+840 / +440	+385 / +230	+165 / +68	+83 / +20	+63 / 0	+97 / 0	+155 / 0	+400 / 0	+18 / -45	-17 / -80	-45 / -108	-209 / -272	-467 / -530
450	500	+880 / +480	+385 / +230	+165 / +68	+83 / +20	+63 / 0	+97 / 0	+155 / 0	+400 / 0	+18 / -45	-17 / -80	-45 / -108	-229 / -292	-517 / -580

五、常用材料及热处理名词解释

附表 30   金属材料（GB/T 1800.3—1998）

标准	名称	牌号		应用举例	说明
GB/T 700—1988	普通碳素结构钢	Q215	A级	金属结构件、拉杆、套圈、铆钉、螺栓。短轴、心轴、凸轮（载荷不大的）、垫圈、渗碳零件及焊接件	"Q"为碳素结构钢屈服点"屈"字的汉语拼音首位字母，后面的数字表示屈服点的数值。如 Q235 表示碳素结构钢的屈服点为 235N/mm²。
			B级		
		Q235	A级	金属结构件，心部强度要求不高的渗碳或氰化零件，吊钩、拉杆、套圈、汽缸、齿轮、螺栓、螺母、连杆、轮轴、楔、盖及焊接件	新旧牌号对照： Q215—A2 Q235—A3 Q275—A5
			B级		
			C级		
			D级		
		Q275		轴、轴销、刹车杆、螺母、螺栓、垫圈、连杆、齿轮以及其他强度较高的零件	
GB/T 699—1999	优质碳素结构钢	10		用作拉杆、卡头、垫圈、铆钉及用作焊接零件	牌号的两位数字表示平均碳的质量分数，45号钢即表示碳的质量分数为0.45%
		15		用于受力不大和韧性较高的零件、渗碳零件及紧固件（如螺栓、螺钉）、法兰盘和化工贮器	碳的质量分数≤0.25%的碳钢属低碳钢（渗碳钢）
		35		用于制造曲轴、转轴、轴销、杠杆、连杆、螺栓、螺母、垫圈、飞轮（多在正火、调质下使用）	碳的质量分数在(0.25~0.6)%之间的碳钢属中碳钢（调质钢）
		45		用作要求综合机械性能高的各种零件，通常经正火或调质处理后使用。用于制造轴、齿轮、齿条、链轮、螺栓、螺母、销钉、键、拉杆等	碳的质量分数>0.6%的碳钢属高碳钢
		60		用于制造弹簧、弹簧垫圈、凸轮、轧辊等	锰的质量分数较高的钢，须加注化学元素符号"Mn"
		15Mn		制作心部机械性能要求较高且须渗碳的零件	
		65Mn		用作要求耐磨性高的圆盘、衬板、齿轮、花键轴、弹簧等	
GB/T 3077—1999	合金结构钢	20Mn2		用作渗碳小齿轮、小轴、活塞销、柴油机套筒、气门推杆、缸套等	钢中加入一定量的合金元素，提高了钢的力学性能和耐磨性，也提高了钢的淬透性，保证金属在较大截面上获得高的力学性能
		15Cr		用于要求心部韧性较高的渗碳零件，如船舶主机用螺栓，活塞销，凸轮，凸轮轴，汽轮机套环，机车小零件等	
		40Cr		用于受变载、中速、中载、强烈磨损而无很大冲击的重要零件，如重要的齿轮、轴、曲轴、连杆、螺栓、螺母等	
		35SiMn		耐磨、耐疲劳性均佳，选用于小型轴类、齿轮及430℃以下的重要紧固件等	
		20CrMnTi		工艺性特优，强度、韧性均高，可用于承受高速、中等或重负荷以及冲击、磨损等的重要零件，如渗碳齿轮、凸轮等	
GB/T 11352—1989	铸钢	ZG230—450		轧机机架、铁道车辆摇枕、侧梁、铁锚台、机座、箱体、锤轮、450℃以下的管路附件等	"ZG"为铸钢汉语拼音的首位字母，后面的数字表示屈服点和抗拉强度。如 ZG230—450 表示屈服点为 230N/mm²、抗拉强度为 450N/mm²
		ZG310—570		适用于各种形状的零件，如联轴器、齿轮、汽缸、轴、机架、齿圈等	

标准	名称	牌号	应用举例	说明
GB/T 9439—1998	灰铸铁	HT150	用于小负荷和对耐磨性无特殊要求的零件，如端盖、外罩、手轮、一般机床的底座、床身及其复杂零件、滑台、工作台和低压管件等	"HT"为"灰铁"的汉语拼音的首位字母，后面的数字表示抗拉强度，如HT200表示抗拉强度为200N/mm² 的灰铸铁
		HT200	用于中等负荷和对耐磨性有一定要求的零件，如机床床身、立柱、飞轮、汽缸、泵体、轴承座、活塞、齿轮箱、阀体等	
		HT250	用于中等负荷和对耐磨性有一定要求的零件，如阀体、油缸、汽缸、联轴器、机体、齿轮、齿轮箱外壳、飞轮、液压泵和滑阀的壳体等	
GB/T 1176—1987	5-5-5 锡青铜	ZCuSn5 Pb5Zn5	耐磨性和耐蚀性均好，易加工，铸造性和气密性较好。用于较高负荷、中等滑动速度下工作的耐磨、耐腐蚀零件，如轴瓦、衬套、缸套、活塞、离合器、蜗轮等	"Z"为铸造汉语拼音的首位字母，各化学元素后面的数字表示该元素含量的百分数，如ZC-uAl10Fe3表示含：Al（8.1~11)% Fe（2~4)% 其余为Cu的铸造铝青铜
	10-3 铝青铜	ZCuAl10Fe3	机械性能高，耐磨性、耐蚀性、抗氧化性好，可以焊接，不易钎焊，大型铸件自700℃空冷可防止变脆。可用于制造强度高、耐磨、耐蚀的零件，如蜗轮、轴承、衬套、管嘴、耐热管配件等	
	25-6-3-3 铝黄铜	ZCuZn25 Al6Fe3Mn3	有很高的力学性能，铸造性良好、耐蚀性较好，有应力腐蚀开裂倾向，可以焊接。适用于高强耐磨零件，如桥梁支承板、螺母、螺杆、耐磨板、滑块、蜗轮等	
	58-2-2 锰黄铜	ZCuZn38 Mn2Pb2	有较高的力学性能和耐蚀性，耐磨性较好，切削性良好。可用于一般用途的构件，船舶仪表等使用的外形简单的铸件，如套筒、衬套、轴瓦、滑块等	
GB/T 1173—1995	铸造铝合金	ZAlSi12 代号ZL102	用于制造形状复杂，负荷小、耐腐蚀的薄壁零件和工作温度≤200℃的高气密性零件	含硅（10~13)%的铝硅合金
GB/T 3190—1996	硬铝	2A12 （原LY12）	焊接性能好，适于制作高载荷的零件及构件（不包括冲压件和锻件）	2A12表示含铜（3.8~4.9)%、镁（1.2~1.8)%、锰（0.3~0.9)%的硬铝
	工业纯铝	1060 （代L2）	塑性、耐腐蚀性高，焊接性好，强度低。适于制作贮槽、热交换器、防污染及深冷设备等	1060表示含杂质≤0.4%的工业纯铝

附表31   **非金属材料**

标准	名称	牌号	说明	应用举例
GB/T 359—1995	耐油石棉橡胶板	NY250 HNY300	有(0.4~3.0)mm的十种厚度规格	供航空发动机用的煤油、润滑油及冷气系统结合处的密封衬垫材料
GB/T 5574—1994	耐酸碱橡胶板	2707 2807 2709	较高硬度 中等硬度	具有耐酸碱性能，在温度（−30~＋60)℃的20%浓度的酸碱液体中工作，用于冲制密封性能较好的垫圈
	耐油橡胶板	3707 3807 3709 3809	较高硬度	可在一定温度的机油、变压器油、汽油等介质中工作，适用于冲制各种形状的垫圈
	耐热橡胶板	4708 4808 4710	较高硬度 中等硬度	可在（−30~＋100)℃、且压力不大的条件下，于热空气、蒸汽介质中工作，用于冲制各种垫圈及隔热垫板

名　词		代　号	说　　明	目　　的
退火		5111	将钢件加热到临界温度以上 31℃～50℃（一般是 710℃～715℃），个别合金钢（800℃～900℃），保温一段时间，然后缓慢冷却（一般在炉中冷却）	用来消除铸、锻、焊零件的内应力，降低硬度，便于切削加工，细化金属晶粒，改善组织，增加韧性
正火		5121	将钢件加热到临界温度以上，保温一段时间后，然后在空气中冷却，冷却速度比退火快	用来处理低碳和中碳结构钢及渗碳零件，使其组织细化，增加强度与韧性
淬火		5131	将钢件加热到临界温度以上，保温一段时间，然后在水、盐水或油中（个别材料在空气中）急速冷却，使其得到高硬度	用来提高钢的硬度和硬度极限。但淬火会引起内应力，使钢变脆，所以淬火后必须回火
回火		5141	回火是将淬硬的钢件加热到临界点以下的温度，保温一段时间，然后在空气中或油中冷却下来	用来消除淬火后的脆性和内应力，提高钢的塑性和冲击韧性
调质		5151	淬火后在 450℃～650℃进行高温回火，称为调质	用来使钢获得高的韧性和足够的强度。重要的齿轮、轴及丝杆等零件是调质处理的
表面淬火	火焰淬火	5213	用火焰或高频电流将零件表面迅速加热至临界温度以上，迅速冷却	使零件表面获得高的硬度，而心部保持一定的韧性，使零件既耐磨又能承受冲击。表面淬火常用来处理齿轮等
	高频淬火	5212		
渗碳淬火		5311	在渗碳剂中将钢件加热到 900℃～950℃，停留一段时间，将碳渗入钢表面，深度为 0.5～2 mm，再淬火后回火	增加钢件的耐磨性能、表面强度、抗拉强度及疲劳极限　适用于低碳、中碳（C＜0.40%）结构钢的中小型零件
氮碳共渗		5340	氮化是在 500℃～600℃通入氨的炉子内加热，向钢的表面渗入氮原子的过程。氮化层为 0.025～0.8 mm，氮化时间需 40～50h	增加钢件的耐磨性能、表面硬度、疲劳极限和抗蚀能力　适用于合金钢、碳钢、铸铁件，如机床主轴、丝杆以及在潮湿碱水和燃烧气体介质的环境中工作的零件
碳氮共渗		5320	在 820℃～860℃炉内通入碳和氮，保温 1～2h，使钢件的表面同时渗入碳、氮原子，可得 0.2～0.5 mm 的氰化层	增加表面硬度，耐磨性、疲劳强度和耐蚀性　用于要求硬度高、耐磨的中、小型零件和刀具等
固溶处理和时效		5181	低温回火后，精加工之前，加热到 100℃～160℃，保持 10～40h。对铸件也可用天然时效（放在露天中一年以上）	使工件消除内应力和稳定形状用于量具、精密丝杆、床身导轨、床身等
发蓝、发黑		发蓝或发黑	将金属零件放在很浓的碱和氧化剂溶液中加热氧化，使金属表面形成一层氧化铁所组成的保护性薄膜	防腐蚀、美观。用于一般连接的标准件和其他电子类零件
硬度	HB（布氏硬度）		材料抵抗硬的物体压入其表面的能力称"硬度"。根据测定的方法不同，可分布氏硬度、洛氏硬度和维氏硬度　硬度的测定是检验材料经热处理后的机械性能——硬度	用于退火、正火、调质的零件及铸件的硬度检验
	HRC（洛氏硬度）			用于经淬火、回火及表面渗碳、渗氮等处理的零件硬度检验
	HV（维氏硬度）			用于薄层硬化零件的硬度检验

图书在版编目（CIP）数据

现代工程图学. 上册／周良德，朱泗芳，杨世平主编.
2版. 一长沙：湖南科学技术出版社，2008.8（2025.8 重印）
普通高等教育"十一五"国家级规划教材
ISBN 978 - 7 - 5357 - 5020 - 4

Ⅰ. 现… Ⅱ. ①周…②朱…③杨… Ⅲ. 工程制图 - 高等
学校 - 教材 Ⅳ. TB23

中国版本图书馆 CIP 数据核字（2008）第 132616 号

现代工程图学 上册

主 编：周良德 朱泗芳 杨世平
出 版 人：潘晓山
责任编辑：徐 为
出版发行：湖南科学技术出版社
社 址：长沙市芙蓉中路一段 416 号泊富国际金融中心
网 址：http://www.hnstp.com
邮购联系：本社直销科 0731 - 84375808
印 刷：长沙鸿和印务有限公司
　　　　（印装质量问题请直接与本厂联系）
厂 址：长沙市望城区普瑞西路 858 号
邮 编：410200
版 次：2008 年 8 月第 2 版
印 次：2025 年 8 月第 11 次印刷
开 本：787mm×1092mm　1/16
印 张：20.75
字 数：507000
书 号：ISBN 978-7-5357-5020-4
定 价：32.50 元